山東大學中文專刊

曾繁仁学术文集

第七卷

美育十五讲

人民出版社

2017年9月，出席《中国美育思想通史》出版座谈会

山 东 大 学 公 用 信 笺

在艺术教育方面同俄克俄大学艺术研究中心有更多密切展开合作交流。

1）艺术教育理论方面的合作交流。据初略自己了解美国当代比较有影响的认为教育理论 C descipline - based art education, 简称 DBAE）, 多元智能理论（Multiple Intelligences. 简称 MI）以及情育（EQ）理论, 由学院有更张力, 调研教学与研讨应用之间, 探究方法理论与实践、原流内涵, 反而更注重的日常学习及实危险故事。

2）艺术教育实践弘扬弘一艺术理论, 着重探究美国通识教育（Liberal arts education）之情怀, 包括、评花价值, 有信仰的宗、艺术文体研究, 五泽松保护书、五对美以电艺术有最以也理论文探求;

3）艺术影响文多弘一艺术理论, 美国化论、哲学（美克里恩）、艺术弘使研究化之历序因考虑, 罗先捕名弗（Viktor Lowenfeld）曼努埃尔·巴肯（Manuel Bonkan）, 玉宗K·麦艺（June K. mefee）、埃利奥特·埃斯纳（Elliot Eisner）、杰主种布鲁纳（Jerome Bruner）、拉尔夫·斯密斯（Ralph Smith）等之艺术论;

4）艺术批评多弘一艺术批评论, 着重探究当代艺术分散以来门, 直向重以日到红绸绸字画家、艺术品收藏, 以从学时期艺术本质研究及艺术及艺术批评历程观赏、求证。

本卷编辑说明

本卷收录了《美育十五讲》一部著作。

《美育十五讲》，2012年由北京大学出版社出版，被列入北京大学出版社的"名家通识讲座书系"。这是作者出版的第4部美育专著，也是他自1981年起30年间美育研究成果的精粹集成。

《美育十五讲》的撰写起因于北京大学温儒敏教授2006年的约稿。从2010年暑假起，作者用一年时间按着多年来对美育问题的思考重新构思全书框架，分章布局，在此基础上，改写旧稿，撰写新稿。完成后的《美育十五讲》，既囊括了他此前美育论著的精华，又用近三分之二的篇幅展开了他对美育问题的重新思考，突出了"美育是包含感性与情感教育的人的教育"这个主旨和立足点。

此次收入本文集，以北京大学出版社2012年版为原本，删除了与《现代美育理论》重复的三个章节，为保持完整性，这三个章节的标题在本书存目。此外，校正原书若干明显的错字、误字，对少数语句在保持原意前提下略做调整，个别论述较长的语段稍做断句或分段处理，同时校核、完善全部引文和注释。

目　录

引　言

　　美育，即通过自然美、艺术美与社会美的途径，在潜移默化中对广大人民，特别是青年一代进行情感的陶冶、健康审美力的培养与健全人格的塑造。美育是人类区别于动物的特点之一，诚如《礼记·乐记》所言，"知声而不知音者，禽兽是也"。古代中国与古代希腊均有十分深厚的美育传统，但美育作为一个独立的范畴和学科却是 1795 年由德国诗人、美学家席勒在著名的《美育书简》中提出的，其内涵是针对蓬勃兴盛的资本主义工业化、城市化与现代化使人性产生的"异化"现象，试图通过美育的途径进行人性的补缺与新的人文精神的塑造。席勒指出，"要使感性的人成为理性的人，除了首先使他成为审美的人，没有其他途径"①。现代美育理论于 20 世纪初期传入我国，逐渐与美学学科一起在我国得到发展。目前国内有关美育的书籍估计有上百本之多，在这种情况下，本书有什么新的特点呢？

　　我想，本书的重要特点是全面、新颖。所谓"全面"就是古今中外均有涉及，而且力求理论与现实的结合以及论与史的统一，并从教育学、美学与心理学三个维度对美育加以论述。所谓"新颖"就是一系列新的理论观点的阐释。例如，关于美育作为"人的

————————
① [德] 席勒：《美育书简》，徐恒醇译，中国文联出版公司 1984 年版，第 21 页。

教育"的基本特性的论述,对传统的"美育即艺术教育"观点的矫正与新的"生态美育"理论的阐发,对传统"精英艺术"观念的适度扭转与面对新的大众艺术确立"有鉴别的面对与接收"的文化立场,关于现代以来西方美学走向人生美学即"美育转向"的论述,关于中国古代"中和论美育观"及其价值的阐发,关于中国现代"审美人生境界论"的阐发,以及对新时期我国美育理论成果与共识的总结,等等。

但本书的主旨还不完全在此,而是力图带有一种明确的问题意识,对当代我国社会与教育所面临的问题做出自己的回答。首先需要强调的是,美育的加强是当代中国社会发展的紧迫需要。众所周知,我国是没有占据主导地位的宗教的国家,这一点是与西方及阿拉伯世界相异的。这种情形促进了我国古代以来思想文化艺术的多元发展,出现儒道释与民间文化共生共存的特有局面。但信仰维度是人生必不可少的彼岸世界,是每个人心中的理想之国。诚如康德所言:"位我上者灿烂星空,道德律令在我心中。"难道中国人没有自己的"灿烂星空"吗?我国作为文化绵延五千年的文明古国当然是有的。这个作为彼岸世界的"灿烂星空"就是"礼乐教化",这是一种具有中国特色的综合哲学、生存方式与艺术的特殊的社会文化与美育形态。为此,蔡元培提出著名的"以美育代宗教",并得到王国维、冯友兰、朱光潜与丰子恺等一代大家以"审美境界"与"天地境界"的论述与之呼应,并加以发挥。这样的"礼乐教化""审美境界""天地境界"理论恰恰是当代需要进一步继承发扬的理论瑰宝。其原因在于,它不仅可以作为广大中国人民的信仰维度起到指导健康人生的作用,而且可以补救我国现代化进程中人文精神缺失的严重问题。我国新时期以来现代化与城市化取得巨大进步,国民生产总值跃居世界第二,人民生活逐步富裕。但是，单纯的经济发展与生活富裕就能实现现代化与中华民族的伟大复兴吗？事实告诉我们：显然不行。当前，逐步蔓延并难以遏止的诚信的缺失，浮躁与功利之风的盛行，环境的严重污染，城市病的发展，精神疾患的增多与文化艺术的低俗化，等等，都说明在经济增长之外还应有更加重要的人的素质的提高。没有全民素质的提高，不可能实现现代化，也不可能走向中华民族的伟大复兴！而人的素质的提高需要借助法律、道德与美育三个必不可少的途径。其中，法律是一种外在的行为规范，道德是内在的行为规范，两者均具有强制性。只有美育作为情感教育，是一种内在的情感需求，是一种没有任何强制性的自觉自愿的情感追求，具有无比强大的不可代替的力量。难道你对祖国与母亲的热爱不是一种最强大的力量吗？这是其他任何力量可以代替的吗？因此，美育是素质教育不可代替的重要途径，艺术是我们每个人最重要的终生伴侣。正是从这个角度说，缺少美育的人生是不完整的人生。再从教育自身的角度来看，结合我国在"十二五"教育发展纲要中提出的建设人民满意的教育的论题，需要研究我国当前到底需要一种什么样的教育？目前的教育能否适应时代社会的需要并使人民感到满意？美育在建设这种让人民满意的教育中能够起到什么作用？无疑，新中国成立七十多年来，我国在发展教育事业上取得巨大进步，由教育弱国成为举世公认的教育大国。但教育事业上的缺陷却是不可回避的。从著名的"钱学森之问"的提出到目前中学生升大学外流数量的不断增加，说明在一定程度上人民对教育领域"应试教育"体制的不满日益增大。这种"应试教育"体制必然是与国家的发展与人民的需要相背离的。而其重要表现之一就是对于美育的忽视，以致出现了公认的我国近年培养的学生缺乏"创造力"，以及美育是

"所有教育环节中最薄弱的环节"与"认识、课程与管理三个不到位"这样的问题。

本书试图通过美育的独特视角探讨一种不同于"应试教育"的"人的教育"，从美育的基本理论、西方美育发展、中国美育发展与当代美育建筑四个部分共十五讲，论述了美育的"人的教育"的特性及其丰富内涵，希望通过美育的强化，从一个重要侧面贯彻这种"人的教育"的重要理念，并提出改革"应试教育"体制的思路，开创中国教育的新天地。钱学森在回答创新人才培养问题时，曾经以自己的切身经历做出过"艺术与科技的结合"的回答，本书试图以此作为自己的主旨之一。

这里，特别要强调的是，本书所说的美育，既是一种教育形式，同时也是一种教育观念，即从美育特有的中和、中介作用出发论述其所特具的促使人的自由、全面发展的功能。由此得出如下结论：缺乏美育的教育是不完全的教育。

第一讲　美育的性质：包含感性与情感教育的"人的教育"

　　什么是美育？中国美育学科的奠基人之一蔡元培曾经说过："美育之目的,在陶冶活泼敏锐之性灵,养成高尚纯洁之人格。"①而马克思早在 1844 年就提出了"人也按照美的规律建造"的重要论断。这里所说的"建造"包含产品与人两个方面。按照美的规律"建造"人,成为其必有之义,也是本书贯穿始终的主旨。为了深入论述这一论题,我们从最具代表性的美学理论的角度选取了鲍姆嘉通、席勒与马克思三位理论家的观点加以介绍。鲍姆嘉通是最早创立美学学科的理论家,首次提出美学即感性学,被称为"美学之父",并由此提出"美育即感性教育"的重要观点,具有极为重要的理论价值与现实意义。席勒是第一位提出"美育"概念,写出著名的《美育书简》,并系统论述美育问题的理论家。他对于美育特有的情感教育性质进行了深入阐发。由此,也可以将席勒称作"美育之父"。马克思是马克思主义理论的创始人,他所创立的唯物史观,不仅为美育学科的建设指明了正确方向,奠定了坚

---

① 高平叔编:《蔡元培美育论集》,湖南教育出版社 1987 年版,第 184 页。

实的基础,而且马克思理论之中贯穿始终的无产阶级与人民自由解放以及人的自由全面发展的重要精神,成为当代美育发展的主旨与灵魂。

一、鲍姆嘉通与"感性教育"

鲍姆嘉通(A. G. Baumgarten,1714—1762),全名亚历山大·戈特利布·鲍姆嘉通。1714 年生于柏林,1735 年出版博士学位论文《诗的哲学默想录》,又名《关于诗的哲学沉思》。正是在《诗的哲学默想录》中,鲍姆嘉通提出了"感性学"(Aesthetica)的概念,他在书中称作"知觉的科学或感性学"。他又于 1750 年和 1758 年出版《美学》第一、二卷。在《美学》第一、二卷中,他给"美学"下了"感性认识的科学"的定义,并以相当的篇幅对此进行了论述。克罗齐在《鲍姆嘉通的美学》一文中认为,鲍氏给美学所下的定义是"有史以来最好的定义","是他对美学的最大的贡献"。由于鲍氏的《美学》是用拉丁文写成的,因此,在相当长的时间内对其传播造成一定困难。更重要的是,由于认识的局限,学术界对鲍氏美学与美育思想的意义、作用也认识得相当不够。20 世纪 80 年代以来,由于学术界对于启蒙运动以来由"主客二分"思维模式所形成的主体与客体、理性与感性、身体与心灵之二元对立的弊端有愈来愈清晰的认识,所以,对鲍姆嘉通"美学即感性学"理论的意义和价值也有了更加明确的认识,对其美学与美育理论给予了更多的重视。正如德国当代美学家沃尔夫冈·韦尔施(Wolfgang Welsch)所说:"鲍姆嘉通的美学思想尤其令我感到惊异。因为他将美学作为一门研究感性认识的学科建立起来。在他看来,美学研究的对象首先不是艺术——艺术也只是到后来才成为美学研究的主要对象——而是感性认识的完善。在研究过程中，我尝试着努力恢复鲍姆嘉通的这一原始意图。"①由此，我们认为，鲍氏所论述的"美学即感性学""美的教育即感性教育"的重要理论在当代具有厘清美学与美育内涵、恢复其本性的重要作用。

第一，首创"美学即感性学"，对工具理性进行反拨，为美育开辟"感性教育"的新领域。

鲍姆嘉通在1735年出版的博士学位论文《诗的哲学默想录》中就提出"美学即感性学"的命题。他说："'可理解的事物'是通过高级认知能力作为逻辑学的对象去把握的，'可感知的事物'（是通过低级认识能力）作为知觉的科学或'感性学'（美学）的对象来感知的。"②1750年，他又在《美学》第一卷中正式给美学下了"感性认识的科学"的定义。他说："美学作为自由艺术的理论、低级认识论、美的思维的艺术和与理性类似的思维的艺术是感性认识的科学。"③他为了准确阐明"感性认识的科学"的内涵，特意在希腊词"aesthesis"的基础上，创造出拉丁词 Aesthetica，这是一个与 Ratio（理性）对立的概念，意为感性的、感官的、知觉的。由此可知，"Aesthetica"一词原来的含义只是"感性的"，与"美"是没有关系的。正如《诗的哲学默想录》的英译者阿布鲁纳·霍尔特所说："这个词的本义与'美'（beauty）无关，它源自 aesthesis（感觉），

①转引自王卓斐：《拓展美学疆域，关注日常生活——沃尔夫冈·韦尔施教授访谈录》，《文艺研究》2009年第10期，第85页。
②［德］鲍姆嘉通：《美学》，简明、王旭晓译，文化艺术出版社1987年版，第169页。
③［德］鲍姆嘉通：《美学》，简明、王旭晓译，文化艺术出版社1987年版，第13页。

而不是源自任何更早的代表美或艺术的词。"①但有一点是肯定的,那就是这个"Aesthetica"是不同于逻辑学与伦理学之外的另一门新的学问,即"美学"。由此,"美学即感性学"的论断得以成立。

　　"美学即感性学"的论断之所以能够成立,一个重要原因在于鲍姆嘉通充分论证了感性认识对理性认识来说所具有的独立性。他在回答人们对感性认识的价值与独立性的责难时,说道:"哲学家是人当中的一种人,假使他认为,人类认识中如此重要的这一部分与他的尊严不相配,那就失之欠妥了。"②鲍氏将自己所说的"感性认识"又称作"低级认识能力",但他对沃尔夫所说的"低级认识能力"作了某种程度的改造和补充,从而使之具有了全新的面貌。在沃尔夫的理论体系中,认识能力的低级部分包括感觉、想象、虚构和记忆力。鲍姆嘉通在《形而上学》一书中用"幻想"取代了沃尔夫的想象,并用洞察力、预见力、判断力、预感力和命名力扩展了沃尔夫的序列。所以,这里所讨论的就不再是"认识能力的低级部分",而是独立的"低级认识能力"了。③ 这种作为"低级认识能力"的"感性认识"就具有了独立性,从而标志着它已经不同于"高级认识能力"的逻辑学而具有了自己的独立地位。由此,作为感性学的"美学"就与逻辑学、伦理学区分开来而走向了学科独立之路。这就是人们将鲍姆嘉通称作"美学之父"的主要

①[德]鲍姆嘉通:《美学》,简明、王旭晓译,文化艺术出版社 1987 年版,第178 页。

②[德]鲍姆嘉通:《美学》,简明、王旭晓译,文化艺术出版社 1987 年版,第15 页。

③[德]鲍姆嘉通:《美学》,简明、王旭晓译,文化艺术出版社 1987 年版,第13页注②。

原因。其意义就在于,突破了启蒙运动以来以笛卡尔、莱布尼茨与沃尔夫为代表的大陆理性主义将"理性"推到决定一切的至高无上地位的"独断论"。这种"独断论"不仅是哲学理论的极端化和片面化,而且还是对人的鲜活的感性生命力的压制与宰割,后果极为严重,成为现代以来人们在精神和身体上茫然无所归依的重要原因。鲍氏首创"美学即感性学",就是对这种工具理性独断论的反拨,是对人的本真的感性生命力的呼唤与恢复,意义重大。

这里还需要特别指出的是,鲍氏"美学即感性学"命题的提出也是对西方长期盛行的"美学即艺术哲学"理论的有力批判与反拨。审美当然与艺术紧密相联,但它首先来自人的鲜活的感性生活,并最终为了改善人的感性生活而使之更加美好。但"美学即艺术哲学"却在很大程度上割裂了审美与感性生活的血肉联系,使之局限于单一的艺术,后果极为严重。鲍氏提出的"美学即感性学"的命题已经将审美扩展到感觉、幻想、虚构、记忆、洞察、预见、判断与命名等一切方面,具有了极大的鲜活性、生动性与生命力。

鲍氏在其美学的定义中还有"美学作为自由艺术的理论"的表述,在这里"自由艺术"并不等于"艺术",而是有着十分宽泛的内涵。鲍姆嘉通在他的《真理之友的哲学信札》中写道:"人的生活最急需的艺术是农业、商业、手工业和作坊,能给人的知性带来最大荣誉的艺术是几何、哲学、天文学,此外还有演说术、诗、绘画和音乐、雕塑、建筑、铜雕等,也就是人们通常算作美的和自由的艺术的那些。"①可见,他所说的一切非自然之物都在"自由艺术"

①[德]鲍姆嘉通:《美学》"前言",简明、王旭晓译,文化艺术出版社1987年
　　版,第5页。

之列。这可以进一步说明,鲍氏拟突破传统的"美学即艺术哲学"
的理论框架意图,有回归古典时代"艺术即技艺"之意,说明审美
并不等于艺术,而是涵盖了比艺术教育更为宽泛的领域。

　　鲍氏在《美学》一书中,除了对美学作为感性学给予明确界定
外,还对"审美教育"即美育的内涵进行了界定。他说:"一切美的
教养,即那样一种教养,对在具体情况下作为美的思维对象而出
现的事物的审视,超过了人们在以往训练的状况下可能达到的审
视程度。熟悉了这种教养,通过日常训练而激发起来的,美的天
赋才能,就能成功地使兴奋起来的,转化为情感的审美情绪——
包括在珀耳修斯那里看到的那种'尚未沸腾'的审美情绪——对
准美的思维的某一确定对象。"①在这里,鲍氏将作为"感性教育"
的审美教育所包含的丰富内容做了充分的揭示。其一,揭示了审
美教养的主要内涵是"作为美的思维对象而出现的事物的审视"。
这里所谓"美的思维对象"就是"低级认识"即"感性"的对象,揭示
了审美教养作为"感性教育"的基本特质。其二,揭示了审美教育
对提高人的审美能力的重要作用,说明低级的感性认识也有一个
提升的过程。鲍氏说,审美教养的作用"超过了人们在以往训练
的状况下可能达到的审视程度"。其三,进一步揭示了审美教养
作为"感性教育"的具体内涵是对"天赋才能"的"激发"。其四,揭
示了审美教育的目的是"转化为情感的审美情绪"。也就是说,美
育的目的是通过感性教育的途径达到情感培养与提升。这也许
就是人们将"感性学"称作"美学"并对其极为重视的最重要的
原因。

――――――――――

① [德]鲍姆嘉通:《美学》,简明、王旭晓译,文化艺术出版社 1987 年版,第
　　39 页。

　　相反,如果忽视了审美教养,对人的情感加以放纵,就会导致人的贪婪、伪善、狂暴、放荡,最后会败坏一切美的东西。他说,审美训练的忽视与走偏方向会导致"完全坠入激情控制一切的境地,坠入一无所顾地追求伪善、狂暴的争赛、博爱、阿谀逢迎、放荡不羁、花天酒地、无所事事、懒惰、追求经济活动,或干脆追求金钱,那么就到处都会充斥着情感的匮乏,这种匮乏会败坏一切能被想成美的东西"①。显然,鲍氏在这里,针对的正是工业资本主义社会感性教育的弱化与走偏方向所造成的对美的破坏的严重社会现实。

　　第二,提出"感性认识的完善"的美学内涵,揭示了审美和美育的经验与知识共存的内在特性。

　　鲍姆嘉通不仅提出了"美学即感性学"、美育即感性教育的重要命题,而且揭示了这一命题中所包含的"感性认识的完善"的十分丰富而复杂的内容,从而揭示了美育所特有的感性与理性、经验与知识、模糊性与明晰性、例外与完善、个别与一般共存但总体上倾向于感性的经验性与模糊性的内在特性。

　　鲍氏在论述了审美的感性特征后,进一步说道:"美学的目的是感性认识本身的完善(完善感性认识)。"②鲍氏这个论断本身就是一个二律背反的悖论判断。因为,既然是感性,那本身就是经验的、个别的、例外的与模糊的,但审美却又要求一种与之相反的知识的、普遍的、必然的与明晰的完善性,要求将这两种倾向统一在一个审美活动之中。当然,十分遗憾的是,虽然鲍氏讲出了这个二律背

_____

① [德]鲍姆嘉通:《美学》,简明、王旭晓译,文化艺术出版社 1987 年版,第 29 页。
② [德]鲍姆嘉通:《美学》,简明、王旭晓译,文化艺术出版社 1987 年版,第 18 页。

反的事实,但没有在理论上加以总结,而其后的康德却明确地将这种判断作为自己美学理论的组成部分,并对其极为重视。鲍氏指出,低级认识能力,"这种能力不仅可以同以自然的方式发展起来的更高级的能力共处,而且后者还是前者的必要前提",又说,"就经验而言,以美的方式和以严密的逻辑方式进行的思维完全可以和谐一致,并且可以在一个并不十分狭窄的领域中并存"①。这种"共处"与"并存",就是审美与美育的内在特性所在,是其所特具的内在张力与魅力,后来被康德继承,提出审美是"无目的的合目的的形式"的论断,黑格尔称之为"关于美的第一个合理的字眼"②。现在,我们在研究鲍氏的"感性认识的完善"时才知道,原来有关这种审美与美育特性的最初揭示者是鲍姆嘉通。鲍氏不是让感性与理性、个别性的经验与普遍性的知识随便地、不合常理地杂糅在一起,而是让两者统一协调,构成一种"整体美"。他认为,审美的例外是以服从其"整体美"为前提的,是以"审美必要性"为其原则的,这就是一种"诗意的思维方式"。他说:"由于诗意的思维方式只不过是一种美的无论如何也不是一种粗糙的例外现象,所以它的一切可能性都是建立在这样的基础上,这种例外就是在理性类似物看来也小到了它对整体美所能允许的程度,或者至少理性类似物并没有发现相反的情况,因为并没有出现这样的情况,仿佛事实上人们可以提出这样的论断,说这是没有审美必要性而虚构的。"③既然在鲍氏看

---

①[德]鲍姆嘉通:《美学》,简明、王旭晓译,文化艺术出版社1987年版,第26、27页。

②[英]鲍桑葵:《美学史》,张今译,商务印书馆1985年版,第344页。

③[德]鲍姆嘉通:《美学》,简明、王旭晓译,文化艺术出版社1987年版,第107页。

来感性认识是审美、美育与诗性思维的最基本特点，那么，他就必然认为在感性与理性、模糊与清晰、独特与完善之间，前者占据主导的地位，感性、模糊性与独特性成为审美的基本特性与品格。他说："既然混乱的表象和模糊的表象都是通过低级的认识能力接受的，我们同样可以称其为模糊的。"①在他看来，这种模糊性正是美学与哲学、艺术与科学的最基本的区别，"哲学所追求的最高目标是概念的确定性，而诗却不想企及这一目标，因为这不是它的本分"②。

在这里，鲍姆嘉通不仅论述了审美、美育与艺术所特有的感性与理性、模糊与清晰、个别经验与普遍知识"共存""共处"的特点，而且论述了感性、模糊性与个别经验性占据主导地位的"整体美"审美思维。而这种"共存"的根本原因在于审美主体所特具的"理性类似思维"即审美直觉所特具的能力。康德继承了这种审美与美育特有的内在悖论的理论观点，但做了诸多调整。这种调整有进有退，有得有失。首先，从理论上来说，更加周延，特别将其归结为一种在审美与艺术中具有普适性的"二律背反"方法，使得这种"共存""共处"在理论上更加精致与完备。其次，将这种"共存""共处"的重心做了调整。鲍氏将这种重心落脚于"感性"与"模糊性"之上，使之更加符合审美、艺术与美育的根本特性；而康德则将这种重心落脚于"理性"与"道德"，最后提出"判断先于快感"的重要命题，使审美成为"道德的象征"。这就在更大程度

---

① ［德］鲍姆嘉通：《美学》，简明、王旭晓译，文化艺术出版社 1987 年版，第 128 页。

② ［德］鲍姆嘉通：《美学》，简明、王旭晓译，文化艺术出版社 1987 年版，第 132 页。

上恢复了理性派的"理论至上"原则,偏离了鲍氏对理性派反拨的初衷。从某种程度上说,在这一点上,康德明显是一种倒退。最后,在两者"共存"与"共处"的根据上,鲍氏将之归结为作为人的直觉本能的"类似理性思维",不仅从自身与内部探寻根源,具有比较充分的理论说服力,而且将其归结为人的直觉本能也具有较多的科学与事实根据;康德却将两者"共存"与"共处"的根据归结为一种神秘莫测的"先验的先天原则",即先天而预设的"无目的的合目的性"原则,这不免使这一理论也变得神秘莫测起来,因此也应该说是一种后退。

第三,提出"理性类似思维"的概念,直抵审美与美育的深层生命根基。

"理性类似思维"的提出,是鲍氏美学与美育思想的一大重要贡献。他在其《美学》的《引论》部分论述美学的基本概念时,就明确提出,美学是"美的思维的艺术和与理性类似的思维的艺术"①。在这里,鲍氏没有像沃尔夫等人那样,用"近似理性的思维"而是用"类似理性的思维",因为"类似"不是相同,而是"好像",更宜阐明感性认识的独立性及其与理性认识能力所具有的同等价值。根据鲍氏在《形而上学》一书中的论述,"理性类似思维"包括:(1)认识事物一致性的低级能力,(2)认识事物差异性的低级能力,(3)感官的记忆力,(4)创作能力,(5)判断力,(6)预感力,(7)命名力,等等。② 从鲍氏所列出的七类来看,这种"理性类

---

① [德]鲍姆嘉通:《美学》,简明、王旭晓译,文化艺术出版社1987年版,第13页。

② [德]鲍姆嘉通:《美学》,简明、王旭晓译,文化艺术出版社1987年版,第13页注①。

似思维"不同于凭借逻辑与概念推理的感性直觉能力，但同样能把握好事物的一致性、差异性、历史性、关联性及某些特性等，起到"类似理性"的作用。鲍氏将这种"理性类似思维"看得很重，认为"诗意的思维方式"的"一切可然性都是建立在这样的基础上"①。因此，鲍氏整个"美学即感性学"的论述都是以"理性类似思维"作为根基的。

鲍姆嘉通的另一个重要贡献，就是比较充分地揭示了这种"理性类似思维"所凭借的人的全部身体感官基础及其所包含的先天自然禀赋特点。鲍氏指出，作为审美的感性判断"是由那些受感觉影响的感官做出的"②。然后，他用了法文、希伯来文、拉丁文、意大利文等有关感官作用的论述，英译者在注中对他的这种论述加以阐释说："鲍氏的观点是：不同语言都有些用法来自感觉，而应用于感性判断。如英语的'美味'(good taste)。'Taste'对物而言是味、滋味，对人是味觉，对艺术只是'趣味'，对鉴赏者是欣赏力、审美力，所以 good taste 也有'风雅'之意。对于希伯来文和意大利文的解释，可见鲍氏的《美学》一书，第 546 页（1936 年出版于巴黎）。这本著作这样解释这两个希伯来文，UYU 意为'他已经品尝，他试过滋味'，转而为'他洞察了自己的心灵'；NYY 意为'嗅'，转而为'嗅出，预感到'。拉丁文的意思可译为'你讲话，就看出你'，'听其语知其人'，意谓'谈吐文雅'。"③可见，鲍氏

①［德］鲍姆嘉通：《美学》，简明、王旭晓译，文化艺术出版社 1987 年版，第 107 页。
②［德］鲍姆嘉通：《美学》，简明、王旭晓译，文化艺术出版社 1987 年版，第 161 页。
③［德］鲍姆嘉通：《美学》，简明、王旭晓译，文化艺术出版社 1987 年版，第 161 页注①。

在这里所说的"感官"已经不单单是古希腊诗学所讲的"视听觉"，还包容了味觉和嗅觉等整个身体的感官系统。更为重要的是，鲍氏在《美学》中对于包括人的身体感官在内的审美的自然要素列为专节"自然美学"加以比较深入全面的论述。他说，"先天的自然美学（体质、天性、良好的禀赋、天生的特性），就是说，美学是同人的心灵中以美的方式进行思维的自主禀赋一起产生的"；又说，"敏锐的感受力，从而使心灵不仅可以凭借外在感官去获取一切美的思维的原材料，而且可以凭借内在感官和最为内在的意识去测定其它精神能力的变化和作用，同时又始终使它们处于自己的引导之下"①。在这里，鲍氏将"先天的自然美学"作为美学家的"基本特征"，包括一切先天赋予的条件，诸如体质（感官）、天性（心理素养）、良好的禀赋（才能）与天生的特性（气质）等等；又将感受力分为获得原材料的"外在感官"即身体感觉系统与测定精神能力变化的想象、幻想等"内在感官"。显然，鲍氏已经将先天的生理禀赋（身体等外在感官）与先天的心理禀赋（心理与心灵等内在感官）放到十分重要的基础性位置。这是鲍氏对启蒙主义以来的理性主义、工具主义对感性与理性、灵与肉分离的倾向的一种反拨，是对长期被压抑的感官、身体这种天资中"低级能力"的一种唤醒。正如他自己所表白的那样："这种天资中的低级能力较易唤醒，而且应当与认识的精确性比例适当。"②

　　这就是20世纪以来逐步兴盛的"身体意识"与"身体美学"的

---

①［德］鲍姆嘉通：《美学》，简明、王旭晓译，文化艺术出版社1987年版，第22页。

②［德］鲍姆嘉通：《美学》，简明、王旭晓译，文化艺术出版社1987年版，第22页。

滥觞。但遗憾的是，这种刚刚萌芽的身体意识很快就被压制，康德以静观的无功利的纯形式的审美使美学又一次离开感官与身体，而席勒不同于感性王国的"审美王国"的建立又将灵与身的距离进一步拉开，黑格尔"理念的感性显现"则在审美与美育中彻底地消除了身体与感官的痕迹。20 世纪以来，随着对主客二分思维模式的批判，身体意识与身体美学逐步走向兴盛，成为美学与美育理论不可缺少的组成部分。法国著名现象学哲学家莫里斯·梅洛-庞蒂(Maurice Merleau-Pouty,1908—1961)在 1945 年所著的《知觉现象学》中列专章论述"身体"，并公开声言"因为我们通过我们的身体在世界上存在，因为我们用我们的身体感知世界"①。美国美学家理查德·舒斯特曼(Richard Shusterman)在其 2000 年出版的《实用主义美学》一书中明确提出建立"身体美学"的建议，他说："在对身体在审美经验中的关键和复杂作用的探讨中，我预先提议一个以身体为中心的学科概念，我称之为'身体美学'(Somaesthetics)。"②当代美国美学家阿诺德·伯林特(Arnold Berleant)在其《环境美学》一书中，提出建立一种眼耳鼻舌身全部感官及整个身心都融入其中的新美学。他说："这种新美学，我称之为'结合美学'(aesthetics of engagement)，它将会重建美学理论，尤其适应环境美学的发展。人们将全部融合到自然世界中去，而不像从前那样仅仅在远处静观一件美的事物或场景。"③

---

① [法]莫里斯·梅洛-庞蒂：《知觉现象学》，姜志辉译，商务印书馆 2005 年版，第 265 页。

② [美]理查德·舒斯特曼：《实用主义美学》，彭锋译，商务印书馆 2002 年版，第 348 页。

③ [美]阿诺德·伯林特：《环境美学》，张敏、周雨译，湖南科学技术出版社 2006 年版，第 12 页。

20世纪后半期以来，鲍姆嘉通的"感性学"与"感性教育"思想被后人重新发现并得到新的阐发，其意义首先在于更加彻底地批判了启蒙主义以来感性与理性、身与心、生活与艺术相互分离的思维定式，恢复了其相互联系的本真状态。我们可以试想一下，难道在现实生活中存在与感性相悖的理性、与身体分离的心灵、与生活相对立的艺术吗？它们之间的关系，正如鲍氏所说，是一种"共处""共存"的关系，而不是相背离的。同时，这也是对审美作为人之感性与生命表征真谛的一种回归。

事实证明，鲍氏对审美之感性学、美育之感性教育本性的论述，特别是其对于审美之"类似理性思维"的论述，具有某种人类学的意义，直抵人性深处。它说明，感性与"类似理性思维"就是人类早期思维的特点，是一种直觉的、比喻的、类比的思维方式，也就是维柯《新科学》所说的"诗性思维"、中国《周易》的"象思维"，这恰是审美思维之特点所在。感性学与"类似理性思维"就是对人类已经被逐渐湮没的早期"诗性思维"与"象思维"的一种唤醒，使正在走向异化之途的人得以回归其本真的生存与生命状态。从美育的角度来看，鲍姆嘉通"感性教育"思想的重新提出，有利于扭转当前实践中将美育演化为单纯的"知识教育"的反常现象，使之回归到"感性教育"的正途。

二、席勒与情感教育

席勒（J. C. F. Schiller，1759—1805），资产阶级启蒙运动时期伟大的文学家和美学家，以其46年的短促生命，全力反对封建暴政和资本主义黑暗，创作了大量的戏剧、诗歌和美学论著，为人类奉献了弥足珍贵的精神财富。这些精神财富，特别是其美育理论思想随着时间的推移愈加显现出巨大的价值。马克思在青年时代深受席勒影响,曾说席勒是"新思想运动的预言家"①。当代理论家 R.克罗内认为,"席勒作为一个美学理论家,他所取得的成就是划时代的"②。席勒是人类历史上第一个提出"美育"概念,并加以全面深刻阐释的理论家。他也是第一个以美育理论为武器,深刻批判资本主义制度分裂人性弊端的理论家。同时,他还明确地将美育界定为"情感教育",从而为后世人文主义美学的发展奠定了理论基础。

(一)席勒美育理论的历史地位

席勒生活在 18 世纪与 19 世纪之交的德国。当时,正值资产阶级大革命时期,整个社会正面临着由封建社会向资本主义社会的急剧转变。社会变动迅速,各种矛盾尖锐,现实与理想、光明与黑暗、进步与落后、文明与卑劣并存。席勒出生在黑暗而分裂的德国施瓦本地区之符腾堡公国内卡河畔的马尔巴赫,父亲是随军的外科医生。席勒从小就被送入被称为"奴隶培训所"的军事学校,深受封建势力的压迫,同时也受到启蒙主义思想和狂飙突进文学运动的重要影响。毕业后,他曾短期当过军医,但很快就摆脱封建束缚,投身到文学和美学论著的写作中,成为狂飙突进运动的主要代表人物。席勒因其特有的经历,站在当时社会思想的制高点上,承受着各种社会矛盾的压力,切实感悟到社会各阶层的情

①转引自[美]维塞尔:《席勒与马克思关于活的形象的美学》,《美学译文》第
 1 辑,中国社会科学出版社 1980 年版,第 4 页注①。
②转引自[美]维塞尔:《席勒与马克思关于活的形象的美学》,《美学译文》第
 1 辑,中国社会科学出版社 1980 年版,第 4 页。

感，并以其睿智的思考写出一系列传世之作。早期，席勒以"打倒暴君""自由高高地举起胜利的大旗"为口号，写了《强盗》《阴谋与爱情》等戏剧，演出获得巨大成功，赢得了广泛声誉。他还发表了著名诗歌《欢乐颂》，成为贝多芬著名的《第九交响曲》的主题。1788—1795年，席勒致力于研究历史与康德哲学，深入探讨社会、人生价值问题和救世之道。1794—1805年的十年，席勒与伟大的现实主义作家歌德结为深交，进入理论研究和艺术创作的崭新时期，不仅创作了《华伦斯坦》和《威廉·退尔》等著名戏剧，还写出了《美育书简》《论美书简》《论素朴的诗与感伤的诗》《论崇高》等一系列美学论著。1805年5月9日，席勒在过度劳累和长期贫病的压力下，罹患肺病而英年早逝。

　　长期以来，我国美学界对于席勒的美学理论，由于受鲍桑葵（Bernard Bosanquet，1848—1923）《美学史》等著作的影响，仅仅将其界定为"康德与黑格尔之间的一个重要的桥梁"[①]。但站在21世纪的今天，再来审视席勒的美学理论，我们就会深深地感到过去的评价是不恰当的。历史证明，席勒美学理论的意义绝不仅仅是黑格尔美学的一种"准备"和"桥梁"，而是早已超越了他的时代，成为人类美学建设和文化建设的不竭资源与宝贵财富。事实上，现在可见的席勒美学论著近20篇（部），尽管题目各异，但其核心论题却是"美育"，在《美育书简》的统领下展开。我们正是从这样一个崭新的角度出发来探讨席勒美育理论的划时代意义的。

　　席勒从美育的独特视角批判了他所在的时代。这种批判开启了对资本主义现代性进行审美批判的先河，影响到后世，在当

---

①朱光潜：《西方美学史》下卷，人民文学出版社1963年版，第439页。

代仍有重要意义。当代德国著名理论家尤尔根·哈贝马斯（Jüurgen Habermas,1929—　）在《论席勒的〈审美教育书简〉》一文中指出："这些书简成了现代性的审美批判的第一部纲领性文献。"①众所周知，以工业革命为标志的资本主义现代化在人类社会发展史上构成了一个十分明显的二律背反：美与非美的悖论。所谓"美"，即指人们物质生活的富裕、文明与舒适；而所谓"非美"，即指人们精神生活的贫乏、低俗与焦虑。因此，对于同资产阶级现代化相伴而生的现代性之反思与批判乃至超越现代性，就成为现代与当代的紧迫课题。对现代性进行审美的批判与反思是众多现代与当代理论家的重要理论探索之一，而开其先河者即为席勒。他以其特有的理论敏感性，高举美的艺术是人"性格的高尚化"②这一武器，深刻揭示了现代性之二律背反特性。一方面，他认为，现代化是历史的必然，"非此方式人类就不能取得进步"③；另一方面，他又空前尖锐地批判了所谓现代性所导致的人性分裂与艺术低俗的弊端。他说："现在，国家与教会、法律与习俗都分裂开来，享受与劳动脱节、手段与目的脱节、努力与报酬脱节。永远束缚在整体中一个孤零零的断片上，人也就把自己变成一个断片了；耳朵所听到的永远是由他推动的机器轮盘的那种单调乏味的嘈杂声，人就无法发展他的和谐。他不是把人性印刻到他的自然（本性）上去，而是把自己仅仅变成他的职业和科学知识的一个标志。"④

---

① [德]哈贝马斯：《现代性哲学话语》，曹卫东译，译林出版社 2004 年版，第52 页。

② [德]席勒：《美育书简》，徐恒醇译，中国文联出版公司 1984 年版，第 61 页。

③ [德]席勒：《美育书简》，徐恒醇译，中国文联出版公司 1984 年版，第 53 页。

④ [德]席勒：《美育书简》，徐恒醇译，中国文联出版公司 1984 年版，第 12 页。

对于资本主义现代化过程中美的艺术与现实的脱节以及走向低俗，席勒也进行了深刻的批判。他说："在现时代，欲求占了统治地位，把堕落了的人性置于它的专制桎梏之下。利益成了时代的伟大偶像，一切力量都要服侍它，一切天才都要拜倒在它的脚下。在这个拙劣的天平上，艺术的精神贡献毫无分量，它得不到任何鼓励，从而消失在该世纪嘈杂的市场中。"①

从以上席勒对于资本主义社会中人性分裂和艺术堕落的批判可知，他的这种批判是非常深刻和具有普适性的，即便在今天仍不失其价值。

众所周知，黑格尔曾经批判资本主义时代审美与艺术对立，因而导致"散文化"倾向。马克思在著名的《1844 年经济学——哲学手稿》中列专章讨论资本主义的"异化劳动"问题，特别是对其"劳动创造了美，但是使工人变成畸形"②的非人性现象进行了深刻的批判。美国著名哲学家赫伯特赫马尔库塞（Herbert Marcuse，1898—1979）于 1964 年在《单向度的人》一书中批判了发达资本主义社会信奉的单向度的技术思维，认为其扼杀了人与艺术的多向度"自由"本性。这些批判应该说都与席勒有着某种渊源关系，同时也说明，席勒从审美的角度批判资本主义现代化过程中存在的美与非美的二律背反，并试图加以解决，是一个关系人类社会前途的具有重大价值的时代课题。

还有一点需要引起我们注意，席勒不仅是德国古典美学发展的桥梁，而且在许多方面超越了德国古典美学，某种程度上突破德国古典美学的思辨性、抽象性，努力将美学研究带入现实生活，

---

①［德］席勒：《美育书简》，徐恒醇译，中国文联出版公司 1984 年版，第 37 页。
②《马克思恩格斯全集》第 42 卷，人民出版社 1979 年版，第 93 页。

开启了现代美学突破主客二分思维方式,走向"主体间性"之路。席勒继承了康德但又在许多方面超越了康德。正如黑格尔所说:"席勒的大功劳就在于克服了康德所了解的思想的主观性与抽象性,敢于设法超越这些界限,在思想上把统一与和解作为真实来了解,并且在艺术里实现这种统一与和解。"①席勒本人在《论美》一文中也明确表示,他要探索不同于康德的"主观—理性地解释美"的"第四种方式"——"感性—客观地解释美"。② 席勒不同于包括黑格尔在内的德国古典美学之处在于,整个德国古典美学总体上都是从思辨的哲学体系之整体出发来阐释其美学理论,而席勒却与其相反,是从改造现实社会和艺术的需要来阐释其美学理论。他认为,美与艺术是社会与政治改革唯一有效的工具。他说,政治领域的一切改革都应该来自性格的高尚化,但是在一种野蛮的国家制度支配之下,人的性格怎么能够高尚化呢? 为此,我们必须寻求一种国家没有为我们提供的工具,去打开不受一切政治腐化污染而保持纯洁的源泉。"这一工具就是美的艺术,在艺术不朽的范例中打开了纯洁的泉源。"③德国古典美学仍然遵循着主客二分的思维模式。康德提出"美是无目的的合目的的形式",作为审美判断必须凭借着一个理性的先验原理;黑格尔的"美是理念的感性显现",将美确定为绝对理念的表现形式,而席勒的"美在自由"却是凭借一种初始的审美经验现象学,在审美的想象的游戏中将一切实体的经验与理念加以"悬搁",进入一种主

①[德]黑格尔:《美学》第 1 卷,朱光潜译,商务印书馆 1979 年版,第 76 页。
②[德]席勒:《秀美与尊严》,张玉能译,文化艺术出版社 1995 年版,第 35—36 页。
③[德]席勒:《美育书简》,徐恒醇译,中国文联出版公司 1984 年版,第 61 页。

体与客体、感性与理性交融不分的审美境界。他说:"从这种游戏
出发,想象力在它的追求自由形式的尝试中,终于飞跃到审美的
游戏。"①席勒认为,这种审美的自由不同于对必然的认识之"智
力的人的自由",而是以人的综合本性为基础的"第二种自由",其
内涵为"实在与形式的统一、偶然性与必然性的统一、受动与自动
的统一"。② 哈贝马斯认为,这实际上是当代"主体间性"理论和
"交往理论"的一种萌芽,他在《论席勒的〈审美教育书简〉》中指
出:"因为艺术被看作是一种深入到人的主体间性关系当中的'中
介形式'(Form der Mittei lung)。席勒把艺术理解成了一种交往
理性,将在未来的'审美王国'里付诸实现。"③

　　特别重要的是,席勒在人类历史上第一次提出了"美育"的概
念,并将其界定为"人性"的自由解放与发展。这不仅突破了近代
本质主义认识论美学,奠定了当代存在论美学发展的基础,而且
开创了"人的全面发展"和"审美的生存"新人文精神的重铸之路,
关系到人类长远持续美好的生存。席勒于 1793—1795 年写作了
他一生中最重要的美学论著《美育书简》,其副标题是《关于人的
审美教育书简》。这是资本主义现代发展过程中有关人性批判与
人性建设的一部重要典籍,标志着美学逐步由书斋走向生活。在
这一论著中,席勒在人类历史上首次提出了"美育"的概念,并将
其同人的情感与自由紧密相联。他在第二封信中指出:"我们为

①［德］席勒:《美育书简》,徐恒醇译,中国文联出版公司 1984 年版,第
　　142 页。
②［德］席勒:《美育书简》,徐恒醇译,中国文联出版公司 1984 年版,第 87 页。
③［德］哈贝马斯:《现代性哲学话语》,曹卫东译,译林出版社 2004 年版,第
　　52 页。

了在经验中解决政治问题,就必须通过审美教育的途径,因为正是通过美,人们才可以达到自由。"①审美教育的目的,就是克服资本主义时代对人性的扭曲和割裂,恢复人所应有的存在自由。这种人的存在自由就是人性发展的无障碍性和完整性。他说:"我们有责任通过更高的教养来恢复被教养破坏了的我们的自然(本性)的这种完整性。"②将审美教育与人的自由生存和人性的全面发展紧密结合,其意义极为深远。从美学学科本身来说,开创了由美学的抽象思辨研究到现实人生研究的广义美学学科的美育转向。这就是从席勒以来二百年中绵延不绝的现代人本主义美学的发展。从更深远的社会意义来说,克服资本主义现代化所带来的人性和人格的片面性,追求人的审美的生存,是人类始终不渝的宏大课题。马克思曾经在《1844 年经济学——哲学手稿》中探讨人类通过"按照美的规律建造"的途径,扬弃"异化",恢复人的自由本性问题。后来,马克思又探讨了人的全面发展成为建设共产主义的必要条件的问题。他说:"私有制只有在个人得到全面发展的条件下才能消灭,因为现存的交往形式和生产力是全面的,所以只有得到全面发展的个人才能占有它们,即才可能使它们变成自己的自由的生命活动。"③当代哲学家马丁·海德格尔(Martin Heidegger,1889—1976)针对资本主义时代极端发展的技术思维对人性的扭曲,提出"人诗意地栖居"④。席勒的美育理论尽管有其不可避免的局限性,但他对现代化过程中精神文化建设的高度重视,对人的

---

①［德］席勒:《美育书简》,徐恒醇译,中国文联出版公司 1984 年版,第 39 页。
②［德］席勒:《美育书简》,徐恒醇译,中国文联出版公司 1984 年版,第 56 页。
③《马克思恩格斯论艺术》第 1 卷,中国社会科学出版社 1982 年版,第 271 页。
④［德］海德格尔:《荷尔德林诗的阐释》,商务印书馆 2000 年版,第 45 页。

审美生存的不懈追求，却成为鼓舞人类前行的伟大精神力量。

（二）席勒的美育理论

席勒最重要的理论贡献在于围绕"美育"这个论题，以《美育书简》为中心，构筑了一个相对完备而新颖的美育理论体系。这个美育理论体系的核心是"把美的问题放在自由的问题之前"①，其实质是一种现代存在论美学的初始形态，预示着现代美学由认识论发展到存在论的必然趋势，直接影响到后世。正如我国有的学者所说，席勒美学"既超越古希腊以来自然（宇宙）本体论，又超越近代认识论，从而达到了人本学本体论的新高度，并且一直影响到二十世纪以来的美论"②。

席勒美育理论的哲学基础是由认识本体论到存在本体论的过渡。说席勒的美育理论继承了康德的哲学思想，是没有问题的。他在《美育书简》的第一封信中即指出："下述命题绝大部分是基于康德的各项原则。"③也就是说，席勒主要继承了康德的先验人本主义哲学，特别是康德有关自然向人生成的观点，但对于康德的认识本体论却有所突破。席勒对于欧洲工业革命以来盛行的认识本体论，总体上是持批判态度的。他认为，古希腊人之所以优于现代人就因为古希腊人的哲学观是一种人本本体论，而席勒所在的时代的哲学观却是一种从知性出发的认识本体论，这成为工业革命过程中各种"异化"现象的根源之一。正是出于克

---

①［德］席勒：《美育书简》，徐恒醇译，中国文联出版公司1984年版，第38页。
②蒋孔阳、朱立元主编：《西方美学通史》第4卷，上海文艺出版社1999年版，第413页。
③［德］席勒：《美育书简》，徐恒醇译，中国文联出版公司1984年版，第35页。

服这种"异化"现象的动机,席勒由古希腊的古典本体论出发,走向存在本体论。他认为,所谓美即是由感性冲动之存在向形式冲动之存在的过渡与统一;为了把我们自身之内的必然东西转化为现实,并使我们自身之外现实的东西服从必然性的规律,我们受到两种相反的力量的推动:"前者称为感性冲动,产生于人的自然存在或他的感性本性。它把人置于时间的限制之内,并使人成为素材";"第二种冲动我们称为形式冲动。它产生于人的绝对存在或理性本性,致力于使人处于自由,使人的表现的多样性处于和谐中,在状态的变化中保持其人格的不变"。① 只有由第一种冲动过渡到第二种冲动,实现两者的统一,才能使现实与必然、此时与永恒获得统一,真理与正义才得以显现。在这里,所谓"感性冲动"实际上是指处于时间限制的"此在"状态之存在者,而"形式冲动"则指隐藏在存在者之后的"存在",两者统一才能使存在得以澄明,真理得以显现。这就是一种审美的情感的状态。对于这种使人性得以显现的审美,席勒称之为"我们的第二造物主"②。这说明,席勒认为审美是使人具有精神文化修养并真正禀赋人性的唯一途径。同时,他认为,"只有当人在充分意义上是人的时候,他才游戏;只有当人游戏的时候,他才是完整的人"③。也就是说,在他看来,作为情感状态的审美,实际上是人与周围世界发生的第一个自由的关系,也是人脱离动物单纯对物质的追求走上超

---

① [德]席勒:《美育书简》,徐恒醇译,中国文联出版公司 1984 年版,第 75、76 页。

② [德]席勒:《美育书简》,徐恒醇译,中国文联出版公司 1984 年版,第 111 页。

③ [德]席勒:《美育书简》,徐恒醇译,中国文联出版公司 1984 年版,第 90 页。

越实在的文化之路的标志。由此可见,席勒是从存在本体论的独特视角来阐释其美育理论的。

关于美育的内涵,席勒将其界定为"情感"与"自由"。他认为,在现实生活中存在着力量的王国和法则的王国。在力量的王国里人与人以力相遇,其活动受到限制;在法则的王国中人与人以法则的威严相对峙,其意志受到束缚;只有在审美的王国中,人与人才以自由游戏的方式相处,处于一种情感的愉悦状态。因此,"通过自由去给予自由,这就是审美王国的基本法律"①。席勒所说的"自由",包含着十分丰富的含义。它不同于认识论哲学中的自由是对必然的把握,也不同于理性独断论的理性无限膨胀的自由,而是力图超越实在、必然与理性的一种审美的关系性的自由,是一种情感愉悦的"心境"。诚如席勒所说,"美使我们处于一种心境中,这种美和心境在认识和志向方面是完全无足轻重并且毫无益处"。② 这种自由的另一含义,是审美的想象力自由,是想象力对于自由的形式的追求,从而飞跃到审美的自由的游戏。当然,归根结底,席勒所说的自由是人性解放的自由,是通过审美克服人性之分裂走向人性之完整。席勒认为,只有在审美的国度里才能实现"性格的完整性"③。席勒指出,只有通过美育,这种"精神能力的协调提高才能产生幸福和完美的人"④。但是,席勒也清楚地看到,在现实的资本主义社会中,试图通过审美教育营

①[德]席勒:《美育书简》,徐恒醇译,中国文联出版公司 1984 年版,第 145 页。

②[德]席勒:《美育书简》,徐恒醇译,中国文联出版公司 1984 年版,第 110 页。

③[德]席勒:《美育书简》,徐恒醇译,中国文联出版公司 1984 年版,第 45 页。

④[德]席勒:《美育书简》,徐恒醇译,中国文联出版公司 1984 年版,第 55 页。

造审美的王国,培养自由的全面发展的人格是不可能的,只能是一种理想。这种理想作为一种需求只可能存在于每个优美的心灵中,而作为一种行为也许只能在少数优秀的社会圈子里找到。通过上述分析可知,席勒美育理论的自由观与康德美学的自由观密切相关,但又区别于康德。康德的自由观局限于精神领域,是一种想象力与知性力、理性力的自由协调。而席勒美育理论的自由观则不仅局限于精神领域,而更侧重于现实人生,追求一种人性完整、政治解放的人生自由。因而,席勒美育理论的自由观是一条人生美学之路,开辟了整个西方现代美学走向人生美学的方向。

美育的作用是席勒美育理论的重要组成部分,关系到美育是否具有不可代替性的地位。席勒认为,美育的特殊作用是通过建构一个情感的审美的王国使其成为沟通感性与理性、自然与人文、知识与道德、感性王国与理性王国之中介。席勒指出:"要使感性的人成为理性的人,除了首先使他成为审美的人,没有其他途径。"①这就使美育成为由自然之人成长为理性之人的必由之途,是对康德自然向人生成的观念的继承发展。这正是席勒关于美育作用的"中介论",成为席勒整个美育理论的核心环节,解决了整个审美之谜。席勒认为,审美联结着感觉和思维这两种对立状态,寻找两者之间的中介成为十分关键的环节。"如果我们能够满意地解决这个问题,那么我们就能找到线索,它可以带领我们通过整座美学的迷宫。"②审美所关系到的感性和理性是一种

---

① [德]席勒:《美育书简》,徐恒醇译,中国文联出版公司 1984 年版,第 116 页。
② [德]席勒:《美育书简》,徐恒醇译,中国文联出版公司 1984 年版,第 98 页。

各自成立而又相反的两端，构成二律背反，所以，审美与美育就具有一种特有的张力、魅力与神秘性，这也是美育"中介论"的特性所在。美育的中介作用是多方面的，除了教化的作用之外，美育还是社会解放的中介。席勒认为，美育能在力量的可怕王国和法则的神圣王国之间建立一个游戏的情感的审美王国，从而使社会与人得到解放。他说："在这里它卸下了人身上一切关系的枷锁，并且使他摆脱了一切不论是身体的强制还是道德的强制。"①席勒认为，美育还是人性得以完整的中介。他说，其他一切形式或者偏重于感性，或者偏重于理性，都使人性分裂，"只有美的观念才使人成为整体，因为它要求人的两种本性与它协调一致"②。正因为美育具有特殊的中介作用，所以，席勒认为，它是德智体其他各育所不可取代的。他说："有促进健康的教育，有促进知识的教育，有促进道德的教育，有促进鉴赏力和美的教育。这最后一种教育的目的在于，培养我们感性和精神力量的整体达到尽可能的和谐。"③

　　席勒认为，美育所凭借的手段是美的艺术。因此，从某种意义上说，美育就是艺术教育。美的艺术之所以是美育的最重要手段，是由艺术的性质决定的。席勒指出，艺术的根本属性"是表现的自由"④。艺术美是一种克服了质料的形式美，也是一种无知

---

① ［德］席勒：《美育书简》，徐恒醇译，中国文联出版公司 1984 年版，第 145 页。

② ［德］席勒：《美育书简》，徐恒醇译，中国文联出版公司 1984 年版，第 145 页。

③ ［德］席勒：《美育书简》，徐恒醇译，中国文联出版公司 1984 年版，第 108 页注①。

④ ［德］席勒：《秀美与尊严》，张玉能译，文化艺术出版社 1996 年版，第 75 页。

性概念束缚的想象力的自由驰骋,所以,只有这种艺术美才能成为以自由为内涵的美育的最重要手段。席勒首先从艺术类型的纵向角度论述了理想的美育的途径,那就是由优美到崇高,达到人性的高尚。这就是理想的美育过程,也是理想的人性培养过程。他说:"我将检验融合性的美对紧张的人所产生的影响以及振奋性的美对松弛的人所产生的影响,以便最后把两种对立的美消融在理想美的统一中,就像人性的那两种对立形式消融在理想的人的统一体中那样。"①这里所谓"融合性的美"就是滑稽,包括喜剧等一切有关的艺术形式,内含着某种形式的认识因素;而"振奋性的美"则是崇高,包括悲剧等一切有关的艺术形式,更多地趋向于道德的象征。因此,只有两者的结合才是理想的美育手段,也才能使人性达到统一,培养理想的性格。席勒认为,只有以美与崇高结合为一个整体的审美教育,才能使人性达到完整,使人由必然王国经过情感的审美王国,进入道德的自由王国。② 从纵向的角度,席勒勾画了审美教育的历史过程,即由古代的素朴的诗到现代的感伤的诗,最后走向两者结合的理想形态的诗。他认为,古代素朴的诗趋向于自然,反映了人性的和谐;而现代感伤的诗却是寻找自然,反映人性的分裂,但给人提供更多崇高的形象。因此,由素朴的诗到感伤的诗是人类走上文化道路的反映,是一种历史的进步。但理想的美育手段应该是未来的两者结合的诗(艺术形式)。他说:"但是还有一种更高的概念可以统摄这两种方式。如果说这个更高的概念与人道观念叠合为一,那是

---

① [德]席勒:《美育书简》,徐恒醇译,中国文联出版公司1984年版,第94页。
② 蒋孔阳、朱立元主编:《西方美学通史》第4卷,上海文艺出版社1999年版,第413、421页。

不足为奇的。"①他认为,美的人性"这个理想只有在两者的紧密结合中才能出现"②。

席勒的情感美育理论将美学研究从抽象的思辨带到现实生活之中,同时也将康德美学理论中的"自由"从形而上学的天堂带到现实生活之中。他第一次提出了现代社会人性改造的重大课题,并试图通过美育的途径实现人性的改造,建构了完备而系统的美育理论体系,给后世以巨大的启迪与影响。

(三)席勒美育理论的当代价值

席勒的情感美育理论在 20 世纪初的 1904 年就由王国维介绍到中国,其后,蔡元培又提出著名的"以美育代宗教"说,产生了广泛影响,由此逐步开始了这一理论的中国本土化过程。在五四运动前后的反封建时期,席勒的美育理论在一定程度上起到了启蒙的作用,所谓"代宗教"也是指取代封建儒教。在当前我国进行大规模现代化建设的过程中,席勒的美育理论更有其重要作用。

席勒的美育理论是一种作为世界观的本体论理论,将审美看作人的本性和人的解放的唯一途径,因而成为最重要的价值取向。这一理论对于我国当前在马克思主义唯物实践观的指导下,通过美育的途径,培养广大人民的审美世界观,造就一大批学会审美的生存的人,建设和谐的小康社会,具有极为重要的意义。我国的现代化在四十多年的建设中取得极大发展和辉煌成就,但

----

① 朱光潜:《西方美学史》下卷,人民文学出版社 1963 年版,第 463—464 页。
② [德]席勒:《秀美与尊严》,张玉能译,文化艺术出版社 1995 年版,第 337 页。

也不可避免地出现美与非美的二律背反现象。在社会日益繁荣进步、人们生活日益改善提高的同时,也出现环境污染严重、精神焦虑加剧、某种程度的道德滑坡与文化的低俗倾向等精神文化领域的问题。我国优越的社会制度无疑有利于这些问题的解决,但仍需采取政治、经济、法律等各种手段。其实,上述问题说到底是一个文化问题,也就是人的生活态度问题,因此,只有从文化、世界观与价值观的角度才能从根本上解决。其中就包括通过美育途径培养人民确立审美的世界观,以审美的态度对待自然、社会与他人,成为生活的艺术家,获得审美的生存。通过美育,帮助人们确立审美的世界观,从而将人类从现代文化危机中拯救出来,这是具有普适性的人类自救之路。因为前工业时代人类依靠上帝这个"他者"来使自己超越私欲,而工业文明时代人类破除了对于上帝的迷信,反而陷入某种道德真空的危机。但我们相信,在当代,人类依靠包括审美自觉性在内的理性力量就一定能够使自己摆脱过分膨胀的私欲,走出文化危机,创造审美的生存的崭新生活。

席勒的美育理论是一种人生美学,旨在克服现实生活中人性的分裂,实现人性的完整,造就人性得到全面发展的自由的人。这是对于工业革命时代工具理性对人性的压抑、人格的分裂与教育扭曲的反拨,是对新的有利于人的自由、全面发展的教育的呼唤,对于我们建设当代崭新的社会主义教育体系具有重要意义。特别是我国当前提出加强素质教育的重要课题,将美育作为其中"不可代替"的方面,在这项重要工作中,应该借鉴席勒有关美育所特具的将人从感性状态提升到理性状态的"中介作用"等重要理论资源。而在落实当前国家有关加强德育和未成年人思想道德建设的重要工作中,要借鉴席勒有关美育思想所具有的"排除一切外在与内在强制的自觉自愿"的特性，充分发挥美的艺术在道德建设中的熏陶感染作用，落实德育工作的针对性与实效性，增强吸引力与感染力。

在当前的文化与文学艺术建设中，席勒的美育理论也具有重要的借鉴作用。早在二百多年前，席勒就敏锐地看到资本主义市场经济所形成的艺术的低俗化、功利化倾向。他尖锐地指出，艺术的精神"消失在该世纪嘈杂的市场中"，艺术严重地脱离了生活。他力主艺术超越"兽性满足"和"性格腐化"，成为精神力量的"自由的表现"，使得日常生活审美化。当前，在文化与文学艺术的建设中也存在美与非美的二律背反。一方面，反映时代精神的优秀文艺作品大量涌现；另一方面，由于市场利益的驱动和腐朽文化的浸染，导致文化与文学艺术严重的非美化与低俗化。在这种情况下，应该很好地借鉴席勒有关美的艺术作为人性"高尚化"工具的理论，既正视当前大众文化蓬勃发展的现实形势，又坚持美的艺术的"高尚化"方向，使我国的文化和文学艺术事业得以健康、全面、可持续发展。

在我们吸收中西理论资源以建设当代美育理论体系的学术工作中，席勒的美育理论也有着极为重要的借鉴作用。席勒的美育理论作为一种人生美学，是与我国古代美学的"诗教""乐教"的传统相一致的。席勒在写作《美育书简》的同时还写过《孔子的箴言》，表明他对遥远的东方智慧的向往，也说明他的美育理论在某种程度上受到中国古代文化的影响。确实，中国古典美学之"中和论"美育思想，以中国古代"天人合一"理论为哲学基础，显示出特有的哲思魅力。探索中国古代"中和论"美育思想与席勒"中介论"美育思想的结合与互补，将会更好地推动我国当代美育理论建设。

　　席勒的挚友、伟大的德国文学家歌德指出,席勒"为美学的全部新发展奠定了初步基础"①,这一评价是恰当的。在席勒逝世二百多年后的今天,我们再来回顾席勒的贡献,就会明显地看到席勒不仅是属于过去时代,更是属于未来时代的伟大美学家。他不仅继承了过去,而且开创了未来。他对时代的思考,对人类前途命运的关怀,以及他的美学理论中所灌注的强烈的人文精神,都是跨越时代的,必将惠及人类的今天和明天。席勒于1795 年在一首名为《播种者》的诗中写道:"你只想在时间犁沟里播下智慧的种子——事业,让它悄悄地永久开花。"席勒就是这样的精神播种者,他在二百多年前所播下的美育理论的智慧种子已经在人类的文化园地里开出灿烂的花朵,并将愈加绚丽。

　　当然,任何伟人及其思想都是历史性的存在,难免有其历史局限性。今天,我们从历史的视角反思席勒的情感论美育思想,感到其精英化倾向还是非常明显的。他将美育归结为艺术教育与情感教育,试图建立一个超越感性王国的审美的王国。这在很大程度上是对鲍姆嘉通感性教育思想的一种倒退,远离了鲜活而本真的感性,远离了丰富多彩的生活,走向了超越感性和平民的精英之路与艺术中心之路,为黑格尔美学与美育思想的客观理念之路作了铺垫。他对艺术美的过分推崇,对自然美的忽视,也表明了根深蒂固的"艺术中心论"观念。这当然是一种时代的、阶级的与哲学观的局限所致,只有在马克思主义唯物史观的指导下才能得到彻底的克服。

---

① [英]鲍桑葵:《美学史》,张今译,商务印书馆 1985 年版,第 385 页。

三、马克思与人的教育

美育是一种人的教育,这已有许多理论家讨论过了。但马克思以唯物史观为指导对美育作为人的教育的基础、实质与内涵的非常深刻的论述,可以看作是本书的指导原则。说到马克思有关美育的人的教育理论,首先就要讲到马克思主义的人学理论。这本来是不言而喻的事情,但过去很长一段时间曾经被视为禁区,新时期以来这方面的研究已经愈来愈多,可以看作是马克思有关美育的人的教育理论的一种指导。

(一)马克思主义人学理论及其对美育的人的教育理论的重要意义

马克思主义人学理论,实际上就是马克思主义哲学的基本形态。尽管长期以来对于这一理论存在诸多争论,但我们认为,在人学已经成为当代西方哲学与文化转型的标志的情况下,马克思主义作为反映社会文化发展方向的哲学理论形态,对于人学理论没有回应是绝对不可能的。发掘马克思主义理论中的人学内涵,使之充分发挥纠正当代西方人学理论偏差的作用,也是时代的需要和我们理论工作者的责任。事实上,马克思主义就是关于无产阶级解放的学说,而无产阶级解放的前提则是整个人类的解放。恩格斯在《共产党宣言》1883年德文版序言中指出,无产阶级"如果不同时使整个社会永远摆脱剥削、压迫和阶级斗争,就不再能使自己从剥削它压迫它的那个阶级(资产阶级)下解放出来"①。

---

① 《马克思恩格斯选集》第1卷,人民出版社1972年版,第232页。

整个社会的解放，也就是人类的解放，这是马克思主义的奋斗目标。因此，我们从无产阶级乃至整个人类解放的意义上论述马克思主义人学理论，应该是科学的，符合马克思与恩格斯的本意。其实，早在1843年年底至1844年1月，马克思就在著名的《〈黑格尔法哲学批判〉导言》一文中明确地提出了自己的人学理论。他说，"德国唯一实际可能的解放是从宣布人本身是人的最高本质这个理论出发的解放"①。又说，"对宗教的批判最后归结为人是人的最高本质这样一个学说，从而也归结为这样一条绝对命令：必须推翻那些使人成为受屈辱、被奴役、被遗弃和被蔑视的东西的一切关系"②。有的理论工作者认为，这一思想不仅不是马克思当时思想的核心，而且还带有费尔巴哈人本主义的痕迹。我们认为，这种看法不尽妥帖。因为，这里其实包含两层紧密相关的意思：第一层就是关于人是人的最高本质的学说；第二层是一条"绝对命令"，亦即人学理论的前提是推翻使人受奴役的一切社会关系。这正是1885年恩格斯所说的"决不是国家制约和决定市民社会，而是市民社会制约和决定国家"③的意思。这就是社会存在决定社会意识的马克思主义历史唯物主义重要原理。由此说明，马克思在《〈黑格尔法哲学批判〉导言》中所说的"绝对命令"，即人学理论的前提，已经将其奠定在历史唯物主义的基础之上了。事实证明，如果从马克思主义的历史唯物主义出发，将马克思主义的人学理论的核心归结为无产阶级和整个人类的解放，那么，这一理论其实一直贯穿于马克思主义理论发展始终，从马

①《马克思恩格斯选集》第1卷，人民出版社1972年版，第15页。
②《马克思恩格斯选集》第1卷，人民出版社1972年版，第9页。
③《马克思恩格斯选集》第4卷，人民出版社1972年版，第192页。

克思在《1844年经济学——哲学手稿》中对"异化"的扬弃到我国今天对"以人为本"的倡导，应该说是一脉相承的。

马克思主义人学理论的产生绝不是偶然的，而是有其历史的必然性。从社会历史的层面说，这一理论恰是批判资本主义制度，实现人类解放的社会主义革命运动的必然要求。马克思主义创始人代表着无产阶级和广大被压迫阶级的利益，深刻地分析了资本主义制度剥削的本性及其生产社会化与私人占有制的内在矛盾，因而从深刻批判资本主义制度的角度出发必然要提出人类解放这一马克思主义人学理论最重要的理论武器。马克思在《〈黑格尔法哲学批判〉导言》中指出："哲学把无产阶级当作自己的物质武器，同样地，无产阶级也把哲学当作自己的精神武器；思想的闪电一旦真正射入这块没有触动过的人民园地，德国人就会解放成为人。"①由此可见，马克思主义人学理论是无产阶级解放的精神武器。正是在无产阶级和劳动人民谋求解放的伟大历史运动之中，马克思主义人学理论才得以产生和发展。从《1844年经济学——哲学手稿》到《共产党宣言》，再到《资本论》，再到马恩后期的著作，几乎可以清晰地描绘出马克思主义人学理论发展的一条红线。从哲学理论的层面上看，马克思主义人学理论恰恰是批判各种二分对立的旧哲学的产物。众所周知，近代以来，与工业革命相应，认识本体论哲学发展，无论是唯物主义还是唯心主义，都从主客二分的角度将抽象的本质的追求作为哲学的终极目标。这种见物不见人的哲学理论实际上是对现实生活与人类命运的远离，是脱离时代需要的。马克思主义创始人充分地看到了这种哲学理论的弊端，以马克思主义历史唯物主义的人学理论对

①《马克思恩格斯选集》第1卷，人民出版社1972年版，第15页。

其加以超越。马克思在其著名的《关于费尔巴哈的提纲》中指出："从前的一切唯物主义——包括费尔巴哈的唯物主义的主要缺点是：对事物、现实、感性，只是从客体的或者直观的形式去理解，而不是把它们当作人的感性活动，当作实践去理解，不是从主观方面去理解。所以，结果竟是这样，和唯物主义相反，唯心主义却发展了能动的方面，但只是抽象地发展了，因为唯心主义当然是不知道真正现实的、感性的活动本身的。"①在这里，马克思有力地批判了旧唯物主义的抽象客观性和旧唯心主义的抽象主观性，而将对于事物的理解奠定在主观的、能动的感性实践的基础之上。这种主观能动的感性实践就是人的实践的存在，是马克思主义实践论人学理论的基本内涵。马克思首先超越了费尔巴哈的旧唯物主义，这种旧唯物主义将人的本质归结为抽象的生物性的"爱"，是一种"从客体的或者直观的形式去理解"的二分对立的错误思维模式。同时，马克思也超越了以黑格尔为代表的唯心主义从抽象的精神理念出发的另一种主客二分对立的错误思维模式。马克思以人的唯物社会实践将主客统一了起来，从而超越了一切旧的哲学，成为人类历史上崭新的哲学理论形态——唯物实践论人学观。

　　马克思主义的唯物实践论人学观与西方当代人学理论有许多共同之处。马克思唯物实践论人学观与其他人学理论一样，都是对于西方近代以来认识本体论主客二分思维模式的突破。它以其独有的唯物实践范畴突破了西方古代哲学的主客二分，并对作为本体的主客两者加以统一。在这里，实践作为主观见之于客观的活动，是一个过程，不可能成为本体。但实践中的具体的人

①《马克思恩格斯选集》第 1 卷，人民出版社 1972 年版，第 16 页。

却可以成为本体。因此，这是一种唯物实践本体论，也是一种"存在先于本质"的理论，以此突破了主观实体或客观实体。正因为如此，马克思主义唯物实践论人学理论也同当代其他人学理论一样，是以现实的在世的个别之人为出发点。海德格尔是以在世之"此在"为其出发点的，马克思主义唯物实践论人学理论则是以个别的、活生生的现实之人为其出发点的。诚如马克思所说，唯物主义历史观的"前提是人，但不是某种处在幻想的与世隔绝、离群索居状态的人，而是处在一定条件下进行的、现实的、可以通过经验观察到的发展过程中的人"①；又说，"任何人类历史的第一个前提无疑是有生命的个人的存在"②。由此可见，实践中的现实的有生命的个人存在就是马克思唯物实践论的出发点。这是一个在一定的时间与空间中实践着的活生生的个人。正如马克思所说，"时间实际上是人的积极存在，它不仅是人的生命的尺度，而且是人的发展的空间"③。马克思主义唯物实践论人学理论也同当代西方其他人学理论一样，是以追求人的自由解放为其旨归的。众所周知，马克思主义理论本身就以无产阶级与整个人类的自由解放为其最终目标，它把"只有解放全人类才能解放无产阶级"写在自己的战斗旗帜之上。马克思在论述共产主义时就曾明确指出，共产主义是"以每个人的全面而自由的发展为基本原则的社会形式"④。

　　但马克思主义人学理论又具有西方当代人学理论所不具备

①《马克思恩格斯全集》第 3 卷，人民出版社 1960 年版，第 30 页。
②《马克思恩格斯选集》第 1 卷，人民出版社 1972 年版，第 24 页。
③《马克思恩格斯全集》第 47 卷，人民出版社 1979 年版，第 532 页。
④《马克思恩格斯全集》第 23 卷，人民出版社 1960 年版，第 649 页。

的鲜明的实践性和阶级性特点,由此成为当代人学理论的制高点。对于这一点,西方当代理论家也是承认的。萨特指出:"马克思主义非但没有衰竭,而且还十分年轻,几乎是处于童年时代:它才刚刚开始发展。因此,它仍然是我们时代的哲学:它是不可超越的,因为产生它的情势还没有被超越。"①马克思所说的人首先是处于社会生产劳动实践之中的人,社会生产劳动实践是人的最基本的生存方式。诚如马克思所说:"所以我们首先应当确定一切人类生存的第一个前提也就是一切历史的第一个前提,这个前提就是:人们为了能够'创造历史',必须能够生活。但是为了生活,首先就需要衣、食、住以及其他东西。因此第一个历史活动就是生产满足这些需要的资料,即生产物质生活本身。"②这就将以社会生产劳动为特点的实践世界放到了人的生存的首要的基础地位,从而将马克思主义人学理论奠定在唯物主义实践观的理论基础之上,迥异于西方当代以胡塞尔唯心主义现象学为理论基础的人学理论。马克思的"实践世界"理论也迥异于西方当代人学理论家后期提出的"生活世界"理论。马克思主义的人学理论还具有极其鲜明的阶级性。它是一种以关怀和彻底改变无产阶级和一切被压迫阶级的生存状况为宗旨的理论形态,是无产阶级和一切被压迫阶级获得解放的理论武器。这种人学理论迥异于呼唤抽象的爱的资产阶级人道主义,公开地宣布反对资产阶级的压迫与统治是无产阶级和一切被压迫阶级获得解放的必要条件。这就是马克思主义人学理论的鲜明的阶级性和政治价值取向所

---

① [法]萨特:《辩证理性批判》上卷,林骧华等译,安徽文艺出版社 1998 年版,第 28 页。

② 《马克思恩格斯全集》第 3 卷,人民出版社 1960 年版,第 31 页。

在。马克思人学理论的另一个重要特点是其将人的个人存在与其社会存在有机地结合起来。它一方面强调人是现实的有生命的个人存在，同时也强调人是一种社会的存在，是个体性与社会性的有机统一。马克思既强调了人的存在的现实性与个体性，同时更强调了人的存在的社会性与阶级性，强调了个人的自由解放要依赖于社会的进步和整个阶级与人类的解放，这就超越了西方存在主义理论观念。

马克思主义唯物实践人学理论的建设和发展对于当代美学与美育建设具有极为重要的作用，以它为理论基础就表明，当代美学与美育建设将由本质主义的实体性美学向当代人生美学转型。本质主义的实体性美学就是主客二分的认识论美学，以把握美的客观本质或主观本质为其旨归。这种美学实际上是一种严重脱离生活的经院美学，在很大程度上是对人的本真存在的一种遮蔽。而建立在马克思人学理论基础之上的人生美学则是充满现实生活气息的人的美学，是一种对于实体遮蔽之解蔽，实现人的本真存在的自行显现，走向澄明之境。这是一种以人的现实"在世性"为基点的美学形态，力图彻底摆脱主客二分，实现作为现实的人与自然社会、理性与非理性的多侧面、全方位的有机统一。实际上，以马克思主义人学理论为指导的当代美学与美育，突破了传统的本质主义认识论美学。对待审美，它不是如认识论美学那样只是从所谓"本质"的一个层面对其界说，而是从在世的人的角度，从活生生的人的多个层面对其界说，从而对传统的美学与文艺学理论进行新的阐释。从具体的审美来说，它不是立足于对于对象的客观规律的知识性把握，而是立足于在世的现实的人审美经验的建立。这种审美经验的建立是以"前见"为参照，以当下的理解为主，从主体的构成性出发，建立起新的视界融合。

马克思主义人学理论对美学与美育理论中有关"人的教育"的思想具有极为重要的价值与意义，我们初步将其概括为以下三个方面：

1. 明确地界定了美学与美育作为人文学科，"以人为本"是其出发点，人的教育是其核心内容。

马克思主义人学理论视野中的美育的"人的教育"理论始终建立在马克思主义唯物史观的理论基础之上，以社会实践与一定的经济基础为其根基，是历史的、发展的、与时俱进的。

2. 提出了马克思美学与美育观中的"人的教育"理论：人也按照美的规律建造。

马克思主义美学与美育观中的"人的教育"理论不是孤立地、抽象地提出的，而是在一定的社会实践和社会生产中提出的。这就是他在著名的《1844 年经济学——哲学手稿》中提出的"人也按照美的规律建造"的理论。他在《手稿》的"异化劳动"部分谈到社会实践创造对象世界时，指出："动物只是按照它所属的那个种的尺度和需要来建造，而人却懂得按照任何一个种的尺度来进行生产，并且懂得怎样处处都把内在的尺度运用到对象上去；因此，人也按照美的规律来建造。"①在这里，首先要弄清楚"美的规律"的内涵。学术界对此争议颇多，其实从字义来说，十分明确的就是"种的尺度"与"内在尺度"的统一，也就是物与我的协调、自然与人的统一，达到一种自由的状态。再来看"建造"的含义，显然，在这里，"建造"指的是生产。马克思在《手稿》里所讲的生产是两种生产，即产品的生产与人的生产。他说："劳动不仅生产商品，它还生产作为商品的劳动自身和工人，而且是按它一般生产商品的

————————

① 《马克思恩格斯全集》第 42 卷，人民出版社 1960 年版，第 97 页。

比例生产的。"①因此，"按照美的规律建造"就不仅是指按照美的规律生产（建造）商品（产品），而且也指应该按照美的规律生产（建造）人（工人）。按照美的规律建造人，就是一种对人的审美的教育。既要按照美的规律生产产品，又同时要按照美的规律生产人，这就是马克思"按照美的规律建造"的基本内涵。这样的内涵意义重大，成为马克思主义唯物实践论的重要组成部分。众所周知，马克思在写作《1844 年经济学——哲学手稿》的半年之后，于1845 年春又写作了另一个手稿《关于费尔巴哈的提纲》，在《提纲》的最后指出"哲学家们只是用不同的方式解释世界，而问题在于改变世界"。② 如果将这前后相隔不到半年的两个手稿的论断结合起来，那就是："哲学家们只是用不同的方式解释世界，而问题在于改变世界，按照美的规律建造。"我认为，这样的结合是具有理论自洽性的，其结果就是"按照美的规律建造"成为马克思唯物实践观的有机组成部分，马克思按照美的规律建造人的美学与美育思想在其基本理论中的位置凸现出来。

3. 批判了资本主义社会人的"非美化"：扬弃"异化"。

马克思终身的伟大事业之一，就是从事对资本主义及其制度的批判。这种批判的深刻性与科学性一直到今天都有重要的价值与意义。马克思的资本主义批判的一个重要方面就是对资本主义社会人的"非美化"的批判，也就是对极为重要的"异化"思想的阐述。他说："国民经济学以不考察工人（即劳动）同产品的直接关系来掩盖劳动本质的异化。当然，劳动为富人生产了奇迹般的东西，但是为工人生产了赤贫。劳动创造了宫殿，但是给工人

---

①《马克思恩格斯全集》第 42 卷，人民出版社 1960 年版，第 90 页。
②《马克思恩格斯选集》第 1 卷，人民出版社 1972 年版，第 19 页。

创造了贫民窟。劳动创造了美，但是使工人变成畸形。劳动用机器代替了手工劳动，但是使一部分工人回到野蛮的劳动，并使另一部分工人变成机器。劳动生产了智慧，但是给工人生产了愚钝和痴呆。"①这是在"异化劳动"部分讲的，而"异化既表现为我的生活资料属于别人，我所希望的东西是我不能得到的、别人的所有物；也表现为每个事物本身都不同于它本身的另一个东西，我的活动是另一个东西，而最后这也适用于资本家——则表现为一种非人的力量统治一切"②。由此说明，所谓"异化"就是走向自己的反面，走向"非人"，也就是一种"非美化"。马克思在这里首先揭露了资本主义劳动的"异化"的严重后果，迫使工人艰辛而付出巨大的劳动，结果使他们走向了贫困、粗陋、畸形、野蛮等一系列"非人"的"非美化"的恶劣境地；同时也深刻揭露了造成这种"异化"的原因，即资本主义制度下极为不合理的"分工"；使工人变成机器的奴隶，进而变成剩余价值的奴隶，资本家则成为机器的主人、剩余价值的拥有者。他认为，分工是私有财产的本质、异化的形式，指出："关于分工的本质——劳动一旦被承认为私有财产的本质，分工就自然不得不被理解为财富生产的一个主要动力——也就是关于作为类活动的人的活动这种异化的和外化的形式……"③马克思认为，只有在私有制制度中，私有财产的拥有者才能凭借财产和权力的优势进行压迫，剥削和掠夺式的分工使劳动者处于被剥削、受迫害的不利地位，从而丧失自己的自由、权利和尊严。私有制，特别是资本主义制度是对人与人性的剥夺与

---

①《马克思恩格斯全集》第 42 卷，人民出版社 1960 年版，第 93 页。
②《马克思恩格斯全集》第 42 卷，人民出版社 1960 年版，第 141 页。
③《马克思恩格斯全集》第 42 卷，人民出版社 1960 年版，第 144 页。

压制。打破分工，是扬弃"异化"，解放被压迫者，恢复其人的权利，是一种未来社会建设的理想。马克思说："哲学家们把不再分工支配的个人看作'人'的理想，并且把我们所描述的全部发展过程说成是'人'的发展过程。"①

（二）马克思对未来共产主义教育与美育思想的论述：人的自由全面发展

马克思对未来共产主义社会进行了科学的理论论证，认为未来的社会由于私有制与分工的消除，每个人都能得到自由全面的发展。1847年，马克思与恩格斯在著名的《共产党宣言》中说道："代替那存在着阶级和阶级对立的资产阶级旧社会的，将是这样一个联合体，在那里，每个人的自由发展是一切人的自由发展的条件。"②恩格斯在此之前的《共产主义原理》一文中说过类似的话："通过消除旧的分工，进行生产教育、变换工种、共同享受大家创造出来的福利，以及城乡的融合，使社会全体成员的才能得到全面的发展；——这一切都将是废除私有制的最主要的结果。"③人的自由全面发展，是一个社会的理想，也是教育的理想，当然也是美育的理想，是人的教育的原则与目标。当然，人的自由全面发展也是一定生产水平之下才能实现的目标，并且是建设共产主义社会的必要条件。马克思、恩格斯指出："只有在个人得到全面发展的条件下，私有制才能消灭，因为现存的交往形式和生产力

①［苏］米海伊尔·里夫希茨编：《马克思恩格斯论艺术》，曹葆华译，人民文　　学出版社1960年版，第362页。
②《马克思恩格斯选集》第1卷，人民出版社1972年版，第73页。
③《马克思恩格斯选集》第1卷，人民出版社1972年版，第224页。

是全面的，而且只有得到全面的个人才能够占有它们，即把它们变为自己的自由的生命活动。"①在这里，马克思又一次坚持了唯物史观的立场：一切的思想意识都只能建立在一定的经济基础之上。由此，人的解放、私有制的消灭与生产水平是同步互动的。马克思还深刻地论述了"人的自由全面发展"的深刻而丰富的内容，首先是分工的消除。当然，分工是私有制与一定生产水平的产物，但分工又的确极大地束缚了人的个性的自由解放。马克思与恩格斯指出，"问题在于：只要一出现了分工，每个人就具有自己的一定的专门活动范围，这是强加在他身上的，而且是他不能超出的。他是一个猎人、渔夫、牧人，或者是批判的批判家，只要他不愿意失去生活资料，就一定仍旧是这样一种人。至于共产主义社会里，没有谁被专门的活动范围限制着，而每个人都能在任何领域中益臻完善，所以社会调节着全部生产，因而也就为我们创造了可能性，可以今天做一件事情，明天做另一件事情，早上打猎，午后钓鱼，黄昏喂牲畜，晚饭后从事批判，随我高兴怎样就怎样，——因此并不使之成为猎人，渔夫，牧人或批判家"②。分工的消除能为人们个性与兴趣的发展开辟如此广阔的空间，这的确是十分令人神往的。当然，其前提是社会发展到极高的水平，具备了极为丰富的物质与精神条件。

　　人的自由全面发展的另一个重要内涵，就是人长期受到压制与束缚的感性能力得到极大的解放，全面地拥有、占有了自己的

---

① [苏]米海伊尔·里夫希茨编：《马克思恩格斯论艺术》，曹葆华译，人民文学出版社1960年版，第358页。

② [苏]米海伊尔·里夫希茨编：《马克思恩格斯论艺术》，曹葆华译，人民文学出版社1960年版，第211—212页。

感性能力，自由地运用其感受五彩缤纷的外部世界。马克思认为，在私有制的条件下，在异化的情况中，当人的基本生存都难以维持之时，人的感性的感觉也是异化的、被压制的。因此，"私有制的废除就是一切人的感觉和属性的完全解放"。马克思具体写道："人以全面的方式，即作为完全的人，占有着自己全面的本质。人对世界的任何一种人的关系——看、听、嗅、尝、触、思维、直观、感受、意愿、活动、恋爱……一句话，他的个性的一切器官，就像那些在形式上作为社会器官而直接存在的器官一样，在自己的对象关系上，或者在自己跟对象的关系上，是对于对象的占有，是对于人的现实性的占有。"①马克思将自己的批判矛头直指资本主义制度之下异化的极端严重、工具理性的极端膨胀、人的天性的感觉能力所受到的巨大压制，并揭示了随着私有制的消灭、异化的扬弃，人的感觉能力必将全面复归。在这里，马克思将前面提到的鲍姆嘉通的感性教育包含在自己的人的教育之中，并为其揭示了感性教育复归的必要前提。

（三）马克思美育思想的历史唯物论基础：人是社会关系的总和

马克思有关人的教育的理论与唯心主义的人学理论截然不同之处在于，它建立在历史唯物论的理论基础之上。马克思所说的"人"，从来不是抽象的与社会历史相脱离的人，而是处在一定的经济与社会关系中的人。他在《关于费尔巴哈的提纲》中明确地将自己的人学与人的教育的理论同一切历史唯心论划清了界

---

① ［苏］米海伊尔·里夫希茨编：《马克思恩格斯论艺术》，曹葆华译，人民文学出版社1960年版，第342页。

限。他说:"人的本质并不是单个人所固有的抽象物。在其现实性上,它是一切社会关系的总和。"①这是马克思对费尔巴哈将宗教的本质归结为人的本质的历史唯心论的有力批判,是他为自己的人学理论所建立的牢固的历史唯物论基础。他进一步指出:"这种历史观和唯心主义历史观不同,它不是在每个时代中寻找某种范畴,而是始终站在现实历史的基础上,不是从观念出发来解释实践,而是从物质实践出发来解释观念的东西……"②他进而认为,即使到未来的共产主义社会,人的自由全面发展的根本动因与前提,"最后是在于个人在现实生产力的基础上的活动的普遍性中"③。

总之,马克思的人学理论与人的教育理论有着十分深刻而丰富的内涵,是其历史唯物论的重要组成部分,成为我们整个美育研究的最重要的理论基石。

①《马克思恩格斯选集》第 1 卷,人民出版社 1972 年版,第 18 页。
②《马克思恩格斯选集》第 1 卷,人民出版社 1972 年版,第 43 页。
③[苏]米海伊尔·里夫希茨编:《马克思恩格斯论艺术》,曹葆华译,人民文学出版社 1960 年版,第 359 页。

第二讲　美育的学科特性

美育目前已经正式列入国家教育方针,并进入到各级各类教育的教学与课程体系,其独立学科性质已被国家体制所承认。为了有利于美育学科的学科建设,还是应该进一步弄清楚美育的学科特性,以便于按照其内在规律促使其健康发展。

一、作为边缘交叉学科的美育

"美育"并不是一门新兴学科,它早在18世纪末就已提出,但人类对它的认识和研究还很不够,在我国更是如此。可以说,"美育"是一门薄弱学科。同时,它也是一门边缘性的学科,涉及教育学、美学、心理学、脑科学、哲学和社会学等诸多方面。因此,美育同其他学科的关系特别密切。从这个意义上说,"美育"的研究是一种综合性的研究。由于美育主要介于教育学和美学之间,成为二者的中介学科,因此,有的学者将其归结为教育学,有的将其归结为美学。从科学的意义上说,美育还是应属于教育学,是教育科学中具有独立意义的一个重要分支,同时也是我们社会主义教育的根本指导思想之一和不可缺少的方面。因为美育的根本任务和目的都在于培养社会主义新人,这样,教育科学中教与学及人才培养的基本规律都适用于"美育",但这些基本规律却只能给美育以指导而不能代替它自身的特殊规律。因为美育是以培养审美力为其根本宗旨的,这就使它不同于一般的教育而具有自己的特殊性,需要人们对其作为一个特殊的领域的性质、规律和特点进行专门的研究。美育虽是教育学的一个分支,但同美学的关系特别密切,因为审美力的培养正是它的特殊性之所在。这样,就需深入研究审美力的特点及其发展规律。也正因此决定了美育不同于其他教育的特殊性质。对美育的研究必须借助于美学理论,特别是审美的理论;而且,美育的发展也将从实践的角度对美学提出一系列崭新的课题,促使美学不断地随着时代与社会的需要向前发展。美育同心理学和社会学的关系也很密切。心理学是以人的心理现象为其研究对象的,而审美力及其发展过程就是一种特殊的心理现象。只有从心理学的角度深刻地研究审美力的根本特点,及其同感知、联想、想象与思维等心理过程的关系,才能真正把握美育的本质,认识其重要性。长期以来,我国轻视美育的倾向,就同极左思潮影响下错误地把心理学打成唯心主义而加以批判直接有关。美育的心理机制以神经活动过程的生理机制为基础,因此,美育也与脑科学紧密相关。任何教育都是社会的,美育当然也不例外,所以,美育又与以社会现象为研究对象的社会学紧密相联。社会学要求美育从时代与社会的广阔背景上来探讨审美力的特点及培养问题,而不能将其孤立于社会与时代之外。另外,马克思主义的哲学作为一切科学最根本的理论指导,对美育也有着指导作用。我们应以马克思主义唯物史观为根本的指导思想来研究美育,运用社会存在决定社会意识、对立统一规律来探讨审美力的培养过程。

　　美育虽然是介于美学、教育学、心理学等之间的一门交叉边缘学科,但归根结底它是教育学的一个分支。中国的教育学界很长一段时间并没有给予足够重视，外国教育学界所研究的情感教育与艺术教育问题，我们大都将其作为技能和手段。这就不免使美育变味。有鉴于此，我想说，我们既要认识到美育学科的交叉与边缘特点，更要强调它的相对独立性。为此，就要真正下力气从事美育学科的学科建设。我认为，在美育学科之内，还应包括美育学、美育心理学、美育社会学、美育实践学、美育史、比较美育学等。所谓美育学，无疑是对美育的基本理论进行研究，阐述美育的基本范畴及其体系。所谓美育心理学，是从美育的心理机制，包括从脑科学的角度对美育进行研究探讨。所谓美育社会学，专门研究美育的社会属性，探讨它同政治、经济、文化的关系。所谓美育实践学，是运用现代教育方法与手段，对美育的实施进行全方位的探讨。所谓美育史，包括中外美育发展的历史及其规律。所谓比较美育学，主要是运用比较的方法对中外和各国之间的美育进行研究，探索其异同，着眼于交流对话与借鉴。

关于美育学的理论体系。既然美育是一门相对独立的学科，那么作为其基本理论研究的美育学就应有独立的理论体系，也就是范畴体系。我认为，美育学的基本范畴是审美力，因为美育是以培养审美力作为其出发点与落脚点的。审美力的内涵就是康德在《判断力批判》中所说的情感判断力。康德将其界定为无目的与合目的的统一，席勒则将其归纳为自然与自由的结合。从当代的发展来说，审美力的内在矛盾还包含情感与思维、原始本能与理性精神、形象的显现与存在本体等等。从审美力出发，可以派生出审美力的培养、审美力与其他能力的关系等范畴。所谓审美力的培养，主要解决审美感受力与审美理解力的关系，既要以审美感受力作为基础，又不能离开审美理解力的指导。审美力与其他能力的关系，包括审美力与智力、意志力、体力的关系等。

关于美育研究的方法。当代自然科学与社会科学的发展都非常迅速,因此,在美育的研究方法上要尽量拓宽。本书所介绍的戈尔曼与加德纳的教育理论,运用了脑科学、教育学、心理学、统计学、社会学等多种研究方法,显得思路开阔,资料丰富,启人思考。相比之下,我国美育研究的方法比较单一,大多还是哲学的纯理论的研究方法,从理论到理论,显得比较单调贫乏,难以深入。实际上,在方法上,我们可以更多地借鉴国外的经验,采取多维度、多侧面的研究。当然,主要应按照美育侧重于教育学与美学的特点,侧重于教育学与美学的方法,侧重于人文教育与感情教育相结合的方法,落实到审美力的培养之上,力戒仿效其他科学学科而变成纯知识的传授。总之,美育学科的边缘交叉性质,决定了它的知识与方法的多元性特点。

二、作为人文学科的美育

美育属于人文学科,这是必须要明确的。只有明确了这一点,才能明确美育所肩负的人文教育的基本任务。人文学科有其特定的研究对象,那就是以"人文主义""人的价值""人的精神"作为自己的研究对象。《简明不列颠百科全书》在"人文学科"条目下指出,"人文学科是那些既非自然科学也非社会科学的学科的总和。一般认为人文学科构成一种独特的知识,即关于人类价值和精神表现的人文主义的学科"[1]。这种对于鲜活灵动的人性、人的精神、人的价值与人文主义的研究,显然不同于自然科学与

----

[1]《简明不列颠百科全书》第6卷,中国大百科全书出版社1986年版,第760页。

社会科学对于自然与社会的客观规律的研究。这就是对于活生生的具体的个人的研究，或如马克思所说，是对于作为"社会关系总和"之人的本性的研究，也是海德格尔所说的对于作为"此在之在世"的人的生存状态的研究。具体到美学与美育，则是对于作为个体的人的审美经验的研究。法国美学家杜夫海纳在《审美经验现象学》中指出，美学的审美经验研究是与人学理论必然联系的。他说，美学以艺术的审美经验为研究对象，"这种解释的优点是把审美和人性的关系靠拢了。因为我们知道，审美的本性是揭示人性。但审美唯一依靠的是人的主动性。而人归根结底只是因为自己的行动或至少用自己的目光对现实进行了人化才在现实中找到人性"①。这里所说的艺术的审美经验，不是英国经验派所说的纯感性的"经验"，但又以这种感性的经验为基础。它从康德的审美作为反思的情感判断之"无目的的合目的"经验开始，发展到当代审美经验现象学的经验。这种经验由感性出发，包含着某种超越。康德的审美判断是对于功利的超越，当代现象学的审美经验是对于实体的"悬搁"，最后走向自由，审美的自由、想象的自由、人的自由全面发展等等。

　　美学与美育作为人文学科应有自己不同于自然科学与社会科学的研究方法，这就是人学的研究方法。诚如《简明不列颠百科全书》在"人文学科"条目中所说，人文学科"运用人文主义方法"。这种"人学"的，或者"人文主义"的研究方法，不是门罗所说的完全自下而上的方法，自下而上的方法实际上还是自然科学的实证的方法。这种人学的研究方法也不是我们长期以来所误解

---

① ［法］杜夫海纳：《审美经验现象学》，韩树站译，文化艺术出版社1996年版，第588页。

的马克思在《〈政治经济学批判〉导言》中所说的"从抽象上升到具体的方法",因为这是政治经济学的研究方法,是一种社会科学的逻辑的研究方法。正如马克思在这个《导言》中所说,人们对于世界的理论的逻辑的掌握"是不同于对世界的艺术的、宗教的、实践—精神的掌握的"[①]。我们所说的人学的方法,就是马克思所说的"莎士比亚化"[②]的方法。从创作来说,就是"个性化"的方法,而从审美来说,则是具有鲜明个性的体验。发展到后来,就是现象学美学提出的审美经验现象学的方法,包含丰富的内容。波兰的英伽登和法国的杜夫海纳对审美经验现象学方法有丰富发展。首先是审美态度的改造性,即通过审美主体的审美态度将日常的生活经验改造为审美的经验。再就是审美知觉的构成性,即审美主体凭借审美知觉在意向性之中对于审美对象的构成。在审美知觉构成审美对象之前,作为自然物或艺术品都还只是一种存在物,并未成为审美对象。还有审美想象的填补性,即通过主体的艺术想象对于"未定域"加以补充,对作品加以"具体化"的再创造,对于某些"缺陷"加以弥补。最后是审美价值的形上性,这是对审美经验内涵的提升,是其人文精神的最好体现,也是审美走向自由的最重要途径。事实证明,审美绝不是也不可能"价值无涉"或"价值中立",而是有着明显的价值倾向的。鲜明的价值取向就是美学与美育的最重要特点,是其区别于社会科学、特别是自然科学之处。首先,美学与美育有着明确的审美价值取向。的确,"艺术"(art)在西语中除了"艺术、美术"之外还有"技术、技艺、人工"等含义。从实际生活来看,也并非一切的艺术都是美

①《马克思恩格斯选集》第 2 卷,人民出版社 1972 年版,第 104 页。
②《马克思恩格斯选集》第 4 卷,人民出版社 1972 年版,第 340 页。

的。但我们的美学理论却应有明确的美的价值取向，鲜明地肯定美，同时否定丑。其次我们的美学与美育还应有社会共通性的价值取向，也就是说，在伦理道德上应该坚持善恶等人类共通的道德判断。再就是意识形态方面的价值取向，总的来说，应该坚持审美活动与文艺服务于最广大人民的方向。最后是应该坚持对于人类前途命运的终极关怀的价值取向，美学与美育的学科建设应该包含着强烈的理想因素和终极关怀精神。

从美育历史发展来看，它无疑贯穿着一条绵延不断的人文教育的红线。现代美育无疑是从现代西方开始的，是与资本主义的发展相伴随的，其目的是从封建专制对人与人权的压抑中将"人"解放出来。所以，美育的宗旨始终是人的解放与人的启蒙。从工业革命开始到现在，西方美育经过了审美启蒙、审美补缺与审美本体这样几个阶段。欧洲18世纪开始了著名的启蒙运动，以法国"百科全书派"为代表的启蒙运动明确提出"启蒙"的口号。所谓"启蒙"（mumination），原义即"照亮"，即以科学艺术的知识照亮人们的头脑，高扬自由、平等与博爱三大口号，目标是针对封建制度的支柱——天主教会，旨在削弱封建的王权和神权。在那样的时代，审美成为"启蒙"的重要手段。他们一反传统文艺对贵族的歌颂，要求文艺歌颂普通的人民，并将之称为"最光辉，最优秀的人"。莱辛在著名的《汉堡剧评》中指出，一个有才能的作家"总是着眼于他的时代，着眼于他国家最光辉，最优秀的人"①。温克尔曼提出了著名的"自由说"，认为"艺术之所以优越的最重要的原因是有自由"②。

---

① [德]莱辛：《汉堡剧评》，张黎译，上海译文出版社1981年版，第9页。
② 蒋孔阳、朱立元主编：《西方美学通史》第3卷，上海文艺出版社1999年版，第841页。

到 18 世纪末期,资本主义现代化过程中社会矛盾越来越尖锐,资本主义制度与工具理性的弊端越来越明显,出现人与社会、科技与人文以及感性与理性日渐分裂的情形。这就是所谓"西方的没落"与"文明的危机"。在这种情况下,美学学科出现明显的"美育转向",由"审美启蒙"转到"审美补缺",由思辨的美学转到人生美学,现代"美育"理论由此出现。众所周知,第一个提出"美育"概念的是德国的席勒。他在师承康德美学的基础上于 1795 年发表著名的《美育书简》,提出"美育"的概念。大家知道,该书还有一个副标题——"On the Aesthetic Education of Man",可以翻译成"对于完整的人的感性的与审美的教育",说明《美育书简》的主旨是完整的人的教育和对于完整的人的人文教育。在《美育书简》中,席勒对工业革命导致的人性分裂进行了深刻的批判。他将这种情况描述为:"国家与教会、法律与习俗都分裂开来,享受与劳动脱节、手段与目的脱节、努力和报酬脱节。永远束缚在整体中一个孤零零的断片上,人也就把自己变成一个断片了。"为此,他提出通过美育的途径来将两者沟通起来,克服理性与感性的分裂:"要使感性的人成为理性的人,除了首先使他成为审美的人,没有其他途径。"①美育在这里承担着对于感性与理性分裂,也就是人性的分裂进行补缺的重要作用,成为人性的教育、人的教育。这其实也是当代美育的最重要内涵。因此,席勒美育思想的深远含义已经远远超越了启蒙运动初期理性审美启蒙的内容,包含着对被分割的现实进行人文补缺的崭新内涵。当然,席勒仅仅是现代美育理论的最早提出者,真正将这种人生美学发展到成

————————

① [德]席勒:《美育书简》,徐恒醇译,中国文联出版公司 1984 年版,第 51、116 页。

熟阶段的，是以叔本华、尼采为代表的"生命意志论"哲学与美学家。他们张扬一种激昂澎湃的唯意志主义人性精神，力主审美是人之为人的最重要标志，是人的生存的最重要价值之所在。尼采指出，"艺术是生命的最高使命"，又说，"只有作为一种审美现象，人生和世界才显得是有充分理由的"①。事实上，自从黑格尔逝世之后，西方哲学界就开始试图突破启蒙运动以来"主客二分"的思维模式和人与世界对立的实体性世界观，探索一种有机整体性思维模式和关系性世界观。这就从世界观的高度为美育奠定了本体的地位。海德格尔提出"此在与世界"的在世模式与人"诗意地栖居"的审美的人生观，明确地为"审美的人生"（广义的美育）奠定了本体的地位。杜威在《艺术即经验》中致力于哲学的改造，提出"审美是一个完整的经验"的重要思想。他说，审美的经验"与这些经验不同，我们在所经验到的物质走完其历程而达到完满时，就拥有了一个经验"；又说，"经验如果不具有审美的性质，就不可能是任何意义上的整体"②。与此同时，在教育领域也开始突破启蒙主义时期以"智商"为标志、把人训练成机器的见物不见人的"泛智型教育"，探索以新的人文精神为主导的"人的教育"。1869 年，查尔斯·W.艾略特就任哈佛大学校长，提出著名的"塑造整个学生"的教育理念。1945 年，哈佛大学提出《自由社会中的通识教育》，俗称"红皮书"，将人文教育正式纳入课程体系之中，一直延续至今。2004 年，美国理查德·加纳罗与特尔玛·阿特休勒出版了"人文学通识"系列《艺术，让人成为人》(*The Art*

①[德]尼采：《悲剧的诞生》，周国平译，生活·读书·新知三联书店 1986 年版，第 2、105 页。

②[美]杜威：《艺术即经验》，高建平译，商务印书馆 2005 年版，第 37、43 页。

of Being Human）一书,将以艺术为基本内容的人文学教育提到"使人成为人的教育"的高度认识,意义深远。作者在表述自己的愿望时指出,他们希望通过本书的阅读,"学生们将获得更大的信心寻找自己"①。翻译者舒予则在《译后记》中概括该书的要旨时指出,"我们学习人文学或人文艺术,最终的目的是要'成人','成人'即指'使人成为人',因为人并不必然地生而为人便可以成'人'。如果一个个体在实践生命的过程中让流俗的意见、观念,让各种外在的社会现实全然操纵自己的命运而失去与自己的联系,无法聆听来自自己内心深处的声音,那么,他便不能是人文学意义上的'一个人',而只能是古希腊哲学家第欧根尼（Diogenes）所说的'半个人'（a half man）、布罗茨基所说的'社会化动物'、克拉科和马丁所说的'二手人'（a second-hand person）";又说,"因此,人文学意义上的'成人'即是指,在'技术和机器成为群众生活的决定因素'的时代里,在'人类的统一意味着所有人都在劫难逃'的时代里帮助人发现、滋养、耕犁他的独一性,也就是他的个性,进而让他成为一个人文学意义上的'人'"②。在这里,美育作为"人文教育"已经具有使人摆脱"半个人""二手人",使人成为具有独立个性的"人"的本体的重要作用。

2006年3月6—9日,在葡萄牙里斯本召开的世界艺术教育大会,更加明确地将艺术教育和文化参与提升到人权的高度加以认识。会议在制定《艺术教育路线图》时指出,"文化和艺术是旨

①［美］理查德·加纳罗、特尔玛·阿特休勒:《艺术,让人成为人》"致谢",舒予译,北京大学出版社2007年版,第9页。
②［美］理查德·加纳罗、特尔玛·阿特休勒:《艺术,让人成为人》,舒予译,北京大学出版社2007年版,第584页。

在促进个体全面发展的综合教育的核心要素。因此，对于所有学习者，包括那些常常被排除在教育之外的人群，例如移民、少数民族和残疾人，艺术教育都是一种具有普遍意义的人权"[1]。这里，特别强调了艺术在人的全面发展中的核心作用。因而，艺术教育应该成为人人都应获得的基本权利，对我们提高对于艺术教育重要作用的认识具有重要启发意义。

我国现代美育是在西方的影响下发展起来的，引进并借鉴了大量西方现代美育与艺术教育的理论与经验。但由于我国乃"后发展国家"，而且长期处于半封建半殖民地政治与文化背景之下，因此，我国现代艺术教育的发展尽管与西方有许多相似之处，但其区别却是非常明显的。从时间上来说，如果说欧洲的现代艺术教育开始于18世纪后半期的工业革命和启蒙主义时期，那么我国现代艺术教育则应该是始于20世纪初。我们可以以王国维1903年发表第一篇美育论文作为我国艺术教育的起始。对于艺术教育内涵的理解，中西的看法差异较大。目前，有学者将中国现代美育概括为"审美功利主义"，并认为"中国现代美育思想与西方现代性的美学不同，它不排斥理性和道德，而是主张与理性和道德相包容、相协调"。这就是说，论者认为，中国现代美育思想借助的是西方现代早期审美启蒙的思想理论。还有学者将中国现代美学与美育分为功利主义与超功利主义两类。[2] 也有的论者认为，中国现代是"救亡压倒启蒙"[3]。按照这种说法，现代

①万丽君、龙洋编译：《构建21世纪的创造力——2006年世界艺术教育大会》，《中国美术教育》2008年第2期，第5、16、24、20页。

②杜卫：《审美功利主义》"中文摘要"，人民出版社2004年版，第5、209页。

③李泽厚：《中国现代思想史》，东方出版社1987年版，第7—49页。

审美教育的审美启蒙在民族救亡之时必然受到阻碍。这几种看法都是论者长期研究的成果，自有其道理。但我们认为，我国现代审美教育的发展，从内涵上来看，也同样是"人"的教育与人文教育；而从历程来看，也大体历经了审美启蒙、审美补缺与审美本体这样三个阶段，但其具体内涵与路径却与西方有着明显差异。救亡与启蒙并不矛盾，而且具有某种内在的一致性，它们都统一在一代新人的培养之上。1902年，我国现代著名的资产阶级思想家梁启超发表著名的《新民说》一文，将培养新的国民作为"今日中国第一要务"，并提出"然则苟有新民，何患无新制度？无新政府？无新国家？"①，由此说明，"人"的教育和人文教育已经成为我国现代资产阶级思想家与教育家的比较自觉的意识与行动方向。我国从20世纪初到20世纪80年代，基本上属于审美启蒙时期。但这时由于我国处于半封建与半殖民地社会以及长期的革命时期，真正的现代化还没有开始，尽管也高喊"科学与民主"的口号，但当务之急则是真正完成反封建的任务与民族自觉性的唤起。因此，这时主要不是理性与道德的启蒙，而是民族自觉性的启蒙，借助的也主要不是西方早期现代理性精神，而是19世纪后期以来的意志论、生存论与俄国民主主义哲学美学以及中国化的马克思主义哲学美学——毛泽东美学思想。20世纪80年代以来，随着我国现代化的逐步深入，经济与社会、科技与人文的矛盾日益尖锐，美育逐步承担起人文补缺的作用。新世纪开始以来，随着和谐社会与"以人为本"思想的日益深化，美育的本体地位愈加明显。

在上述分析的基础上，现在我们稍微具体一点，先从1903年

①《梁启超全集》第2册，北京出版社1999年版，第655页。

王国维发表我国第一篇美育论文《论教育之宗旨》说起。该文在论述"教育之宗旨"时，提出著名的培养"完全之人物"的路径，其中就包括美育。王国维运用席勒的观点将美育定位于"情感教育"。他说："要之，美育者，一面使人之感情发达，以达完美之域；一面又为德育与知育之手段。此又教育者所不可不留意也。"①在著名的发表于1906年、揭示我国民族之疾病的《去毒篇》中，他写道："今试问中国之国民，曷为而独为鸦片之国民乎？夫中国之衰弱极矣，然就国民之资格言之，固无以劣于他国民。谓知识之缺乏欤？则受新教育而罹此癖者，吾见亦夥矣；谓道德之腐败欤？则有此癖者不尽恶人，而他国民之道德，亦未必大胜于我国也。要之，此事虽非与知识、道德绝不相关系，然其最终之原因，则由于国民之无希望，无慰藉。一言以蔽之，其原因存于感情上而已。"显然，他立足于健康的国民感情的培育，而将国民感情的衰败作为中国衰弱的主要原因，放到了知识与道德之上。他要借助的理论武器不是欧洲理性主义精神，而是以叔本华、尼采为代表的意志论哲学美学。王国维在1904年写成的《叔本华与尼采》中将他们两人称作"旷世之天才"而给予充分肯定。他的哲学美学思想无疑是以这种意志论哲学为基础的。②

　　我国现代另一位倡导美育最有力的教育家是曾经担任过民国教育总长与北京大学校长的蔡元培。1912年，他在《对于教育方针之意见》中对美育作了一番解释："美感者，合美丽与尊严而言

①　姜东赋、刘顺利选注：《王国维文选》，百花文艺出版社2006年版，第210页。

②　姜东赋、刘顺利选注：《王国维文选》，百花文艺出版社2006年版，第229、36页。

之,介乎现象世界与实体世界之间,而为津梁。此为康德所创造,而嗣后哲学家未有反对之者也。"①很明显,这里,蔡元培运用的是康德有关审美沟通现象界与物自体的理论,以图塑造人格完全之国民。众所周知,康德的美学理论尽管属于理性派范围,但其恰恰对于理性的绝对性表示质疑,而且强调被理性派所忽视的感情。这说明,蔡氏在此借鉴于康德的,并非其理性精神而是其"情感沟通"的理论。不仅如此,蔡氏的美育理论还包含着强烈的反封建精神。在其著名的"以美育代宗教"说之中,就对包括"孔教"在内的宗教之"强制""保守""有界"等压抑人性的弊端进行了激烈批判,对人性的自由、进步与普及进行了大力张扬。②

鲁迅对美育的倡导,更是大力借助于西方的积极浪漫主义文学与意志论哲学美学,以进行他的宏大的"国民性"改造工程。他在1907年发表的《摩罗诗力说》就盛赞以拜伦、雪莱与裴多菲为代表的8位积极浪漫主义作家,颂扬他们"不为顺世和乐之音""殊持雄丽之言""立意在反抗,指归在动作"的艺术精神。他还特别张扬尼采的意志论哲学,试图以其熏陶个人人格,重建国民精神。

我国另外一位著名的现代教育家梅贻琦在20世纪30年代初就任清华大学校长时,明确提出:清华的目标是培养学生成为"周见洽闻"的"完人"、"读书知理"的"士"、"精神领袖",而不是"高等匠人"。与此同时,梅氏对于审美教育在烽火连天的民族救亡中所承当的"民族启蒙"作用也是十分赞同的,他所领导的西南联大成为民族救亡的大本营之一就是明证。

---

① 高平叔编:《蔡元培教育文选》,人民教育出版社1980年版,第4—5页。
② 高平叔编:《蔡元培教育文选》,人民教育出版社1980年版,第201页。

　　即便是被公认为比较强调审美超脱性的朱光潜也是主张审美人生论的。他早年在《论修养》一书中力主通过美育"复兴民族"，并要求青年彻底地觉悟起来。他说："现在我们要想复兴民族，必须恢复周以前歌乐舞的盛况，这就是说，必须提倡普及的美感教育。"①又说："青年们，目前只有一桩大事——觉悟——彻底地觉悟！你们正在作梦，需要一个晴天霹雳把你们震醒，把'觉悟'二字震到你们的耳朵里去。"②

　　20 世纪 30 年代以后，开始了波澜壮阔的抗日战争以及日益深入的救亡运动，中国共产党领导的革命文化运动不断发展。这时，审美启蒙与救亡结合，毛泽东文艺思想在斗争中产生并指导着中国的文艺工作。文艺为工农兵服务，向工农兵普及，从工农兵提高，成为文艺与审美的指导原则，产生了《黄河大合唱》《义勇军进行曲》等充分反映时代精神的审美启蒙名曲，至今仍有着旺盛的艺术生命力。这种革命的审美启蒙一直继续到 20 世纪 60 年代与 70 年代。1978 年，我国开始进入新时期，中华民族开始了真正的现代化进程，取得巨大成绩。20 世纪 90 年代以来，随着市场经济的开展，我国社会逐步出现美与非美的二律背反，人文精神的缺失成为人们关注的重要问题。在这种情况下，我国的审美教育由审美启蒙进入审美补缺阶段。教育部于 1995 年提出开展包括审美教育等重要内容的文化素质教育，同时建立了全国性的人文素质教育基地。1999 年 6 月又颁布《关于深化教育改革全面推行素质教育的决定》，将美育作为素质教育的有机组成部分。特别是新世纪开始后，我国提出科学发展观与建设和谐社会的指

---

①《朱光潜全集》第 4 卷，安徽教育出版社 1988 年版，第 152 页。
②《朱光潜全集》第 4 卷，安徽教育出版社 1988 年版，第 9 页。

导原则,更是标志着"审美本体"理念的确立。在这里,"科学发展观"是对传统经济发展观的超越,是我国现代化发展观念与模式的重大调整。而"以人为本"则是与之相关的对于改善人的生存状态的空前突出。"和谐社会建设"意味着审美态度将成为新世纪大力提倡的根本人生观,也就是提倡以审美的态度对待自然、社会、他人与自身。① 就我国港台地区来说,近年来对于"通识教育"的认识与实践也有新的发展。主要是在唯科技主义和唯经济主义思潮的影响下,高等教育面临着巨大冲击,不仅学科种类面临着分割,而且德智体美等统一的"人的教育"也面临着分裂,大学变成"分裂型的大学"。在这种情况下,许多港台教育家力主"通识教育"中的"for all"理念应进一步强化,成为"全人教育",以此作为克服"分裂型大学"的一剂良方。由此,"反映通识教育在大学教育中的角色不是辅助性的,而是体现大学理念的场所"②。

由此可见,我国现当代审美教育始终贯穿着人生教育的理念,是审美与人生的结合、启蒙与救亡的统一,发展到当代,则是建设和谐社会所必需的"德智体美"素质全面的一代新人的培养。总结我国近百年审美教育历史,我们可以看到,它体现了世界美学发展的人生化的趋势,体现了我国民族崛起的现实要求,体现了我国"成于乐"的"乐教"传统。这是一份十分宝贵的财富,值得我们很好地总结继承。

总之,回顾中西现代普通高校公共艺术教育发展的历史,可

①参见曾繁仁:《培养学会审美的生存的一代新人》,《光明日报》2006 年 4 月　26 日。

②张灿辉:《通识教育作为体现大学理念的场所:香港中文大学的实践模　式》,《大学通识报》2007 年 3 月,第 41 页。

以看到一条人文教育与"人"的教育的主线，历经审美启蒙、审美补缺与审美本体之途。在当代，"培养学会审美生存的一代新人，走向人与社会的和谐"，成为有中国特色社会主义建设的重要目标，也是全世界有远见人士的共识。正是从这样的角度出发，我们应该将美育放到更加重要的位置。

三、作为美学学科的美育

美育是美学的分支学科，但长期以来在传统美学的"美、美感与艺术"的三分结构中，"美育"只从属于"艺术"部分中"艺术的作用"之"审美教育作用"这一小部分，显得非常不重要。但新时期以来，我国美学学科在对外开放的新形势下，逐步跟上国际美学发展的潮流，使得传统的认识论美学逐步转向现代的人生论美学。

美学是一门古老的学科，从古希腊柏拉图在《大希庇阿斯篇》中提出"美是什么"的问题，到德国思想家鲍姆嘉通提出"Aesthetic"（即美学是关于感性认识的科学），再到康德、黑格尔为代表的德国古典美学，整个古典美学都是在纯理论的层面上探讨美是什么的问题。康德的"美是无目的的合目的性的形式"与黑格尔的"美是理念的感性显现"，既是人类对美的古典认识的最高成就，也是人类在美的纯理论层面集大成的综合性成果。在我国，20世纪50—60年代发生了具有广泛影响的美学大讨论，出现了美在主观、美在客观、以及以实践的理论理解美等观点。特别是运用马克思主义实践观，从实践中"对象化"的角度理解美，是有其历史价值的。但这些理论观点仍停留在纯理论的认识论层面。

总之，无论是西方还是我国，对美的纯理论层面的探索都不免有纯思辨哲学的性质,不同程度地脱离了人的现实生活。当代许多理论家不满足于此,赋予美学探讨以强烈的现实性。1831年黑格尔逝世后,从叔本华到尼采、克罗齐开始了对认识论的纯思辨哲学美学的突破。他们将这种古典的纯理论思辨性的美学探讨批评为"形而上",并从现象学、存在主义与解释学美学的崭新角度探索美与人的生存状态的关系问题,旨在促使美学研究关注当代条件下人的日渐困惑的生存问题,表现出了这些理论家对人类命运的终极关怀。德国当代著名哲人、解释学美学家海德格尔提出了人类应该"诗意地栖居于这片大地"的重要命题。所谓"诗意地栖居",可以理解为"审美的生活",从而将美学与改善人类的生存状态紧密相连,也将美学从纯理论的思辨拉回现实人生。这就使美育从美学的一个并不重要的分支走到美学学科的前沿,超越纯理论的"美""审美""艺术"等,成为最重要的课题。从改善人的生存状态的角度看,在某种意义上,美育也就是美学。这确实是新时代美学学科的一个巨大变化。我们可以这样理解,在当代,美学作为人生美学就是广义的美育。

四、作为教育学学科的美育

从一般的意义上来讲,教育包括德、智、体、美、劳五个方面,因此,美育成为教育学的有机组成部分和一个分支学科。美国于2000年在《美国教育国家标准》中指出,艺术教育有益于学生,因为它能够培养完整的人,并认为没有艺术的教育是不完整的教育。[1] 将美

---

[1] 参见王伟:《当代美国艺术教育研究》,河南人民出版社2004年版,第3—4页。

育提到关系教育的完整性的高度，这是总结历史经验的结果，不仅总结了工业革命以来理性主义占据主导地位的单纯专业教育所造成的严重弊端，而且总结了 20 世纪以来一度忽视美育的不良后果。1959 年，苏联人造卫星上天，震动了美国科技教育与国防各个领域的人士，国家出台了《国防教育法》，大力加强自然科学和高科技，导致对美育等人文教育的冲击，在一定程度上造成人才素质的下降。于是，20 世纪 70 年代出台了第二次教育改革方案，对第一次教育改革方案进行了修正及补充，加强了被忽视的基本训练、系统知识和人文学科，美育也得到相应的加强。此后，为了应对新的技术革命，又进行了多次教育改革，在很大程度上加强了包括美育在内的人文学科。日本在苏联人造卫星上天后，也因为加强自然科学人才培养力度而相对削弱了包括美育在内的人文学科。但在 1984 年，日本从进入未来世纪出发进行教育改革，提出著名的五原则——国际化、自由化、多样化、信息化、重视人格化，并明确提出"教育应该使青年一代在德智体美几方面都得到和谐发展的重要指导思想"[1]。

由此，我们认为，美育的当代发展是人类在 20 世纪后期普遍重视素质教育的必然结果。农耕时代的贵族教育与工业时代的劳动后备军教育都必然要求应试教育。当代，在科技迅猛发展，知识经济扑面而来，国力竞争日趋激烈之时，国民素质已成为科技发展与国力强弱的基础。因而，素质教育成为全人类的共同课题。当然，素质包括智力因素与非智力因素，智力因素应该说已引起较多的重视，而意志、情感等非智力因素在应试教育体制下

---

①戴本博主编：《外国教育史》下册，人民教育出版社 1990 年版，第 322—345 页。

却常常被忽视。因此,在素质教育的"三全"(面对全体学生,贯穿全部教育过程,体现于教育的所有方面)中,非智力因素,尤其是美育就特别地引起人们的重视,被提到十分突出的位置。联合国教科文组织 1989 年 12 月在我国召开的面向 21 世纪国际教育研讨会,会议提出《学会关心:21 世纪的教育》,将作为非智力因素的"关心"提高到作为未来世纪教育的中心课题的地位,说明各国教育家共同认识到:我们过去的教育的最大欠缺是没有将教育我们的学生"学会关心"放在重要位置,我们的学生的最大缺点也是缺少关心;在未来的新世纪,人类在教育领域的首要任务就是教育我们的学生"学会关心"。所谓学会"关心",是一种同只"关心自我"的人生态度相对应的人生态度,即关心他人、关心社会、关心人类,其中包含浓烈而高尚的情感因素,同美育息息相关。对非智力因素的强调,集中地表现在当代美国教育学家与心理学家对"情商"(EQ)概念的提出与论述。所谓"情商"即"情绪商数",是同"智商"(IQ)相对应的一种控制与调整自己情感的能力。有的学者认为,在人的成功因素中情商(EQ)所起的作用占到 80% 以上。尽管目前教育学与心理学领域对情商(EQ)问题还有争论,但情感因素的重要作用越来越引起教育学与心理学界的重视却是毋庸置疑的。这也说明,就教育学与心理学的角度而言,美育在当代已越来越显现出其重要性,走到了学科的前沿。

第三讲　美育的特殊作用

一、"审美力"的培养

（一）审美力是社会主义新人所不可缺少的一种能力

我国社会主义现代化在创造丰富的物质生产财富的同时，非常重要的是要培养社会主义"四有"新人，而审美力是社会主义"四有"新人不可缺少的一种能力。

第一，审美力是人类文明的标志。

目前，尽管学术界对于什么是美的问题众说纷纭，但在一个基本问题上却有一致认识，即认为美与生产劳动等社会文化活动紧密相关，是人类文明的结晶。人类学和考古学向我们证明，动物与自然一体，是不具备审美能力的。19世纪英国著名生物学家达尔文认为动物也有审美力，这是不正确的。达尔文说："美感——这种感觉也曾经被宣称为人类专有的特点。但是，如果我们记得某些鸟类的雄鸟在雌鸟面前有意地展示自己的羽毛，炫耀鲜艳的色彩……我们就不会怀疑雌鸟是欣赏雄鸟的美丽了。"①

---

① ［俄］普列汉诺夫：《没有地址的信：艺术与社会生活》，曹葆华译，见《普列汉诺夫哲学著作选集》第5卷，人民文学出版社1962年版，第312页。

很明显,达尔文是将动物的求偶本能与人类对于对象的美的观照相混淆了。因为,动物只能被动地适应自然,按照本能去繁衍后代,它们不能改变自然,不能按照某种意图去生活。因此,它们就不能认识自己和自然,也就不能认识和体验自然和自身的美,不具备审美的能力。只有人类在生产劳动等社会文化活动中才创造了美,并发展了自己的审美能力。

众所周知,人类从劳动实践等社会文化活动中开始了对于自然对象和自己本身的认识和体验。当这种认识和体验处于观照、欣赏的状态,并引起赏心悦目的愉快时,就是审美。这种对于对象的观照、欣赏的能力就是最初的审美能力,是人类的一种特有的能力。席勒在《美育书简》中认为,这种审美的观照是人摆脱自然的欲望,同对象发生的第一个自由的关系。可见,审美是人类特有的能力,它不是孤立的,而是社会的,是人类社会文明的标志。康德认为,一个孤独地居住在荒岛之上的人绝不会有对美的追求,决不会去修饰自己和自己的茅舍,而"只在社会里他才想到,不仅做一个人,而且按照他的样式做一个文雅的人(文明的开始);因为作为一个文雅的人就是人们评赞一个这样的人,这人倾向于并且善于把他的情感传达于别人,他不满足于独自的欣赏而未能在社会里和别人共同感受"。① 美与审美,在人类社会的早期,由于劳动产品的匮乏,同直接的功利是难以区分的。我国古代的所谓"羊大为美",不管是指羊肥为美,还是指人们在捕获后以羊头为装饰表演舞蹈为美,都是同对羊的捕获和占有相联系的。但随着人类社会的前进,劳动产品的丰富,美越来越具备了独立的意义,人的审美能力也不断地随之发展。人不仅按照生活

①[德]康德:《判断力批判》,宗白华译,商务印书馆 1964 年版,第 141 页。

的需要来生产,而且也按照精神的审美的需要来生产,在生产出产品的同时也生产出审美的对象。在人类的审美史上首先出现的是工具的美,人类在劳动文化实践中首先创造了实用的同时又具对称、均衡、象征等审美因素的工具。接着就是产品的美。人类由于逐步摆脱茹毛饮血的原始生活而创造了各种用品,如器皿、食物等等。它们既能满足人类的生活需要、文化需要,又能引起人的愉悦之情。再进一步,就是创造根本不具实用目的、完全为了人的审美需要的艺术品。同时,人的审美能力和创造美的能力也正是在劳动文化的实践中、在物质文明与精神文明的建设之中发展起来的。恩格斯在《自然辩证法》中指出,只是由于劳动,"人的手才达到这样高度的完善,在这个基础上它才能仿佛凭着魔力似地产生了拉斐尔的绘画、托尔瓦德森的雕刻以及帕格尼尼的音乐"①。

　　还有一点,就是人类社会是逐步朝着和谐协调的方向发展的。和谐协调的程度愈高,表明人类社会愈文明。审美活动就是促使社会和谐协调的极为重要的因素。因为,人类的社会生活包括生产认识活动、政治道德活动与审美情感活动等。审美情感活动具有特殊的作用,成为整个社会生活的黏合剂。只有借助于审美情感活动,人类的社会生活才得以和谐协调。因此,审美力与审美活动的发展也标志了社会的和谐程度。作为有机统一的整体的社会生活,一旦缺少了审美情感活动,其整体的和谐统一性就将被破坏,社会就将倒退,后果难以设想。

　　因此,不论是美还是审美力,都是在劳动实践等社会文化活动中形成与发展的,也都是社会进步的结果,人类文明的标志。

---

①《马克思恩格斯选集》第3卷,人民出版社1972年版,第510页。

正是从这个意义上,我们才断言:社会的进步就是人对美的追求的结晶。高尔基曾说:"照天性来说,人人都是艺术家。他无论在什么地方,总是希望把'美'带到他的生活中去。他希望自己不再是一个只会吃喝,只知道很愚蠢地、半机械地生孩子的动物。他已经在自己周围创造了被称为文化的第二自然。"①由此可知,人类社会越朝前发展、越文明,人的审美能力就越强;而到了共产主义社会,人类处于极高的文明状态,本身也具有极强的审美能力。从另一角度来看,也可以说,审美能力越发展越说明人类朝文明时代的不断进步,而审美能力的低下则是人类文明处于落后状态和倒退的表现。一般来说,社会发展处于落后状态的国家,审美能力的发展也会受到束缚。当然,艺术的发展和生产的发展并不完全平衡。在人类社会的早期,不仅在西方出现过高度发展的古希腊文化,而且在东方也出现了灿烂的古中国和古印度文化。但我们所说的社会发展不仅指经济,也包括政治、思想、文化等精神的因素,是多个方面的总和。从这个角度看,人类的审美能力是社会文明的标志这个命题应该是正确的。

　　审美力作为人类文明的标志,还反映了人类最终由物质生产水平决定的对现实生活需要的不断丰富和发展。人作为一个有生命的存在物,同动物一样有着现实的物质需要,也就是要从现实世界获得吃、喝、住等生理需求的满足。当然,人不同于动物之处在于,人不仅是简单地从现实世界接受馈赠,而更重要的是通过自己的劳动进行创造。但是,人不同于动物之处更在于,人除了物质的需要之外还有精神需要,而精神需要比物质需要更高

①〔苏〕高尔基:《文学论文选》,孟昌等译,人民文学出版社 1958 年版,第71 页。

尚。马克思说过:"如果音乐很好,听者也懂音乐,那么消费音乐就比消费香槟酒高尚,虽然香槟酒的生产是'生产劳动',而音乐的生产是非生产劳动。"①审美需要就是人的精神需要之一种。而且,越是随着物质生产水平的发展、物质财富的增加,在现实的物质需要不断提高的同时,审美等精神需要也就愈加发展。精神的需要与物质的需要是紧密相关、相辅相成的。物质需要是精神需要的基础。一个生产力水平落后的社会,人们主要精力用于解决物质需要,审美等精神需要当然就极为淡薄。只有在生产高度发展的前提下,才谈得上审美一类的精神需要的发展。反之,精神需要又会对物质需要起促进的作用。健康的精神生活使人更加精神昂扬,追求更高的生活目标;而低下的精神生活则会消磨人的意志,对物质生产起到消极的作用。高尚的审美活动就是这种健康的精神生活的一个方面。不可想象,在未来的物质文明高度发展的社会主义中国,我们的人民和青年竟会是缺乏审美力、目光短浅的猥琐人物;相反,他们应当是而且必须是具有极高的审美力、旨趣高尚、光彩夺目的公民。因此,美育是精神文明建设的不可缺少的一环,是"四化"建设的百年大计之一。

　　第二,审美力是一个健全发展的人的心理结构的必要组成部分。

　　心理学的基本常识告诉我们,人的心理结构包括知、情、意三个部分。这是由人类区别于动物的根本特点决定的。因为,人类在劳动实践中首先形成了特殊的真、善、美的领域,与"真、善、美"的领域相对应,人类也就有了"知、情、意"这样三种掌握世界的能力,或称心理机能。所谓"知",即指认识客观对象的规律性、必然

①《马克思恩格斯全集》第26卷,人民出版社1972年版,第312页。

性的能力;所谓"意",即指反映主体的意志、愿望的意志力;所谓
"情",即指审美能力,是主体对劳动实践成果取艺术的观照态度
而产生的一种肯定性的情感评价,也就是人们在劳动实践等社会
活动中因对对象的观照而产生的一种赏心悦目的愉快。总之,认
识能力、意志能力、审美能力,这三种能力都是人类通过劳动实践
等社会活动所获得的掌握世界的能力,是人类区别于动物的特有
的心理机能,而审美能力则兼具认识能力与意志能力的特点,处
于中间地位,成为其中介。因而,对于一个健全发展的人来说,这
三种心理机能都是必须具有、缺一不可的。它们紧密联系、互相
渗透,构成了一个健康的心理整体;一旦失去了其中的一个方面,
人的心理就将失去平衡,其他两个方面的能力就将受到抑制。由
于审美能力具有中介和过渡的特点,就更有其特殊的作用。缺少
了它,作为整体的心理过程就将被破坏,心理结构就无法平衡,人
的健全发展必然受到影响。由此可见,忽视了审美力的培养和情
感的教育就忽视了心理结构的健全发展,违背了心理卫生的原
则,同样会对青年的身心带来危害。由于我国长期以来极左路线
的干扰,心理学这门重要学科被斥为唯心主义,其发展受到极大
限制,所以,人们极少从心理卫生的角度考虑各种问题,这也是造
成忽视美育倾向的一个重要原因。随着心理科学的发展,人们愈
来愈认识到,不仅应培养智力结构健全的人才,而且要培养心理
结构健全的人才。审美力就是健康的心理结构不可或缺的方面。
这就充分说明了以情感教育为特点的美育不可代替的重要作用。

　　第三,审美力是确立伟大的共产主义信念的巨大的必不可少
的情感动力。

　　我们要求一代又一代社会主义新人都必须牢固地确立共产
主义的伟大理想和信念。但这种理想和信念的确立,除了理性的

灌输、社会主义社会实践的教育之外，很重要的一点就是必须使人们具有极强的审美能力。因为，共产主义理想本身既是至善的目标，又是社会美的理想。而审美能力就是一股巨大的欣赏美、追求美和创造美的情感力量，是一种为美好的理想而献身的崇高的激情，也是一种不可遏止、不达目的誓不罢休的热情。高尔基曾经把"美"称作一种力量："我所理解'美'，是各种材料——也就是声调、色彩和语言的一种结合体，它赋予艺人的创造——制造品——以一种能影响情感和理智的形式，而这种形式就是一种力量。"①列宁对于情感的力量说得更为明确："没有'人的情感'，就从来没有也不可能有人对于真理的追求。"②甚至，连资产阶级作家巴尔扎克也说过："热情就是整个人类。"③关于情感在为崇高信念而献身的行为中具有多么巨大的力量，我们可以从无数革命先烈和前辈身上找到答案。他们正是以巨大的热情、空前的献身精神投入到为实现共产主义理想而斗争的伟大事业之中的。革命烈士夏明翰的壮烈诗篇"砍头不要紧，只要主义真。杀了夏明翰，还有后来人"，就如同向共产主义进军的战斗号角，又好像熊熊燃烧的革命火炬。因此，审美能力的培养是共产主义教育不可缺少的一环。事实证明，只有具有较强的、健康的审美力的人，才会无比热爱生活、热爱祖国、热爱人民，才会具有一股为理想奋斗的热情和勇往直前的拼搏精神，才会具有一种强大的为实现美好的理想而努力创造的力量。

　　第四，审美力的培养是为了适应青年一代逐步发展的审美

---

①［苏］高尔基：《论文学》，孟昌译，人民文学出版社1978年版，第321页。
②《列宁全集》第20卷，人民出版社1958年版，第255页。
③《外国作家谈创作经验》上册，山东人民出版社1980年版，第242页。

需要。

审美需要是对某种社会性的情感满足的追求。它是人类特有的一种社会性的需要。马克思在《1844 年经济学——哲学手稿》中论证了人的需要的丰富性,既包括吃、喝等维持生命的基本生理需要,也包括买书、上剧院、谈理论、唱歌、绘画、击剑等精神需要,审美需要就是人的精神需要之一种。它具体表现为欣赏和创造美的事物(包括自然美、社会美与艺术美)的强烈要求。这种审美需要的产生,从生理上来说,固然以视、听等感受力的日渐发展为其前提,但最根本的还是对自然、社会和艺术在理性认识上的逐步发展。审美需要从人的儿童时期就已初步显露,而在青年时期最为强烈,到成年时期则趋于成熟。它是人类的一种客观存在的需要,是不以人们的意志为转移的。特别在一个人的青年时期,审美需要进入高潮期,情感的追求十分强烈,包括对美丽的形式的爱好、对动人的美的形象的向往、对美好生活的憧憬等等。审美需要本身是多样的、分层次的,既有较低级的对形式美的追求,也有较高级的对包含着深刻的理性内容的社会美、艺术美的追求。它是客观的,但又是社会的,是在后天形成和发展的。审美需要虽是人类的一种美好的感情要求,但如不引导,也有可能走向歧途,变成对某种怪异的“美”的追求,甚至发展到反面,以丑为“美”,以生理快感的发泄为“美”。特别是一个人的青年时期,既是审美需要强烈发展的时期,又是审美需要极不稳定的时期,很容易被社会上某种畸形的“美”所诱惑而在情感上误入歧途。因此,审美力的培养可以说是一种顺乎规律的事情,是按照人的客观的审美需要自觉地实施教育的必要手段。

第五,审美力是构成美好性格的必要条件。

性格是一个人对周围现实的稳定的态度,以及与之相适应的行为方式。我们社会主义教育的重要目的之一,就是培养学生具有美好的性格。这样的性格当然是各具个性的,但也有许多基本之点,那就是思维的敏捷、意志的坚强、行动的果断、道德的文明等等,审美力即是构成这种美好性格的必要条件。也就是说,一个美好的性格必须是以审美的态度对待现实,包括自然、社会、人生、事业、亲友、同胞等等。所谓审美的态度即是强烈的爱憎分明的情感态度,对一切美好的事物无比热爱,对一切丑恶事物无比憎恶。只有具备了这样的审美态度,性格中气质、能力等其他因素才能朝着优化的方向发挥出自己的作用。审美教育就是旨在培养人的审美力,这种审美力包含着审美态度,因而审美教育也是培养美好性格的不可缺少的手段。事实证明,我们的审美教育主要目的并不在于培养多少艺术家,也不仅仅在于培养人们的艺术欣赏能力,更重要的是培养人们以审美的态度对待现实,对待生活。有人说,美育的目的在于培养"生活的艺术家",这是十分恰当的。的确,如果我们每个人都具备了较强的审美力,成为生活的艺术家,以满腔的热爱之情对待国家和社会,处理家庭关系和同事关系,克服事业中所碰到的挫折和困难,那么,我们的社会将会更加和谐、协调、美好,我们的"四化"大业也必将得到更快、更好的发展。

(二)审美力的特点

对于审美力,学术界的同仁大都认为是一种情感判断能力。但对这种情感判断能力的特点的认识,却不太一致。有的学者认为,这种情感判断能力归根结底是一种认识能力。例如,有的学者说,情感的反映形式不论怎样特殊,但就其实质来说,总是这样那样地反映着人们对现实与自身关系的某种认识,不能背离认识论的一般原理;还有的学者说,文艺创作中的情感活动和一切情感活动一样,绝不是孤立存在的心理现象,一定的认识内容总是在情感、情绪的产生中起决定性的作用。这些学者的看法应该说是有一定道理的,正确地阐述了情感判断力与人的认识能力之间的必然联系,及其中所包含的必不可少的认识内容。但其不足之处却在于,混淆了情感判断力与认识力之间的界限,从而抹杀了情感判断这一审美力独立存在的意义。

　　早在古希腊时期,柏拉图就在其《理想国》中粗略地认识到了人类掌握世界的三种特有的能力:认识能力(知)、情感能力(情)、意志能力(意)。但他只不过将这三种能力作为其《理想国》中哲学王、武士和自由民三个等级的人物由高到低的三种不同的天赋能力。① 18 世纪的德国哲学家康德明确地划清了知、情、意之间的区别,阐述了它们各自的独特领域,认为"知"属于认识领域,"情"属于审美领域,"意"属于信仰领域。特别应该指出的是,康德第一次明确地将审美力的性质与特点界定为情感判断力,具有由认识力过渡到意志力的特殊中介和桥梁的作用。这是康德对心理学,特别是对美学的重要贡献。但是,康德作为主观先验的唯心主义者,终究更多地看到了"知、情、意"之间的区别,而相对地忽略了它们之间的联系,并将上述三种心理功能的根源导向某种神秘的先验原则。马克思主义的反映论为科学地理解人类的"知、情、意"的心理功能提供了理论的根据,它从存在决定意识的唯物主义基本原理出发,认为人的一切意识活动(含心理活动)无不是客观现实在大脑中的能动的反映。也就是说,人的一切意识

---

① 柏拉图认为,哲学王具有理性的认识力,武士具有意志力,自由民具有欲望的情感力。理性以意志控制欲望,同哲学王以武士控制平民一样。

活动(含心理活动)都可以在客观现实中找到其根源。但人对现实的反映并不就等于人对现实的认识,人对现实的反映能力也并不等于认识力。事实证明,人对现实的反映包括认识、情感、意志等广泛的内容。人对现实的反映能力也包括认识力、情感判断力、意志力等诸多方面。当然,它们之间的关系决不像唯心主义者所断言的那样,是相互隔绝的、对立的、各自成为封闭的圆圈的,而是相互关联、影响和渗透的。但是,这又不能否定它们各自还有其独立的内容。就审美判断力来说,它虽然同认识力与意志力都密切相关,但却具有与它们并不相同的特殊的内容。例如,运用审美力对齐白石老人所画的一幅虾图进行欣赏,就不同于生物学家运用认识力对虾的研究。因为,生物学家的认识力是旨在把握虾的生理结构的客观规律,其中不能掺有任何主观的因素。同时,对虾图的欣赏也不同于一位厨师对虾从功利目的着眼,考虑如何使虾成为一种美味食品。就审美力来说,对于齐白石老人的虾图既不是着眼于其客观的生理结构的研究,也不是从功利的角度考虑,而是取观照的欣赏的态度,也就是通过虾图的色彩、线条结构把握其生动的外形,再进一步领略到某种蓬勃的生命力的旨趣,从而得到感情上的满足。这种情感上的满足反映了人与对象之间的一种特有的情感关系,它不同于人与对象的认识关系和功利关系,反映这种特有的情感关系的审美力也不同于反映认识关系的认识力和反映功利关系的意志力。这就是马克思在《〈政治经济学批判〉导言》中所说的人类掌握世界的理论、宗教、艺术与实践——精神四种方式之一的艺术方式。这种艺术地掌握世界或者说审美地掌握世界的方式,当然也是人类反映现实的形式之一。如果非要说它也属于认识的范畴的话,那也只不过是从广义的角度来说。从狭义的角度来说,它又决不同于科学的对世界的认识,并且也不是以这种科学的认识为前提。因为,对世界的艺术的掌握(或审美的掌握)带有极强烈的主观色彩。在审美的过程中,现实无不打上了鲜明的主观印记,经过了某种情感加工的变形处理。正是在这样的意义上,我们说,审美的规律是不同于科学规律的。

按照审美的规律,不仅在浪漫主义的艺术作品中有"白发三千丈"的夸张,有《西游记》中梦幻般的神魔世界,就是在现实主义的艺术作品中也有"忧端齐终南"(杜甫《自京赴奉先县咏怀五百字》)一类的夸张,甚至出现了"雪中芭蕉"这样的图景。这个"雪中芭蕉"是唐代著名诗人、画家王维在《袁安卧雪图》中所画的。从科学的规律来看,芭蕉为南方热带植物,雪为北国寒天特有的景致,两者不可能同时在一地出现。但作为审美的艺术,作者却借雪之白茫茫一片与蕉心之内空,来表现某种佛学上朦胧的"空寂"之感。因此,沈括在《梦溪笔谈》中称赞此画:"此乃得心应手,意到便成,故造理入神,迥得天意。此难可与俗人论也。"①这就是所谓艺术的真实不等于科学的真实,也不等于生活的真实。诚如列宁在《哲学笔记》中所借用的费尔巴哈的话,"艺术并不要求把它的作品当作现实"②。由此证明,审美力所遵循的规律不同于认识力所遵循的规律。认识力所遵循的是客观的科学的规律,而审美力所遵循的却是主观体验的情感的规律。这种主观体验的情感的规律当然也要有某种客观的依据。例如,李白在《秋浦歌》第十五首中写道:"白发三千丈,缘愁似个长。不知明镜里,何

---

① 转引自俞剑华:《中国画论类编》上编,人民美术出版社 1957 年版,第
　43 页。
②《列宁论文学与艺术》,人民文学出版社 1983 年版,第 41 页。

处得秋霜?"这里写因愁闷而陡增白发,当然是某种因强调愁情之浓之长而进行的大胆夸张,是客观现实生活中不可能出现的,也不符合认识的科学规律,而只是一种主观体验的情感规律的表现;但其中还是有某种客观现实的依据,因为在现实生活中因愁而发白是客观存在的。这就说明审美的情感规律中也包含着某种客观的依据,审美力同认识力密切相关。但情感规律同科学规律、审美力同认识力毕竟有着根本的区别。正因为如此,许多在审美状态中可以出现的事情在认识中就不可能存在。例如,我国传统的京剧象征意味极浓,几个小卒就代替千军万马,围着舞台转几圈就表示行军数千里,所谓"三五步行遍天下,六七人百万雄兵",但观众却不会对此产生疑惑。这说明,在审美中人们并不要求事实的"逼真",而是要求某种情感的满足。这也正是某些艺术品的大致情节虽早已为人们所熟知,但大家还是要买书阅读、买票看剧或电影的重要原因。历代的一些优秀艺术珍品之所以超越时代、历久不衰,具有永久的魅力,其原因也主要在于此。按照心理学的解释,情感是人对于客观事物是否符合人的需要而产生的态度的体验。这说明,情感包含两个方面的内容:一个方面是客观事物与人的某种需要之间的客观关系,另一个方面是人对这种关系的态度的主观体验。审美力属于情感的范畴,当然也无例外地包含上述两个方面。但它又不同于一般的情感而有着自己的特殊性。我们知道,由于情感与认识和意志关系密切,并处于其中介地位,因此,情感也大体可分为三种:一种是与认识密切相关的认识情感,一种是与道德密切相关的道德情感,一种就是审美情感。

关于审美的情感判断的特殊性,我们认为可从两个方面认识。一个方面就是从客观方面来说,审美的情感判断反映了人与对象之间特有的审美关系。因为,自有人类以来,人与对象之间就形成了各种复杂的关系。大体说来,有这样几种:生理欲求的关系、认识的关系、功利的关系和审美的关系等。所谓生理欲求的关系,即指饮食男女之类的生理要求。一般来说,人类的这种生理欲求也与动物迥然不同而社会化了;所谓认识的关系,即指人与对象之间旨在探寻其客观规律的关系;所谓功利的关系,即指人与对象之间发生了一种实用的或伦理道德的关系。在上述的生理欲求关系、认识关系和功利关系中,人类对于对象都有着某种现实的实质性的要求。只有在人与对象的审美关系中,人才与对象保持着一定的距离,取审美的"观照"的态度。康德将其称为"静观",黑格尔则称作"欣赏"。尽管作为唯心主义者,他们所说的"静观"和"欣赏"都与社会实践脱节而具有唯心的成分,但对于揭示人与对象之间特殊的审美关系来说却有其合理的因素。总之,审美的情感判断反映了人与对象之间特有的审美关系,这种审美的关系与生理欲求关系、认识关系与功利关系在内容上是不同的。在这里,需要特别说明的是,人与对象之间的审美关系尽管是一种无实质性的观照关系,但却决不能因此而否定形象性在审美的判断中的重要意义。有的学者认为,在艺术的创作中,"略过外在的细节写心理、写感情、写联想和想象、写意识活动,也没有什么不好。后者提供的不是图画,而更像乐曲。它能探索人的心灵的奥秘,它提供的是旋律和节奏"①。有的学者以散文和杂文为例,说明审美判断中的对象也可以不要形象而纯是感情。② 这些看法应该说是具

①王蒙:《对一些文学观念的探讨》,《文艺报》1980年第9期。
②参见李泽厚:《形象思维再续谈》,《美学论集》,上海文艺出版社1980年版。

有某种片面性的,其片面性表现在把情感与形象割裂了开来。事实上,任何情感作为一种意识形态都是对具体的客观事物的反映,其表现也必须凭借客观的形象。心理学告诉我们,人只有面对个别的具体的事物才会产生主观的体验,从而拨动情感的琴弦。因此,不论从情感的产生还是从其表现来说,审美的情感体验都必须凭借个别的具体的形象。可以说,形象是因,情感是果;形象是形式,情感是内容;形象是现象,情感是实质。两者相辅相成,密不可分。没有形象,情感就无从产生和寄托;而没有情感,形象则失去生命。早在18世纪,康德就把审美判断归结为单称判断,其对象以形象的个别存在为特点。应该说,这是十分有道理的。

再从主观方面来说,审美的情感判断反映了人对这种特殊的审美关系的主观体验。这当然也是一种特殊的体验。首先,这种体验应该是一种肯定性的情感体验,也就是使人产生某种精神性的愉悦之情。马克思把这种愉悦之情叫做"艺术享受"[①]。当然,这是一种高级的精神性的享受。即使是面对悲痛,人们在对其进行审美体验时也会由痛感过渡到快感,灵魂"净化"、精神升华,感受到一种崇高的悲壮之美。这就是对于许多优秀的悲剧作品人们明明知道要引起悲哀之情却偏偏要买票去看,甚至预先准备了手绢到剧场去哭一场的原因。总之,审美情感判断的这种肯定性使人在审美中得到一种特有的"满足"。但这是一种精神性的"满足",是具有普遍意义的,包含着某种高尚的思想意义和理性精神的情感的"满足",决不同于纯个体性、生理快感的满足。而且,这种"满足"也不同于因知识的获得而形成的情感上的"满足"。知

---

①《马克思恩格斯选集》第2卷,人民出版社1972年版,第114页。

识性的"满足"是理智型的、较冷静的,是一种"欣慰"。例如,《居里夫人传》第十三章写到这一对青年科学家夫妇经过千辛万苦,终于在世界上第一次提炼出了纯镭。当他们在晚上走进实验室,怀着无比喜悦的心情看到装着镭的小玻璃容器在黑暗中闪着蓝色的荧光时,作者是这样描写的:

> 在黑暗中,在寂静中,两个人的脸都转向那些微光,转向那射线的神秘来源,转向镭,转向他们的镭!玛丽的身体前倾,热烈地望着,她又采取一小时前在她那睡着了的小孩的床头所采取的姿势。
>
> 她的同伴用手轻轻地抚摸着她的头发。
>
> 她永远记得看荧光的这一晚,永远记得这种神仙世界的奇观。

总之,这是一种成功后的"欣慰",尽管情绪很激动,但还是同对象保持较大的距离,在理智上是十分清醒的。至于因道德行为而导致的情感"满足",其中的理智性就更强,甚至总是自觉地同某种道德信念相联系。例如,雷锋在1960年10月21日的日记中记录了自己的这样一段感受:

> 今天吃过午饭,连首长给了我们一个任务:上山砍草搭菜窖。……劳动到了十二点,大家拿着自己从连里带来的一盒饭,到达了集合地点,去吃中午饭。当时我发现王延堂坐在一旁看着大家吃,我走到他面前一看,他没有带饭来,于是我拿了自己的饭给他吃。我虽饿点,让他吃饱,这是我最大的快乐。我要牢牢记住这段名言:
>
> 对待同志要像春天般的温暖,
>
> 对待工作要像夏天一样的火热,
>
> 对待个人主义要像秋风扫落叶一样,

对待敌人要像严冬一样残酷无情。

审美的情感"满足"就与这种道德的情感"满足"不同。它虽然也包含着理性因素，但却与理性原则无直接的明显的联系，而是在形态表现上具有"出神入化"的特点，也就是似乎不知不觉地同对象融为一体。鲁迅在《诗歌之敌》一文中曾说："诗歌不能凭仗了哲学和智力来认识，所以感情已经冰结的思想家，即对于诗人往往有谬误的判断和隔膜的揶揄。"①明代谢榛在《四溟诗话》中曾经叙述了自己欣赏马柳泉的一首小诗《卖子叹》的体会。这首诗是这样的：

贫家有子贫亦娇，骨肉恩重那能抛？饥寒生死不相保，割肠卖儿为奴曹。此时一别何时见？遍抚儿身舐儿面；有命丰年来赎儿，无命九泉抱长怨。嘱儿切莫忧爷娘，忧思成病谁汝将？抱头顿足哭声绝，悲风飒飒天茫茫。

谢榛评道："此作一读则改容，再读则下泪，三读则断肠矣。"②这里的"改容""下泪""断肠"都是一种"出神入化"、亲身感受式的审美的情感体验。

总之，审美力是一种特殊的情感判断能力，这种情感判断能力表现为审美体验与审美评价的直接统一、互相渗透，也就是在审美的情感体验中直接渗透着、融化了审美评价的因素。

（三）审美体验

审美力集中地表现为人的审美体验能力，而审美体验则反映

---

① 《鲁迅全集》第 7 卷，人民文学出版社 1982 年版，第 230 页。

② （明）谢榛、王夫之：《四溟诗话　姜斋诗话》，人民文学出版社 1961 年版，第 16 页。

了人与对象之间一种特殊的审美关系。这种审美关系中渗透着人与对象之间的生理关系、认识关系、道德关系的内容，但又与它们不同。审美体验是一种不同于生理活动、认识活动与道德活动的特殊的审美活动，它同任何心理活动一样，表现为层次分明、由低到高逐步发展的过程。但它自始至终都贯穿着肯定性的情感体验，而且自始至终都不离开具体可感的形象。因此，可以说，审美体验的过程就是借助于形象的逐级递进而形成的情感发展的过程。形象与情感始终交织在一起，这就是审美体验的鲜明特性，是其不同于其他任何心理活动之处。其具体过程，可大体作如下描述：

其一，审美感知是审美体验的开始。

所谓审美体验，首先是一种基于感受的、对于对象的遭遇和情感的亲身体会。因此，任何审美体验都是由感官对于审美对象的感受开始的。没有感受就没有审美。人们对于外界事物的感受凭借眼、耳、鼻、舌、身五种感官，并由此形成视、听、嗅、味、触五种感觉。通常认为，对于艺术作品的审美感受来说，在这五种感官中主要凭借眼、耳（即视、听）两种感官。黑格尔说，艺术敏感"通过常在注意的听觉和视觉，把现实世界丰富多彩的图形印入心灵里"①。车尔尼雪夫斯基也认为："美感是和听觉、视觉不可分离地结合在一起的，离开听觉、视觉，是不能设想的。"②这可以说是审美体验同生理快感与认识活动的重要区别之一。心理学界有些学者将视、听器官看作是较高级的感官，同对象距离较远，可以在一定程度上超越生理需求，对于对象进行高级的精神性的

①［德］黑格尔：《美学》第 1 卷，朱光潜译，商务印书馆 1979 年版，第 357 页。
②《西方美学家论美和美感》，商务印书馆 1980 年版，第 253 页。

审美观照;而嗅、味、触等器官则属于较低级的感官,同对象距离较近,较多地局限于生理性的感受,而难以进行精神性的审美观照。康德有一个观点曾长期盛行,他认为,对于审美来说,应当是判断先于快感,而不能是快感先于判断。因为,如果快感先于判断,就是将快感等同于美感的庸俗的快乐说,生理的快感会影响到审美判断的正误。当然,审美的感知尽管以视觉与听觉为主,但并不排斥其他感觉的参与。法国著名的雕塑家罗丹在谈到他对古希腊雕塑《维纳斯》的审美感受时,说:"抚摸这座雕像时,几乎觉得是温暖的。"①而在对文学形象进行审美感知时,更多地需要调动各种感觉的经验。例如,小说《三国演义》中描写"关云长刮骨疗毒"的情形:

> 公饮数杯酒毕,一面仍与马良弈棋。伸臂令佗割之。佗取尖刀在手,令一小校捧一大盆于臂下接血。佗曰:"某便下手,君侯勿惊。"公曰:"任汝医治,吾岂比世间俗子,惧痛者耶!"佗乃下刀,割开皮肉,直至于骨,骨上已青;佗用刀刮骨,悉悉有声。帐上帐下见者,皆掩面失色。公饮酒食肉,谈笑弈棋,全无痛苦之色。须臾,血流盈盆。佗刮尽其毒,敷上药,以线缝之。公大笑而起,谓众将曰:"此臂伸舒如故,并无痛矣。先生真神医也!"佗曰:"某为医一生,未尝见此。君侯真天神也!"

读这段描写,我们不仅要调动自己的视觉、听觉,而且要调动自己的触觉,仿佛感到那锋利的刀刮到我们的骨头上,从而更加深切地感受到了关云长那谈笑自若,置剧痛于度外的超凡的、坚

---

① [法]罗丹口述,葛赛尔记:《罗丹艺术论》,人民美术出版社 1978 年版,第 31 页。

忍不拔的英雄气概。但"判断先于快感"这一命题,归根结底没有跳出理性主义的羁绊,最后否定了感性是审美力的基础的事实。20 世纪之后兴起的现象学、存在论与实用主义美学已在很大程度上突破了"判断先于快感"的命题,而身体美学的兴起也打破了视听为审美感官的旧见。它们都突出了感性在审美力中的基础性作用,因此,我们认为,应该是"判断与快感相伴而生"。

正因为审美体验开始于审美感知,并且是一种肯定性的情感体验,所以,审美体验尽管不以生理快感为主要条件,但也以生理快感为条件之一。当然,我们所说的审美感知中的生理快感并不是指某种饮食男女之类的本能需求的满足,而主要是指审美对象对感官(主要是视觉和听觉)起到积极的作用,引起某种肯定性的快感。例如,对于音响来说,要引起审美的感知应是一种和谐的乐音而不是刺耳的噪音;对于色彩来说,也应是冷、暖色搭配适宜,给视觉以肯定性的刺激,而不是光怪陆离。总之,审美对象首先应做到使人赏心悦目。这应该是在审美感知中导向肯定性的审美体验的必要条件之一。因此,在审美体验中,对象应该是符合形式美规律、在感官上能引起快感的。相反,那种违背平衡、对称、和谐等形式美的规律的怪谲的色彩、刺耳的噪音、扭曲的形体,只能引起生理上的反感,是不可能在情感上同审美主体一致,引起肯定性的、审美的情感体验的。但人们在审美的情感体验中,常常是不自觉地忽略、忘却了对象的形式美所引起的生理快感的因素。其实,这种因素虽不占主要地位,但却是审美体验的生理方面的根据,是不容忽视的。当然,审美体验也决不能停留在生理快感之上,它应在此前提下很快地朝前发展,导向更广阔的精神领域。当代逐步兴起的现象学与存在论美学不着重于对象外在形式与审美知觉的关系,而是侧重从存在论的视角来审视两者之间是否存在"称手"与"不称手"的关系，直抵人的生命与生存的深处，是美学学科的新的深入的发展。

其二，审美联想是审美体验的发展。

联想是一种记忆的形式，即所谓追忆。对于审美体验与联想的关系，历史上曾有许多理论家讨论过。法国思想家狄德罗在论及艺术创作时就认为，艺术想象"是人们追忆形象的机能"。黑格尔也认为，艺术想象"这种创造活动还要靠牢固的记忆力，能把这种多样图形的花花世界记住"①。诗人艾青也说，"联想是由事物唤起的类似记忆；联想是经验与经验的呼应"。可见，他们都把联想作为审美想象的基础、审美体验的一个不可缺少的环节。审美联想，即是审美感知与以往的生活经验的某种联系。只有经过这样的联系，审美体验才能在感知的基础上进一步发展，从而使审美主体与审美对象之间进一步超越生理快感，产生更高级的精神性的审美关系。

对于审美联想来说，有一个重要特点，就是审美感知主要与情感记忆发生联系。目前心理学界一般认为，记忆分形象记忆、逻辑记忆、运动记忆与情感记忆四种。所谓情感记忆，就是一种以情绪、情感为对象，通过人的情感体验而实现的识记、保持及复呈的过程。这就使审美体验更明显地区别于认识活动和道德活动。因为，认识活动与道德活动也常常要借助于联想的心理过程，但却并不主要与情感记忆联结。这也进一步加深了审美体验中的情感色彩。例如，鲁迅在《故乡》中写到他回到阔别二十余年的故乡，由故乡的一事一物勾起他对少年时代的朋友闰土的回

---

① [德]黑格尔：《美学》第1卷，朱光潜译，商务印书馆1981年版，第357页。

忆。鲁迅这样写道：

> 这时候,我的脑里忽然闪出一幅神异的图画来:深蓝的天空中挂着一轮金黄的圆月,下面是海边的沙地,都种着一望无际的碧绿的西瓜,其间有一个十一二岁的少年,项带银圈,手握一柄钢叉,向一匹猹尽力的刺去,那猹却将身一扭,反从他的胯下逃走了。

显然,这里"深蓝的天空""金黄的圆月""碧绿的西瓜"以及项带银圈、手执钢叉的少年等景象,都是打上了鲁迅少年时浓烈的情感色彩的审美联想。这种审美联想同认识过程与道德过程中的联想的区别是极为明显的。因为,在认识与道德的活动中,现实的感知一般只同逻辑记忆与形象记忆相联系,是客观事物真实映像的较准确的复现。这就是一种较客观的"由此及彼"。而审美联想中情感记忆的复呈却不是客观事物真实映像的准确的复现,而是打上了主观情感的印记,染上了情感色彩的某种主观性印象的复现。在审美联想中,审美感知与情感记忆的这种必然联系的结果,一方面使审美体验的情感色彩更为浓郁,另一方面也在不知不觉中使审美体验距离客观的真实形象越来越远。著名的戏剧家斯坦尼斯拉夫斯基曾经这样说过:"时间是一种很好的滤器,它能把我们对体验过的情感的回忆澄清和滤净。它还是一个卓越的艺术家。它不但能澄清回忆,还能把回忆诗化。由于记忆的这种特性,即使是那种黯淡的、实际存在的和粗糙的自然主义的体验,也都会随着时间的进展而变得美丽些、艺术些。这使体验具有魅惑力和感染力。"[1]

---

[1]《斯坦尼斯拉夫斯基全集》第 2 卷,林陵、史敏徒译,中国电影出版社 1959 年版,第 276 页。

　　审美联想与一般的联想一样，分接近联想、类似联想、对比联想与关系联想四种。

　　所谓接近联想，是由经验与经验之间在时间或空间上的接近所引起的联想。例如，我们欣赏苏轼咏西湖的著名绝句"水光潋滟晴方好，山色空蒙雨亦奇。欲把西湖比西子，淡妆浓抹总相宜"时，如果我们曾经去过西湖，就可调动我们以往在西湖的切身感受，追忆当时观光西湖时晴天水光波动的美丽景致和雨中云雾迷茫的奇妙景象。这样，就会加深对这首美丽的写景诗的审美体验。

　　所谓类似联想，是由经验之间性质相近引起的联想。例如，《红楼梦》第二十三回写林黛玉经过梨香院的墙角外，听到里面十二个女孩子演唱明代汤显祖的《牡丹亭》，至杜丽娘"伤春"一段不觉被吸引住了。特别是听到"只为你如花美眷，似水流年"一句，"仔细忖度，不觉心痛神驰，眼中落泪"。这就是由于杜丽娘因被封建枷锁禁锢而引起的伤春之感同林黛玉寄人篱下、终身无着的遭遇颇为相似，因而引起了林黛玉的联想，不免伤心落泪。这种类似联想在审美体验中常常出现。一位阔别祖国三十余年的女同胞，叙述她回国后观看话剧《蔡文姬》的感受时说："看《蔡文姬》，感同身受，尤其是《胡笳十八拍》，一唱三叹，凄凉哀婉。我待在那儿静听，我默念'无日无夜兮不思我乡土，禀气含生兮莫过我苦'，'雁南征兮寄边心，雁北归兮为得汉音'……这些都使我回肠千转，悲不自胜。"很明显，这是由于蔡文姬的思乡之情同这位女同胞的思乡之情十分接近而引起了她强烈的情感体验。再如，画家管桦所画水墨画《风雨竹》，以简洁的笔触勾画出数竿同狂风搏斗的青竹，给人以一种凛然不屈的感受。据了解，这幅奇特的《风雨竹》就是在类似联想的基础上创作成功的。1976 年 3 月末 4 月初,作者在天安门广场上亲眼看到人民群众悼念周总理的动人场面,为之深深感动。这样深刻的感动,又勾起了他对一次类似的情感体验的记忆。有一次,他到紫竹院散步、赏竹,突然乌云满天压来,狂风夹着砂石吼叫,头顶上、天空中一派杀气腾腾。顷刻间,便是千万条雨鞭抽打着奔跑的游人,抽打着弱不禁风的花草,但唯有竹林中发出一阵阵惊心动魄的呼号声,每一竿竹都似在奋力与风雨搏斗。显然,管桦由天安门广场上人民抗击"四人帮"的压制同紫竹院中竹林对暴风雨抗争的相似而产生了审美联想,并在此基础上加工创作出动人心魄的艺术品《风雨竹》。①

所谓对比联想,是由经验之间相反的特点引起的联想。例如,杜甫晚年所写的诗《观公孙大娘弟子舞剑器行并序》,就运用了对比联想。这首诗是作者于公元 767 年唐大历年间所写的。其时,杜甫漂泊四川夔州,一天,在夔州别驾元持的家里观赏到一个名叫李十二娘的女子作剑舞表演,舞毕答问之间,才知她原来是开元年间著名舞蹈家公孙大娘的弟子。这就使杜甫回忆起,五十年前他曾在长安观赏过公孙大娘的表演。当时,正值盛世,唐玄宗侍女如云,八千之众,公孙大娘也青春年华,"玉貌锦衣",舞姿出众。而五十年后的今天,不仅"绛唇珠袖两寂寞",人舞两亡,而且整个国家也因安史之乱"风尘澒洞昏王室",致使"梨园弟子散如烟"。由今之衰联想到昔之盛,引起了杜甫今昔不同的对比联想。杜甫在其他诗篇的创作中也常用对比联想,如"野径云俱黑,江船火独明"(《春夜喜雨》),"冠盖满京华,斯人独憔悴"(《梦李白两首》)。至于著名的南宋民歌《月儿弯弯照九州》,在艺术处理上也运用了对比联想。歌云:"月儿弯弯照九州,几家欢乐几家

---

① 关山:《墨竹欣赏小记》,《光明日报》1979 年 10 月 14 日。

愁。几家夫妇同罗帐,几家飘散在他州。"

所谓关系联想,是由经验之间某种从属、因果等特殊的关系而引起的联想。例如,有一幅画,画一艘船停在渡口,几只野鸟栖立船头。这幅画就引起观众的关系联想,使观众根据自己以往的经验,想到野鸟栖立船头的原因是船上和渡口都无人烟。经过这样的联想就形成了一个崭新的意境——"野渡无人舟自横"。再如,有一幅画,画一个小和尚在山涧水边挑水。观众也会根据自己以往的经验联想到深山中会有一座古寺,从而产生"深山埋古寺"的意境。同样,由牲畜的铃声会联想到沙漠或草原,这也是由过去的生活经验根据因果关系而产生的联想。肖殷曾经回忆起延安时期冼星海托他到黄河边代买骆驼、牛、羊、马四种铃子时对他说的一段话:"我们搞音乐创作的与你们搞文学创作的一样,要联想,要形象构思。只有一种声音触发时才会引起联想。只要当我们听到这类牲口的叫唤或铃声时,我马上就联想到了沙漠,或想到了草原,想到沙漠无际,草原连成一片。我想通过声音来抓形象,借用联想,引起灵感,一下子仿佛被带进了诗情画意之中,然后把这些诗情画意用音符表达出来。"①

其三,审美想象是审美体验的深化。

审美联想只不过是审美感知中获得的新信息,并与以往审美经验中的信息的往复、交流,所起的作用只是对审美感知在量上加以扩展。从主体方面来说,审美联想主要表现为一种自发的、散漫的、较被动的,有时是无意识的心理活动。而审美想象则是在审美联想基础上的一种有目的、有定向性和意识性、更加积极主动的心理活动。此时,审美主体已不局限于审美联想中对审美

---

① 萧殷:《创作随谈录》,湖南人民出版社 1985 年版,第 35 页。

感知的量的扩展,而是经过大脑的加工、改造,以各种新旧信息为
材料,创造出一种新的形象。所以,审美想象是一种新的形象的
创造,是审美的情感体验从质上向深度发展。其实,从心理学的
角度看,任何想象都是在原有形象基础上的一种新的形象的创
造,是人特有的创造能力的表现。"想象"一词源出于《韩非子·
解老》篇:"人希见生象也,而得死象之骨,案其图以想象其生也。
故诸人之所以意想者,皆谓之象也。"可见,"想象"的原义就是在
死象之骨的基础上想生时之象。作为审美想象,是在审美感知和
审美联想所提供的形象基础上创造出一种崭新的、饱含着审美者
主观印记的形象的过程。黑格尔认为,这是"主体的创造活动"
"最杰出的艺术本领"。① 他把艺术的审美想象比作一座冶炼炉,
通过这种炉子可以把感性、理性与情感熔铸成崭新的形象。他
说:"艺术家必须是创造者,他必须在他的想象里把感发他的那种
意蕴,对适当形式的知识,以及他的深刻的感觉和基本的情感都
熔于一炉,从这里塑造他所要塑的形象。"② 一般地说,任何创造
性的活动都是要经过想象这一心理过程的。但审美的想象是一
种特殊的想象。它的特殊性就表现在想象的过程中始终伴随着
强烈的感情活动。审美想象中新的形象的创造不像科学活动的
想象那样以对客观事物冷静的认识为动力,而是以强烈的情感为
动力。在审美想象中,情感犹如"酵母",将审美感知和审美联想
中提供的审美经验通过"化学"作用,创造出一个带着审美主体强
烈感情色彩的新的形象。这一整个过程,表面上看是审美主体将
自己个人的情感转移到审美对象之上,实际上是以情感为动力,

---

① [德]黑格尔:《美学》第1卷,朱光潜译,商务印书馆1979年版,第256、357页。
② [德]黑格尔:《美学》第1卷,朱光潜译,商务印书馆1979年版,第222页。

结合以往的审美经验对审美对象进行加工、制作、改造。这就是所谓"移情"的过程。事实证明，凡是审美都要"移情"，每一审美主体眼里的审美对象都已不是原物的本来面目，而总要印上审美主体的主观感情色彩。

"移情"，本来是西方美学的一个概念。德国美学家康德将审美过程中主观情感对象化的现象称作"偷换"（subreption），另一位德国美学家立普斯则将此称作"移情"（empathy）。他们所说的"移情"，是先有主观情感，然后再把这种情感在审美过程中"外射"到对象之上。康德说，暴风雨中的大海本身并不壮美，而是可怕的，一个人只有事先在内心里装满了大量的观念，才能在欣赏时把内心壮美的观念激发出来，偷换到对象之上。立普斯甚至认为，移情的对象实际上是我自己，或者说自我也就是对象，对象由自我决定，先有自我，后有对象。这些观点都是唯心主义的。唯物主义者也承认"移情"现象，但我们所说的"移情"是建立在审美感知和审美联想的基础之上的，即先有对于审美对象的感知和以往的审美经验作为基础，由此引起审美联想的深化，才能激起强烈的感情而发生"移情"现象。这是不同于唯心主义的唯物主义移情说。正是从这种唯物主义移情说出发，高尔基认为："想象——这是赋予大自然的自发现象与事物以人的品质、感觉、甚至还有意图的能力。"①

这种移情现象在对自然物的审美中就是所谓"拟人化"，达到一种物我融为一体的境地。例如，李白诗《劳劳亭》："天下伤心处，劳劳送客亭。春风知别苦，不遣柳条青。"这里的"春风"俨然变成了不忍别离的"我"，有意不让杨柳变青，使离人无法折枝送

---

①［苏］高尔基：《论文学》，孟昌等译，人民文学出版社1983年版，第160页。

别。再如，黄巢著名的诗《不第后赋菊》，也是运用了"移情"的"拟人化"手法。诗云："待到秋来九月八，我花开后百花杀。冲天香阵透长安，满城尽带黄金甲。"这里，秋菊变成了胸怀大志的起义英雄，而所谓"满城尽带黄金甲"就是推翻皇朝、图谋帝业。

正是因为审美想象表现为一种特有的"移情"现象，所以任何审美体验都是有着浓厚的个人色彩的。俗语所说的"情人眼里出西施"就是这种情形。西方有一句俗语，有一千个观众就有一千个哈姆雷特；我们也可以说，有一千个读者就有一千个林黛玉。事实也的确如此。每个人都是根据在自己的生活经验和审美感知基础上形成的特有的情感色彩去对审美对象进行加工、改造的。

审美想象中"移情"的心理特征使审美主体进入一种对于审美对象亲身体验的特有状态，即与审美对象同命运、共悲欢，不自觉地加入到对象的行列之中。这就是由"移情"产生的情感体验的高度发展，而其高潮就是审美共鸣。"共鸣"本来是一个物理学的概念，指的是两个物体由于振动的频率相同，一个物体振动就会引起另一物体的振动。我们借用这个概念来说明审美想象的移情过程中的一种极其强烈的感情活动。这种感情活动的强烈，达到了感同身受、出神入化、物我统一的境地。也就是说，审美主体完全站到了审美对象的角度去感觉、去体验，而似乎忘记了自我的存在。这在表演艺术中就是所谓的进入"角色"。托尔斯泰曾在《艺术论》中描述了这一现象，他说："感受者和艺术家那样融洽地结合在一起，以致感受者觉得那个艺术作品不是其他什么人所创造的，而是他自己创造的，而且觉得这个作品所表达的一切正是他很早就已经想表达的。"[1]柴可夫斯基也曾以他创作歌剧

----

[1]〔俄〕列夫·托尔斯泰：《艺术论》，人民文学出版社1958年版，第149页。

《奥涅金》时完全被审美对象"融化"的情形来说明"共鸣"现象。他说，如果说他以前写的音乐曾经带有真情的诱惑，而且附带着对于题材和主角的爱情，那就是《奥涅金》的音乐。当写作这部歌剧时，由于难以借用笔墨表示情感，自己甚至完全被融化了，身体都在颤抖着。巴金也曾说自己在写作著名的《家》《春》《秋》时，完全站到了书中人物的立场上。他说："我是把自己的感情放在书上，跟书中人一同受苦，一起受考验，一块儿奋斗。"①

　　这种"共鸣"现象还有一个特点，就是审美主体在审美想象中不自觉地把自己想象为对象。诚如高尔基所说："文学家的工作或许比一个专门学者，例如一个动物学家的工作更困难些。科学工作者研究公羊时，用不着想象自己也是一头公羊，但是文学家则不然，他虽慷慨，却必须想象自己是个吝啬鬼；他虽毫无私心，却必须觉得自己是个贪婪的守财奴；他虽意志薄弱，但却必须令人信服地描写出一个意志坚强的人。"②在我国古代艺术理论中也有这种在审美想象中把自己想象为对象的记载。宋代罗大经在《画说》中记载了曾无疑画草虫时将自己想象为草虫的情形。他说："曾云巢无疑工画草虫，年迈愈精。余尝问其有所传乎，无疑笑曰：'是岂有法可传哉？某自少时，取草虫笼而观之，穷昼夜不厌。又恐其神之不完也，复就草地之间观之。于是始得其天，方其落笔之际，不知我之为草虫耶？草虫之为我也？'"③据说，施耐庵写武松打虎时也有类似情形。他在写作《水浒传》"武松打虎"一段时，苦于对武松的神气写得不活，于是就搬了一张长凳子

①《中国现代作家谈创作经验》，山东人民出版社1980年版，第241—242页。
②［苏］高尔基：《论文学》，孟昌等译，人民文学出版社1983年版，第317页。
③沈子丞编：《历代画论名著汇编》，文物出版社1982年版，第123页。

放在堂屋当中，一只手按住凳子，把凳子当作"虎"，在长凳两边跳来跳去，模仿醉汉打虎的姿态，体会其心理。他一直跳来跳去，满头大汗，并举起拳头要打凳子，引起他妻子的疑惑，问他干什么，他说："我在打虎啊！"说完就跑到书桌前坐下来，很快写好"武松打虎"这一段，并真的把武松写活了。①　在审美想象中把自己想象为对象的特点正是由审美体验中情感色彩特别强烈所致，也是导致审美共鸣的重要原因。这也正是审美想象与科学想象的重要区别之一。科学的想象虽然也凭借直观的形象，但更多的是一种客观的类推，而不是主观的"移情"。例如，英国的卢瑟福在想象原子的结构时，就曾以太阳系天体的形象来推断原子结构的形象。在这种科学想象的过程中，卢瑟福没有必要把自己想象为原子，也不允许将自己的喜怒哀乐的感情灌注到想象的过程之中。因为，对于科学来说，应该是越冷静、越客观越好。但审美想象就不同。在审美想象的过程中，审美主体必须将自己想象为对象，这样才能感同身受，发生共鸣，获得强烈的审美的情感体验。这种情形，在审美的体验中真是屡见不鲜。例如，从艺术创作方面来说，法国作家福楼拜创作《包法利夫人》，写到女主角服毒时，就"一嘴的砒霜气味，就像自己中了毒一样，一连两日闹不消化，我把晚饭全呕出来了"。从艺术欣赏的方面来说，钱谷融在他题为《艺术的魅力》的文章中记载了这样一件事，安徽省一个剧团演出京剧《秦香莲》，演到包公起初因挡不住皇太后的压力，为了息事宁人，包了二百两银子送给秦香莲，劝她还是放弃惩处陈世美的念头，回乡好好度日。这时，有一位老太太对秦香莲的身世产生

①姜照远、姜涛主编：《中外文学艺术家轶事》，华夏出版社1985年版，第170页。

了强烈的共鸣，完全忘记了自己是在剧场看戏，情不自禁地跳起来大声喊道："香莲，俺们不要他的臭钱！"

审美想象中的这种"共鸣"现象是比较复杂的。它是建立在审美主体与审美对象之间认识、道德、感情一致基础上的一种以强烈的感情活动为其特点的心理现象。而感情的一致则是共鸣的最主要的前提。有时是审美主体的情感经验与审美对象所包含的感情完全一致而产生的共鸣现象。例如，小说《红岩》中革命烈士的壮烈就义，就会触动我们对革命事业的崇高感情而使我们潸然泪下。还有一种情形，就是审美主体的情感经验与审美对象所包含的感情性质不同，但在某一点上有一致之处。例如，《红楼梦》中的宝黛爱情与我们当代社会主义时期青年一代的爱情生活在内容上是不同的，但在追求美好的幸福生活、争取爱情自由这一点上却有共同之处，因而同样可拨动我们的感情之弦，引起我们的共鸣。

这种审美共鸣使审美主体完全沉浸到审美对象特有的情感气氛之中。例如，巴尔扎克写《欧也妮·葛朗台》时达到了入迷的程度，对突然进屋的人大叫："是你害死了她！"显然这是未经思索的。再如，《水浒传》中描写燕青带李逵到东京桑家瓦子勾栏听《三国志平话》，听到关云长刮骨疗毒，李逵在人丛中情不自禁地高叫："这个正是好男子！"这也是冲口而出、未经思索的。如果经过思索，李逵绝不会高声大叫。因为，他们是以朝廷反叛者的身份化装潜入东京的，一旦暴露身份，就有杀身之祸。而且，这种直感式的共鸣的强烈程度甚至会发展到审美主体诉诸行动的地步。1822 年 8 月的一天，巴黎一家剧院演出莎士比亚的名剧《奥赛罗》，当演到奥赛罗掐死苔丝德梦娜时，门口站岗的士兵突然开枪打死了奥赛罗的扮演者。这当然是极个别的情形，但却生动地说明了审美共鸣中不假思索的直感的特点。

以上对审美体验的分析,主要是从传统美学着眼的,就目前来说也具有一定的理论参考性。当代现象学美学的发展,已经将审美体验归结为审美经验,强调审美知觉在整个审美过程中的构成作用。这就是著名的审美经验现象学,在后文我们会有涉及。

(四)审美评价

其一,审美评价是一种寓理于情的特殊的理性评价。

上面,我们大体上阐述了以情感为动力及中心的整个审美体验的过程。这个过程即是由审美感知到审美联想,再到审美想象的逐步发展、递进的过程。这整个过程是形象的鲜明性与情感的强烈性的直接统一,随着形象的逐步鲜明,情感也不断地强烈。从这整个过程来看,审美似乎完全是一种情感体验的过程了,而作为情感体验的高潮的"共鸣"又具有不假思索的直感的特点。那么,在审美的过程中到底还有没有理性的因素呢?我们认为,不仅有,而且还是非常重要的成分。但这种理性因素是一种特殊的理性因素,是一种寓理于情的情感评价、情感判断。有人不相信在情感中还包含着理性,在形象中还会包含着评价,并将此看作是唯心主义。这是不正确的,是一种形而上学的观点,忽视了审美所具有的内在辩证统一的特性。按照辩证唯物主义的观点,任何事物都不是孤立的、静止的,而是在各种对立因素的辩证联系中发展的。恩格斯曾经十分深刻地批评了这种持孤立静止论的形而上学家们,他说,形而上学家"在绝对不相容的对立中思维;他们的说法是:'是就是,不是就不是;除此之外,都是鬼话。'在他们看来,一个事物要么存在,要么就不存在;同样,一个事物不能同时是自己又是别的东西"①。事实是,在审美的体验中,情感同时包含着理性,形象同时包含着评价,但这是一种寓理于情的审美理性、寓思想于形象的审美评价。

　　人的情感从大的方面分两类,一类是完全建立于感知之上的接近于生理快感的低级情感。这种低级的情感也可能具有某种积极的愉悦性,但这主要是一种感官的愉悦,更多地带有直接的感官愉悦的特点。当然,这种低级的情感也带有某种理性色彩,不同于动物的快感。马克思认为,人的感官已经是不同于动物的社会性的感官。他说:"不言而喻,人的眼睛和原始的、非人的眼睛得到的享受不同,人的耳朵和原始的耳朵得到的享受不同,如此等等。"②还有一类包含着更多、更明显的理性因素的高级情感。这种高级的情感又分两种,一种是属于科学、政治、伦理道德范围的,表现为科学研究的热忱、成功后的欣慰以及崇高感、伦理道德感等等。这些都是在认识与思考之后,经过深思熟虑而产生的带有明显的理智与思想色彩的情感。再一种就是同低级情感有相似之处,也似乎具有某种直感性,由审美体验所产生的审美情感。这是一种完全不同于低级情感的高级情感。它的特点是不具备明显的理智与思想色彩,但是这种情感本身就直接包含着、渗透着深刻的认识和伦理道德的因素,即所谓"寓理于情"。

　　其二,审美评价是理性因素在审美体验中的表现。

　　理性因素在审美体验中不是作为独立的阶段出现的,而是直接渗透于审美体验之中。有的学者认为,先有对于审美对象的理性认识,然后才发生审美体验。这是不符合实际的。事实上,在

---

①《马克思恩格斯选集》第 3 卷,人民出版社 1972 年版,第 61 页。
②《马克思恩格斯全集》第 42 卷,人民出版社 1972 年版,第 125 页。

审美的情感体验中,理性因素不会、也不应该作为一个独立的阶段出现。尽管如此,它在审美体验中的表现还是十分明显的。首先,理性因素决定了审美体验能否发生。对于同一对象,由于审美主体立场、观点和情趣的不同,有的能发生审美体验,有的就不能发生审美体验。诚如鲁迅所说,"饥区的灾民,大约总不去种兰花,像阔人的老太爷一样;贾府的焦大,也不爱林妹妹的"。而且,政治观点的对立还会导致审美体验的根本对立。1830 年 3 月 15日,巴黎法兰西剧院首次上演雨果的浪漫主义戏剧《欧那尼》。在演出过程中,革新派与保守派由于政治观点和艺术观点不同,反应迥然相异。革新派公开赞赏,为其鼓掌叫好;保守派则公开反对,大声斥责和发出嘘声。两派相互争吵、指责,闹得不可开交,成为法国戏剧史上的一次重大事件。这是政治理论观点决定审美体验能否发生的明显例证。其次,理性因素还决定了审美的情感体验的强烈程度。由于立场、观点和情趣的相异,对同一审美对象即使都会产生审美的情感体验,强烈程度却不一定相同,有的较强,有的较弱。更重要的是理性因素决定了审美想象所创造的形象中渗透着、溶解着特有的意蕴。这就使审美想象所创造的形象已不同于现实生活中的形象。它既凝聚着强烈的感情,又渗透着深刻的理性,是感性与理性直接统一的整体,是一种特有的无言之美,包含着理性因素的"意象""意境"。理性因素在这里是无需借助于语言概念而直接渗透于形象之中的。这就是中国古典美学所谓"不着一字,尽得风流""意在言外"。正如钱锺书所说,"理之在诗,如水中盐、蜜中花。体匿性存,无痕有味"①。可见,审美想象创造的形象所包含的"理"是完全通过形象表现出来

---

① 钱锺书:《谈艺录》补订本,中华书局 1984 年版,第 231 页。

的。因为,形象本身只能借以流露出情感,而"理"就凝聚于情感之中。形象、情感、理性三者合而为一。当然,这种情感不是日常生活中的喜怒哀乐,而是一种包含着无限的理性因素的高级情感,耐人咀嚼,发人深省,并常常将人引导到一种无限高尚却又多少有些神秘感、难以用语言表达的美的境界。例如,我们在欣赏达·芬奇的名画《蒙娜丽莎》之后,对女主人公美妙而神秘的笑久久难以忘怀,感到其中似乎体现了文艺复兴时代的某种崭新的时代精神、资产阶级的理性力量,却又难以言述。至于《红楼梦》第九十八回写林黛玉临死前最后的悲哀的呼喊"宝玉!宝玉!你好……"一定会永留我们耳际,似乎从中听到了一个弱女子对社会和人生的控诉,但又绝不止于此。至于杜甫诗"朱门酒肉臭,路有冻死骨。荣枯咫尺异,惆怅难再述",就更是不仅包含着作者强烈的感情色彩,而且包含着作者对社会、时代与人生的深刻思考与概括。黑格尔在其《美学》中将审美想象中这种形象、情感与理性高度完美统一的境界称作是"无限的、自由的"①。这里所说的无限性与自由性都是指审美想象中所包含的理性因素的特征。所谓"无限",即指其不受个别形象所包含的有限性情感的束缚,在容量上具有极大的丰富性。因为,一般的普通的形象所包含的情感只能是一,而审美想象创造的形象所包含的感情却是十、百、千、万……因而具有高度概括性的理性色彩。而所谓"自由",即指其不受作为现实形象所包含的情感必然性的束缚,在性质上超出了这种必然性,达到更高、更深远的理性境界。例如,齐白石老人所画的虾图,表面上看是表现虾的生动活泼,但其深意全不在此,而是在某种自由的精神、对生命的热爱……这就是中国古典

---

① [德]黑格尔:《美学》第1卷,朱光潜译,商务印书馆1981年版,第143页。

美学所谓"象外之象""景外之景""味外之味"。这正是审美体验中理性因素最高的表现,审美体验所达到的最高境界。它是一切审美主体所追求的目标,也是审美作为人类理性生活的一个重要方面。

其三,理性因素在审美体验中发挥作用独具特点。

理性因素在审美体验中既然不是作为独立的阶段出现,那么,它如何渗透于审美体验之中? 又具有哪些特点呢? 我们认为,理性因素是以理性渗透的特殊形式发挥作用的。那就是,审美主体在长期的生活经历中形成了自己的立场和世界观,主要以概念的形式贮存于大脑皮层之中,也渗透于感性的形象记忆之中。这种立场与世界观等理性因素在认识与道德活动中总是以自觉的、明显的、概念的形式发挥其指导与制约的作用。但在审美体验中,在大多数情况下,却常常是在不知不觉地,即潜在地发挥作用。

首先,在审美的感知中就已经包含着理性因素。尽管审美的感知要以某种生理快感为基础才能产生肯定性的情感评价,但如前所说,一方面,人的生理快感本身就已经社会化、理性化了,根本不同于动物的快感;更重要的是,审美感知的快感同生理快感的明显区别在于,它是以视听感觉为主的、精神性的,同审美对象之间是有距离的。

其次,在审美联想中,审美主体的"追忆"尽管主要同情感记忆发生联系,但逻辑记忆也对审美联想发生制约作用。这是审美中情与理的矛盾对立统一的表现之一。巴金在写作《激流三部曲》时,一打开记忆的闸门就发生了这种情与理的矛盾:从情感的记忆来说,他在记忆中对自己的祖父还保留着"旧社会中的好人"的印象;但从逻辑记忆的角度,从当时已经接触到的各种社会科学的知识来看,他又清楚地认识到他的祖父是这个家庭的"暴君"。最后,巴金在以自己的祖父做原型的高老太爷的形象中虽然仍留下了同情的痕迹,但呈现在我们面前的毕竟是一个封建的卫道者,造成无数悲剧的祸首。这是逻辑记忆制约情感记忆、理制约情的明显例证。在审美想象中,尽管以情感为动力,但积淀在大脑中的各种理性因素仍然会不知不觉地起制约的作用,决定了审美主体在审美想象中对审美对象的取舍和加工。康德把这种情形称作在审美的活动中没有明显的规律,但却"暗合"某种规律,是一种看不出规律的规律,不露痕迹的规律。这就是我国古代文论中所谓的"无法之法"。恰如宋人严羽所说:"古人未尝不读书,不穷理。所谓不涉理路,不落言筌者,上也。诗者,吟咏情性也。盛唐诗人惟在兴趣,羚羊挂角,无迹可求。"①他认为,古人作诗并不是完全排斥理性的因素,只不过是没有明显的理性的痕迹,就好像是一只被猛兽追赶的羚羊突然挂角树上,地上再无它的足迹,所以猛兽就无从追赶。应该说,这样的阐述是深得审美的真谛的。理性因素在审美想象时暗中发挥作用,首先要求审美的想象符合形象的形式美的规律,如平衡、对称、和谐等等,否则,审美想象的产品就不会引起强烈的肯定性的情感体验。更重要的是,作为理性因素的表现,要求审美想象符合生活本身的逻辑。这里也包括情感的逻辑。因为,所谓情感的逻辑不可能单独存在,须借助于形象的逻辑方可实现。同时,情感有了逻辑就成为合理性的高级情感。例如,电影艺术中运用蒙太奇手法,形象的连接就应是合逻辑的。如果描写一次战争的决策,当镜头呈现出指挥员下决心"狠狠地打"时,接着的镜头应该是万炮齐发或千军万马的

---

① 郭绍虞、王文生主编:《中国历代文论选》第 2 册,上海古籍出版社 1979 年版,第 424 页。

出击,而不应该是一群青蛙从池塘中跳出;如果是后者,就既违背了生活的逻辑,也违背了情感的逻辑。这种形象自身所具有的理性的逻辑,就是在许多文艺家的创作中出现的人物形象违背了作家原来的设想而自己活动的原因。法捷耶夫写《毁灭》时,最初把一贯动摇自私的游击队员美谛克写成由于幻灭而自杀,但理性却向他提出,这样写不符合形象自身的逻辑,因为这样的胆小鬼没有勇气自杀而只会叛变。于是,法捷耶夫毅然改变原来的写法,写到整个队伍被打散后,美谛克把手枪扔进草丛,逃离了部队,向白军驻扎的方向跑去……鲁迅创作《阿Q正传》时,一开始也没有想到要给他的阿Q以大团圆的结局。他在《〈阿Q正传〉的成因》一文中说:"其实'大团圆'倒是'随意'给他的;至于初写时何曾料到,那倒确乎也是一个疑问。我仿佛记得:没有料到。"但阿Q终于以"大团圆"结局,这是形象自身的逻辑,也是理性因素暗中发挥作用的结果。因为,鲁迅作为一个激进的革命民主主义者,是清醒地认识到了辛亥革命的悲剧的,阿Q的大团圆正是辛亥革命悲剧的曲折表现,是作者对辛亥革命的理性认识给人物带来的必然的结局。

当然,我们还需要看到,在对不同的审美对象的体验和评价中,理性因素所占的比例是不同的。一般来说,在对自然美与形式美的审美中,体验多于理解,情感多于理性;而在对艺术品的审美中,理解又多于体验,理性又多于情感。在对音乐、建筑、诗歌等表现艺术的审美中,理性因素更隐晦一些,情感因素更突出一些;而在对绘画、雕塑、小说等再现艺术的审美中,理性因素又相对地明朗一些。

对于审美过程中的理性因素,即便在当代以先锋艺术为对象的美学形态中也没有予以否定,而是更多地从生命与生存的本体意义的深层角度来理解和阐释审美中的形而上成分。

　　综上所述,审美力就是以感性知觉为基础、借助于审美形象的一种特殊的情感判断能力,具体表现为逐步递升的审美感知力、审美联想力和审美想象力。这是形象逐步鲜明的过程,也是情感逐步发展的过程,同时也是理性因素逐步加深的过程。形象、情感、理性三者融而为一,理性与情感均寄寓于形象,形象是审美活动所凭借的主要手段,而情感则是其根本特点。

　　(五)审美力的培养

　　从马克思主义的实践观点出发,我们认为,审美力只有在审美的实践中才能形成。审美的实践包括审美的客体和审美的主体两个方面,因此,审美力的培养也必须从主客观两个方面着手。从客观方面来说,就是优秀的审美对象的选择。而从主观方面来说,则是有关审美力的各种主观条件的创造。

　　其一,审美力主要是后天形成的社会性能力。

　　唯心主义者认为,审美力完全是一种先天的禀赋,是天才。辩证唯物主义者不完全否认审美能力具有某种先天性,但先天的禀赋只不过为审美力的形成提供了一种可能,更重要的是通过后天的实践使可能变成现实。社会存在决定社会意识。马克思不仅讲过"艺术对象创造出懂得艺术和能够欣赏美的大众"①,而且还谈到人的感觉能力也完全是由对象产生出来的。他说:"不仅五官感觉,而且所谓精神感觉、实践感觉(意志、爱等等),一句话,人的感觉、感觉的人性,都只是由于它的对象的存在,由于人化的自然界,才产生出来的。"②这段话尽管还残存着费尔巴哈人本主

---

①《马克思恩格斯选集》第 2 卷,人民出版社 1972 年版,第 95 页。
②《马克思恩格斯全集》第 42 卷,人民出版社 1979 年版,第 126 页。

义的痕迹,但却较正确地阐述了"人的感觉能力是后天由感觉对象的存在才产生出来的"这样一个唯物主义真理。

其二,审美对象的选择。

1.审美能力的高低同审美对象的水平直接相关。

既然人的审美能力主要是在后天形成的,并且是由审美对象的存在而创造出来的,那么,审美对象水平的高低就同审美能力的强弱直接相关。只有通过真正美的艺术品,才能培养出较强的审美能力和健康的审美趣味。因此,在审美的欣赏中不能采取来者不拒的方针,而应对艺术品进行必要的选择。因为,并不是一切艺术品都是美的。我国魏晋南北朝的钟嵘就曾在著名的《诗品》中将诗歌分为上、中、下三品。其实,不仅诗歌有品位高低之分,一切艺术也都有不同的艺术品位差别。我们要尽量选择艺术中的上品作为自己的欣赏对象。这样,"水涨船高",人们的欣赏水平、审美能力也就能提到相应的高度。歌德曾说:"鉴赏力不是靠观赏中等作品而是要靠观赏最好作品才能培养成的。所以我只让你看最好的作品,等你在最好的作品中打下牢固的基础,你就有了用来衡量其它作品的标准,估价不至于过高,而是恰如其分。"①

2.低级庸俗的作品对人有腐蚀作用,会使人形成不良的审美趣味。

低级庸俗的作品,对于广大人民,特别是缺乏审美判断力的青年,危害是极大的。它从思想感情上不知不觉地腐蚀人们的灵魂。例如,有一位大学生,参与了流氓犯罪活动,以致堕落,其原因之一是沉湎于低级庸俗的腐朽艺术。而一位年幼无知的初中

---

①〔德〕爱克曼辑录:《歌德谈话录》,朱光潜译,人民文学出版社1980年版,第32页。

女学生则因看了手抄本黄色小说,被其中的腐朽情感腐蚀,陷入男女鬼混之中,最后沉沦堕落,不能自拔。另外,由于审美欣赏是以审美感知为基础的,所以低级庸俗的作品常常以反映本能欲求的靡靡之音、色情描绘给人某种感官刺激。这就使缺乏辨别力的青年在心理上形成一种感知的癖好,形成不良的审美习惯和趣味。因此,庸俗低级的艺术品同宗教一样,是一种精神的鸦片。人们一旦上了瘾,尽管理智上想摆脱,但感情上却难以做到。某中学收缴黄色书刊,一个学生明知手抄本黄色小说不好,但却只交了上半部而留下了下半部,说明其在情感上颇有恋恋不舍之意。这就好像《红楼梦》第十二回所描写的贾瑞的情形。书中写到贾瑞陷入王熙凤设计的相思局之中,一病在床。有一个道士送他一个"风月宝鉴"。这个"风月宝鉴"为警幻仙子所制,专治"邪思妄动"之症,道士嘱咐贾瑞"千万不要照正面,只照背面,要紧,要紧"。结果,贾瑞一照背面,是一个骷髅,寓理性、警戒之意。贾瑞不愿意,偏照反面,只见凤姐站在里面朝他招手,他喜不自胜,病情加重。但他仍然执迷不悟,还是要照,如此三四次,结果一命呜呼。这尽管带有某种宿命论的色彩,但却颇具哲理性,生动形象地说明了庸俗低级的癖好一旦养成就难以改正。

　　3.应在美丑的对比中增强审美能力。

　　我们对于庸俗、低级、有毒的作品,一方面应采取查禁收缴的办法,但另一方面对于其中的某些作品亦可在有指导的情况下组织青年接触。这是通过比较、鉴别提高审美能力的方法。诚如毛泽东所说:"真的、善的、美的东西总是在同假的、恶的、丑的东西相比较而存在,相斗争而发展的。"①这是真理发展的规律,也是

----

①《毛主席的五篇哲学著作》,人民出版社 1970 年版,第 167 页。

增强人的审美力的规律。

其三,健康的审美态度的确立。

审美力的培养,从主观方面来讲,还必须确立健康的审美态度,即确立与实用的和科学的态度不同的审美观照的态度。

1.不能以直接实用的、功利的态度对待审美对象,而必须同对象保持一定的距离。

这就是说,在艺术中,既不能单纯从功利价值的角度衡量对象,估量对象有何经济价值或其他实用价值,也不能用经济占有的态度去看待对象,好像一个商人看待一颗宝石,只想到如何攫取它去卖钱。正如马克思所说,"贩卖矿物的商人只看到矿物的商业价值,而看不到矿物的美和特性"①。当然,也不能完全取生理欲求的态度,好像一个人在非常干渴的时候,看到一幅美妙的水果静物画,此时所想到的只是吃掉水果解渴,而不会进行审美的欣赏。再就是,个别人单纯从庸俗的生理的态度去看待一些仕女画或裸体雕像,甚至专门在一些优秀作品中寻找个别的揭露剥削阶级荒淫生活的镜头或章节。这都是审美态度上的偏颇。事实证明,审美态度同以上各种实用的态度都是不同的。在功利的实用关系之中,主体与对象之间的距离非常切近,以便满足主体的某种现实需要。在审美中,主体与对象之间保持着较大的距离,以便于进行审美的观照(欣赏)。如果主客体之间的关系太切近了,审美的观照关系就将消失。

2.必须用欣赏的审美的态度观赏对象,而不能像自然科学那样研究对象。

审美的规律与自然科学的规律是不完全相同的。自然科学

---

① 《马克思恩格斯全集》第42卷,人民出版社1976年版,第126页。

的规律是纯客观的，一就是一，二就是二，不能含糊。但审美的规律却是对于客观现实的情感的反映、主观加工。例如，唐代诗人李白的著名诗句"黄河之水天上来""白发三千丈""燕山雪花大如席"等等，都是带着主观感情色彩的夸张。对于上述诗句，如果单纯从自然科学的角度考虑，那是无论如何都不能理解的，只能从审美的角度，从情感上加以体验。

其四，审美感受力的培养。

1.审美感受力是审美力中最基本的主观条件。

审美活动是以审美的感受为基础的，并且，审美感受贯穿于审美活动的始终。因此，可以说，没有审美感受力就没有审美。正如马克思所说，"如果你想得到艺术的享受，那你就必须是一个有艺术修养的人"，"对于没有音乐感的耳朵说来，最美的音乐也毫无意义……因为任何一个对象对我的意义（它只是对那个与它相适应的感受说来才有意义）都以我的感受所及的程度为限"①。费尔巴哈也说过："如果你对于音乐没有欣赏力，没有感情，那么你听到最美的音乐，也只像是听到耳边吹过的风，或者脚下流过的水一样。"②

2.审美感受力的重要标志就是感受艺术品的"灵敏性"和"统摄力"。

狄德罗指出："艺术鉴赏力究竟是什么呢？这就是通过掌握真或善（以及使真或善成为美的情景）的反复实践而取得的，能立即为美的事物所深深感动的那种气质。"很明显，在狄德罗看来，艺术鉴赏力就是主体"能立即为美的事物所

①《马克思恩格斯全集》第42卷，人民出版社1979年版，第155、126页。
②《西方美学家论美和美感》，商务印书馆1980年版，第211页。

深深感动"①。这首先表现为感受的灵敏性,包括耳朵能迅速地捕捉到音乐的节奏与旋律,眼睛能迅速地捕捉到造型艺术的光线和线条的明暗与变化。只有在此基础上才能进一步产生审美的联想与想象。这种"灵敏性"表现为能够迅速地凭借自己的视听感官,特别敏锐地感受到别人所没有感受到的色彩和声音的特征。也就是说,在这一方面有自己的"发现"。诚如罗丹所说,"美是到处都有的。对于我们的眼睛,不是缺少美,而是缺少发现"②。巴乌斯托夫斯基在《金蔷薇》中记载了这样一件事,法国画家莫奈到伦敦去画威斯敏斯特教堂。莫奈平常都是在伦敦的雾天工作。在莫奈的画上,教堂的哥特式轮廓在雾中隐约可见。他把雾画成紫红色的,这使伦敦人大为惊愕。因为,通常人们都认为伦敦的雾是灰色的。但当惊愕的人们走到伦敦大街上的时候,才第一次发现伦敦的雾的确是紫红色的,原因是烟气太多和红砖房使雾染上了紫红色。于是,莫奈胜利了,人们给他起了个绰号——"伦敦雾的创造者"。审美感受力还表现为对艺术品整体把握的能力,即所谓"统摄力"。凭借这种"统摄力",可将对客体各个部分的印象从记忆中调动起来,彼此呼应,联成一体,从而形成一个具有内在联系的美的形象。这就是一种初步的审美的综合能力。

3.审美感受力还包括审美通感的能力。

所谓"审美通感",就是在一种审美感受的诱发和影响下产生

---

① [法]狄德罗:《狄德罗美学论文选》,张冠尧等译,人民文学出版社 1984 年版,第 430—431 页。

② [法]罗丹口述,葛赛尔记:《罗丹艺术论》,沈琪译,人民美术出版社 1978 年版,第 62 页。

另一种审美的感受。这样，审美感受才能由此及彼，得到发展和深化。这种审美的通感能力是审美感受力的重要方面，能帮助我们加深对于艺术品的体验。审美通感有多种情形。一种是对于听觉形象，可通过大脑的加工幻化成视觉形象。相传两千多年前，楚国有位名叫俞伯牙的琴师，停船汉阳龟山下，抚琴消遣。隐士钟子期是个樵夫，却很会欣赏音乐。伯牙弹琴时心里想到高山，钟子期就在旁赞道："美哉！巍巍乎若泰山。"伯牙弹琴想到水时，钟子期又赞道："美哉！荡荡乎若江河。"我们在欣赏著名的二胡曲《二泉映月》时，也可通过悠扬的节奏和旋律，仿佛看到月夜中泉水明彻静谧的美丽景色。在欧洲，也有一个由听觉形象幻化成视觉形象的美丽传说。据传，在一个月夜，贝多芬曾为莱茵河边一个穷皮鞋匠的瞎眼妹妹弹奏了一曲《月光曲》。这个盲姑娘尽管看不见美丽的月华，但从乐曲声中却仿佛看到月亮从大海中升起，海面上顿时撒满了银光，耀眼通亮。过一会儿，仿佛海面上又狂风骤起，巨浪滔天，大有千军万马之势。盲姑娘的眼睛睁得大大的，完全被乐曲所陶醉了。再就是对于视觉形象，可通过大脑加工幻化成听觉形象。例如，宋代诗人宋祁写了一首曲牌为《玉楼春》的词，用以描写春景，其中有一句"红杏枝头春意闹"。"红杏"本是视觉形象，但一个"闹"字却仿佛把无声的红杏变成了顽皮嬉戏的儿童发出的"闹"声，一下子突现了春意盎然的生命力。王国维说："着一'闹'字，而境界全出。"还有就是建筑，通常将其称为"凝固的音乐"。人们观赏故宫建筑的富丽宏大，仿佛听到了我国古代庄严沉重的历史乐音，而观赏苏州园林小巧玲珑的建筑，又仿佛听到了一曲江南水乡优雅动听的民歌。

4. 只要通过长期的艺术实践就可提高自己的审美感受力。

提高审美感受力的唯一办法就是狄德罗所说的要通过"反复

实践"，也就是长期的审美锻炼。这就要经常有计划地接触各个艺术门类的一些艺术珍品，不断体味，久而久之，审美感受能力自然就会逐步提高。诚如《文心雕龙》的作者刘勰所说，"凡操千曲而后晓声，观千剑而后识器"。例如，我们初次接触某些古典音乐，很可能在感受上是模糊的、混乱的，但时间一长，我们就能逐步分辨和掌握其中的节奏和旋律，并进而体会到其中的情感。再如，我们初次接触古典小说，注意力往往集中于故事情节，但经过一段时间，我们就会被作者的生花妙笔所塑造的栩栩如生的形象所感染。当然，艺术实践还包括创作实践。如果有条件尝试一下某种创作活动，如音乐、小说、诗歌、舞蹈、绘画等，就能更好地掌握艺术规律，体会艺术的"三昧"，增强自己的审美感受力。

其五，文化素养的提高。

审美活动不仅局限于审美的感受，而且还要通过审美的感受发展到审美的联想和想象。因此，审美力是一种综合的能力，集中地反映了一个人的文化、道德、历史的素养。正如马克思所说："五官感觉的形成是以往全部世界历史的产物。"①这就说明，包括审美感受力在内的五官感觉不同于动物的感觉，是在劳动实践所创造的物质文明与精神文明的长期历史条件下形成的，是建立在一个人的文化素养基础之上的。

1. 文化素养对于一些古典作品的欣赏显得特别重要。

众所周知，古典作品的产生都有其特定的历史条件。如果对这种历史条件缺乏必要的知识，就难以准确地理解作品的含义。例如，有的人不理解为什么莎士比亚的著名悲剧《哈姆雷特》中主人公哈姆雷特在复仇时老是犹豫不决。这是由于他们不了解，这

---

①《马克思恩格斯全集》第 42 卷，人民出版社 1979 年版，第 126 页。

部作品产生于 17 世纪初，而所描写的则是 12 世纪末丹麦宫廷的事件。当时封建主义在力量上大于新兴的资产阶级。因此，哈姆雷特作为新兴资产阶级的代表，面对强大的封建势力，他的复仇是很难的。这样，任务本身的艰巨性，就导致了行动的犹豫不决。再如，对于《红楼梦》这部作品中的许多人物和场景，没有文化素养的人也很难欣赏。对于贾母这个人物就是如此。按常理，作为外祖母，她应该特别疼爱林黛玉，但为什么却用"掉包计"残酷地置林黛玉于死地呢？这就必须从封建社会对女性提出的"三从四德"和封建阶级的本性等深刻的社会根源来理解。

2. 文化素养对于某些表现人体美的作品的欣赏也显得十分必要。

如何欣赏表现人体美的艺术作品，也是同文化素养有关的。人体美的绘画、雕塑主要盛行于西方。它的产生不是偶然的，有其历史和时代的原因。人体美的第一个高潮期为古希腊时期，这同当时的社会历史条件有关。古希腊奴隶制时期始终没有形成大一统的中央帝国，而是分裂为各个城邦，城邦间战争频繁，尚武成风，整个民族都有严格的体育训练要求。这就形成了对健康而强壮的人体美的欣赏和追求。当时的奥林匹克运动会都是裸体进行的，毫不介意地在大庭广众之下炫耀自己健美的身躯。另一个原因是古希腊的宗教不像后来的宗教那么神秘，而是人神同一，神的美也就是人的美。因此，可以毫无顾忌地把神雕成裸体。再就是，希腊地处地中海沿岸，气候也适宜于户外裸体活动。以上就是古希腊人体美艺术繁荣的历史原因。西方人体美艺术的第二个高潮期为文艺复兴时期（公元 14—16 世纪）。当时，新兴的资产阶级主要以人文主义、人性的解放对抗禁欲主义和精神的束缚，于是出现了一些裸雕、裸像。由以上对于古希腊与文艺复兴两个时期的分析可见，西方人体美艺术品的产生都是历史的现象，有其历史的背景。只有结合这样的背景，才能正确地了解和欣赏这些艺术品。

人体美的艺术品，我们应从美学的角度进行鉴赏。从美学的角度看，任何真正的艺术品都是美的结晶、高尚情感的表现、感性与理性的直接统一。因此，裸雕与裸画作为艺术品，也应是自然的形体美与内在的精神美的直接统一。而且，应是内在的精神美统率外在的形体美；外在的形体美只有在表现内在的精神美之时，才有其独立存在的意义。这就为我们划清了人体美艺术与黄色作品如"春宫画"之类的界限。作为人体美的艺术品，其外在裸露的形体是借以表现内在的丰富的情感和高尚的精神品格。在这种人体美的艺术中，突出了用以表现情感和精神的形体部分，而省略了同表现情感与精神无关的形体部分。这样的作品所给予人的是一种高尚的审美享受、情感体验，而不是低级的感官刺激。例如，著名的《米洛斯的维纳斯》，虽为裸雕，但面部表现的端庄流露出纯洁典雅的情感，体态的婀娜优美体现出青春的健美和旺盛的生命力，稍稍前倾的修长的下身和微微侧倾的上身表明了内心的沉静、平和、温柔。这尊雕像给人一种端庄典雅的感受和青春活力的熏陶。有一位作家在小说中曾将这尊雕像看作是医治日常生活丑行的良药，给人以温暖的太阳。他充满激情地说道："如果杀死她——就等于夺去了世上的太阳。"但黄色的裸雕、裸画却是一种粗野的自然主义的流露，外在的形体并没有包含深刻的意蕴，而是有意进行某种轻佻的色情展览，目的在给人以感官刺激。

我们中华民族有着自己的历史特点，在文化上有着悠久的文明的传统，在思想上儒学始终处于正宗的地位。因此，我们中华民族比较深沉、内向,在审美习惯上倾向于一种素朴的含蓄美。无论是我国古代的绘画,还是戏剧,都在某种程度上表现了这种素朴的含蓄的美,有着强烈的象征意味,倾向于表现的艺术,不像西方古代倾向于再现的艺术。因此,尽管在我国艺术史上,唐代曾经出现过"飞天"等半裸的雕塑,但还是侧重于某种飘逸超凡的非现实性。因此,从民族的审美习惯来看,不易过于提倡裸雕、裸画。但对于这类作品也不必大惊小怪,应该允许尝试。只是应以健康的审美标准给予鉴别,杜绝那些粗野的带有色情倾向的作品。

3.文化素养能帮助我们理解某些以丑为素材的作品。

文艺作品并不都是以美的事物为素材的,也有一些是以丑的事物为素材。对于这样的作品,只有在具备一定的文化素养的条件下才能理解其在艺术中化丑为美的特点,并体验到文艺家通过这种化丑为美的过程所流露出来的高尚的情感,从而欣赏并受其感染。具体地来说,有这样几种情形。

一是通过艺术家的评判化丑为美。以丑为素材的艺术品,素材本身是丑的,欣赏者之所以会在艺术品中发现美,原因就在于艺术家的评判。这种评判渗透、倾注着美的理想。这里有两种美。一种是喜剧性的美。艺术家通过讽刺,甚至是夸张的讽刺,唤起了读者或观众的笑声。这种讽刺本身就是一种批判,通过批判,流露作者正面的审美理想,使读者或观众在笑声中受到正面的情感教育和美的感染。例如,果戈理的《钦差大臣》,从骗子赫列斯达可夫到以市长为首的官吏们,都是卑鄙可耻的人物,可以说是一幅群丑图。但剧中唯一的正面,那就是由作者辛辣的讽刺所引起的观众的笑声。观众正是通过笑声感受到了作者在剧中所流露出来的正面的审美理想。另一种是悲剧性的美。素材是遭受摧残和蹂躏的人物。艺术家通过对人物内心强烈痛苦的刻画，表现出一种对抗争命运的歌颂。例如，著名的群雕《拉奥孔》，为古希腊艺术家阿格山大等人在公元前42—前21年间所作。它取材于公元前12世纪前后在古代小亚细亚流传的关于特洛伊战争的一个传说。据说特洛伊祭司拉奥孔识破了希腊人的"木马计"，被偏袒希腊人的海神用两条巨蟒紧紧地缠绕。雕像表现了拉奥孔为了救助幼子同巨蟒进行的惊心动魄的搏斗。他的整个姿态、表情和每块肌肉都凝聚着这种斗争的精神和不屈的意志，给人以昂扬奋发的感受。当然，也可以在作品中表现出一种对美好事物被毁灭的同情。例如，罗丹的雕塑《欧米哀尔》（又名《老妓》）是作者根据法国诗人维龙的《美丽的欧米哀尔》而塑造的，表现一名肌肉萎缩的老妓女弯腰偎踞着，以绝望的目光感伤逝去的青春，悲叹自己衰老的身躯，流露出艺术家深深的同情。

二是通过突出事物本身隐藏的内在的美而化丑为美。

有一些丑的素材本身就包含着某种内在的美，艺术家将这种内在的美加以突出，就可化丑为美。这里也有两种情况。一种是通过夸张的手法将丑的素材变为美的，从而给欣赏者以美的启示。例如，我国传统年画中的肥猪，猪本身并不美，但它的肥却是一种丰收、富裕的象征。作者加以夸张，就可使肥猪包含某种社会美的理想。再就是通过外形的丑与内心的美的强烈对比来化丑为美。例如，我国传统年画中的《钟馗捉鬼》和雨果的《巴黎圣母院》中的敲钟人加西莫多，就是以其外表的奇丑反衬出内在的正义或善良。

4.文艺常识方面的基本素养有利于对艺术品的欣赏与理解。

要加深对艺术品的欣赏，还必须具备基本的文艺常识方面的素养。例如,在欣赏文学作品时,必须掌握基本的文学常识,了解文学的特征与本质、文学形象的构成、文学创作方法或技巧等等。在欣赏造型艺术时,必须掌握绘画和雕刻的基本常识,诸如色彩的作用、冷暖色的搭配、线条结构等等。在欣赏音乐时,必须掌握必要的乐理,诸如旋律、节奏以及各种音乐体裁的知识。

其六,生活经验的丰富。

上面曾经说到,审美联想是由现有的审美感受的经验唤起往昔的经验。由此可知,一个人的生活经历越丰富,往昔贮存于大脑中的经验越多,审美的联想就越丰富多彩。而只有在丰富多彩的审美联想的基础上才能进一步产生审美想象,从而加深美感体验。我国文学史上著名的《琵琶行》为唐代诗人白居易于公元815年贬官九江做郡司马时所作。一次,他到江边送客,偶遇过去的琵琶女(现在的商人妇),听其弹奏哀怨的一曲,由此唤起白居易昔盛今衰的类似生活经验的回忆,从而被深深地感动。他不免情动于中,发而为声,赋诗曰:"我闻琵琶已叹息,又闻此语重唧唧。同是天涯沦落人,相逢何必曾相识。"著名文艺评论家王朝闻也有过类似的体会。"十年动乱"之后,他重新观赏易卜生的戏剧《娜拉》,竟因此勾起对"十年动乱"间生活经历的回忆,并有了新的体验。他写道:"我虽然没有被丈夫当作玩物来耍的遭遇,但是,比如在史无前例的'文化大革命'当中,有没有很不愉快的问题呢?……我不仅把娜拉看成被玩弄的妻子,而且把她看成是一个不被人理解,不被人当作人而受到尊重而感到痛苦的人。"①再就

---

① 王朝闻:《艺术的创作与欣赏》,《美学讲演集》,北京师范大学出版社1981年版,第294页。

是,有些青年由于缺乏必要的生活经验,因而对于某些艺术形象所包含的思想感情难以理解。例如,对于唐代诗人贺知章的《回乡偶书》就体会不深。其实,作者在这首诗中所寄寓的思想感情是很丰富的。诗云:"少小离家老大回,乡音无改鬓毛衰。儿童相见不相识,笑问客从何处来。"作者通过对比和反衬的手法,为我们描绘了一幅老大还乡、与乡人相见而不相识的凄苦的图画,寄寓了作者对于岁月易逝的深深感触,从而流露了对离家出仕的悔恨和辞官归田之意。

其七,思想道德修养的加强。

审美活动是体验与评价的直接统一,理性评价尽管渗透于情感体验之中,但却对情感体验具有明显的制约作用。这种理性评价就是指思想与道德的评价。为此,要提高自己的审美能力还必须加强思想道德修养。事实证明,正确的思想观点和高尚的道德修养可使审美体验沿着正确的方向发展。

1. 可以在审美中排除庸俗低级的实用态度。

如前所说,有些人以庸俗低级实用的态度,从占有的目的出发对待艺术,甚至专门寻找感官刺激。这主要是思想道德修养和情操方面的问题。确立正确的思想观点,加强道德修养,具有了高尚的情操,就可排除上述低级的非审美的杂念,使人们在审美活动中抱有正确的态度。

2. 可以将审美活动中的情感体验纳入正常的轨道。

审美活动是以情感体验为其特点的,但情感犹如滔滔江河,如无理性的约束,就会漫出河床而泛滥成灾。因此,情必须纳入到理的约束之下。狄德罗在《论戏剧诗》中指出:"诗人不能完全听任想象力的狂热摆布,诗人有他一定的范围。诗人在事物的一般秩序的罕见情况中,取得他行动的范本。这就是他的规律。"①这里所说的"范围""范本""规律",就是指理性对感情的约束与指导,以使审美想象"合乎逻辑","显出各种现象之间的必然联系"。甚至连主观唯心主义美学家康德也认为,在审美活动中有无理性对情感的约束,就好比是悍马和驯马的区别。

3.可以鉴别某些思想倾向有错误和情感不健康的艺术品。

艺术品是以形象性为其外部特征的,情感与思想都渗透、融化于形象之中。因此,对艺术品的思想倾向和情感的鉴别难度较大。有些思想倾向上有着某种毒素的艺术品,由于具有一定的艺术性而常常在不知不觉中毒害了广大人民特别是青年。列夫·托尔斯泰曾说:"物质毒品和精神毒品的区别在于,物质毒品多半因味苦而令人作呕,而以坏书形式出现的精神毒品,不幸得很,却往往使人销魂。"②思想道德修养的加强就有助于对这类作品进行鉴别。俄国著名的革命民主主义者赫尔岑有一次参加了一个音乐欣赏会,立即以其敏锐的感觉辨别出这个音乐会所演出曲目的轻佻和低级。当女主人告诉他,这些是当时社会上流行的音乐,因而一定会十分高尚时,赫尔岑答道:"流行的就一定让人爱听吗?就一定高尚吗?你说流行感冒是不是让人喜爱?是不是高尚?"又说:"有些低级的东西,冒充艺术珍品,它像流行性感冒的病菌一样,传染着健康人的肌体!我们需要真正的艺术,那才是高尚的艺术呀!"③在这里,赫尔岑讲到了一个辨别艺术品美丑

①[法]狄德罗:《狄德罗美学论文选》,张冠尧等译,人民文学出版社1984年版,第163页。

②姜继编:《读书箴言》,书目文献出版社1985年版,第49页。

③转引自《外国作家艺术家创作故事》,山东人民出版社1983年版,第82页。

的标准问题,那就是,并不是"流行的"就是美的,在流行的事物中也不乏有毒之物。我们认为,这是一个很重要的见解。作为艺术品来说,当然应该被广大群众所接受和欢迎,即所谓"流行"。也可以说,一切真正的艺术品即使暂时不被群众接受,从长远的角度看,迟早一定会受到群众欢迎,在群众中流行开来。但并不是一切流行的艺术品都是美的。因为,艺术品的流行除了艺术品本身的原因外,还同社会的风尚有关。在某种不健康的社会风尚盛行之时,符合这种风尚的艺术品也会流行,但这种艺术品却并不是美的。因此,我们应以较高的政治道德素养和冷静的头脑,有分析地对待时下流行的艺术品。

二、"生活的艺术家"的造就

马克思曾经预言,到共产主义社会"人人都是艺术家"。但这里所说的"艺术家",主要是指"生活的艺术家"。培养和造就"生活的艺术家",是美育的特殊作用之所在。

(一)什么是"生活的艺术家"

所谓"生活的艺术家",是相对于专业艺术家而言,他们不是以艺术作为自己的职业,但却能够以艺术、审美的态度去对待生活、社会和人生。具体可表现为:健康的审美观与较强的审美力、创美力。"生活的艺术家"首先应该树立关于美与丑的健康的审美观念。因为,美与丑的问题涉及十分复杂的情感与心理领域,所以,我们一般不简单化地以正确与错误而是以健康与否加以界定。

众所周知,人类所面对的有真、美、善三个领域,与此对应,人类的精神世界也就有知、情、意三个领域。美与审美恰恰处于真与善、知与意的中介领域，承担着统一真与善、知与意、感性与理性、个别与一般的重任。健康的审美观就是两个侧面的统一观，而且在审美感性力的基础上更多地贯彻着善对真、意对知、理性对感性、一般对个别的制约性与统领性。也就是说，在美与丑的辨别中应贯穿着对人类进步有益、符合绝大多数人利益的主旨与精神。其核心则是对人类社会与生活和谐发展的追求。因为，和谐发展是人类的理想，也是审美的理想、人生的理想，三者实际上是统一的。

作为"生活的艺术家"，还应具有较强的欣赏美与创造美的能力。我们可以将其统称为"创造的想象力"。这种创造的想象力是多种心理功能的综合，包括想象力、知性力、理性力（精神）和鉴赏力。康德认为，"美的艺术需要想象力、悟性、精神和鉴赏力"①。在这四种心理功能中，鉴赏力即审美的情感判断力是核心，各种心理功能都统一于审美的情感判断，目的也是产生审美的情感判断。想象力是最活跃的因素。因为，审美活动始终是以直观形态的感性表象为其心理活动的基本元素，以审美的感受力作为基础，而以审美感官的训练为最基本的训练。可以说，离开了想象力，一切审美活动将不复存在。知性力即形式逻辑判断能力也具有重要地位，它使审美快感从根本上区别于生理快感，并使审美活动成为有意义、有逻辑的精神活动。理性力则使审美具有无限丰富深广的内涵，具有深刻的伦理道德价值。

可见，审美力与创美力是一种具有深广内涵的心理过程。它需要通过自然美、社会美，尤其是艺术美的长期陶冶才能不断得到培养与发展。

---

①［德］康德：《判断力批判》，宗白华译，商务印书馆1964年版，第166页。

（二）审美的人生态度

"生活的艺术家"应该具有审美的人生态度，那就是以审美的态度，也就是以亲和的态度去对待自然、社会、他人与自身。

首先是以审美的态度对待自然。应建立一种审美的自然观，建立起人与自然的审美的关系。众所周知，人类产生之前，类人猿作为动物，本身就是自然，不存在人与自然的关系问题。只有出现了人类之后，才将自己从自然中分离出来，有了人与自然的关系。但在相当长的时间内，人类并没有正确把握人与自然应有的关系，而一直使之处于一种对立状态，由恐惧、征服，到掠夺、破坏……渐渐地，到迈入 21 世纪之后，人类才逐渐认识到人与自然应该是一种和谐发展的亲和的审美关系。人类应该以审美的态度去对待自然，热爱自然，保护自然。因为自然是孕育人类之母，是人类生存发展之本。人类只有一个地球，这是人类及其祖先、子孙后代共有的家园。因此，人与自然的关系应该由对立走向和谐，由敌对走向审美。

同时，应该学会欣赏无比绮丽美妙的自然美。自然美是造物主提供给人类的特有的宝贵财富，我们应该树立正确的自美观。我认为，从对人类终极关怀的高度理解自然美，比从实践的角度理解自然美要更加科学，并有更大的包容性。也就是说，从大自然是人类生存发展之本的角度来看，整个大自然对于人类来说都应处于一种和谐协调状态，都是美的。这是前提。从具体的审美对象来说，只要特定的人与对象关系处于一种和谐协调的状态中，那么，自然对象就是美的。在此前提下，我们应学会对自然美的欣赏，不仅欣赏以形式的优美出现的风花雪月等自然美景，而且欣赏包含着理性精神，以崇高美形态出现的大河悬瀑、高山峻岭、狂风暴雨等壮观的景象,从中领悟人性的真谛。

其次,应以审美的态度对待社会。社会性是人的根本属性,社会美包含更多理性内容,人与社会之间应该建立一种和谐发展的审美关系。每个人都应以建立和谐发展的美好社会作为自己美好的社会理想并为之奋斗,竭尽全力弘扬美好,摒弃丑恶,甚至为理想献身。这样的人生才是有意义的人生、美的人生。在一般的情况下,一切社会都需要建立一种和谐协调的关系,这样才能求得社会的发展。社会的和谐协调依靠三种途径。第一是法律,这是一种外在的强制性;第二是道德,这是一种内在的强制性,所谓良心的谴责等等;第三是美育,通过美育,使人们以审美的态度对待社会,这是一种内在的自觉性,一种自觉自愿的情感的驱动力。通过这样的途径,可以极大地减少暴力、贩毒、走私等犯罪行为与丑恶现象。在这里,十分重要的是,通过美育使人们以审美的态度对待他人,抛弃人与人是兽性关系的自然主义理解和"他人是地狱"的灰暗的存在主义理解,建立人与人是平等友爱的伙伴关系的人道主义理解。这种人道主义精神就是一种审美的精神,也就是古代圣贤倡导的"仁者爱人"的传统仁爱精神。

再次,应以审美的态度对待自身。人类在长期的发展中更多地关心社会,较少地关心自然,同时更少地关心自身,特别是很少关心自身的心理与人格发展,因而导致精神危机成为全人类的共同疾患。如果人类再不更多地关爱自身,特别是关爱自身心理与人格的健康发展,人类的精神危机的蔓延将远远超过癌症与艾滋病的危害。因此,人类必须以审美的态度对待自身,使自身特别是心理与人格得到和谐协调的发展。心理与人格和谐协调发展的核心是培养提升人的内在情感力,使每个人都充满美好高尚的情感。这是健全的心理和健全人格的基础，也是新世纪使人类更加美好的基础。

只要我们坚持审美教育，使更多的人或者说使绝大多数人都成为"生活的艺术家"，人类与人类社会在新的世纪就会变得更加美好。

第四讲　美育"不可代替"的
特殊地位

全国第三次教育工作会议通过的《关于素质教育的决定》中指出,美育具有"不可代替"的特殊地位。这是总结国内外长期教育经验的科学结论,也是对长期以来国内外在美育地位问题上的争论的一个明确的回答。

一、国内外有关美育地位的争论

20世纪70—80年代,美国曾发生过一场关于美育是否是一个独立学科问题的争论,这是由现代大学制度引起的。因为,按照现代大学制度,"所有的课程内容都应该取自学科,换言之……只有学科知识才适合进入学校课程"。面对这一新的局面,艺术本身就被要求必须是一个独立的学科,否则就将丧失在学校教育中的合法地位。

1965年,在美国宾夕法尼亚州召开了主题为"艺术教育是一门独立学科"的研讨会,会上最大力倡导美育作为独立学科地位的理论家是巴肯。他对有关美育缺乏逻辑定理因而无法成为独立学科的指责进行了辩驳:"缺乏科学领域中普遍符号系统所体现的关于互为定理的一种形式结构是否就意味着被谓之为艺术的人文学科不是学科,意味着艺术探索是无序可循的? 我认为答案是,艺术学科是一种具有不同规则的学科。虽然它们是类比和隐喻的,而且也非来自一种常规的知识结构,但是艺术的探索却并非模糊和不严谨的。"①但其他"艺术教育运动"的倡导者却不赞成艺术教育构成独立学科的意见。他们认为,"艺术不是一门学科。相反,它只是'一种经验',这种经验或是通过参与艺术创作过程而获得,或是通过亲眼目睹艺术家的创作表演而获得"②。但他们始终坚持艺术教育应该有"整套课程",并在学校课程中占有一席之地,而且要发挥积极参与的精神。很明显,在这场争论中,双方对于艺术教育作为一种特殊的人文精神承载体在现代大学教育课程中应有一席之地这一点是没有分歧的,但对于以艺术教育为主要内容的美育是否是一个独立学科,是否具有独立的地位,却有很大的分歧性看法。

在我国,这种争论也是存在的。中华人民共和国刚刚成立之时,由于急风暴雨式的阶级斗争刚刚结束,加上受到苏联哲学与教育思想的影响,因此出现了"以德育代美育说"。那时,我国正式提出的教育方针是"德智体全面发展",将"美"消融到其他三育,特别是德育之中。这种思想一直影响到当下,尽管国家层面已经将美育作为素质教育之有机组成部分,指出其具有"不可代替"的特殊地位,但在理论界和教育界仍有美育是"末位论"还是"首位论"的地位之争。我们认为,美育既不是末位,也不是首位,

---

① [美]阿瑟·艾夫兰:《西方艺术教育史》,刑莉、常宁生译,四川人民出版社
2000 年版,第 315 页。

② [美]阿瑟·艾夫兰:《西方艺术教育史》,刑莉、常宁生译,四川人民出版社
2000 年版,第 319—320 页。

美育由其感性的人的教育之特殊性质决定,是一种综合的中介的教育。因此,我们力主美育地位的综合论、情感协调论与中介论。

二、美育是一种"综合教育"

美育的"综合教育"作用,主要表现在它主要不是具体的艺术技能的培养,而是一种审美世界观的培养。如前所说,美育的主要目的不是培养掌握具体艺术技能的专业艺术家,而是培养具有健康的审美态度的"生活的艺术家"。在这里,我们特别地强调"审美的态度"。所谓"态度"(attitude),就是一种世界观、人生观、价值观,是当前人的素质中最基本、最主要的方面。正如北京大学王义遒所说:"这种态度是正确对待自己、对待他人、社会国家乃至全人类,以及自然和环境,具备对群体、社会、国家和世界的责任感。也可以说就是正确的价值观、世界观和人生观。"①王义遒讲得非常正确,他认为,当前时代对人才最基本的要求是"知识、能力、素养、态度"。"态度"成为四要素中最重要的要素,而审美的态度即审美的世界观,又成为"态度"中非常重要的组成部分。如果说,在农业经济与工业经济时代,审美的态度或审美世界观的地位还没凸现出来的话,那么在今天后工业革命时代,审美的世界观则具有了本体的地位,成为当下后工业革命时代主导性的世界观。

众所周知,一个社会的主导性世界观作为一种意识形态,是被一定的经济社会形态所决定的。迄今为止,人类社会经历了四

---

① 参见 2001 年 11 月 27—28 日在香港中文大学召开的两岸三地"大学通识课程暨文化素质教育研讨会"论文。

种经济社会形态,不同的经济社会形态有不同的主导性世界观。原始时代主导性的世界观是巫术世界观;农耕时代主导性的世界观是宗教世界观,基督教、佛教与伊斯兰教都产生于农耕时代;工业化的科技时代的主导性的世界观是工具理性世界观;当代,作为后工业的信息时代、生态文明时代,主导性的世界观应该是审美的世界观。这种审美的世界观是一种排斥主客二分机械论的有机整体的世界观,也是一种主张人与自然社会和谐协调相处的"间性"世界观与生态世界观。其内涵包括人类应该审美地对待自然,摒弃长期占统治地位的"人类中心主义"观点,树立"人—自然—社会"系统和谐发展的观点;审美地对待社会,摒弃人与人是兽性的自然主义理性与"他人是地狱"的灰暗理论,以高尚的人道主义的审美态度关爱社会与他人;审美地对待自身,改变人类较少关心自然、更少关心自身的不正常状况,做到身与心、意与情的和谐协调发展,培养提升人的情感力与文化品位,逐步达至审美的诗意生存。

三、美育在社会中的情感协调地位

一般来说,审美教育是培养全面发展的社会主义新人的重要手段之一。但又不仅如此,从当前的现实情况来看,由于我国实行改革开放,进行大规模的经济建设,这就给教育工作提出了许多新的课题。凡此种种,都使美育具有了自己特有的现实作用。这就是一种极其重要而不可缺少的社会协调作用。因为在社会的协调中,法制与道德等带有某种强制性,只有审美是自觉自愿、不知不觉的,是一种特有的情感协调活动,具有不可替代的地位。

第一,美育作为社会关系的内在调节器,可使社会生产和社会生活更加和谐。

社会关系主要是生产关系的反映,社会主义社会的社会关系是建立在以公有制为主体的生产关系基础之上的,是平等、互助、同志式的新型关系。但以公有制为主体的生产关系只不过为这种新型的社会关系提供了物质的前提。由于剥削思想的遗毒与人们思想认识的差异,社会关系中的矛盾是必然存在的。这种矛盾,毛泽东将其称作人民内部矛盾。对于人民内部矛盾,应很好地处理,否则一旦激化,也不利于社会主义四化建设。对于这些矛盾,可通过三个渠道加以解决。一个是通过政治与法律的制度,规定出各种强制性的条文,要求人们必须这样或不准那样。再一个是通过社会道德加以规范,从理性上告诉人们应该如此或不应该如此。还有就是通过审美的情感教育的方式加以引导,使人们情不自禁、自觉自愿地去热爱什么或憎恶什么。第一、二两种渠道虽然重要,但都是外在的约束,而审美却是一种内在的调节,常常产生更为理想的效果,可使社会关系更加美好和谐。

第二,美育可提高全民族辨别美丑与善恶的能力,有利于克服不正之风,端正社会风气。

由于"十年动乱"的遗毒和各种腐朽思想的蔓延,社会上存在着种种不正之风,诸如金钱拜物、贪污腐败、剽窃造假与诚信缺乏等等,极大地败坏了社会风气,毒害人民群众,破坏改革,后果严重。这种不正之风,从总的来说,属于道德范畴方面的问题,是一种善与恶的颠倒。因而,克服不正之风的重要途径之一就是提高全民的道德分辨力,使之做到从善如流,疾恶如仇。而审美力的提高则有利于道德分辨力的提高。因为,美本身必然地包含着善的内容,特别在社会美之中,善的因素更占据着极大的成分。因此,对美丑的辨别力与对善恶的辨别力是相通的。诚如康德所说,"美是道德的象征"①。因此,美丑分辨力的提高必将有助于善恶分辨力的提高,从而有利于人们自觉地克服和抵制不正之风,端正社会风气。

第三,美育可丰富人民的精神生活,树立科学的健康的生活方式。

社会主义"四化"建设是前所未有的伟大事业,需要建设者们付出长期、艰巨的劳动。在为实现"四化"目标而奋斗的过程中,建设者们不仅有着紧张的劳动生活,而且还需要充裕的物质生活和丰富的精神生活。因为,我们的建设者不是苦行僧,更不是无生命的机器,而是有血有肉、有思想、有情感的活生生的人。审美活动就是丰富的精神生活的重要内容。它不仅可使人们的身体得到放松后的休息,还可使人们的情感得到陶冶,更可提高人们的精神境界。再就是,随着经济体制改革的逐步实行,不仅引起人们经济生活的重大变化,而且要求人们的生活方式随之发生变化。这就要求在全社会形成适应现代生产力发展和社会进步要求的文明、健康、科学的生活方式。它的基本特点是具有高度的科学性与和谐性,有利于协调统一物质生活与精神生活的诸多方面,有利于身心健康发展。而美育就是建立这种科学、和谐的生活方式的必要条件。审美活动不仅可在科学的意义上使人的心理处于平衡之中,而且可使人的精神和整个生活处于和谐愉悦、有节奏的状态之中。

第四,美育可形成创造美的巨大动力,产生推动"四化"建设的积极效应。

①〔德〕康德:《判断力批判》上卷,宗白华译,商务印书馆 1964 年版,第201 页。

　　社会主义"四化"建设归根结底是为了把人类从自然与精神的束缚下解放出来，获得自由发展。经济建设是为了发展生产，将人类从落后生产力的束缚下解放出来；文化与思想建设则是为了提高全民族与全社会的思想文化水平，将人类从剥削社会形成的愚昧状态和陈腐观念的束缚下解放出来。最后，使人类逐步地从必然王国走向自由王国（即共产主义社会）。德国古典美学有一个命题，即"美是自由"。如果剔除这一命题的唯心主义基础，并将其建立在唯物主义的理论之上，那还是有道理的。从"美是自由"的观点来说，我们为实现自由王国而斗争的整个过程及自由本身都应该是美的。因而，社会主义"四化"建设也可理解成是一种创造美的伟大实践过程。美育本身就可产生这种创造美的巨大动力，促使人们为创造更加美好的生活和美好的社会而奋斗，从而产生推动"四化"建设的效应。

　　第五，美育是贯彻教育方针的重要手段。

　　我国的教育方针是培养德、智、体、美全面发展的有社会主义觉悟、有文化的劳动者。在新的形势下，邓小平对这一教育方针加以丰富发展，进一步提出了"面向现代化，面向世界，面向未来"的新要求。我们认为，目前国家对教育事业最根本的要求就是培养"四化"所亟须的建设人才。从新的社会发展和科技发展的现实出发，这样的人才应该是德、智、体、美全面发展的。因为，如上所说，审美力已是社会主义全面发展的新人所必须具备的能力。但目前，尽管在执行国家的教育方针和邓小平"三个面向"的要求中总的情况是好的，但少数地区和教育单位片面追求升学率的现象仍十分严重。

　　有的学校从高一开始就把学生禁锢在教室之中，使学生从早到晚陷入无休止的题海，一切的文体活动都被排斥在外。据报载,某市 600 所中学,高中开设音乐课的只有六七所。这实际上剥夺了广大青年学生接受审美教育的权利。从实际调查的情况看,广大青年学生对美育的要求是十分强烈的。上海市某中学面向高中 144 名学生调查"你对音乐有无兴趣",明确表示"无"的只有 1 人,有兴趣的比例占 99％以上。有人针对这类学校轻视美育、禁锢学生的严重现象,感叹地说,这就好像给学生判了有期徒刑而给教师判了无期徒刑。这样的学校,总是笼罩着一片紧张的考试气氛,一切的歌声和欢笑都被抛到九霄云外。长此以往,造成的后果将是极其严重的,最主要的就是从心理结构到知识结构都培养了一些畸形发展的青年。这样的青年常常是高分低能,乃至于缺乏生活的热情和对美的向往,目光短浅,视野狭窄。倡导美育,让它在学校教育中占据应有的地位,就可使歌声和欢笑重新回到这些青年学生之中,使他们的生活充满美的青春的朝气。这是抵制这种不良倾向,全面贯彻国家的教育方针,真正培养适应"三个面向"的一代新人的重要手段,是我们教育工作的当务之急。

第六,美育是迎接新的技术革命挑战的重要措施。

当前世界,面临着一场以电子计算机、遗传工程、光导纤维、激光、海洋开发等新技术的广泛利用为其特征的新的技术革命。这场技术革命将会在社会生产和社会生活的各个领域引起巨变。它的特点是智力因素在生产和生活中将会发挥更大的作用,各种新技术的运用将会引起生产力的新飞跃。这场新的技术革命对于我们来说将是一场严峻的挑战。由于我国 1957 年以来的几次折腾,失去了许多经济发展的良机,同世界先进水平的差距拉大了。如果这次再搞不好,就会更加陷于被动,同世界先进水平的差距会更大。这场技术革命对于我们来说又是一次发展经济的极好机遇。只要我们认清形势，抓住良机，就会使我国的经济面貌发生根本性的变化。但其中的关键在于，要把智力开发放在首位，尽快培养出一批适应新技术要求的新型科技人才。这样的新型科技人才有两大特点：一是综合性，一是创造性。这两大特点的形成都同审美教育的加强密切相关。首先是综合性。这是从知识结构的角度讲的，要求新型的科技人才掌握文、理、社会科学、美学等各方面广博的知识。因为，新的技术革命常常是在各种边缘学科和中间学科发生突破性的进展，这就要求我们培养的新型科技人才不能囿于某种学科、某类知识，而应掌握包括美学在内的各方面的知识内容。因此，审美教育（包括美学知识的教育）就成为新型人才培养不可缺少的一个方面。目前，西方各国教育家越来越认识到培养这种综合性人才的重要性。联合国教科文组织高等教育与教育人员培养局主任德·纳日孟在其《为什么要高等教育》一书中指出："培养全面的人，以各种广泛领域的知识武装的人，既要有科学又要有文化。"有的西方教育家认为，"没有综合化就不会产生伟大的文化和伟大的人物"。华裔美籍教授陈树柏认为，在科技发达的社会中，一个优良的理工科毕业生，除了专修的各科能运用自如以外，还需要具备法律、经济、文学、历史、美术、音乐等基本知识，换句话说，良好的大学教育是完美、平衡的基本教育。美国的许多学者认为，美国获得诺贝尔奖的人比苏联多好几倍，重要原因之一就是苏联学者的知识面太窄，难以在科技方面取得新的突破。法国的有识之士看到了这一点，他们很早就从中小学入手，要求每个学童都能掌握一门艺术。这种对于人才"综合化"的要求，也同当前世界范围的产品竞争有关。从这个角度看，可以说，作为一个科技人才，是否掌握生产美学方面的基本知识，同他所设计的产品的销路息息相关。因为，随着时代的发展,人们对于日用消费品,甚至工业产品,不仅有质量方面的要求,而且有外形美观方面的要求。所谓创造性的人才,就是指不仅能熟练地掌握已有的科学技术和生产知识,而且能在此基础上触类旁通、举一反三地提出各种创造性的见解和进行创造性的发明。借助美育所培养的形象思维能力、想象能力就是人的重要的创造能力之一,是新型的科技人才所必备的能力。

四、美育在教育中的"中介性"地位

上面,我们探讨了美育特有的作用。这些作用是其他任何教育形式所无法取代的。现在,我们再进一步从美育与德、智、体三育的关系来探讨美育的作用。不论是从理论上还是从实践上来看,美育与德、智、体三育都有着不可分割的密切关系,是这三育不可缺少的条件。在这一方面,王国维曾提出著名的"体育"和"心育"的调和论,以及"知、情、意"的"心育"和谐发展论。俄国著名的民主主义革命家别林斯基也较深刻地论述了美育与智育、德育的关系。他说,审美力是"人的尊严的一个条件,具备了这个条件,才能有智慧,有了它,学者才能达到世界思想体系的高度,从共同性上认识自然和现象;有了它,公民才能为祖国而牺牲自己个人的愿望和利益;有了它,人才能把生活看作伟业盛事,而不感到创业的艰辛困苦……美感是善心之本,是品德之本"①。

下面,我们具体地论述美育与德、智、体三育的关系,论述美育在教育中的"中介性"地位。

---

① 转引自[苏]巴拉诺夫等编:《教育学》,李子卓等译,人民教育出版社 1979年版,第 39 页。

(一)美育与德育的关系

第一,美育是实施德育的必不可少的手段。

所谓德育,旨在培养正确的思想观点和高尚的道德观念,从理智上对客观社会现象做出正确的评价。理智的评价总是以情感的评价为必要条件,理智上的肯定与否定总是以情感上的爱憎为前提。因此,美育对于德育来说是不可缺少的,它是培养高尚的道德情操的重要手段。正如鲁迅所说,"美术可以辅翼道德"①。

人的思想道德修养包含道德认识、道德行为和道德情感这样三个方面的内容。所谓道德认识,是人的道德行为的理智方面的根据,是动机、目的和出发点,决定了道德品质的性质。所谓道德行为则是道德认识的具体实践、外部特征及其所产生的效果,是直接表现出来,可供人把握的。道德认识与道德行为之间的关系是思想与行动、动机与效果之间的关系。资产阶级唯心主义者片面地强调道德认识、动机,即所谓"善心",而机械唯物主义者则片面地强调道德行为和效果。我们是马克思主义思想与行为、动机与效果的统一论者,认为两者的统一必须有一个"桥梁",即道德情感。道德情感是建立在坚实的道德认识基础之上的人的自觉的要求与愿望,是人的内心的指令。它形成一股变思想为行为、使动机产生效果的强大推动力。因此,没有道德情感,道德认识就不能付诸实践。例如,爱国主义的政治道德品质就同爱国主义的情感紧密相连。它不仅应具有对爱国主义的理论上的认识,对"祖国"这个概念深刻含义的逻辑思维上的把握,而且要把这种理

---

①鲁迅:《拟播布美术意见书》,见郭绍虞、王文生主编:《中国历代文论选》第
　4册,上海古籍出版社1980年版,第496页。

论的认识和逻辑的把握变成实际的爱国主义行为,还必须在此基础上培养起强烈的爱国主义激情。它包含着对祖国几千年来灿烂文化的自豪,对亿万勤劳勇敢的祖先的钦佩,对万里锦绣河山的眷恋,对人民用乳汁和血汗哺育我们的感激,对近百年来帝国主义侵略我国的痛恨……这样一些具体的情感就凝聚成强烈的爱国主义激情,从而产生作为中华儿女的尊严感,祖国虽然贫穷但我们却应更加热爱祖国、建设祖国的道德感。这样,才能产生热爱祖国、献身祖国的高尚道德行为。方志敏为了祖国的解放、独立、自由,威武不屈,英勇献身,是一位伟大的爱国主义者。他的这种高尚的爱国主义行为,除了深刻的理论认识和高度的思想觉悟之外,很重要的一点就是具有强烈的爱国主义热情。他在狱中所著《可爱的中国》就强烈地流露出这样的感情,抒发了自己对祖国的赤子之爱。

第二,美育的强烈感染力是一般的理论教育所不具备的。

审美教育以具体的形象感染为其特长,因而常常获得以概念见长的理论性教育所难以达到的效果,给人以长久的深入心灵的政治与道德启示。例如,保加利亚著名的国际主义战士季米特洛夫在莱比锡法庭上同法西斯分子勇敢沉着地进行斗争,就受到车尔尼雪夫斯基的小说《怎么办》中革命者拉赫美托夫形象的感染和影响。而《钢铁是怎样炼成的》《青年近卫军》《把一切献给党》《红岩》等革命小说所塑造的革命英雄形象则哺育了我们好几代的革命青年。

美育的形象感染特别适宜于对青年进行思想品德教育。现代心理学证明,青年有两大重要心理特点。一是在青少年时期(主要是十五六岁以前)主要以具体的形象思维见长,之后才逐步地转变到以抽象思维见长。二是青年的独立意识增强,喜欢独立思考，有一种排斥理论教育的心理倾向。而美育运用具体的形象，在不知不觉中进行思想理论性的道德教育，往往能收到更好的效果。

第三，美育本身包含着荣辱感、羞耻心等德育因素。

审美力尽管主要是情感的因素，但作为一种高级的情感，本身就包含着必不可少的伦理道德的因素、善的因素。特别是对社会美的评判，往往同善恶的道德感紧密相连，包含着明显的荣辱感和羞耻心等。而且，审美力作为一种高级的文化素养，往往直接或间接地制约着人们的道德行为、姿态风范、待人接物、衣着打扮、谈吐的文雅与粗鲁、高尚与庸俗。秦牧在题为《心灵美和风格美》一文中指出："文学艺术的爱好者，那些爱美的人，虽然可以属于各个阶级，可以有各种各样的立场，但是比较那些和美的欣赏完全绝缘的人，相对来说，一般总是比较善良一些，至少，什么碎尸案的主角，什么吃人肉的凶手，或淫威虐待者，或者满口污言秽语骂人爹娘取乐的，在受到强烈的美育陶冶的人们当中，产生的比例总要少得多吧。"

正因为美育本身包含着德育的因素，所以一切真正伟大的艺术家也都是道德高尚的人。我国古代画论的一个重要主题就是画品与人品的关系问题，认为只有人品好画品才能好。贝多芬就是一位既具有高度艺术修养又具有高尚道德品质的大音乐家。当年，他尽管艺术造诣很深，闻名遐迩，但地位低下，穷困潦倒。即使在这样的情况下，他也蔑视权贵，坚贞不阿，从不向达官贵人低下自己高傲的头。1806 年秋季的一天，贝多芬在他的艺术保护者李希诺夫斯基公爵的庄园里做客。晚上，当主人强迫他为当时占领维也纳的法国军官演奏时，他感到受了莫大的污辱，冒雨愤然离去，并致函怒斥李希诺夫斯基对侵略军的阿谀奉承。他在信中义正词严地指出："你可以使人成为七品官,但却不能使人成为歌德和贝多芬。你之所以是你,完全是由于偶然的出身,而我之所以是我却由于自己的努力,今后会有无数的公爵,但却只有一个贝多芬。"真是字字珠玑,正气凛然。这位伟大的音乐家在给他兄弟的遗嘱中写道:"把'德性'教给你们的孩子,使人幸福的是德性而非金钱。这是我的经验之谈。在患难中支持我的是道德,使我不曾自杀的,除了艺术之外也是道德。"①

(二)美育与智育的关系

第一,审美力是人的智能不可缺少的方面。

一个人的智能,一般包含知、能、识三个方面。所谓"知",即指一个人所掌握的自然科学和社会科学等各方面知识的多少。所谓"能",即指一个人的实际技能,具体指动作技能(学习与生产中的写字、演奏、体操、操作等实际动手能力)和心智技能(感知、记忆、想象、创造等思维能力)。所谓"识",又叫识见,即指生产活动和科技活动中预见性和计划性方面所达到的水平。这是在"知"与"能"的基础上所形成的一种综合性的智力水平。在这三个方面当中,知识是基础,能力是关键,识见是结果。能力是智能中最活跃的因素,可以使人从不知到知,从少知到多知,从已有的领域开辟新的领域,从知识转变为识见。而能力中最主要的又是心智能力,包括抽象的思维能力和形象的想象能力。这两种能力都属于思维能力的范围,遵循着从个别到一般、从感性到理性的法则,只不过一个凭借概念的手段,一个凭借形象的手段。形象

---

①[法]罗曼·罗兰:《贝多芬传》,傅雷译,人民音乐出版社1978年版,第13页注③。

的想象能力在人的思维能力中占据着重要的地位。其心理机制就是从原有的形象创造出新的形象，因而，从实质上来说，它是一种举一反三的创造能力。这种想象的创造能力正是人的审美能力的表现。它不仅在艺术的创作与欣赏中起着决定性的作用，而且也是科学研究必不可少的因素。

当代心理学认为，想象在科学研究中所起的是一种凭借直观形象进行模拟和类推的作用，并将其称作"发散思维"能力。这种"发散思维"能力是科学研究中所必须具备的能力。列宁认为："即使在最简单的概括中，在最基本的一般观念（一般'桌子'）中，都有一定成分的幻想。"①他还说："有人认为，只有诗人才需要幻想，这是没有理由的，这是愚蠢的偏见！甚至在数学上也是需要幻想的，甚至没有它就不可能发明微积分。"②高尔基也说："艺术家也同科学家一样，必须具有想象和推测——'洞察力'。想象和推测可以补充事实的链条中不足的和还没有发现的环节，使科学家得以创造出能或多或少地正确而又成功地引导理性的探索的各种'假说'和理论，理性要研究自然界的力量和现象，并且逐渐使它们服从人的理性和意志，产生出属于我们的、由我们的意志和我们的理性所创造出来的'第二自然'的文化。"③可见，只有借助于直观的想象力，才能想象出肉眼观察不到的事物如何发生，如何作用，从而提出创造性的假设。人的思路常常可以通过这种假设，跳跃到崭新的境界，取得重大突破。例如，1959 年，在坦桑

---

① 《列宁论文学与艺术》，人民文学出版社 1983 年版，第 51 页。
② 《列宁全集》（第 33 卷），人民出版社 1957 年版，第 282 页。
③ ［苏］高尔基：《论文学》，孟昌等译，人民出版社 1978 年版，第 158—159 页。

尼亚发现古猿人化石,只有一片颅骨和几枚牙齿,但科学家却借助于想象力形象地复原了古猿人的形态。再如,德国气象学家魏格纳患病住院期间发现大西洋两边海岸线相似,非洲西海岸和南美东海岸犹如一张撕成两半的纸。于是,他借助于想象力提出了著名的"大陆漂移说"。还有,著名的牛顿因苹果落地而借助于想象力发现了"万有引力"的故事。甚至连 20 世纪出现的电子计算机也是同对人脑模拟的设想分不开的。因此,爱因斯坦断言:"想象力比知识更重要,因为知识是有限的,而想象力概括着世界上的一切,推动着进步,并且是知识进化的源泉。严格地说,想象力是科学研究中的实在因素。"①特别是当前,科技领域呈现出所谓"知识爆炸"的飞跃发展的崭新局面,而我国在科技方面又处于落后的状态。在这样的情况下,为了使我国的科技和经济得以迅速振兴,使我中华民族能尽快站在世界先进民族之林,就必须大力进行智力开发。其中重要的一条,就是培养出数量众多的具有创造能力的开拓型人才,而美育就是培养这类人才的重要途径。

第二,审美活动可以调节人的大脑机能,提高学习和工作效率。

现代神经生理学家、美国医生、诺贝尔奖获得者斯佩里,研究探明了人的大脑两半球的功能分工,认为人的语言、数学、逻辑等是由大脑左半球负责的,俗称"数学脑";图像、音乐及其他非语言信息则由大脑右半球管理,俗称"模拟脑"。大脑皮质的活动主要表现为兴奋与抑制的过程。如果大脑的某个部分长期处于兴奋状态,就会引起疲劳而转化为抑制,工作效率就会降低。如果在

①［德］爱因斯坦:《爱因斯坦文集》第 1 卷,许良英、范岱年编译,商务印书馆1976 年版,第 284 页。

紧张的科学思维之后有一个轻松的文娱活动，譬如听听音乐，特别是不带歌词的所谓"纯"音乐，就能转换兴奋中心，使左半球大脑皮质迅速进入抑制状态，心理学上称为"假消极状态"。在这种抑制性的"假消极状态"中，左半球大脑皮质就能得到必要的休息，从而提高学习和工作效率。保加利亚心理学家洛柴诺夫博士通过研究认为，以优美的音乐使大脑左半球进入"假消极状态"后，人的记忆力是平常记忆力的 2.17—2.5 倍。著名的科学家爱因斯坦在潜心创立相对论的日子里，常常在书房里用小提琴演奏莫扎特的奏鸣曲。有时在演奏过程中突然茅塞顿开，创造性的思潮不断涌现。每当这时，他就立即投入紧张的科学理论研究之中。在工作之余，他也常弹奏贝多芬和巴赫的钢琴曲，放开喉咙纵情歌唱《花园小夜曲》。就这样，优美的旋律消除了工作的疲劳。著名的生物学家达尔文曾经说过这样的话："如果我能够再活一辈子的话，我一定给自己规定读诗歌作品、每周至少听一次音乐。要是这样，我脑中那些现在已经衰弱了的部分就可以保持它们的生命力。失去这些爱好，无疑就会失去一部分幸福，也许还会影响智力，更确切些说，会影响精神性格，因为它削弱了我们天生的感情。"①在现实生活中也常常出现这样的情况：一些既努力学习又积极参加文体活动的学生表面上看学习时间少了，但实际上却比一些死读书不参加文体活动的学生学习效率高。这就是有些人概括的"八减一大于八"的公式。但这不是一个数学公式，而是一个心理学的公式。

　　第三，美学知识已成为当代科技工作者知识结构的重要方面。

---

①转引自吕进《一得诗话》，四川文学出版社 1985 年版，第 1 页。

人类社会早已从吃、喝、住、穿等物质生活的满足发展到在物质生活之外追求精神生活的满足。人们不仅仅按照物质需要去生产,而且还按照美的规律生产,对产品的外观及装潢提出了更高的美的要求。早在 20 世纪 30 年代,卢那察尔斯基就提出了对日用品和生产品进行美化的主张。他说:"更重要千百倍的是要使日常生活用品不但有用和适用,而且其形象和色彩都能使人感到愉快。……衣着打扮应当令人赏心悦目……规模宏大的工业设计的任务就是要去探索庄严、雄伟、活泼等令人信服的原则,以取得赏心悦目的效果,并把这些原则逐步运用到远比目前规模更为宏大的机器工业生产和日常生活建设方面去。"很明显,按照美的规律生产已经成为现代生产的一条原则。随着我国对外开放政策的实行,为了使我国的工业产品能够打入世界市场,对于产品的外观和装潢的美化显得更为迫切。鉴于上述情况,美学知识已成为当代一切科技工作者知识结构的重要方面。不仅要求他们按照科学的规律设计和生产,而且要求他们也必须按照美的规律设计和生产。为此,也相继出现了反映这方面要求的新的学科,例如生产美学、技术美学、工程美学等等。

（三）美育与体育的关系

第一,美育与体育作为身心修养的两个方面是相辅相成的。

美育以心灵的健康为其目标,而体育则以身体的健康为其目标。心灵的健康一定会促进身体的健康,高尚的精神生活也有利于身体各个器官的调节。我国古代的健身之道,首先讲究修身养性,较好地反映了身心之间这种辩证统一的关系。相反,有些人身体不健康常常是由于精神因素造成的。

第二,美同样是体育所追求的目标之一。

体育所追求的目标在于身体的健康,而健康从一定的意义上来说也是一种美,即所谓健美。俄国著名的民主主义革命家车尔尼雪夫斯基曾提出"美是生活"的重要命题,他所认为的"生活",对普通农民来说,就是一种包含着劳动的"旺盛健康的生活",其结果是"使青年农民或农家少女都有非常鲜嫩红润的面色——这照普通人民的理解,就是美的第一个条件"。① 虽然车尔尼雪夫斯基的这一观点中包含着人本主义的倾向,但仍有其合理的因素。对人体美来说,健康的确是一个重要的因素。另外,体育运动中表现出来的勇敢精神、蓬勃的朝气和高尚的风格也是一种精神的美,这种精神的美也是体育所追求的目标之一。许多艺术家曾以体育为题材,创作出优秀的表现体育运动中精神美的艺术佳品。例如,古希腊米隆的著名雕塑《掷铁饼者》就表现了一种人的力量与美的精神交相融合的健美,具有巨大的美的魅力。而且,许多优秀运动员也是美的追求者。他们不仅在体育运动中着意追求美的造型和高尚的精神之美,而且也从美的艺术中获取了体育运动的情感力量。我国著名的跳高运动员朱建华在创造出优异的跳高成绩之前,总要在场上听一段优美的音乐,一方面使心境平衡和谐,另一方面也从中获取精神力量。我国著名体操运动员李宁在紧张的训练之余,总是听音乐和作画。他特别喜欢画竹,这是因为青翠挺拔的竹子画面蕴含着某种精神之美。他说:"竹子的素质好,不畏严寒,坚忍不拔,它给我带来精神上的鼓舞。"

---

① [俄]车尔尼雪夫斯基:《艺术与现实的审美关系》,周扬译,人民文学出版社 1979 年版,第 7 页。

　　第三,体育运动本身就包含着美的因素。

　　目前,体育运动的发展已同音乐、舞蹈等美的艺术有着某种程度的融合。音乐的节奏、旋律和舞蹈的优美已渗透于体育项目之中,其中尤以体操、花样滑冰等最为显著。

第五讲 美育所凭借的特殊手段

一、公共艺术教育是实施 美育的重要手段

前文已说到,美育可借助自然美、社会美与艺术美等各种途径。而在这多种途径中,最重要的就是通过艺术美的艺术教育途径。这正是人类运用人与艺术之间辩证关系的自觉性的表现。因为,按照马克思主义的实践观点,人类在生产实践活动中,不仅生产了主体所需要的产品,而且产品也反过来增长和提高了主体的需要。总之,没有主体的需要就没有生产,没有生产也就没有主体需要的再生产。艺术活动作为一种精神生产,情况也是如此。人类为了满足自己的审美需要生产了艺术品,反过来艺术品又进一步培养、发展了人类的审美需要和能力,也就是人类生产了艺术,艺术又生产了审美的主体。这就是人与艺术之间互相创造的辩证统一的关系。诚如马克思在《〈政治经济学批判〉导言》中所说:"艺术对象创造出懂得艺术和能够欣赏美的大众,——任何其他产品也都是这样。因此,生产不仅为主体生产对象,而且也为对象生产主体。"①作为人类文明组成部分的审美力及其艺

①《马克思恩格斯选集》第2卷,人民出版社1972年版,第95页。

术产品,正是在这种辩证的统一关系中不断地朝前发展的,这是一个不以人的意志为转移的客观规律。自觉地运用这一规律,重视和不断发展艺术生产和艺术教育,正是人类自我意识不断增长的证明。随着人类社会的不断前进,物质生产与精神生产的不断发展,人类日益摆脱粗俗的、原始的物质需要的束缚而发展着社会的、精神的需求,其中就包括高级的审美需要,因而就愈发重视艺术生产和艺术教育。对于艺术教育的重要性,早在一百多年前车尔尼雪夫斯基在论述普希金的书中曾作过比较准确的阐述。他说,什么更重要——科学知识还是文学艺术? 一个受过教育的、头脑清晰的人对此将这样答:"科学书籍让人免于愚昧,而文艺作品则使人摆脱粗鄙;对真正的教育和人们的幸福来说,二者是同样的有益和必要。"[①]当然,我们这里说的是不同于专业艺术教育的公共艺术教育。前者以培养艺术专门人才为目的,后者则以提高审美力,培养"生活的艺术家"为目的。

　　艺术教育包括艺术创造与艺术欣赏,也就是通过艺术创造的实践培养学生的审美能力,通过对艺术品的鉴赏活动提高其审美能力。二者的途径不同,但培养审美力的目的却是一致的。比较起来,在艺术教育中,艺术欣赏比艺术创造运用得更为广泛普遍。一般来说,当我们谈到艺术教育时,通常就是指通过艺术欣赏的途径所进行的审美教育。原因在于,艺术欣赏的方式较为简便,不像艺术创造那样需要各种物质材料。它只需几件艺术品就可将学生带入一个无限神奇的、动人的美的世界,并常常能收到极好的效果。

　　正因为艺术欣赏是艺术教育的主要方式,所以,我们需要对

---

① 转引自[苏]E.波古萨耶夫:《车尔尼雪夫斯基》"前言",钟遗、殷桑译,天津人民出版社1982年版,第5页。

它简略地介绍一下。什么是艺术欣赏呢？所谓艺术欣赏就是一种以情感激动为特点的美感享受。就是说，在艺术欣赏中，欣赏者首先要被艺术品所吸引，引起感情上的激动；而且，这种激动还应该是肯定性的。也就是说，由于艺术品所包含的情感同欣赏者的情感一致，而使其喜欢，引起他的愉悦之情。这样，就能拨动欣赏者的心弦，扣触其心扉，使他感到一种从未有过的精神上的享受。这种肯定性的特色就从一个角度将艺术欣赏中的情感激动同现实生活中的情感激动划清了界限。例如，同是悲伤，人们愿意花钱买票到剧院里欣赏悲剧甚至为此落泪，却决不愿意碰见大出殡而伤感。因为，前者是一种享受，而后者则是一种痛苦。对于这种肯定性的情感激动，毛泽东把它叫做使人"感奋"、令人"惊醒"，马克思则把它叫作"艺术的享受"。不管是"感奋""惊醒"，还是"艺术的享受"，在美学上我们都一律把它叫做"美感"。正如茅盾所说："我们都有过这样的经验：看到某些自然物或人造的艺术品，我们往往要发生一种情绪上的激动，也许是愉快兴奋，也许是悲哀激昂，不管是前者，还是后者，总之我们是被感动了，这样的情感上的激动（对艺术品或自然物），叫做欣赏，也就是我们对所看到的事物起了美感。"①

艺术教育所凭借的手段是不同于自然美与社会美的艺术美。这种艺术美具体地体现为艺术品。艺术品本身是艺术家创造性劳动的产物，是美的物化形态与集中表现，是人类高尚情感的结晶。它同自然美与社会美相比，在美的表现上有其集中性与便捷性的特点。人们通过对艺术品的欣赏，可以直接接触到无限丰富多样的美的对象，从而受到熏陶启迪。因此，艺术品是实施美育

①《茅盾评论文集》上册，人民文学出版社1978年版，第5页。

的很好的教材,具有突出的特点。

首先,形象性是它的外部特征。艺术品给予我们的第一个印象就是,它不是抽象的概念、判断、推理,而是具体的形象。它或者是由节奏与旋律构成的音乐形象,或者是由动作与形体构成的舞蹈形象,或者是由色彩与线条构成的绘画形象,或者是由语言构成的文学形象。总之,形象性是艺术品的外部特征。而任何形象都是一幅活生生的生活图画,是具体的、个别的、可感的。面对这样的形象,都可"如闻其声,如见其人"。正因为艺术形象具有这种形象性的外部特征,才具备引起欣赏者感情激动的基本条件。心理学告诉我们:"情绪和情感是人对客观现实的一种特殊反映形式,是人对于客观事物是否符合人的需要而产生的态度的体验。"①可见,只有具体的个别的事物才能引起人们的情感体验,任何抽象的概念一般都不会产生这样的效果。这就是艺术美(艺术品)在欣赏中能激起欣赏者情感激动的原因之一。

其次,形象性与情感性的直接统一是艺术品的根本特点。一般的生活形象不会像艺术形象那样使人产生巨大的情感激动的效果。艺术形象之所以会产生这样的效果,是由于在具体的、个别的、可感的形象之中,渗透着、融化着作家的强烈情感。艺术形象是作为客观因素的形象与作为主观因素的情感的直接统一。这种直接统一,犹如盐之溶于水,"体匿性存"。这就是我国古代文论中常讲的"情景交融""寓情于景""一切景语皆情语"等等。不论是造型艺术中的形象、文学作品中的形象,还是音乐形象、舞蹈形象,都不单纯是对生活形象的客观写照,而是浸透着饱满的主观情感。法国著名小说家左拉在称赞一个作家时写道:"这是

①孙汝亭等主编:《心理学》,广西人民出版社1982年版,第441页。

一个蘸着自己的血液和胆汁来写作的作家。"我国清代作家曹雪芹在谈到自己写作《红楼梦》的情形时，十分感叹地说："字字看来都是血，十年辛苦不寻常。"请看他在《红楼梦》第二十七回所写的著名的《葬花吟》吧！"一年三百六十日，风刀霜剑严相逼；明媚鲜妍能几时，一朝漂泊难寻觅。""未若锦囊收艳骨，一抔净土掩风流；质本洁来还洁去，强于污淖陷渠沟。"这些词语，全部写的是花，但实际上却是写人；表面上记述葬花之景，实际上字字句句无不渗透着作家对女主人公面对"风刀霜剑严相逼"的凄凉身世的深厚同情，寄寓着对其不与封建势力妥协的"质本洁来还洁去"的高尚情操的热情歌颂，真正达到了花与人、景与情的高度直接的统一，达到了水乳交融的地步。面对这样的艺术形象，我们怎能不为之潸然泪下呢？又如，著名唐代诗人杜甫一生坎坷，历尽艰辛，对安史之乱所引起的国破家亡有深刻的体验。他在五律《春望》中开头四句写道："国破山河在，城春草木深。感时花溅泪，恨别鸟惊心。"这是公元 757 年，杜甫身陷长安时所作。表面上，诗人在写长安春景，但却借破碎的山河、深芜的荒草、溅泪的花和悲鸣的鸟，寄寓了对国破家亡的悲愤之情。这首写景诗不是也同《红楼梦》一样，"字字看来都是血"吗？面对着这样的情景交融的艺术形象，人们怎能不产生强烈的情感激动呢？

最后，艺术品所包含的情感是一种寓有理性的高级的情感。艺术品不仅包含着情感，而且所包含的不是一般的情感，而是寓有理性的情感。普列汉诺夫说："艺术既表现人们的感情，也表现人们的思想，但是并非抽象地表现，而是用生动的形象来表现。艺术的最主要的特点就是在于此。"[①]正因为如此，艺术形象才有

---

①《普列汉诺夫美学论文集》，曹葆华译，人民出版社 1983 年版，第 308 页。

理性的价值,艺术欣赏才能作为美育的主要途径而富有极大的教育意义。众所周知,艺术形象并不是简单的生活原型,而是经过典型化的艺术提炼的产物。别林斯基曾说:"才能卓著的画家在画布上创造出来的风景画,比任何大自然中的如画美景都更美好。为什么呢?因为它里面没有任何偶然的和多余的东西,一切局部从属于总体,一切朝向同一个目标,一切构成一个美丽的、完整的、个别的存在。"①他又说:"诗的本质就在这一点上:给予无实体的概念以生动的、感性的、美丽的形象。"②可见,就在这样朝着一个目标、舍弃任何偶然多余的东西的典型化过程中,艺术形象所包含的情感具有了巨大的思想性、理性。具体表现为,这种情感不是局限于对个别事物的感触,而是具有巨大的概括意义。巴尔扎克在《论艺术家》一文中说:"这就是艺术品。它在小小的空间里惊人地集中了大量思想,它是一种概括。"③例如,杜甫在《春望》中所表达的感情,就不是局限于对个别的草木花鸟之感,也不同于某些才子佳人无聊的伤春之情,而是在草木花鸟之感中凝聚着这一时期人民的家国之痛。再就是,艺术作品所包含的情感不是偶然的,而是具有某种必然性,因而富有深刻的哲理。例如,《红楼梦》中的《葬花辞》,所咏者为花之凋零,看似偶然,但却暗喻着封建时代叛逆女性的纯洁品质和凄苦命运。这就包含着必然性,具有发人深思的哲理意味。

---

① 《别林斯基选集》第 2 卷,满涛译,上海文艺出版社 1963 年版,第 458 页。
② 中国社会科学院外国文学研究所外国文学研究资料丛刊辑委员会编:《外国理论家作家论形象思维》,中国社会科学出版社 1979 年版,第 69 页。
③ 《巴尔扎克论文艺》,袁树仁等译,人民文学出版社 2003 年版,第 12 页。

二、艺术教育的特殊魅力

艺术品的形象性与情感性高度统一的特点，决定了艺术教育所产生的这种肯定性的情感激动必然是极其强烈的，具有一种动人心魄的神奇魔力和巨大的感染力量。它可以使人"神摇意夺，恍然凝想"，以至于"快者掀髯，愤者扼腕，悲者掩泣，羡者色飞"。古希腊哲人柏拉图将这种情形称作一种"浸润心灵"的"诗的魔力"。高尔基把这种现象称作一种令人不可思议的"魔术"。他曾经生动地描写过自己少年时期在热闹的节日里避开人群，躲到杂物室的屋顶上读福楼拜的小说《一颗纯朴的心》的情景。当时，他由于无知，误以为这本书里藏着一种"魔术"，以致曾经好几次"机械地把书页对着光亮反复细看，仿佛想从字里行间找到猜透魔术的方法"①。对于艺术品这种动人心魄的奇妙作用，列宁也曾作过描述。有一天晚上，他听了一位钢琴家演奏贝多芬的几支奏鸣曲，被深深地感动了。他说："我不知道还有比《热情交响曲》更好的东西，我愿每天都听一听。这是绝妙的、人间没有的音乐，我总带着也许是幼稚的夸耀想：人们能够创造怎样的奇迹啊！"艺术品这种神奇魔力甚至会导致某种罕见的群众性的狂热场面。例如，1824 年 5 月 7 日，在维也纳举行贝多芬的《D 调弥撒曲》和《第九交响曲》的第一次演奏会，获得了空前的成功，情况之热烈几乎带有暴动的性质。当贝多芬出场时，群众五次鼓掌欢迎。在如此讲究礼节的国家，对皇族的出场，习惯上也只鼓掌三次。因此，警察

---

① [苏]高尔基：《论文学》，孟昌译，人民文学出版社 1983 年版，第 182—183 页。

不得不出面干涉。交响曲引起狂热的骚动，许多人哭了起来。贝多芬在终场以后也感动得晕了过去。大家把他抬到朋友家中，他朦朦胧胧地和衣睡着，不饮不食，直到次日早晨。总之，动人心魄的神奇魔力正是艺术教育的特色，也正是我们把它作为实施美育的重要途径的原因之所在。正因为艺术教育的特殊魅力，所以能够产生特有的潜移默化的作用。

首先，任何优秀艺术品都不同程度地给人以某种教育。

任何艺术品都不是无目的、为艺术而艺术的。唯美主义者企图将艺术关进象牙之塔，否定它的一切功利作用，这是不现实的。其实，任何艺术品都因包含着作者对生活的主观体验和评价而在不同程度上具有某种思想意义。而一切优秀的文艺作品又都从不同的角度给人们以启发教育。鲁迅曾要求一切进步文艺成为引导人民前进的灯火。他在《论睁了眼看》一文中说："文艺是国民精神所发的火光，同时也是引导国民精神的前途的灯火。"当然，文艺由于其题材与体裁的不同，所起教育作用的程度和角度都是不同的。一般来说，山水诗、风景画、轻音乐等更多的是给人以一种健康的情感的陶冶，而小说、戏剧、电影、历史画等则更多的是给人以一种思想上的启示。

其次，艺术教育是以"寓教于乐"为其特点的。

艺术所给予人的教育是不同于政治理论的。政治理论是以直接的理论教育的形式出现的，目的明确，内容直接。艺术教育是以娱乐的形式出现的，是娱乐与教育的直接统一，思想教育的目的直接渗透、溶解在娱乐之中。关于艺术教育的这一特点，古代许多理论家都不同程度地认识到了。柏拉图就对文艺提出了"不仅能引起快感，而且对国家和人生都有效用"的要求。古罗马的贺拉斯在《诗艺》中认为，文艺的作用是"寓教于乐"。文艺复兴时期的塞万提斯也对文艺提出"既可以娱人也可以教人"的要求。狄德罗则将文艺的"寓教于乐"称作"迂回曲折的方式打动人心"。周恩来在《在文艺工作座谈会和故事片创作会上的讲话》中也指出："群众看戏、看电影是要从中得到娱乐和休息，你通过典型化的形象表演，教育寓于其中，寓于娱乐之中。"这都告诉我们，文艺的教育作用是以娱乐的形式出现的，没有娱乐就没有艺术的教育，也没有艺术的欣赏。所谓"娱乐"，有两大特点：第一，从目的上来看，是为了情感上的轻松愉悦，精神享受，而不是为了刻苦出力；第二，从欣赏者所处的境况来看，完全是一种自觉自愿，没有外在的规范强制，而是出自内在的心理欲求。这种艺术教育的特点是由艺术欣赏的心理特点所决定的。因为，艺术欣赏是一种理性评价与感性体验的直接统一，表现为强烈的情感体验的形式。所以，它所起的作用也就主要是动之以情。而政治理论则是一种纯理性的逻辑、判断、推理活动。所以，它的教育作用就是一种诉之以理的方式。

最后，艺术教育的娱乐性中渗透着理性的因素。

艺术教育尽管以娱乐性为其特点，但绝不是单纯的娱乐，而是在娱乐中渗透着理性，包含着教育。但这是一种特殊的理性教育。

第一，从性质上来说，这种渗透于娱乐的教育主要不是认识和道德的教育，而是一种情感的教育，是一种对于人的内在心灵的熏陶感染，也就是由情感的打动到心灵的启迪。歌德在其著名的论文《说不尽的莎士比亚》中，认为莎士比亚著作的特点表面上看似乎是诉诸人们外在的视觉感官，而实际上是诉诸人们"内在的感官"。所谓"内在的感官"就是心灵。也就是说，艺术教育是一种打动人们的心灵的教育。它扣触人们情感的琴弦，产生的效果是心灵的震动,即灵魂的净化、道德的升华。茅盾把这通俗地叫做"灵魂洗澡"。他在谈到自己第一次听冼星海的《黄河大合唱》的感受时,说道:"对于音乐,我是十足的门外汉,我不能有条有理告诉你《黄河大合唱》的好处在哪里,可是他那伟大的气魄自然而使人鄙吝全消,发生崇高的情感,只是这一点也就叫你听过一次就像灵魂洗过澡似的。"①这种情形,我们都会有亲身的感受。例如,当我们读到李存葆的小说《高山下的花环》中的这样一段:梁三喜带领全连攻上无名高地后,被躲在岩石后面的敌人击中左胸要害部位。他立刻倒了下来,但仍然微微睁着眼,右手紧紧地攥着左胸上的口袋,有气无力地说:"这里,有我……一张欠账单……"战友们在热血喷涌的弹洞旁边,在那左胸口袋里找到一张血染的四指见方的字条"我的欠账单",上面密密麻麻地写着17 位同志的名字,总额 620 元。此景此情,难道对于我们不是一场灵魂的洗涤吗?作者在这无言的形象描绘中为我们塑造了一位为国捐躯的高大英雄形象。在这样一个"位卑未敢忘忧国"的高大英雄形象面前,我们会感到一种从未有过的道德启示和人生哲理的领悟。

　　第二,从艺术教育的形式来看,它不同于政治教育的直接教育形式,而是一种间接的潜移默化,也就是在娱乐中不知不觉、潜在的,当然也是逐步地使欣赏者接受、改变乃至培养起某种感情。人们曾经借用杜甫的一句诗,把这种情形比作细雨滋润大地,即所谓"润物细无声"。也有人将此比作战场上的一种出其不意、猝不及防的战术:对人的感情的"偷袭"。在艺术教育中,受教育者常常是不知不觉地被艺术形象所征服,从而当了它的"俘虏"。著

---

①北京大学编《散文选》第 2 册,上海教育出版社 1979 年版,第 70 页。

名作家巴尔扎克非常了解艺术这种特有的潜移默化作用,他曾经说过这样一句名言:"拿破仑用刀未能完成的事,我要用笔来完成。"

第三,从对文艺家的要求来看,正因为艺术教育具有这种特有的启迪、熏陶人们心灵的巨大作用,所以人们常常把艺术品称作"精神食粮",把文艺家叫作"人类灵魂的工程师"。从这个角度说,从事艺术教育和美育工作的人也应该是"人类灵魂的工程师",应对自己的工作感到自豪,感到肩负着高度的责任,应十分重视并很好地利用艺术教育的武器,更好地培养广大群众特别是青年一代的健康的审美能力,塑造他们的美好心灵。

三、自 然 审 美

所谓"自然审美",即指以平等亲和共生的态度对于自然对象进行审美。诚如美国美学家赫伯恩借戈德拉维奇的话所说:"这种美学是'无中心的',没有'人类中心'思想的,它使我们能够'以自然自己的术语来评价自然'。"[1]人与自然的关系是人与世界最基本的关系,人与自然的审美关系也是最基本的审美关系。自然审美反映了人类来自自然并最后要回归自然的本性特征。正是这种本性特征决定了人类先天就具有一种亲和自然的天性,这就是人类的一种先天的与自然血肉相连的本源性审美意识。环境哲学家罗尔斯顿指出:"我们的人性并非在我们自身内部,而是在于我们与世界的对话中。我们的完整性是通过与作为我们的敌

---

[1] [美]阿诺德·伯林特主编:《环境与艺术:环境美学的多维视角》,重庆出版社 2007 年版,第 42 页。

手兼伙伴的环境的互动而获得的,因而有赖于环境相应地也保有其完整性。"①恩格斯曾将人与自然的联系性作为人性的基本特征,他说:"人们愈会重新地不仅感觉到,而且也认识到自身和自然界的一致,而那种把精神和物质、人类和自然、灵魂和肉体对立起来的荒谬的、反自然的观点,也就愈不可能存在了。"②因此,自然审美早在人类社会的早期就已经存在。英国人类学家詹姆斯·乔治·弗雷泽在《金枝》中记录了欧洲早期人类对于树神的崇拜及其遗迹。

　　从前在伯克郡的阿宾顿地方,每逢五月一日年轻人都一早起来,成群结队地齐声歌唱赞美诗歌。下面是其中的两段歌词:

　　　　我们彻夜漫游,

　　　　歌舞迎来白昼。

　　　　兴高采烈归来,

　　　　满握香花为寿。

　　　　谨以香花奉赠,

　　　　我们伫立君门。

　　　　鲜艳蓓蕾初绽,

　　　　我主妙手天成。③

　　在我国的甲骨文中,"艺"(藝)字就包含植树之意。到魏晋时期,山水画就开始在我国出现,并逐步成为中国画之正宗。这些

---

①[美]霍尔姆斯·罗尔斯顿:《哲学,走向荒野》,刘耳、叶平译,吉林人民出版社 2000 年版,第 92—93 页。

②《马克思恩格斯选集》第 3 卷,人民出版社 1972 年版,第 518 页。

③[英]詹姆斯·乔治·弗雷泽:《金枝》上册,中国民间出版社 1987 年版,第184 页。

都说明，远古时代东西方人类都是存在自然审美的。

但工业革命之后，由于经济与科技的发展，人类改造自然的能力空前提高，因而自然审美逐渐被逐出审美领域，在审美领域就只剩下艺术审美。康德对审美的著名界定"无目的的合目的性的形式"即为形式的合目的性，自然只剩下虚设的形式，只有"合目的"即人的目的性成为实在，而其所说的崇高乃借助理性对于自然的战胜。黑格尔更是将自然美看作前美学阶段的"象征型"，或者所谓对于人的意识的"朦胧预感"，他明确地将其美学称作"艺术哲学"，自然美被排除在外。即便是美育的倡导者席勒也是轻视自然美的。他在《美育书简》中认为，使人的性格高尚化的唯一工具就是艺术，并认为艺术高于自然："正如高贵的艺术比高贵的自然活得更久，由灵感塑造和唤起的艺术也走在自然之前。"①这种十分明显的人类中心主义与艺术中心主义在相当长的时间占据压倒性优势，从而将审美教育完全变成了艺术教育，将自然审美的熏陶感染与教育启发作用几乎完全排除在外。这显然是不正常的。第一个对于这种"美学即艺术哲学"的"艺术中心论"发难的，是美国美学家赫伯恩。他在 1966 年发表的论文《当代美学及自然美的遗忘》，指出："美学根本上被等同于艺术哲学之后，分析美学实际上遗忘了自然界。"②赫伯恩还论述了与自然鉴赏相关的不同于艺术鉴赏的方法与感觉经验，由此催生出 20 世纪中期以来的环境美学。环境美学集中探讨自然审美问题，开辟出不同于艺术审美的新的领域与范畴。在我国，随着 1994 年生态美学的产生，也结合中国特色探讨了自然审美的有关论题。

---

① ［德］席勒：《美育书简》，徐恒醇译，中国文联出版社 1984 年版，第 63 页。
② ［加］卡尔松：《环境美学》，杨平译，四川人民出版社 2006 年版，第 17 页。

　　自然审美有着艺术审美所不具有的特殊的教育作用。第一，自然审美着力培育一种人与自然平等友好的感情。例如，李白的《独坐敬亭山》："众鸟高飞尽，孤云独去闲。相看两不厌，只有敬亭山。"诗叙写了诗人与敬亭山之间"相看两不厌"的亲和友好之情。第二，自然审美给人一种不同于艺术审美的愉悦。湖畔派诗人华兹华斯在著名的《写于早春的诗句》中写道，"每一朵鲜花，对自己吸着的空气都很喜欢，鸟雀在我周围跳跃嬉戏"，歌颂了自然带给人类少有的欢乐，感叹人类对于自然的遗忘。第三，自然审美歌颂自然的崇高伟大，使人产生一种崇敬自然之情。印度诗人泰戈尔在《新月集》中写道："我在星光下独自走着的路上停留了一会儿，我看见黑沉沉的大地展开在我的面前，用她的手臂拥抱着无量数的家庭，在那些家庭里有着摇篮和床铺，母亲们的心和夜晚的灯，还有年轻轻的生命，他们满心欢乐，却浑然不知这样的欢乐对于世界的价值。"泰戈尔在这里歌颂了大地给予人类的安居、温暖、生命与欢乐，是对自然崇高性的歌颂。第四，自然审美批判人类对于自然的破坏，教育人类爱护自然环境。美国诗人惠特曼在《红杉树之歌》中尽管在理论观点上持支持开发自然发展西部的立场，赞成所谓自然为一个更优秀的种族"让位"，但他对于人类砍伐树木破坏自然的具体描写则让人心酸，发人深省。他写道："一支加利福尼亚的歌，一个预言和暗示，一种像空气般捉摸不着的思想，一支正在消隐和逝去的森林女神或树精的合唱曲，一个不祥而巨大的从大地和天空飒飒而至的声浪，稠密的红杉树林中一株坚强而垂死的大树的声响。别了，我的弟兄们，别了啊，大地和太空！别了，你这相邻的溪水，我这一生已经结束，我的大限已经降临。"这实际上告诉我们美国西部开发让自然付出巨大代价，让无数生灵毁于一旦，人类还是应该与自然为友，保护自然。

总之,自然审美以及与之相关的自然审美教育已经成为新时代的审美与审美教育的重要方面,美育绝不仅仅是艺术教育,还必须包括自然审美教育。

四、美育的实施

美育属于教育科学的一个分支,是一个实践性很强的学科。因此,对于美育问题的理论研究固然重要,但更重要的还是在实践中实施美育。同时,美育本身也只有在具体的实施中才能得到发展。关于美育的实施问题,我们准备从指导思想、条件和途径等几个方面加以论述。

(一)实施美育的指导思想

美育的实施并不是什么新鲜的事情,而是古已有之。我国古代对文人学士向有"琴棋书画"俱备的要求,到了近现代,普通学校一般也都开设有音乐、美术等课程。那么,在21世纪初期的今天,我们应如何看待美育的实施问题呢? 也就是说,在实施美育的指导思想或观念上应有何变化呢? 答案应当是:要从就事论事地把美育仅仅看成是开设几门课程的观点,发展到从科学的有机整体的角度来看待美育和实施美育。这就要求我们将美育看作审美教育工程,是整个社会工程和社会教育工程的重要组成部分。

首先,应从有机整体的角度确定审美教育工程与整个社会教育工程中其他方面的联系及其在整个社会教育工程中的地位。我们之所以要把审美教育看作一个工程,当然同它在改造社会和人的功能方面与工程学极其类似有关。但更重要的还在于,我们试图根据这种类似性,借助于工程学中的数理方法更为科学地对审美教育进行定性与定量的研究,以期推动审美教育工作朝着更为社会化与科学化的方向发展。以工程学的眼光看待美育,首先就应对其采取有机整体的观点,应看到,美育不仅自身就是一个有机整体的系统,而且还属于教育工程这个大的整体系统中的一个小系统,因而,审美教育工程不应该而且也不可能与整个教育工程这个大系统分离开来。无论是将其抛弃还是把它孤立起来,都是错误的。因此,审美教育的思想也应贯穿于整个教育工程之中,作为其重要的指导思想与根本方针之一。这样,审美教育作为教育工程的一部分,就不仅仅是开设几门课的问题,而是应作为教育工程的有机组成部分。如果将美育与整个教育工程脱离,社会教育这一完整系统的内在结构就会发生变化,并将导致教育性质的变化,整个教育工程就难以实施。正是从这种有机整体的系统工程的角度,我们认为,应该将美育正式列入国家的教育方针,并加以认真贯彻。

其次,确定审美教育工程的目标。既然审美教育同工程学相类似,那就说明它是一种有组织有步骤地改造现实的实践活动。任何实践活动都是人的有目的的活动,有着预期的目标。这个预期目标正是审美教育实践的出发点和归宿,是贯穿审美教育始终的线索,也是其成为有机整体的根本原因。那么,审美教育工程的预期目标是什么呢? 这应从整个教育培养全面发展的社会主义新人的总目标考虑。由此,必然得出审美教育工程的预期目标是培养全面发展的社会主义新人高尚、健康的情感素质。这种高尚、健康的情感素质,当然首先表现在应有较高的审美能力,但又绝不仅仅局限于此。从根本上说,还应包括以审美的态度(即高尚的情感态度）去对待国家、社会和人生。这就是审美教育作为系统工程区别于以往的艺术教育之处。以往的艺术教育往往着眼于技能的培养，目的在于单纯地培养人的审美能力；而审美教育工程则跳出了单纯培养审美能力的局限，上升到培养全面发展的新人的高度，从而充分地体现了审美教育工程改造人与培养人、改造社会与完善社会的性质。

再次，充分认识审美教育工程的各个要素及其相互关系。审美教育作为系统工程是众多要素不可分割、有机统一的整体，是一个开放的系统。其功能遵循着"整体之和大于部分"的规律。从审美教育本身来看，包含着发出指令的教育领导机构、贯彻执行的教育者与接受指令的受教育者三个方面。这三者紧密联系，成为统一的整体，只有在其交互作用中才产生出审美教育应有的效应。其中的一个环节出现问题，审美教育就不可能发挥出效应。由此说明，审美教育作为有机统一的工程，要求教育领导机构、教育者与受教育者三个方面都明确自己在整个审美教育工程中的责任与作用，自觉地承担起自己的责任，发挥自己的作用。从横向联系的角度来看，审美教育与"德、智、体"三者紧密联系为统一的整体，互相渗透与制约，共同构成社会教育工程的不可分割的部分，起到培养全面发展的社会主义新人的重要作用。如果审美教育脱离了"德、智、体"三育，其培养高尚、健康的情感素质的既定目标就难以实现。从纵向联系的角度看，审美教育领导机构、审美教育实施者与审美教育接受者构成审美教育工程的系统，审美教育工程又是构成整个社会教育工程的小系统，而整个社会教育工程又是整个社会工程的小系统。由此，从低到高，呈现出逐步递进的层次性，最后实现改造整个社会的伟大目标，完成社会主义物质文明建设与精神文明建设的历史任务。

最后,审美教育通过系统自身的反馈、调节,不断发展。审美教育工程是一个自身反馈调节的控制系统。具体如下图:

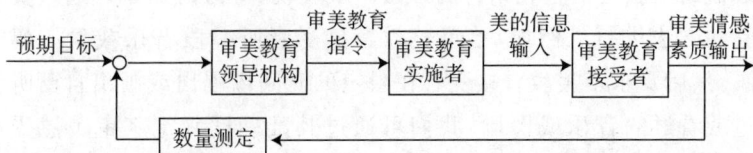

```
                        审美教育          美的信息              审美情感
预期目标              指令            输入                素质输出
  ──────○──→ ┌────────┐ ──→ ┌────────┐ ──→ ┌────────┐ ──→
            │审美教育│      │审美教育│      │审美教育│
            │领导机构│      │实施者  │      │接受者  │
            └────────┘      └────────┘      └────────┘
            ↑        ┌────────────┐                  │
            └────────│  数量测定  │←─────────────────┘
                     └────────────┘
```

这里所谓"预期目标",就是前面已说到的对于全面发展的社会主义新人高尚、健康的情感素质的培养。根据这样的预期目标,由审美教育领导机构通过教育方针、教育计划与教学大纲等发出审美教育的指令,提出培养高尚、健康的情感素质的定性与定量方面的具体要求。作为审美教育实施者的学校与教师,根据这样的指令,选择恰当的自然美、社会美与艺术美的信息作为教育手段,向审美教育接受者输入。这种美的信息经过审美教育接受者的加工处理作为其审美的情感素质表现出来,即所谓输出。以上虽然经过了美的信息的输入与输出,但这只是审美教育工程的一部分。还有一部分,就是通过自身的信息反馈进行调节,不断提高审美教育水平的过程。信息反馈首先要对审美教育接受者表现出来的(输出)审美情感素质进行数量的测定。这种量的测定在作为社会工程一部分的审美教育工程中,还主要借助于统计的方法。可通过抽样调查、民意测验等测定审美教育接受者的审美感受力、审美联想力、审美想象力以及对社会、人生的情感评判力,在这些方面得出一定的数据,并将这些数据反馈给审美教育领导机构,使它们据此对审美教育工程的预期目标进行校正,提出新的要求,再次发出审美教育的新的指令。这样循环往复,使审美教育不断地由低到高发展前进,使审美教育接受者的审美情感素质不断地得到提高。在这里，可能发生的问题是，对审美教育接受者情感素质的数量测定比较困难。目前在这方面可考虑借助实验与调查相结合的方法。审美视、听力的测定可通过实验的方法进行。例如，给审美教育接受者听一段音乐或看一幅画，然后要求审美教育接受者在限定的时间内唱出或画出自己听过或看过的音乐或图画，我们可通过其准确度判定其审美感受力。对于审美的联想力与想象力可通过直接调查的方法测定，也就是在审美教育接受者听完一段音乐或看完一幅画后，让其口述自己的体验，我们可根据其体验的深度和广度来评定。至于审美教育接受者对社会、人生的情感判断力，则可通过直接的民意测验和间接的民意测验的方法进行判定。所谓直接的民意测验就是通过书面提问题的方法，直接让本人回答，要求其对具体的社会、人生现象表明自己的爱憎态度。所谓间接的民意测验，就是通过书面提问题的方法，间接地让了解审美教育接受者情况的领导、同事和亲友回答接受者对具体的社会、人生现象的爱憎态度。

（二）实施美育的条件

美育的实施，除端正指导思想，将其作为审美教育工程来对待之外，还须为其提供必要的条件。

首先是社会条件。审美的心理本质在于主体处于不受任何束缚的自由状态而引起的一种情感愉悦。这就决定了以培养审美力为任务的美育在社会条件方面要求有一自由的时代。只有在这样的自由的时代，美育才能真正地得以实施并达到较高水平。

所谓自由的时代，有两方面的含义。一是必须使主体摆脱物质的束缚，不为吃、喝、住、穿所累。在这一方面，马克思主义有一个基本观点,那就是作为"自由王国"的社会主义社会与共产主义社会,应是社会必要劳动时间大大减少,人们自由享用的时间大大增多。只有这种自由享用或支配的时间多了,人们才能有更多的时间去从事审美等文化活动。因此,从这个意义上说,自由时间与文化时间是成正比例的。这就要求生产力的高度发达和物质财富的极大丰富,将人们从维持生计的繁重劳动中解放出来,有条件在审美等精神文化活动中使用更多的时间。在这方面,资本主义与社会主义都可能做到,因为它们都具有较高的生产力和较丰富的物质财富。但资本主义社会随着生产资料私有制所带来的产品分配的不平等,由此相应地形成了对于自由时间的分配也是不平等的。虽然发达资本主义国家全社会的自由支配时间相应较多,但相比之下,资本家却较工人占有更多的自由支配时间,并将这些时间用于审美等精神文化活动。而社会主义社会由生产资料公有制决定的较为合理的按劳分配制,在自由时间的分配上也是比较合理的,使得全体工人、农民与知识分子都能较平等地享用由全社会的生产增长所带来的更多的自由支配时间。

二是必须实行文化思想的自由,允许人们按照自己的兴趣、爱好自由地欣赏美与创造美。从表面上看,资本主义社会在这一方面似乎也存在着自由,但由于在资本主义社会中占统治地位的是资产阶级文化,无产阶级文化则处于受压抑的境地,因此,说到底,他们的所谓"自由"还是资产阶级思想文化的自由。我国努力倡导思想文化自由,曾经提出过著名的"百花齐放,百家争鸣"的方针,积累了很好的经验。但由于长期极左思潮的影响,"双百方针"并未得到真正的贯彻,"十年动乱"中更是由于"四人帮"推行了法西斯的文化专制主义,堵塞言路,禁锢思想,扼杀文化,思想文化领域遭到空前的破坏,美的欣赏、创造与教育都被粗暴地践踏,使得我国好几代人审美水平的提高受到阻碍。改革开放以来,倡导思想解放,进一步明确地提出了文艺创作自由。这一切都说明,我国历史上真正的思想文化自由的时代已经到来。它必将为思想文化的发展(包括美育的发展)提供良好的社会环境,使我们广大教育工作者和美学工作者大有用武之地。当然,任何自由都是相对的,而不是绝对的。我们所说的思想文化自由,当然是在维护四项基本原则的前提之下,以培养广大人民"有理想、有道德、有文化、有纪律"的高尚品德为其目的。

其次是物质条件。美育的实施在物质方面应有保证。全社会在环境上都应做到美化,并配备有较充足的文化设施,诸如博物馆、展览馆、影剧院、艺术馆、音乐厅等等,以丰富人民的精神生活,实施审美教育。当然,由于我国目前生产力水平较低,物质条件有限,在文化建设方面国家一时难以投入足够的资金,在这种情况下,可实行国家、集体与私人投资相结合的方式。目前,方兴未艾的文化专业户是一个新生事物,只要给予必要的指导和管理,定会在精神文明建设和美育的实施中发挥重要的作用。在物质条件方面,对于学校应有更高要求。各类学校均应在建筑上做到朴素美观,在环境上做到清洁美化,使学生在优美的校园中,身心能自然而然地受到美的陶冶。当年,蔡元培曾要求:"学校所在之环境有山水可赏者,校之周围,设清旷之园林。而校舍之建筑,器具之形式,造像摄影之点缀,学生成绩品之陈列,不但此等物品之本身,美的程度不同;而陈列之位置与组织之系统,亦大有关系也。"[①]更急迫的是,各类学校都应尽力逐步建立相应的美育设

---

① 高平叔编:《蔡元培教育文选》,人民教育出版社1980年版,第196—197页。

施。中小学校经费有限，应在可能的情况下建立美术展览室，添置有关音乐、美术活动的器材。高校则应建立艺术馆和电影放映室等。在艺术馆中可陈列中外名画的复制品，并设有音乐欣赏室，学生可入内欣赏中外著名艺术作品。

最后是组织方面的条件。美育既然作为教育工作总的指导思想之一，正式列入教学计划，设置了课程，那就要在组织上予以保证，建立相应的教学组织。中小学都应建立音乐和美术教研组，一方面负责有关课程的开设，另一方面负责全校美育的实施工作。中师和高校则应建立美育教研室，以便有专人负责此项工作，准备有关课程。各个教研室的教师目前可从相关艺术院校的艺术系科的毕业生的择优选拔，其任务是承担美育方面的课程与讲座，研究并实施全校的审美教育工作。中央教育部和各省应设有艺术教育处和艺术教育局，统一指导所属教育领域的美育实施工作。这里需要特别指出的是，我国目前在美育方面机构不全，人才奇缺，上级教育领导部门很少设有分管美育的机构，基层许多学校更缺乏这方面的教师。现有的美育教师也是人数少、素质不高。这就必然使自觉地将审美教育作为一项有组织的社会工程实施成为空话。这种情况的出现，同目前我国缺乏对美育的应有重视直接有关，如不加速改变，其不利影响将会愈来愈明显。

（三）实施美育的途径

美育的实施是一项有目的的实践活动，必须有具体的途径。

首先是实施美育所必须凭借的手段。美育的实施必须凭借自然美、社会美与艺术美的手段。

众所周知，大自然以其绮丽的风光、绚丽的色彩和蓬勃的生机而呈现出各种美丽的风貌，是实施美育的极好手段。自然美的教育常常侧重于形式方面，在色彩、音响和线条等方面以其对称、均衡与和谐给人的眼、耳等感官以赏心悦目的愉快，进而达到精神的陶冶。即便是怪谲的山石和苍劲的虬松也常常在怪异中表现出自然造化之妙。总之，自然美的教育一般地来说可直接训练人们的感官对于形式美的感受力。伟大的德国音乐家贝多芬诞生于莱茵河畔的波恩。莱茵河畔的美丽风光曾在少年贝多芬的心中留下温柔而美好的记忆，给他的审美感受力以特有的熏陶。少年时期，他曾长时间地伫立在莱茵河畔，眺望着远处起伏的山峦，凝视着已经冲出峡谷的莱茵河水。他入神地欣赏着大自然的美景，甚至当人们走到面前与他谈话时，他也沉思不语，偶尔喃喃地低声说："对不起，我正陷入美好的遐思，别打扰我！"这种对于故乡莱茵河美丽自然风景的感受几乎伴随着他的一生。在离开故乡十余年后，他写道："我的家乡，我出生的美丽的地方，在我眼前始终是那样的美、那样的明亮，和我离开它时毫无两样。"①而且，这种对故乡自然美的感受始终是他后来的音乐创作的重要内容之一。《第一交响曲》就是一部赞颂莱茵河的作品，而《七重奏》中以变奏曲出现的行板的主题，便是一支莱茵河的歌谣。当然，某些自然美并不是以其形式的优美给人以美的感受，而是以其形式的壮美象征着某种理性力量和道德原则，从而给人以极富哲理的美的启示。这常常发生在对壮美的欣赏之中。例如，面对无边无际的大海、洗涤整个大地的铺天盖地的暴风雨、划破天际的闪电以及震撼人心的惊雷，我们不会感到个人的渺小和争名逐利的微不足道吗？不会产生一种灵魂为之一洗、精神为之一振的特有

①［法］罗曼·罗兰：《贝多芬传》，傅雷译，人民音乐出版社1980年版，第7页。

的美的感受吗？德国美学家康德认为，面对这种无比巨大的壮美，所唤起的是一种不可战胜的人的尊严感和理性力量，而丢弃的是各种渺小的基于自然的欲求。他说："自然威力的不可抵抗性迫使我们（作为自然物）自认肉体方面的无能，但是同时也显示出我们对自然的独立，我们有一种超过自然的优越性，这就是另一种自我保存方式的基础，这种方式不同于可受外在自然袭击导致陷入险境的那种自我保存方式。这就使得我们身上的人性免于屈辱，尽管作为凡人，我们不免承受外来的暴力。因此，在我们的审美判断中，自然之所以被判定为崇高的，并非由于它可怕，而是由于它唤醒我们的力量（这不是属于自然的），来把我们平常关心的东西（财产、健康和生命）看得渺小，因而把自然的威力（在财产、健康和生命这些方面，我们不免受这种威力支配）看作不能对我们和我们的人格施加粗暴的支配力，以至迫使我们在最高原则攸关，须决定取舍的关头，向它屈服。在这种情况下自然之所以被看作崇高，只是因为它把想象力提高到能用形象表现出这样一些情况：在这些情况之下，心灵认识到自己的使命的崇高性，甚至高过自然。"①

　　社会美虽以形象的形式出现，但其所包含的内容却侧重于伦理道德的理性原则方面，更多的是以现实生活中活生生的人与事给人以美好的道德启示。我国数千年的历史曾涌现出无数伟大的人物，他们献身祖国、民族和事业，创造了令人瞩目的伟业，表现出崇高的品德。中华民族百年来艰苦奋斗的历史，更是哺育了万千光彩夺目的英雄人物。这些中华民族的英雄人物是人类的

---

①转引自朱光潜：《西方美学史》下卷，人民文学出版社1963年版，第379—380页。

精英,他们的伟大行为体现了美好的品德。上述人物都是进行社会美教育的好教材。这种社会美的教育以形象性、情感性与伦理性的高度统一为其特点。它区别于一般的历史教育与政治教育,常常能收到其他教育形式所难以达到的极好效果。诚如著名诗人贺敬之在《雷锋之歌》中形容的全国开展"向雷锋同志学习"活动所产生的效果:

> 看,站起来,
>
> 你一个雷锋,
>
> 我们跟上去,
>
> 我们跟上去
>
> 十个雷锋,
>
> 百个雷锋,
>
> 千个雷锋……

艺术美本身是在现实美(包括自然美与社会美)基础上的美的提炼,所以,以艺术美为手段实施美育,就比自然美与社会美的教育更有其特殊性,表现为形象的教育与伦理道德的教育的直接统一,常常收到极好的审美教育效果。

其次,实施美育所必需的教学环节。教育工作具体表现于教育计划的执行,而教育计划的主要方面是课程设置。加强美育的实施应在课程设置中体现美育的内容。从中小学来说,应加强音乐与美术课的教学工作。音乐是以音响为原料,通过乐音的运动来表现人类最为细致的心理活动与情感的艺术种类。由于音乐更多地偏向于情感的表现,所以又称为表现的艺术、情感的艺术。音乐教育主要是诉诸人们听觉的一种教育形式,它对人的情感的陶冶和完善个性的形成具有巨大的作用。古希腊的亚里士多德认为:"现在我们大家一致同意,音乐,无论发于管弦或谐以歌喉,总是世间最大的怡悦","这里,我们可以把音乐的怡悦作用作为一个理由,从而主张儿童应该学习音乐这门功课了"。① 我国古代的《乐记》也认为:"乐也者,圣人之所乐也,而可以善民心,其感人深,其移风易俗,故先王著其教焉。"贝多芬认为:"音乐当使人类的精神爆出火花","音乐是比一切智慧、一切哲学更高的启示"。② 因此,我们应该重视中小学音乐课程的设置,保证课时和质量。在音乐课中,着重通过乐理讲授、教师的范唱、学生的视唱和听唱,培养学生的曲调感、听觉表象能力和节奏感。美术是凭借色彩与线条等原料来描绘现实的艺术形式,属于造型艺术。美术教育以生动的造型艺术形象主要作用于人们的视觉,借以培养学生对比例和亮度的判别能力,对垂直方向和水平方向的视力寻求与确定的能力,以及空间想象力、视觉分析器与运动分析器的协调力等等。美术教育的形式多种多样,可通过写生画、臆想画(主题画)和装饰画培养学生的绘画能力。各类高等学校也应开设美育方面的课程。目前,我国高等院校这方面的课程开设很少,许多院校几乎是空白。我们认为,文、理、工、农、医、师各科均应开设美育方面的必修课程或选修课程,如美学概论、美育概论、中外美术史、中外音乐史、中外文学史以及文学艺术欣赏方面的课程。从目前情况看,师范院校应将美学概论或美育概论作为必修课,工科院校应将技术美学或生产美学作为必修课程,艺术院校和中文系科应将美学概论作为必修课程。其他院校和系科均应在上述课程中选择部分课程作为选修课程。目前,这类选修课

① 亚里士多德:《政治学》,吴寿彭译,商务印书馆1983年版,第418页。
② [法]罗曼·罗兰:《贝多芬传》,傅雷译,人民音乐出版社1980年版,第77页。

可占总课时的 2％—5％,也就是要求大专学生在二至四年中选学一至三门这类课程。此外,平时可不定期地安排艺术欣赏方面的讲座,这类讲座尽管不占课时,但也要列入计划。

再次,教师在实施美育中的作用。教育工作的实施除了正确制定教育方针和选择优秀校长之外,关键就是教师。美育的实施也有赖于教师。教师在整个审美教育工程中处于举足轻重的中间环节。他们作为审美教育的执行者,对上接受审美教育领导机构发出的审美教育指令,对下则对受教育者具体实施审美教育。这就对教师本人的素质与实施美育的自觉性提出了较高的要求。同时,教师与学生接触最多,对学生的影响最大,是学生的楷模,所以,应该要求每个教师都成为实施美育的模范。诚如苏联著名教育家赞可夫在《与教师的谈话》中所说:"人具有一种欣赏美和创造美的深刻而强烈的需要,但是这并不是说,我们可以指望审美情感会自发地形成。必须进行目标明确的工作来培养学生的审美情感,在这里,教师面前展开了一个广阔的活动天地。"对于教师来说,应将美育体现于自己的教学工作中,在教学过程中尽力借助于形象与情感手段,做到知识性与情感性的统一。教师应力争以优美纯洁的语言、整洁的板书、朴素大方的风度进行教学工作。更重要的是,教师应以自己美好高尚的爱国主义、共产主义品德感染教育学生。请看鲁迅在其著名散文《藤野先生》中所记载的他所尊敬的一位日本老师——藤野先生。藤野先生的外貌并不美,但有着一丝不苟的认真的教学态度和在日本军国主义分子煽动反华之时坚持中日友谊的高尚品德。这种高尚的社会美的风范给鲁迅以终生的影响。鲁迅写道:"每当夜间疲倦,正想偷懒时,仰面在灯光中瞥见他黑瘦的面貌,似乎正要说出抑扬顿挫的话来,便使我忽又良心发现,而且增加勇气了,于是点上一支烟,再继续写些为'正人君子'之流所深恶痛疾的文字。"

最后,美育的特殊评价机制。由于美育是以培养人的审美力为目的,而审美力又主要以其感性的感受力为特点,所以,在美育的评价机制上就应有其特殊性,不能采取其他课程以知识测试为主的考评方式,而应以个体能力的评价为主;也不能采取考定评比的方式,而应采取平时考察与期考相结合,而以平时考察为主的方式。

第六讲　美育与大脑开发

一、神经心理学与美育

现在,我们面临的一个重要问题,是如何加强美育学科建设,使之在现有基础上有新的突破? 我们认为,除了加强理论研究之外,十分重要的就是在实证角度上有新的突破。所谓实证的角度,包含两个方面。一方面是美育的实践,也就是自觉地实施美育并总结其规律。我国大中小学的美育已在各级教育部门的组织领导下,逐步列入教学计划,并积累了丰富的经验,但对这方面的理论总结还有欠缺。而且,更为薄弱的一个方面就是对于美育与心理学尤其是脑科学关系的探讨十分不够,可以说迄今尚未展开,当然也没有真正有分量的论著。这无疑是美育学科实现新的突破的关键环节之一。因为,美育学科的性质决定了美育与脑科学关系的探讨可使之更具科学性。美育是教育学与美学的交叉学科,也是它们的分支学科,而教育学与美学又都同心理学密切相关。正是从这个意义上,我们说,心理学是美育的重要支撑。大脑是心理的器官,大脑的功能与机制正是心理学科的生理基础,将脑科学同心理学紧密相联才使心理学同哲学分离而具有了独立的科学意义。

众所周知,心理学在古代属于哲学范围,使用的是哲学的思辨的方法。到了 1879 年，德国哲学教授、生理学家冯特在莱比锡大学建立了世界上第一个心理学实验室，把自然科学使用的实验方法用于心理学研究，才使心理学成为一门独立的实验科学。20世纪 20—60 年代，随着一门新的"神经心理学"的诞生，人们才有可能探寻心理活动的神经机制，从大脑的各部分分工和协调的角度阐明心理活动的实质。因此，我们的美育学科要加强其心理学的支撑基础，就必须将"神经心理学"引入，深入探讨美育与脑科学的关系，探讨美育活动及其效果的神经科学机制与规律。这样，美育的人文学科探讨同自然科学研究相结合，将使之更具科学性、实证性与可操作性。

将美育与脑科学紧密结合，还能使美育吸取当代的科研成果，从而具有新时代的特色。众所周知，现代神经科学（脑科学）出现于 20 世纪 50 年代与 60 年代之交。1989 年，美国众、参两院通过立法，把从 1990 年 1 月 1 日开始的十年确定为"脑的十年"。我国也将脑功能研究列为"八五"规划、"攀登计划"，予以重点支持。这是人类对自身了解的进一步重视与深化，因为人对自身的了解从自然科学意义上来说最重要的就是了解人的大脑，通过深入了解掌握脑的规律，有目的地控制其运行，促使其健康发展，使之充分发挥作用。20 世纪，由于分子生物学、遗传生物学以及人类对基因（DNA）认识的深化，脑科学得到长足发展，实现了许多突破，对医学、心理学、思维科学与语言学都起到极大的推进作用。美育研究只有借助现代脑科学的研究成果，才能真正成为具有现代意义并站在时代前沿的学科。国外已经有学者在这方面做了可贵的尝试，例如美国的戈尔曼、日本的春山茂雄等。对于这些尝试，我们有必要加以借鉴。

同时，美育同脑科学的结合也是培养新型人才的需要。美育的落脚点就在于新型人才的培养，在于通过提高人的审美素质进而提高其综合素质。所谓"素质"，从大的方面看无非"身""心"两个方面，"心"的角度又无非是"知—情—意"。"知—情—意"又都有其心理的根据，并同脑的功能与机制相关。因此，素质的提高从自然（身体）的角度说，主要是充分发掘脑的潜力，发挥其功能。可见，深入探讨美育与脑科学的关系，可以更好地发挥美育加强素质教育、培养新型人才的作用。

如何将美育同脑科学相结合呢？我们目前的认识还相当肤浅，特别是对神经心理学与脑科学的了解甚少，更谈不上科学实验的基础。仅就目前掌握的材料将其归纳为右脑开发、调节大脑边缘系统与脑内吗啡肽三个方面。

二、美育与右脑开发

美育具有开发右脑的功能，是当前美育研究中用得最多的理论，也是美育与脑科学最早的结合。但认真查一下当代神经科学研究论著，其理论依据远比我们通常了解的左脑主管逻辑思维、右脑主管形象思维要复杂得多。从历史发展看，最早提出左右脑功能分工的是德国神经科学家里普门（Liepman）和马斯（Mass）。他们在 20 世纪初指出，大脑两半球之间的胼胝体破坏可以导致割裂状态。但这一观点在 20 世纪 30 年代的激烈竞争中并未占据上风，直到 50 年代，马尔斯（Myers）和史贝利（Sperry）的裂脑手术问世，通过切断连接左右脑的胼胝体治疗癫痫病人，同时发现左脑偏重语言、读书、计算等机械性功能，右脑偏重艺术及情感功能，从此对大脑两侧功能分工的研究又重新掀起高潮。三十多年的重要研究成果认为，从进化论角度看，人类大脑分为两侧半球,这显然是天然合理的,因此,机能分工也是肯定的。可是,两半球之间又通过一束庞大的联合纤维沟通着,这也是一个合理的现实。这就意味着,大脑两半球的功能关系不单有分工的一面,而且有协同的一面。20 世纪 80 年代以后,心理学家已经把双脑半球的协调机制作为重要的研究方向。但是,无论如何,大脑两侧功能的分工是明显的事实。20 世纪 60 年代后期,盖斯奇瓦德(Geschwind)等人从解剖学的角度论证大脑两侧结构的不对称与功能的不对称是紧密联系的。从结构方面说,最典型的例子就是,与语言相关的脑区即左侧颞平面与左侧额叶盖比它们在右半球的对应区域明显发达,而右半球的听觉皮层的面积比左半球对应区要大。另外,在比重、长度、体积、重量等方面,大脑左右两半球也都各有优势。因此,可以说功能的不对称正是来源于结构的不对称。同时,由于大脑的功能越来越复杂,也越来越高级,实现这一功能的神经网络联系也随之变得复杂。连接大脑左右半球皮层的主要通路是胼胝体。假如每一种脑的高级功能都要求左右两半球共同实现,胼胝体就会变得越来越粗大,以至颅内空间无法容纳。因此,把复杂的高级脑功能局限在单侧半球内,应该是大脑对有限颅内空间的进化适应。这就使左右两半球有所分工,从而实现更多的高级功能。英国神经病理学家陶喀森(Taokson)1874 年从语言功能的角度指出,语言活动是由利手的对侧脑主管的。左利手的语言主管在右脑半球,而右利手的语言主管则在左脑半球,这就是所谓的"对侧律"。但因为绝大多数人是右利手,因此绝大多数的语言功能由左脑半球主管。相应地,形象和情感功能就由右脑半球主管。

以上,我们从多个方面介绍了人脑左右半球功能分工不同的原因。下面,再介绍一下目前脑科学领域对于左右脑半球具体功能分工的研究成果。1974 年，神经科学家莱维（Levy）在总结人类裂脑研究的大量成果后，说："右半球对空间进行综合，左半球对时间进行分析；右半球着重视觉的相似性，左半球着重概念的相似性；右半球对知觉形象的轮廓进行加工，左半球则对精细部分进行加工；右半球把感觉信息纳入印象，左半球则把感觉信息纳入语言描述；右半球善于做完形性综合，左半球则善于对语言进行分析。"①显然，在莱维的总结中，大脑右半球的功能偏重于空间、视觉、形象等方面，而大脑左半球的功能则偏重于时间、概念、语言等方面。

正是基于人类这样一个科学的，当然也是初步的认识，我们认为，加强审美教育，通过优美的形象和动听的音乐能起到激活并强化右脑的功能。这就是美育所特有的"开发右脑"的作用。当然，人们对人类左右脑半球功能分工的认识还有待深化。相比之下，人们对左脑半球的研究和了解胜过右脑半球。因为，左脑半球同语言和思维密切相关，人们通过对语言和思维的研究，对左脑半球功能的认识也逐步深入。而且，人们还创立了认知心理学，对思维与语言的脑神经运动规律，特别是语言与思维的优势半脑（左脑）进行了深入研究。相比之下，人们对大脑右半球的研究显得较弱。因此，通过美育等各种手段开发右脑，正是人类提高自身素质，挖掘自身潜力的极其重要的途径，预示着人类的整体素质通过美育等教育手段会不断地得到提升。因此，开发右脑是极其重要而有前景的课题。正如郭念锋教授所说："虽然右脑的功能性质至今还不太清楚，但这个半球的存在绝不是多余的，未来可能发现，它的功能作用可能比现在人们想象的

① 韩济生：《神经科学管理》，北京医科大学出版社 1999 年版，第 938 页。

更重要些。"①有关美育"开发右脑"的功能,学术界的认识大体一致。1995 年,我在论述美育与智育的关系时就曾引用史贝利(Sperry)关于左右大脑分工的理论,提出"审美活动可以调节人的大脑机能,提高学习和工作效率"。1999 年,我在论述美育与素质教育关系时明确提出"开发右脑,加强美育"。但这些论述都过于简略。通过上述介绍,美育所独有的"开发右脑"的功能会更加明晰。②

三、美育调节大脑边缘系统的作用

这里首先要解释一下,所谓大脑皮层是指覆盖在大脑两半球表面的灰质,形成纵横交错、起伏不平的沟与回,是心理活动的主要物质基础,也是反射活动的最高调节机构。它是高级动物,特别是人类特有的结构。所谓边缘系统,是指大脑与间脑交接处的边缘,以及包括杏仁核在内的皮层下结构。它是脑在动物阶段就有的结构。大脑皮层是对边缘系统的调节机制,用心理学的语言表述,就是弗洛伊德精神分析心理学中潜意识的巨大作用及意识对潜意识的稽查或压制。但在弗洛伊德时代,尚未找到脑科学方面的根据。直到 20 世纪,才由纽约大学神经中心神经科学家约瑟夫·勒杜(Joseph Ledoax)第一个发现了杏仁核在情绪中枢的关键作用,以及大脑皮层的调节作用。他首先推翻了认为杏仁核必须依赖大脑皮质的信息以形成情绪反应的传统观念,通过自己

①韩济生:《神经科学管理》,北京医科大学出版社 1999 年版,第 945 页。

②参见曾繁仁:《走向二十一世纪的审美教育》,陕西师范大学出版社 2000年版,第 96 页。

的研究，揭示了当大脑皮质思维中枢尚未做出决策时，杏仁核就可能越俎代庖，支配我们的情绪反应。也就是说，在出现危急之时，大脑的边缘系统发出紧急通知，呼吁脑的所有组织紧急动员。"短路"的一瞬间，大脑皮质思维中枢还没有来得及了解发生了什么事，因此不可能权衡利弊做出反应，而边缘系统的杏仁核却以更快的速度做出反应，控制了神经系统。勒杜的研究证实，眼、耳等感觉器官所传递的信息首先进入丘脑，经神经突触到达杏仁核；另一条通道是信息经丘脑，沿主干道进入大脑皮质，皮质经若干不同水平的通路聚合信息，充分领悟后发出情绪的特定反应。杏仁核在大脑皮质之前对信息做出反应，这就是所谓的神经系统"短路"。勒杜研究的革命意义在于，推翻了一切反应都必须通过大脑皮质的定见，首先发现了情绪的通路可以在大脑皮质之外，人类最原始、最强烈的情绪取捷径直达杏仁核。这条路径足以解释为什么情绪会战胜理智，也就是春山茂雄所说的人有动物脑、人类脑。边缘系统就是动物阶段脑的重要成分，进化到人类后，大脑皮质发达，边缘系统被推到次要部位。但人类早期，面对恶劣的生存环境，为了保存自己，延续种族，常常是凭借边缘系统迅速地做出应急反应，抵御灾难，对抗侵害，保护自己。因此，也可以说，边缘系统杏仁核的应急反应也是原始人类所遗传的一种基于本能的自主反应。这也可以解释弗洛伊德有关潜意识、本我、力必多巨大能量的论述。这也就是当代出现各种暴力事件等大量社会悲剧的根源之一。但是，这种基于本能而未经意识的从大脑边缘系统杏仁核发生的应急反应或原始的情绪冲动不能任其发展，而应置于理性与思维的控制之下。而调节边缘系统杏仁核直接作用和控制原始情绪冲动的缓冲装置位于大脑皮质主干道的另一端，即前额后面的前额叶。当人发怒或恐慌时，前额叶开始工作，主要是镇压或控制这些感受，为了更有效地应对眼前形势，通过重新评估而做出与先前完全不同的反应。这种反应慢于"短路"，因为包括了许多通路，但更审慎周密，包含更多的理智，并经认真权衡风险得失后选出最佳方案。这也就是弗洛伊德所谓的意识对潜意识的管辖。美国行为与脑科学专家丹尼尔·戈尔曼(Daniel Goleman)将这种通过大脑皮质中前额叶这一缓冲装置镇压、控制、规范由杏仁核发出的原始情绪冲动的能力叫作"情商"(EQ)。所谓"情商"，是一种不同于"智商"(IQ)的受到理性制约的情感力量，在人的一生中起到重要作用，甚至成为一个人成功的主要因素。戈尔曼指出："今天，情感智商之所以受到如此重视，全靠神经科学的发展。"①

勒杜发现的大脑皮质对边缘系统杏仁核的调节机制及戈尔曼在此基础上提出的"情商"理论，对审美教育有着重要的启示作用。我们认为，勒杜从脑科学的角度所提出的大脑皮质对边缘系统杏仁核的调节机制，也可以作为美育的脑科学机制之一。因为，这种调节机制包含对杏仁核应急反应的提升与压制两方面的含义，而美育就具有提升与压制原始情绪这两方面的作用。美育这两方面作用的脑科学机制无疑也是大脑皮质对杏仁核的调节机制，从而为审美教育的著名的"升华"(Sublimation)理论找到了自然科学根据。"升华"一词原意是高尚化。根据升华理论，弗洛伊德认为，艺术、科学、宗教、道德等人类文化活动大都是本能冲动升华的结果。朱光潜曾将其运用于"美育"，他说，美育"把带有野蛮性的本能冲动和情感提到一个较高尚较纯洁的境界去活动，

---

① [美]戈尔曼：《情感智商》"致简体中文版读者"，耿文秀等译，上海科学出版社1997年版，第3页。

所以有升华作用"①。

四、美育调节脑内吗啡的作用

　　脑内吗啡的研究与对美育作用认识的深化密切相关。人的心理活动是受神经－体液综合调节的。激素是体液的重要组成部分,它的分泌受到中枢神经的调节,同时又对体内重要的内分泌腺的活动有促进作用,并影响到各个器官及人的行为。脑神经机制包括对激素等体液的调节,并进而影响人的生理、情感与行为。日本医学家春山茂雄指出,脑内吗啡的分泌能促进心情愉快。他说:"在所有的脑内吗啡之中,作用力最强的,大概就是当我们心情愉快时出现的 β-内啡肽。""反之,凡是人在生气或感到害怕时,就会分泌出甲肾上腺素及肾上腺素,这两种荷尔蒙都具有相当强的毒性,所以常生气或者感到恐惧的人,就很容易累积超过人体负荷的毒素而得病或迅速老化。"②

　　"脑内吗啡"的概念,是 1983 年英国《自然》科学杂志首次提出的。它对人的作用包含三个方面:第一,活化脑细胞,促使细胞维持年轻有活力的状态;第二,促使失去平衡的左右大脑半球恢复平衡;第三,具有增强大脑能量的作用。这就从大脑生理学的角度为美育的作用提供了论据。也就是说,审美教育可以通过美的对象,使主体在欣赏(教育)过程中,在大脑中产生内啡肽,在心

---

①郝铭鉴编选:《朱光潜美学文集》第 2 卷,上海文艺出版社 1982 年版,第506 页。

②[日]春山茂雄、竹村健一:《脑内革命的活用》,星光出版社 1998 年版,第113—114 页。

理上产生愉快轻松的"正效应",在生理上产生有利于促进大脑能量与身体健康的积极作用。这不仅从脑生理活动的自然科学角度论证了心理学中的"正""负"效应,而且论证了审美教育从心理到生理的积极作用。心理学始终认为,情感在心理作用上是具有增、减(正、负)两种不同的效应的。这就是所谓情感的两极性,表现为积极的增力作用和消极的减力作用。在美育中,我们一般把这种情感的增、减(正、负)效应说成是"肯定性的情感评价"与"否定性的情感评价",而美育就是一种"肯定性的情感评价"。我1985年在论述艺术教育时,明确指出:"艺术欣赏就是人们对于艺术作品的一种肯定性的感情评价。"①脑内吗啡的研究恰从脑科学的角度为美育过程中情感评价的肯定性与否定性提供了科学的佐证。

以上,我们从三个方面介绍了脑科学研究成果与美育的关系。这当然是一个初涉脑科学的社会科学工作者的介绍,不可避免地有错误和遗漏之处,但也可以说明,我们美育研究工作者可以在这方面有所尝试,希望我的介绍能起到抛砖引玉的作用。

我们把美育与脑科学关系的探讨作为美育学科突破的重要环节,并且通过具有相当说服力的材料证明了美育与脑科学关系的探讨具有广阔的学术前景。但是,要在美育与脑科学关系的探讨中取得重大进展,就必须着力于学科建设,应建立一门美育心理学学科,着重探讨美育的心理机制,进而探讨这种心理机制的神经活动机制,包括美育与大脑功能分工以及大脑活动的特殊规律等等,借助现有的神经心理学与脑科学的科研成果,并逐步借

---

① 曾繁仁:《走向二十一世纪的审美教育》,陕西师范大学出版社 2000 年版,第 171 页。

助现代的形态学方法、生理学方法、电生理学方法、生物化学方法、分子生物学方法以及脑成像方法等，将美育与脑科学关系的探讨建立在实验科学的基础上。同时，应将美育心理学立项，专门确立美育与脑科学有关系研究的相关课题。当然，最重要的还是组织队伍。首先，现有从事美育科研工作的人员中应有一部分有兴趣的人员从事美育与脑科学关系的专题研究，同时要设法邀请从事神经科学研究的专业人员参与到这一研究之中。在这两方面的共同努力下，可期经过一段时间的联合攻关能够取得进展。我们希望美育与脑科学的关系这一重要课题能引起学术界同行的重视与参与，并逐步引起其他有志者，特别是从事脑科学研究学者的重视与参与，从而在这方面涌现更多的研究者与研究成果，推动我国美育学科的建设和素质教育的深化，同时也使美育学科取得突破，更具科学性。

第七讲　生态审美教育

一、生态美育的提出

20世纪后期以来,特别是联合国1972年环境会议之后,生态环境研究日渐发展,其中包括生态环境教育理论与实践的发展。生态审美教育就是生态环境教育的有机组成部分。由于生态审美教育具有极为重大的现实价值与意义,而且在自然观与审美观等一系列基本问题上有着重大突破,所以,倡导生态审美教育是当前美学与美育学科的重要任务之一。

生态审美教育是用生态美学的观念教育广大人民,特别是青年一代,使之确立必要的生态审美素养,学会以审美的态度对待自然,关爱生命,保护地球。它是生态美学的重要组成部分,是生态美学这一理论形态得以发挥作用的重要渠道与途径。生态审美素养应该成为当代公民,特别是青年人最重要的文化素养之一,是从儿童时期就须养成的重要文化素质与行为习惯。

生态审美教育是1970年以来在国际上日渐勃兴的环境教育的重要组成部分,甚至可以说是环境教育的重要理论立场之一,审美地对待自然成为人类爱护环境的重要缘由。1970年,国际保护自然与自然资源联合会议(IUCN)指出:所谓环境教育,"其目的是发展一定的技能和态度。对理解和鉴别人类、文化和生物物理环境之间的内在关系来说，这些技能和态度是必要的手段。环境教育还促使人们对环境问题的行为准则作出决策"。1972 年，联合国在斯德哥尔摩环境会议上，正式把"环境教育"的名称确定下来。会议通过了著名的《联合国人类环境宣言》，也称《斯德哥尔摩宣言》。《宣言》郑重宣布联合国人类环境会议提出和总结的 7 个共同观点和 26 项共同原则。其中与生态审美教育有关的主要是："人是环境的产物，也是环境的塑造者"；"保护和改善人类环境，关系到各国人民的福利和经济发展"；"人类改变环境的能力，可为人民带来福利，否则会造成不可估量的损失"；"在发展中国家，首先要致力于发展，同时也必须保护和改善环境"；"为达到这个环境目标，要求每个公民、团体、机关、企业都负起责任，共同创造未来的世界环境"。26 条原则的第 19 条明确提出了环境教育的要求："考虑到社会的情况，对青年一代，包括成年人有必要进行环境教育，以便扩大环境保护方面启蒙的基础以及增强个人、企业和社会团体在他们进行的各种活动中保护和改善环境的责任感。有必要为对人们提出环境危害的劝告提供大量的宣传工具，而且，为使人类在多方面都得到发展，也有必要传播需保护和改善环境的教育性质的情报。"以上，已经对环境教育的必要性、重要性与应该采取的措施作了比较全面的阐述与界定，对我们开展生态审美教育具有指导意义。1975 年，联合国正式设立国际环境教育规划署。同年，联合国教科文组织发表了著名的《贝尔格莱德宪章》，根据环境教育的性质和目标，指出环境教育的目的，是"进一步认识和关心经济、社会、政治和生态在城乡地区的相互依赖性；为每一个人提供机会获得保护和促进环境的知识和价值观、态度、责任感和技能；创造个人、群体和整个社会环境行为的新模式"。由此可见，环境教育旨在确立人对环境的正确态度,建立正确的行为准则,并使每个人获得保护促进环境的知识、价值观、责任感和技能,以期建立新型的人与环境协调发展的模式,因而,对自然生态环境的审美态度也成为当代人类与自然环境"亲和共生"的最重要、最基本的态度之一。

生态审美教育是每个公民享有环境与环境教育权的重要途径之一。1972年联合国环境会议确定,每个人"享有自由、平等、舒适的生活条件,有在尊严和舒适的环境中生活的基本权利"。1975年《贝尔格莱德宪章》又规定:"人人都有受环境教育的权利。"从"权利"的内涵来说,首先要有知情权,也就是首先知道自己有这个权利;其次就是了解权,也就是了解这种权利的内涵是什么,从了解权的角度看,生态审美教育作用重大。"环境权"的付诸实施让每个人都得以"审美地生存"和"诗意地栖居",这才是"有尊严的生活";而"环境教育权"就是让每个人都了解环境教育中所必须包含的生态审美教育的重要内容。缺少生态审美教育的环境教育权是不完整的,或者说是有缺陷的环境教育。

环境教育与生态审美教育的提出是时代与现实的需要。从时代的角度来说,人类经历了原始社会时代、农业文明时代,以及以1781年瓦特发明蒸汽机为开端的工业文明时代。工业文明开始了人类现代化的进程,创造了无数的奇迹,但它只顾开发利用不顾地球承载能力的发展模式造成了资源枯竭和环境污染的严重问题,向人类敲响了警钟。以1972年联合国环境会议为标志,人类社会开始超越工业文明迈入新的后工业文明,即生态文明的新时代。生态文明时代的到来意味着一系列经济、社会与文化制度和观念的重大变更,环境教育与生态审美教育由此应运而生。

从现实的情况来看,历经二百多年的工业革命,地球的承载能力已经濒临极限。根据最近的一份《地球生命力报告》,人类攫取地球自然资源的速度是资源转换速度的 1.5 倍。如果人类继续以目前的速度开发土地和海洋，那么到 2030 年，要想生产出足够的资源并吸收转换人类排泄的废物，就需要两个地球才够用。有两个地球供人类使用是不可能的，因此，唯一的出路就是走生态文明发展之路，人们不仅需要改变自己的生活与生产方式，而且首先要改变自己的生活态度与文化立场，以审美的态度对待自然环境，珍爱地球。这就是生态审美教育提出的现实基础。

从中国的现实情况来看，生态环境保护特别重要。我国是人口众多的资源紧缺型国家，以占世界 9％ 的土地养活占世界 22％的 13 亿人口；森林覆盖率不到 14％，是世界人均的二分之一；水资源是世界人均的四分之一，北方的缺水情形更加严重。我国环境污染的严重性也是空前的，发达国家上百年工业化过程中分阶段出现的环境问题在我国已经集中出现。在这种情况下，我们必须立即改变发展模式和文化态度，走环境友好型之路，以审美的态度对待自然。所以，生态审美教育在我国显得特别重要，它是生态文明时代每个公民必须接受的教育，是实现我国生态现代化的必要条件。

二、生态美育的基本内容

（一）生态美育的基本立足点与哲学基础

生态审美教育最基本的立足点，是当代生态存在论审美观，即以马克思主义的唯物实践存在论为指导，在经济社会、哲学、文化与美学艺术等不同基础之上，将生态美学有关生态存在论美学观、生态现象学方法、生态美学的研究对象为生态系统的观念、人的生态审美本性论以及诗意栖居说、四方游戏说、家园意识、场所意识、参与美学、生态文艺学等内容作为教育的基本内容。从生态审美教育的目的上来说，应该包含使广大公民，特别是青年一代确立欣赏自然的生态审美态度和诗意化栖居的生态审美意识。

生态审美教育的哲学基础是整体论生态观。众所周知，工业革命以来，在思想观念中占统治地位的是"人类中心主义"生态观。生态文明新时代的到来，必然意味着"人类中心主义"的退场。在"人类中心主义"生态观的基础上，生态审美教育不可能走上健康发展之路。人类中心主义生态观的最大危害，是以人类，特别是人类的当下利益作为价值伦理判断与一切活动的唯一标准与目的，完全忽略了人与自然环境是一种须臾难离的关系，实行只顾开发不顾环境的政策，从而导致自然环境的严重破坏与人类的严重生存危机。更危险的是，他们不能从历史的角度看待人类中心主义生态观退场的必然性。历史告诉我们，任何一种思想观念都是历史的，在历史中形成发展，并随着历史发展而退场，不可能也没有永恒不变的思想观念。前现代在落后的经济社会发展情况下，无论中西方都是一种与当时生产力相适应的自然膜拜论生态观。中国古代典籍告诉我们，"国之大事，在祀与戎"（《左传·成公十三年》），说明在前现代祭天祈神是当时最重要的活动与生存方式。西方古希腊神话也渗透着自然膜拜论，只是从文艺复兴，特别是工业革命开始，人类中心主义生态观才逐步取代自然膜拜论生态观占据统治地位。文艺复兴时期是人性复苏时期，是以人道主义为旗帜反对宗教禁欲主义的重要时期，在人类历史上创造了辉煌的文化成就。但文艺复兴时期也是人类中心主义哲学观与生态观进一步发展完善时期。请看，莎士比亚在《哈姆雷特》中对人的歌颂的一段著名独白："人是一件多么了不得的杰作！多么高贵的理性！多么伟大的力量！多么优秀的外表！多么文雅的举动！在行为上多么像一个天使！在智慧上多么像一个天神！宇宙的精华！万物的灵长！"工业革命时代由于科技与生产力的发展，人类中心主义得到极大发展。西方近代哲学的代表培根写出《新工具》一书，将作为实验科学的工具理性的作用推到极致——它不仅可以认识自然，而且能够支配自然。这就是培根的"知识就是力量"的重要内涵。德国古典哲学的开创者康德提出了著名的"人为自然界立法"的观点。康德认为："范畴是这样的概念，它们先天地把法则加诸现象和作为现象的自然界之上。"①以人类中心主义为标志之一的工业革命给人类文明带来了巨变，促进了人类社会的进步，但也因其片面性而造成自然环境污染的恶劣后果，经济社会的发展已经难以为继。这就促使自20世纪50年代开始，人类中心主义生态观逐步退出，整体论生态观逐步出场。20世纪60年代以来，由于"二战"对人类所造成的巨大破坏、环境灾难的加剧以及各种生态哲学逐步产生发展等原因，进一步表明工具理性世界观以及与之相应的人类中心主义生态观的极大局限，从而促使法国著名哲学家福柯于1966年在《词与物》一书中宣告工具理性主导的"人类中心主义"哲学时代结束，将迎来一个新的哲学时代。福柯指出："在我们今天，并且尼采仍然从远处表明了转折点，已被断言的，并不是上帝的不在场或死亡，而是人的终结。"②这里所谓"人的终结"，就是"人类中心主义"的终结。他进一步阐述说："我们易于认为：自从人发现自己并不处于创造的中心，并不处于空间的中间，甚至也许并非生

---

①转引自赵敦华主编：《西方人学观念史》，北京出版社2005年版，第251页。
②［法］福柯：《词与物》，莫伟民译，上海三联书店2002年版，第503页。

命的顶端和最后阶段以来,人已从自身之中解放出来了;当然,人不再是世界王国的主人,人不再在存在的中心处进行统治……"①但我们可以明确地说,这是一个新的生态文明的时代,以及与之相应的整体论生态观兴盛发展的新时代。它的产生其实是一场社会与哲学的革命。正如著名的"绿色和平哲学"所宣称的那样,"这个简单的字眼——'生态学',却代表了一个革命性观念,与哥白尼天体革命一样,具有重大的突破意义。哥白尼告诉我们,地球并非宇宙中心;生态学同样告诉我们,人类也并非这一星球的中心。生态学并告诉我们,整个地球也是我们人体的一部分,我们必须像尊重自己一样,加以尊重"②。因此,整体论生态观是对传统哲学观与价值观基本范式的一种革命性的颠覆,因而引起巨大的震动。

从哲学观的角度看,整体论生态观是人与世界的一种"存在论"的在世模式。众所周知,传统工业革命产生的"主体与客体"的"在世模式",必然产生人与世界(自然生态)对立的"人类中心主义"。而存在论哲学所力主的却是"此在与世界"即"人在世界之中"的在世模式。在这种"在世模式"中,人与世界(自然生态)构成整体,须臾难离,是一种"共生"和"双赢"的关系。它与中国古代的"天人合一""和实生物,同则不继""和而不同"的"中和论"哲学观相互融通。从价值观的角度看,整体论生态观是对人与自然相对价值的承认与兼容,实际上是调和了"生态中心论"对自然生态绝对价值的坚持与"人类中心论"对人类绝对价值的坚持。

---

①［法］福柯:《词与物》,莫伟民译,上海三联书店 2002 年版,第 454 页。
②转引自冯沪祥:《人、自然与文化:中西环保哲学比较研究》,人民文学出版社 1996 年版,第 532 页。

从人文观来看，整体论生态观是人文主义在当代的新发展，是一种包含着生存维度的新的人文主义，即"生态人文主义"。

总之，整体论生态观坚持"万物并育而不相害，道并行而不相悖"（《礼记·中庸》）的原则，将"人类中心主义"与"生态中心主义"加以折中调和，建立起一种适合新的生态文明时代的有机统一、和谐共生的新的哲学观，应该成为新的生态美学与生态审美教育的哲学基础。

（二）生态审美教育的手段是生态系统中的关系之美

众所周知，传统美育所凭借的手段主要是艺术美，所以美育常常被称为艺术教育。诚然，艺术作为人类文明的结晶在美育中确实起着十分重要的作用，但将美育仅仅归结为艺术教育又是非常不全面的，是由人类中心主义所导致的艺术中心主义的产物。因为，从人类中心主义的视角来看，凡是人类创造的东西都必然要高于天然的东西。正因此，黑格尔将他的《美学》称作"艺术哲学"。他的"美是理念的感性显现"命题讲的就是艺术美，因而将"自然美"排除在美学之外的，自然物只有在对人类生活有所"象征"时才存在某种"朦胧预感"之美。这样的美学与美育观念统治了美学与美育领域好几百年。直到1966年，美国美学家赫伯恩（Ronald W. Hepburn）写了一篇挑战这一传统观念的论文——《当代美学及自然美的遗忘》，尖锐地批判了将美学等同于艺术哲学而遗忘了自然之美的错误倾向，起到振聋发聩的作用，催生了西方环境美学的诞生。相对传统美育而言，生态审美教育所凭的手段主要不是艺术，而是生态系统中的关系之美。这种生态系统中的关系之美，不是一种物质或精神的实体之美。事实告诉我们，自然界根本不存在孤立抽象的实体的客观"自然美"与主观

"自然美"。西文中的"自然"(nature)"有独立于人之外的自然界"之意,它与中国古代的"道法自然"中的"自然"内涵是不同的,主要讲的不是一种状态而是指物质世界。古希腊的亚里士多德在其《物理学》论述"自然"时,认为"只要具有这种本源的事物就具有自然。一切这样的事物都是实体"①。可见,在西方,历来是将"自然"看作独立于人之外甚至与人对立的物质世界的。这就必然推导出自然之美就是这种独立于人之外的物质世界之美。但这种独立于人之外的物质世界之美,实际上在现实中是不存在的。因为,从生态存在论的视角来看,人与自然是一种"此在与世界"的关系,两者结为一体,须臾难离。而且,人与自然是一种特定的时间与空间中此时此刻的关系,构成一刻也不可分离的系统,从不存在相互对立的实体。正如美国生态哲学家阿诺德·伯林特所说,"自然之外并无一物",人与自然"两者的关系仍然只是共存而已"。② 恩格斯对将人与自然割裂开来的观点进行了严厉的批判:"那种把精神和物质、人类和自然、灵魂和肉体对立起来的荒谬的、反自然的观点,也就愈不可能存在了。"③因此,在现实中只存在人与自然紧密相联的自然系统,也只存在人与自然世界融为一体的生态系统之美。这就是利奥波德在《沙乡年鉴》中所说的"生物共同体的和谐、稳定和美丽"④。在这里,"生态"有家

①苗力田主编:《亚里士多德全集》第 2 卷,中国人民大学出版社 1991 年版,第 31 页。

②[美]阿诺德·伯林特:《环境美学》,张敏、周雨译,湖南科学技术出版社 2006 年版,第 9 页。

③《马克思恩格斯选集》第 3 卷,人民出版社 1972 年版,第 518 页。

④[美]利奥波德:《沙乡年鉴》,候文惠译,吉林人民出版社 1997 年版,第 213 页。

园、生命与环链之意,所以,生态系统的和谐稳定美丽就有家园与生命之美的内涵。对于是否有实体性的"自然美",是一个在国际上普遍有争论的问题。即使是环境美学与自然美学的开创者赫伯恩,在他那篇著名的批判艺术中心论的文章《当代美学及自然美的遗忘》中仍然有"自然美"(natural beauty)这一以自然之美为实体美的表述。①

那么,在自然之美中,对象与主体到底是一个什么样的关系呢?如果从生态系统来看,它们各自有其作用。荒野哲学的提出者罗尔斯顿认为,自然对象的审美素质与主体的审美能力共同在自然生态审美中发挥着自己的作用。从生态存在论哲学的角度来看,自然对象与主体构成"此在与世界"共存并紧密相联的机缘性关系,人在"世界"之中生存,如果自然对象对于主体(人)是一种"称手"的关系,形成肯定性的情感评价,人就处于一种自由的栖息状态,是一种审美的生存,那么,人与自然对象就是一种审美的关系。关于自然之美中实体性美之消解以及生态系统之美能否成立,有学者认为,"美学作为感性学,它的最重要的特点就是必须指涉具体对象,生态学强调的关系,无法成为审美对象"。这个问题是具有普遍性的。因为在传统的认识论美学之中,从主客二分的视角来看,审美主体面对的倒确实是单个的审美客体;但从生态存在论美学的视角来看,审美的境域是"此在与世界"的关系,审美主体作为"此在"所面对的是在"世界"之中的对象。"此在"以及这个在"世界"之中的对象,与世界之间是一种须臾难离的机缘性关系,所以,这是一种关系性中的

---

① 参见[加]艾伦·卡尔松:《环境美学》,杨平译,四川人民出版社2001年版,第17页。

美,而不是一种"实体的美"。海德格尔对于这种"此在"在"世界"之中的情形进行了深刻的阐述,他认为,这种"在之中"有两种模式,一种是认识论模式的"一个在一个之中",另一种则是存在论的此在与世界的机缘性关系的"在之中",这是一种依寓与逗留。他说:"'在之中'不意味着现成的东西在空间上'一个在一个之中';就源始的意义而论,'之中'也根本不意味着上述方式的空间关系。'之中'[in]源自 innan一,居住,habitare,逗留。'an'["于"]意味着我已住下,我熟悉、我习惯、我照料。"①这说明,生态美学视野的自然审美中"此在"所面对的不是孤立的实体,而是处于机缘性与关系性中的审美对象。所以,阿多诺认为:"若想把自然美确定为一个恒定的概念,其结果将是相当荒谬可笑的。"②

由上述可知,生态审美教育所凭借的主要手段不是艺术美,而是生态系统中的关系之美。这种"关系之美"既不是物质性的也不是精神性的实体之美,而是人与自然生态在相互关联之时,在特定的空间与时间中"诗意栖居"的"家园"之美。

(三)生态审美教育所凭借的主要审美范畴

生态审美教育所凭借的是新兴的生态美学的有关范畴。它们不同于传统美学"比例对称与和谐"的审美观念,是一系列与人的美好生存密切相关的全新的美学范畴。下面择其要者加以介绍。

---

① [德]海德格尔:《存在与时间》,陈嘉映、王庆节译,生活·读书·新知三联书店 1987 年版,第 67 页。
② [德]阿多诺:《美学原理》,王柯平译,四川人民出版社 1998 年版,第 125 页。

　　其一，"共生性"。

　　这是一个主要来自中国古代的生态美学范畴，意指人与自然生态相互促进，共生共荣，共同健康，共同旺盛。也就是所谓的"和实生物，同则不继"。这是中国古代"同姓不蕃"思想的延续，也是对中国传统"生命论"哲学的深入阐发。《周易》曰："生生之谓易"，"天地大德曰生"，"乾，元亨利贞"。这就告诉我们，在中国古人看来，"生命"是人类所得到的最大利益，而"元亨利贞"之美好生存正是生命健旺之呈现，是中国古代传统的美学形态、古典的生态审美智慧。这种"共生性"的美学内涵，在 20 世纪 30 年代以后资本主义工业化引发的环境问题日渐严重之时引起了西方哲学家的关注。1934 年，杜威在《艺术即经验》的演讲中提到，人作为有机体的生命只有在与环境的分裂与冲突中才能获得一种审美的巅峰经验。1937 年，怀特海在论述自己的"过程哲学"时说到，应该"将生命与自然融合起来"。1949 年，生态理论家利奥波德在著名的《沙乡年鉴》中提出"土地伦理学"与"土地健康"的重要命题，描述了一个人依赖万物、依赖大地的"生命的金字塔"。20 世纪 90 年代，加拿大著名环境美学家卡尔松则更加明确地将生命力的表现看作是深层次的美，而将形式的外在的因素说成是"浅层次"的美。毫无疑问，这种"共生性"包含着东方的"有机性"思维，一种有机生成的、充满蓬勃生命力的活性思维。这种"共生的""有机生成"的思维成为生态美学的一个重要维度，成为生态审美教育必须要确立的一种审美观念。与之相反的就是冰冷死寂而古板僵持的"无机性"，这是"舍和取同"，是一种非美的属性。用这样的"共生性"视角审视我们周围的建设工程，哪一种与"有机生成性""人与自然共生""蓬勃的生命力"相悖的所谓"工程"不是非美的呢？为此，我们要在"共生性"美学观念基础上重建我们的城市美学以及整个美学学科。

其二，家园意识。

"家园意识"是我们在生态审美教育中需要树立的另一个极为重要的生态美学观念。在现代社会中，由于自然环境的破坏和精神焦虑的加剧，人们普遍产生了一种失去家园的茫然之感。当代生态审美观中作为生态美学重要内涵的"家园意识"，即是在这种危机下提出的。"家园意识"不仅包含着人与自然生态的关系，而且蕴涵着更为深刻、本真的人诗意地栖居的存在之意。"家园意识"集中体现了当代生态美学作为生态存在论美学的理论特点，反映了生态美学不同于传统美学的根本点，成为当代生态美学的核心范畴之一。它已经基本舍弃了传统美学中作为认识和反映的外在形式之美的内涵，而将人的生存状况放到最重要的位置；它不同于传统美学立足于人与自然的对立的认识论关系，而是建基于人与自然协调统一的生存论关系。人不是在自然之外，而是在自然之内，自然是人类之家，而人则是自然的一员。

"家园意识"植根于中外美学的深处，从古今中外优秀美学资源中广泛吸取营养。首先，我们要谈的就是海德格尔存在论哲学－美学中的"家园意识"。因为，海德格尔是最早明确地提出哲学与美学中的"家园意识"的，在一定意义上，这种"家园意识"就是其存在论哲学的有机组成部分。在海氏的存在论哲学中，"此在与世界"的在世关系就包含着"人在家中"这一浓郁的"家园意识"。人与包括自然生态在内的世界万物是密不可分地交融为一体的。当代西方生态与环境理论中也有着丰富的"家园意识"。1972年，为筹备联合国《环境宣言》和环境会议，由58个国家的70多名科学家和知识界知名人士组成了大型顾问委员会，负责向大会提供详细的书面材料。同年，受斯德哥尔摩联合国第一次人类环境会议秘书长莫里斯·斯特朗的委托,经济学家芭芭拉·沃德与生物学家勒内·杜博斯撰写了《只有一个地球——对一个小小行星的关怀和维护》,其中明确地提出了"地球是人类唯一的家园"的重要观点。报告指出:"我们已经进入了人类进化的全球性阶段,每个人显然地有两个国家,一个是自己的祖国,另一个是地球这颗行星。"①在全球化时代,每个人都有作为其文化根基的祖国家园,同时又有作为其生存根基的地球家园。最后,作者更加明确地指出:"在这个太空中,只有一个地球在独自养育着全部生命体系。地球的整个体系由一个巨大的能量来赋予活力。这种能量通过最精密的调节而供给了人类。尽管地球是不易控制的、捉摸不定的,也是难以预测的,但是它最大限度地滋养、激发和丰富着万物。这个地球难道不是我们人世间的宝贵家园吗?难道它不值得我们热爱吗?难道人类的全部才智、勇气和宽容不应当都倾注给它,来使它免于退化和破坏吗?我们难道不明白,只有这样,人类自身才能继续生存下去吗?"②1978年,美国学者威廉·鲁克尔特(William Rueckert)在《文学与生态学》一文中首次提出"生态批评"与"生态诗学"的概念,同时明确提出了生态圈就是人类的家园的观点。英国著名的历史学家阿诺德·汤因比早在1973年就在《人类和地球母亲》一书中指出,现在的生物圈是我们拥有的——或好像曾拥有的——唯一可以居住的空间,是人类的家园。人类进入21世纪以来对自然生态环境问题愈来愈重

①[美]芭芭拉·沃德、勒内·杜博斯:《只有一个地球》"前言",《国外公害丛书》编委会译校,吉林人民出版社1997年版,第17页。

②[美]芭芭拉·沃德、勒内·杜博斯:《只有一个地球》,《国外公害丛书》编委会译校,吉林人民出版社1997年版,第206页。

视,环境哲学家霍尔姆斯·罗尔斯顿(Holmes Rolston Ⅲ)在《从美到责任:自然美学和环境伦理学》一文中明确地从美学的角度论述了"家园意识"的问题。他说:"我们感觉到大地在我们脚下,天空在我们的头上,我们在地球的家里。"①西方与中国古代都有着十分深厚的"家园意识"的文化资源。所以,我们认为,"家园意识"具有文化的本源性。正是因为"家园意识"的本源性,所以,它不仅具有极为重要的现代意义和价值,而且成为人类文学艺术千古以来的"母题"。例如,《奥德修纪》《圣经》中有关"伊甸园"的描写,乃至现代的《鲁宾逊漂流记》等,无不包含着生态美学"家园意识"的内涵。我国作为农业古国,历代文化与文学作品贯穿着强烈的"家园意识",这为当代生态美学与生态文学之"家园意识"的建设提供了极为宝贵的资源。从《诗经》开始就记载了我国先民择地而居,选择有利于民族繁衍生息地的历史,并保存了大量思乡、返乡的动人诗篇。

综合上述,"家园意识"在浅层次上有维护人类生存家园、保护环境之意。在当前环境污染不断加剧之时,它的提出就显得尤为迫切。据统计,在当前以"用过就扔"作为时尚的大众消费时代,全世界每年扔掉的瓶子、罐头盒、塑料纸箱、纸杯和塑料杯不下二万亿个,塑料袋更是不计其数,我们的家园日益成为"抛满垃圾的荒原",人类的生存环境日益恶化。早在1975年,美国《幸福》杂志就曾刊登过菲律宾境内一处开发区的广告:"为吸引像你们一样的公司,我们已经砍伐了山川,铲平了丛林,填平了沼泽,改造了江河,搬迁了乡镇,全都是为了你们和你们的商业在这里可经营得容易一些。"这

---

① [美]阿诺德·伯林特主编:《环境与艺术:环境美学的多维视角》,刘悦笛译,重庆出版社2007年版,第91页。

只不过是包括中国在内的所有发展中国家因开发而导致环境严重破坏的一个缩影。珍惜并保护我们已经变得十分恶劣的生存家园，是当今人类的共同责任。如此，从深层次上看，"家园意识"更加意味着人的本真的存在与澄明之中。

其三，诗意地栖居。

"诗意地栖居"是海德格尔在《追忆》一文中提出的，是海氏对于诗与诗人之本源的发问与回答，亦即回答了长期以来普遍存在的问题：人是谁？以及人将自己安居于何处？艺术何为？诗人何为？——诗与诗人的真谛是使人诗意地栖居于这片大地之上，在神祇（存在）与民众（现实生活）之间，面对茫茫黑暗中迷失存在的民众，将存在的意义传达给民众，使神性的光辉照耀平静而贫弱的现实，从而营造一个美好的精神家园。这是海氏所提出的最重要的生态美学观之一，是其存在论美学的另一种更加诗性化的表述，具有极为重要的价值与意义。长期以来，人们在审美中只讲愉悦、赏心悦目，最多讲到陶冶，但却极少有人从审美地生存，特别是"诗意地栖居"的角度来论述审美。这里需要特别说明的是，海氏的"诗意地栖居"在当时是有着明显的所指的，那就是指向工业社会之中愈来愈严重的工具理性控制下的人的"技术地栖居"。在海氏所生活的 20 世纪前期，资本主义已经进入帝国主义时期。由于工业资本家对于利润的极大追求，对于通过技术获取剩余价值的迷信，因而，滥伐自然、破坏资源、侵略弱国成为整个时代的弊病。海氏深深地感受到这一点，将其称作技术对于人类的"促逼"与"暴力"，是一种违背人性的"技术地栖居"。他试图通过审美之途将人类引向"诗意地栖居"。"诗意地栖居于大地"，这样的美学观念与东方，特别是中国文化有着密切的渊源关系。中国古代所强调的不同于西方"和谐美"的"中和美"就是在天人、阴阳、乾坤相生相克之中达到社会、人生与生命吉祥安康的目的,这也正是"中和美"对于人"诗意地栖居"的期许,也与海氏生态存在论美学有关人在"四方游戏"世界中得以诗意地栖居的内涵相契合,并成为当代生态美学建设的重要资源。

(四)生态审美教育的性质——参与美学

传统的审美教育在康德无功利美学思想影响下是一种与对象保持距离的"静观美学"的教育。但生态审美教育面对的是活生生的可见可感的自然生态环境,是人在世界之中,因此,是一种人体各个感官直接介入的"参与美学"的教育。

"参与美学"是由阿诺德·伯林特明确提出的,他说:"首先,无利害的美学理论对建筑来说是不够的,需要一种我所谓的参与的美学。"①又说:"美学与环境必须得在一个崭新的、拓展的意义上被思考。在艺术与环境两者当中,作为积极的参与者,我们不再与之分离而是融入其中。"②它突破了传统的由康德所倡导、被长期尊崇的"静观美学",力求建立起一种完全不同的主体以及在其上所有感官积极参与的审美观念,这是美学学科上的突破与建构,具有重要的价值与意义。诚如伯林特自己所说:"如果把环境的审美体验作为标准,我们就会舍弃无利害的美学观而支持一种参与的美学模式。""审美参与不仅照亮了建筑和环境,它也可以被用于其他的艺术形式并获得显著的后果,不

①［美］阿诺德·伯林特:《环境美学》,张敏、周雨译,湖南科学技术出版社2006年版,第134页。
②［美］阿诺德·伯林特主编:《环境与艺术:环境美学的多维视角》,刘悦笛译,重庆出版社2007年版,第185页。

管是传统的还是当代的。"①卡尔松进一步从美学学科的建设
角度对"参与美学"的价值作了评价："将环境美学塑造成为一
个新学科的关键，仍不仅仅只是关注于自然环境的审美欣赏，
而更应关注我们周边整个世界的审美欣赏。"②"参与美学"以
上述方式阐明了环境美学对于普适意义上的美学而言所具有
的重要含义，这种普适意义被伯林特看作是"艺术研究途径的
重建"③。

　　"参与美学"的提出无疑是对传统无利害静观美学的一种突
破，将长期被忽视的自然与环境的审美纳入美学领域，具有十分
重要的意义；它不仅在审美对象上突破了艺术唯一或最重要的框
框，而且在审美方式上也突破了主客二元对立的模式。这里要特
别强调的是，"参与美学"将审美经验提到相当的高度，认为面对
充满生命力和生气的自然，单纯的"静观"或"如画式"风景的审视
都是不可能的，而必须要借助所有感官的"参与"。诚如罗尔斯顿
所说："我们开始可能把森林想作可以俯视的风景。但是森林是
需要进入的，不是用来看的。一个人是否能够在停靠路边时体验
森林或从电视上体验森林，是十分令人怀疑的。森林冲击着我们
的各种感官：视觉、听觉、嗅觉、触觉，甚至味觉。视觉经验是关键
的，但是没有哪个森林离开了松树和野玫瑰的气味还能够被充分

---

① [美]阿诺德·伯林特：《环境美学》，张敏、周雨译，湖南科学技术出版社
　　2006年版，第142页。
② [加]艾伦·卡尔松：《自然与景观：环境美学论文集》，陈李波译，湖南科学
　　技术出版社2006年版，第7页。
③ [美]阿诺德·伯林特：《环境美学》，张敏、周雨译，湖南科学技术出版社
　　2006年版，第155页。

地体验。"①从另一方面说,参与美学还奠定了生态美育重在实施的基本特点的基础。

三、生态审美教育的实施——日本广岛大学个案分析

重在实施是生态审美教育的基本特点。因为生态审美教育作为教育的组成部分之一,本身就具有极强的实践性品格。教育是社会的组织与行为,最后落实到人的培养上,它更是一种实施过程与成果。因此,生态审美教育重在实施本是其自身所应包含之义。更何况生态审美教育是后现代(后工业文明时代)的一种理论形态,后现代的基本特点就是对工业文明的反思与超越,具有很强的实践性。"反思"是一种对既往的分析与批判,需要清理与批判既往的审美教育中有关"人类中心""艺术中心""主客二分""静观美学"等一系列已经过时的哲学与艺术观念,还需要在此基础上清理既往的文学艺术作品,进行必要的"价值重估"。而"超越"就意味着建设,建设新的理论形态,建设新的审美教育实践模式与路径,等等。这一切都表明了生态审美教育重在实施的基本品格。

实施本身是一种行动,需要组织与物质的保证,从国家层面开始,到学校、到家庭、到社会,都要将生态审美教育的实施放到应有的位置之上并付诸实践。

下面介绍一下日本广岛大学的生态教育与生态审美教育的

———

① [美]阿诺德·伯林特主编:《环境与艺术:环境美学的多维视角》,刘悦笛译,重庆出版社 2007 年版,第 166 页。

实践。日本广岛大学是一所国立大学，建校于 1949 年，师生员工万余人，有三个校区，自然环境优美。该校对生态与生态审美教育十分重视，现依据其 2008 年《环境报告书》的基本内容将其生态与生态审美教育的情况简要介绍如下。

首先是校长声明。校长指出，努力推进解决环境破坏、环境污染、能源及食品不足等问题是广岛大学不容推卸的使命。保护地球环境、建构持续可发展社会是 21 世纪人类最大课题，这也应该记入我们的环境基本理念之中。广岛大学的学生及教职员工数量已经超过 2 万人，我们当然要考虑这带给周边环境的负荷。我们限定了能源消费量、废物排出量、用水量及复印纸使用量，并在校内推行用水量 30% 以上为循环再利用水、复印纸的再利用及资源化，还通过药品管理体制进行化学物质管理。通过这些活动，职员们充分理解了削减环境负荷的必要性，并认识到了进行自主性教育的重要性。为了不给下一代留下负面环境遗产，我们每一个人都应该认真思考并切实采取行动。因此，我们必须培养对环境具有强烈问题意识的人才。

该环境报告书还介绍了广岛大学的环境理念和基本方针、环境管理体制、削减环境负荷活动等内容。

环境保护基本指导思想，是立足保护地球环境，建构可持续发展社会这一 21 世纪人类最大的课题，努力通过教育、研究、社会服务等各项大学活动，在与区域社会、国际社会的协调中积极为削减环境负担作贡献。

行动方针，是通过校园内外的环境教育，培养具有较高环境意识及环保知识的人才；推进面向保护地域、地球环境、建构持续可发展社会的具有先进性、实践性的研究；最大限度地向社会提供大学所储备、创造的知识财富，为区域社会、国际社会的环保活动做贡献;所有活动都要遵守环境相关法令,努力做到削减环境负担、保护自然环境;通过环境报告书的形式,积极公开广岛大学与环境问题相关的各项活动,以达成与社会的良好沟通和共存。

广岛大学建立了以校长、委员会为最高管理层的环境管理体制。综合环境管理责任者兼管综合安全卫生,与负责校内安全卫生的安全卫生委员会、负责公用设施管理的设施管理会协作,关注化学物质管理等与安全卫生相关的课题,并从环保角度考虑设施的配套与运作。同时,综合环境管理责任者下设环境管理专门委员会,负责企划案的立案与推进。

广岛大学以院部(科研所、中心群、附属医院、法人本部)为具体实施单位,各院部都设有环境会,管理院部内部环境问题,由环境联络会统一协调各院部间的环境问题。最高领导层制定的规则由环境联络会下达各院部,各院部也将各自的活动情况通过环境联络会向上报告。

广岛大学每年都有明确的环境保护目标,以 2008 年的目标为例。

(1)环境教育的推进方面。在全校范围内实行以化学物质管理为中心的环境安全教育;在教养教育、专业教育中加入环境相关课程;通过终生教育对地区社会进行环境教育;对新生、新进教师进行药品使用及实验废液处理的安全教育培训并开设新课;推进地区环境教育,组织小学生进行自然体验,与地区社团一起开展野鸟保护活动等。

(2)环境研究的推进方面。推进环境情报的共有与研究;促进环境研究组织化;建立校内环境研究学者的知识情报共有体系;建立校际研究组织"项目研究中心",开展各项科研活动;与区域社会、市民一起推进环境保护活动,推进师生参与环境保护活动,有14名教员参加了县内大学、企业联合建立的NPO法人广岛循环性社会推进机构;实施"地域贡献研究",针对地区提出的课题,将研究成果还原社会;参加广岛县组织的各项环境活动。

（3）自然环境的保护与利用方面。管理东广岛校区附近动植物的栖息环境;利用校区自然环境进行环境教育;维护校园周边水生生物生存环境;为校园周边树林除杂草;成立野外观察会;利用大学文化节,推出与周围生物友好共处活动等。

（4）促进资源的有效利用方面。目标是节能、节水、促进资源的循环再利用（水、复印纸、纸巾等）、减少废物排出量;通过对教学楼等进行改造,实现节能目的;严格药品管理体系,在理、工学部以外的院系也引入药品管理体系,进行严格管理。

（5）环境教育方面。包括教养教育中的环境教育、综合科学部的环境教育、社会科学学科的环境教育、医药学院的环境教育等。其中教养教育是面对全体学生的,开设了"综合课程"、"学科课程"和"领域课程"等。

（6）社会与国际贡献方面。地区贡献是广岛大学在区域联合中心设置综合窗口,服务对象不仅限于本地区,还包括日本全国甚至海外。2002年开始积极推进"区域贡献研究",至今已从260余项课题中精选出84项,并将其研究成果还原社会,公开发表。社会贡献活动是以振兴地区教育、文化,增加住民福利,向社会还原普及研究成果为目的,联合地区组织开展了许多活动。国际贡献是教职员工和学生一起,与国际协作机构、国联训练调查研究所、国际协作银行等合作,为发展中国家提供国际助力。此外,还建立了北京研究中心等国际协作研究点。同时,与28个国家的106所学校建立校级、与37个国家的143所学校建立院部级交流协作关系,展开国际教育研究合作。又被选入文部科学部"超越国境的工学研究"等项目,积极投身海外活动。

(7)环境负荷消减方面。作为有效利用资源的实例,学校回收废打印纸制成厕所纸,可满足大学内 100％的需求。大学内 40％的用水是靠水循环提供的。

第八讲　西方古代"和谐论"美育思想

一、古希腊罗马的"和谐论"美育思想

(一)古希腊及其特有的"和谐美"

希腊是一个半岛,三面环海,交通便利,气候温和,航海业发达。特有的地理环境与生存方式促进了古希腊民族擅长具体分析的科技思维的发达。希腊半岛丘陵起伏,自然条件艰苦,许多城邦经常处于战争状态。为了适应艰苦的自然环境与战争的需要,体育锻炼被提到重要位置,运动会成了炫耀体魄的场所,著名的奥林匹克运动会就发源于此。当时的运动会均为男性参加,而且是裸体举行的,这就为雕塑艺术,特别是裸雕的发展提供了条件。从文化的角度来看,古代希腊哲学盛行对宇宙本体的探索,或者将宇宙的本体归结为"数",或者归结为"火",或者归结为"原子",或者归结为"理念"……不一而足,使之呈现清晰的理性色彩。带有强烈原始宗教色彩的神话的盛行,成为后世文学艺术的源头之一。当时的城邦民主制的实行,促进了手工业的繁荣,推动了作为艺术(art)之源的技艺的发展。在文学艺术上,古希腊是人类童年艺术高度发展的时代,雕塑是当时最具代表性的艺术形

式,其他诸如史诗、戏剧也都相当发达。这就给古希腊"和谐论"美学的发展提供了前提,而"和谐论"美学理论又成为古希腊艺术进一步发展的动力。

关于希腊古典"和谐美"的内涵与基本特征,美学史上最经典的概括就是温克尔曼所说的"高贵的单纯,静穆的伟大"①。黑格尔将其归为古典型的雕塑美,即"内容和完全适合内容的形式达到独立完整的统一,因而形成一种自由的整体"②。鲍桑葵则在其《美学史》中将之归结为"和谐、庄严和恬静"③。总之,无论如何概括,希腊古典美的内涵都是一种静态的、形式的和谐美。代表性的艺术形式是雕塑,这种雕塑美也体现于古希腊时期的史诗与戏剧之中。

(二)柏拉图的"效用说"及"城邦保卫者"的培养

柏拉图(Plato,前427—前347),古希腊最著名的哲学家与美学家。他的一系列重要的哲学与美学理论成为西方哲学与美学的重要源头之一。他以"理念论"作为其哲学与美学的基本前提,认为理念是宇宙的本源,世界上包括艺术现象在内的万事万物因为"分有"了理念才得以存在;艺术是对现实的模仿,现实是对理念的模仿,所以艺术是"模仿的模仿"。柏拉图作为古希腊贵族阶级的代表,其美育观具有鲜明的政治与阶级色彩。所谓美育,在他看来,就是为了培养合格的城邦保卫者,以使贵族阶级统治的城邦得以巩固。

---

① [德]莱辛:《拉奥孔》,朱光潜译,人民文学出版社1979年版,第1页注②。
② [德]黑格尔:《美学》第2卷,朱光潜译,商务印书馆1981年版,第157页。
③ [英]鲍桑葵:《美学史》,张今译,商务印书馆1985年版,第21页。

1.培养城邦保卫者的"效用说"。

在柏拉图看来，他们"所建立的城邦是最理想的"①，是所谓"理想国"，所以，一切的出发点都是要巩固这个理想国政权的稳固。以艺术教育为主要内容的美育也是如此。他说，如果要写一篇散文来为诗的作用进行辩护的话，那就是"证明她不仅能引起快感，而且对于国家和人生都有效用"②。这就是柏氏美育论的核心——"效用说"。从这种巩固城邦统治、培养城邦保卫者的效用出发，他对艺术与艺术教育提出了极为严格的取舍标准。他认为，当时的诗人和画家在作品中逢迎人性中的低劣部分，所以，"我们要拒绝他进到一个政治修明的国家里来，因为他培养发育人性中低劣的部分，摧残理性的部分。一个国家的权柄落到一批坏人手里，好人就被残害"③。他甚至认为，当时包括荷马在内的所有模仿的诗人都在说谎，所以，作为城邦保卫者的青年人不仅不应接受这些艺术，而且还应对这些艺术家进行惩罚。他说："所以城邦的保卫者如果发现一个普通公民说谎，无论他们是哪一行手艺人、巫师、医生或是木匠，都要惩罚他，因为他行了一个办法，可以颠覆国家，如同颠覆一只船一样。"④

2.艺术影响心灵的"育心说"。

柏拉图对艺术这么忌惮的原因，并不是他看不到艺术特有的作用，而恰恰是因为他充分地看到了艺术的特殊作用。他在回答哲学与诗的这场老官司时，说道："我们还可以告诉逢迎快感的模

①柏拉图：《文艺对话集》，朱光潜译，人民文学出版社 1980 年版，第 66 页。
②柏拉图：《文艺对话集》，朱光潜译，人民文学出版社 1980 年版，第 88 页。
③柏拉图：《文艺对话集》，朱光潜译，人民文学出版社 1980 年版，第 84 页。
④柏拉图：《文艺对话集》，朱光潜译，人民文学出版社 1980 年版，第 40 页。

仿为业的诗,如果她能找到理由,证明她在一个政治修明的国家里有合法的地位,我们还是很乐意欢迎她回来,因为我们也很感觉到她的魔力。"①这说明柏氏是充分看到了诗的特殊"魔力"的。正因此,他试图借助诗的作用来教育培养"城邦保卫者",提出著名的"育心说"。他说,对"城邦保卫者们的教育","我们一向对于身体用体育,对于心灵用音乐","文学应该在体育之前"。② 在这里,柏氏是将文学包含在音乐之内的,而且将这种心灵的审美教育看得比体育教育更重。他认为,"最美的境界"是"心灵的优美与身体优美谐和一致,融成一个整体"③。

3.以善为尚的艺术评价与审查机制。

柏拉图把善置于一个至上的位置,他说:"善不是一切事物的因,它只是善的事物的因,而不是恶的事物的因,只是福的因而不是祸的因。"④他认为,善是积善于世、造福于世的根本动因,并力主美要服从于善,一切语文的美、乐调的美、节奏的美"都表现好性情"⑤。因此,他要以"善"作为标准来完成艺术的"清洗的工作"⑥。其"清洗"的原因,就是认为一切模仿的诗都存在诸多问题。首先是一个诗人既模仿工匠又模仿贵族,从而混乱了阶级阵营,而荷马等诗人描写神的说谎、贪欲、情欲等又会教坏城邦保卫者。由此,柏氏采取了将模仿的

①柏拉图:《文艺对话集》,朱光潜译,人民文学出版社1980年版,第88页。
②柏拉图:《文艺对话集》,朱光潜译,人民文学出版社1980年版,第21、22页。
③柏拉图:《文艺对话集》,朱光潜译,人民文学出版社1980年版,第64页。
④柏拉图:《文艺对话集》,朱光潜译,人民文学出版社1980年版,第26页。
⑤柏拉图:《文艺对话集》,朱光潜译,人民文学出版社1980年版,第61页。
⑥柏拉图:《文艺对话集》,朱光潜译,人民文学出版社1980年版,第59页。

诗人驱逐出"理想国"的著名措施。他说,对于模仿的诗人"向他鞠躬敬礼。但是我们也要告诉他:我们的城邦里没有像他这样一个人,法律也不准许有像他这样的一个人,然后把他涂上香水,戴上毛冠,请他到旁的城邦去"。① "理想国"中只需要一种诗人,他必须"遵守我们原来替城邦保卫者们设计教育时所定的那些规范"②。

4. 理性至上论。

柏拉图哲学上的理念论决定了他在审美教育中一定是"理性至上论"的坚持者。这种"理性至上论"使他对艺术与审美之中的快感采取了绝对的排斥态度,以至影响到整个西方古典美学时期,直到19世纪中期黑格尔逝世后才有根本的改观。他在《理想国》中提出了著名的使快感"枯萎"的理论。他说,欲念、快感、痛感"都理应枯萎,而诗却灌溉它们,滋养它们。如果我们不想做坏人,过苦痛生活,而想做好人,过快乐生活,这些欲念都应受我们支配,诗却让它们支配着我们了"③。在这里,他将快感与坏人、苦痛生活联系在一起了,足见他对快感痛恨之深。其实,他的诗与真理隔着三层,是"模仿的模仿"的著名理论,已经表现出在他眼里艺术与理性是距离很远的。

5. 幼儿教育论与自然美教育论。

柏氏的美育理论中还有两个十分有价值的观点。其一是幼儿教育论。他说:"一切事都是开头最关重要,尤其是对于年幼

①柏拉图:《文艺对话集》,朱光潜译,人民文学出版社1980年版,第56页。
②柏拉图:《文艺对话集》,朱光潜译,人民文学出版社1980年版,第56页。
③柏拉图:《文艺对话集》,朱光潜译,人民文学出版社1980年版,第86—87页。

的,你明白吧? 因为在年幼的时候,性格正在形成,任何印象都留下深刻的影响。"①这是一种对早期教育的重视,后来被卢梭加以发挥,非常有价值。其二是自然美教育论。他说:"我们不是应该寻找一些有本领的艺术家,把自然的优美方面描绘出来,使我们的青年们像住在风和日暖的地带一样,四围一切都对健康有益,天天耳濡目染于优美的作品,像从一种清幽境界呼吸一阵清风,来呼吸它们的好影响,使他们不知不觉地从小就培养起对于美的爱好,并且培养起融美于心灵的习惯吗?"②这里,柏氏作为一位"理念论者",如此重视自然美教育,将其与人的健康、培养对美的爱以及融美于心灵的习惯相联,是十分难能可贵的。

(三)亚里士多德的《诗学》及其美育思想

亚里士多德(Aristotle,前384—前322)是柏拉图的学生,古希腊美学思想的集大成者。他的《诗学》是西方第一部建立体系的美学与文艺学论著,全面论述了史诗、悲剧与喜剧等各种艺术形式,对模仿说、和谐说与悲剧观等进行了系统的论述,在西方美学领域具有奠基性与经典性的地位,其中涉及诸多美育思想,成为西方后世美育理论的源头之一。

第一,发展"模仿说"及"认知论"美育思想。

亚氏《诗学》最基本的理论观点就是"模仿说",他不同于柏拉图将艺术的模仿看作"影子的影子",而是将其看做艺术对现实的模仿。他说,"史诗和悲剧、喜剧和酒神颂以及大部分双管箫乐和

①柏拉图:《文艺对话集》,朱光潜译,人民文学出版社1980年版,第22页。
②柏拉图:《文艺对话集》,朱光潜译,人民文学出版社1980年版,第62页。

竖琴乐——这一切实际上都是模仿"①。他将"模仿"看作人的本性的表现，"人和禽兽的分别之一，就在于人最善于模仿，他们最初的知识就是从模仿得到的"②。正因为对现实的"模仿"是艺术的根本特征，艺术成为对生活的"再现"，所以，在亚氏看来，艺术最重要的作用就是认知——教育人们掌握现实世界的知识。他说："人对于模仿的作品总是感到快感。经验证明了这一点：事物本身看上去尽管引起痛感，但惟妙惟肖的图像看上去却能引起我们的快感。例如尸首或最可鄙的动物形象。其原因也是由于求知不仅对哲学家是最快乐的事，对一般人亦然，只是一般人求知的能力比较薄弱罢了。我们看见那些图像所以感到快感，就因为我们一面在看，一面在求知。"③当然，亚氏还是主张艺术比现实更高，他说，"写诗这种活动比写历史更富于哲学意味、更被严肃地对待"④。这里，亚氏所说的历史并不是指我们今天所理解的总结历史规律的历史科学，而是指当时在希腊流行的详尽记述史实的编年史，这样的"历史"实际上就是现实本身。艺术比现实更高的原因，亚氏认为，是由于艺术能反映生活的规律。他说："诗人的职责不在于描述已发生的事，而在于描述可能发生的事，即按照可然律或必然律可能发生的事。"⑤这里的"可然律"是指在某种假定的前提与条件下可能发生的事，而"必然律"则指在已定的前提或条件下必然发生的事，总之，都是指艺术能够揭示现实生活的内在规

①亚里士多德：《诗学》，罗念生译，上海人民出版社 2006 年版，第 17 页。
②亚里士多德：《诗学》，罗念生译，上海人民出版社 2006 年版，第 24 页。
③亚里士多德：《诗学》，罗念生译，上海人民出版社 2006 年版，第 24 页。
④亚里士多德：《诗学》，罗念生译，上海人民出版社 2006 年版，第 39 页。
⑤亚里士多德：《诗学》，罗念生译，上海人民出版社 2006 年版，第 39 页。

律。由此,亚氏开创了绵延几千年,至今仍有重要影响的有关艺术对现实的"模仿""再现"特征及其"源于生活并高于生活"的认识功能的学说。这在一定程度上揭示了叙事类艺术形式的作用与特征,但并不能概括所有艺术门类及艺术整体的作用与特征。

第二,提出"悲剧观"及"陶冶说"。

亚里士多德在西方美学史上第一次全面而系统地论述了悲剧,他的悲剧观影响深远,直至当下。他第一次提出了一个十分完整的有关悲剧的定义:"悲剧是对于一个严肃、完整、有一定长度的行动的模仿;它的媒介是语言,具有各种悦耳之音,分别在剧的各部分使用;模仿方式是借人物的动作来表达,而不是采用叙述法;借引起怜悯与恐惧来使这种情感得到陶冶。"①在这里,亚氏论述了悲剧的性质、表现手段、方法和效果,成为西方古典美学经典性的悲剧定义。特别是提出了悲剧作用的"陶冶说"。这里所说的"陶冶"即"Katharsis"(卡塔西斯),是指悲剧的作用,它是悲剧观的关键性概念,西方美学史上的重要问题之一。但对其含义自文艺复兴以来就有争论,我国学者中也有不同看法。一般来说,有三种看法:一种是将"卡塔西斯"解释为宗教中的"净化",即通过悲剧的怜悯与恐惧来净化其中的痛苦、利己、凶杀等坏的因素;第二种是将"卡塔西斯"解释为医学中的"宣泄",即通过悲剧的怜悯与痛苦使其中过分强烈的情绪因宣泄而达到平衡,因此恢复和保持住心理的健康;第三种是将"卡塔西斯"解释为"陶冶",罗念生持这种看法,认为"悲剧使人养成适当的怜悯与恐惧之情"。我们赞成罗念生的这种"陶冶说"。从亚里士多德在《诗学》中的论述来看,亚氏试图通过悲剧所表现的怜悯,是一种悲天悯

①亚里士多德:《诗学》,罗念生译,上海人民出版社2006年版,第30页。

人的情怀。他所竭力推崇的索福克勒斯的悲剧《俄狄浦斯王》之主人公俄狄浦斯最后为了免于天神降灾于城邦国民而刺瞎自己的眼睛,自我放逐于沙漠,就正是这种悲悯情怀的表现。古希腊时期属于多神论时期,根据柏拉图在《理想国》的记载,人们必须尊崇天神,而不能犯"大不敬"之罪。古希腊悲剧就是以天神所定的无法改变的"命运"作为整个悲剧的最后动因的,悲剧所表现的恐惧就是对天神与命运的恐惧,是当时所要求具备的品德之一。《俄狄浦斯王》的主人公自始至终都在逃避天定的"杀父娶母"的命运,但最后还是没有逃脱,只好自残并自我放逐,这难道不是很让人恐惧吗?恐惧同时也是悲剧之陶冶作用所达到的目的之一。当然,对于"陶冶"效果的实现,亚氏还提出了在人物塑造上应是"与我们相似的人",在悲剧创作上主要借助人物的"动作"即"情节"达到这样的效果等。这些论述同样具有经典的意义,至今仍有影响。

　　总之,亚氏"悲剧观"中的"陶冶说"是古希腊美学与美育思想中重要的理论资源与财富,应引起我们的足够重视。他的"模仿说"的认知论与"陶冶说"的感染论也成为后世艺术教育作用的两种模式。

（四）贺拉斯"寓教于乐"的美学与美育思想

　　贺拉斯(前65—前8),生于意大利南部一个获释奴隶家庭,于公元前39年经维吉尔介绍加入奥古斯都的亲信麦刻纳斯的文学集团,过着依附朝廷的生活,但还保持着一定的独立性。他的《诗艺》在欧洲古代文论中具有承上启下的作用。他在《诗艺》中提出的"寓教于乐"的美学与美育思想有着广泛的影响。

　　第一,"寓教于乐"。

　　文学艺术的作用是什么? 贺拉斯提出著名的"寓教于乐"

的观点。他说:"寓教于乐,既劝谕读者,又使他喜爱,才能符合众望。"①当然,在教化与娱乐之间,他更加倾向于教化。在他看来,娱乐只不过是手段,教化才是目的。他认为:"神的旨意是通过诗歌传达的,诗歌也指示了生活的道路。"②他具体地指出,诗歌的作用,是"划分敬渎,禁止淫乱,制定夫妇礼法,建立邦国,铭法于木,因此诗人和诗歌都被人看作是神圣的,享受荣誉和令名"③。当然,单纯的教化是不够的,还需要有相当的艺术感染力。贺拉斯认为,诗不仅要有美,而且要有魅力。他说:"一首诗仅仅具有美是不够的,还必须有魅力,必须能按作者的愿望左右读者的心灵。"④总之,教化与娱乐有机结合,最终起到教化的目的,就是贺拉斯美学与美育观点的中心意旨。

第二,判断力是写作成功的开端和源泉。

为什么贺拉斯力主这种"寓教于乐"的美学与美育观念呢?这有其哲学与政治的动因。他的哲学观念是古典主义的理性原则。他说:"要写作成功,判断力是开端和源泉。"⑤这个"判断力"就是理性原则,就是一种艺术创作上的"合情合理",在作品结构、情节安排与人物性格方面都做到具有某种一致性与合理性。最根本的动因,是贺拉斯的贵族立场。由于对朝廷的依附地位,他认为,诗人创作诗歌的最终目的是博得朝廷的恩宠。他说,诗人通过"诗歌求得帝王的恩宠"⑥。所以,贺拉斯所说的"判断力"与

①贺拉斯:《诗艺》,杨周翰译,人民文学出版社1982年版,第155页。
②贺拉斯:《诗艺》,杨周翰译,人民文学出版社1982年版,第158页。
③贺拉斯:《诗艺》,杨周翰译,人民文学出版社1982年版,第158页。
④贺拉斯:《诗艺》,杨周翰译,人民文学出版社1982年版,第142页。
⑤贺拉斯:《诗艺》,杨周翰译,人民文学出版社1982年版,第154页。
⑥贺拉斯:《诗艺》,杨周翰译,人民文学出版社1982年版,第158页。

"理性"就是对于封建制度的维护，并不是启蒙主义时代资产阶级
"民主与自由"的理性精神。贺拉斯在谈到如何做到诗歌创作的
"合情合理"时，说道："如果一个人懂得他对于他的国家和朋友的
责任是什么，懂得怎样去爱父兄、爱宾客，懂得元老和法官的职务
是什么，派往战场的将领的作用是什么，那么他一定也懂得怎样
把这些人物写得合情合理。"[1]这就说明，他的"寓教于乐"是以服
从封建的理性原则为其旨归的。

第三，诗人的愿望是应该给人益处和乐趣。

如何才能做到"寓教于乐"呢？作为艺术家，贺拉斯有别于一
般的政治家，他还是力主艺术与政治的统一、教育与愉悦的结合。
他说："诗人的愿望应该是给人益处和乐趣，他写的东西应该给人
以快感，同时对生活有帮助。"[2]为此，他在坚持政治原则之外，特
别强调了艺术感染力。他说："一首诗仅仅具有美是不够的，必须
能按作者愿望左右读者的心灵。"所以，他在《诗艺》中提出了"反
平庸"和"适度"的原则。他认为，对于其他职业，平庸都可以容
忍，只有作为艺术的诗歌创作不能容许平庸。他说："唯独诗人若
只能达到平庸，无论天、人或柱石都不能容忍。"又说："一首诗的
产生和创作原是要使人心旷神怡，但是它若功亏一篑不能臻于上
乘，那便等于一败涂地。"[3]也就是说，贺拉斯还是力主在政治保
障的情况下要求艺术的上乘。他强调"适度"的原则，反对艺术表
现的"过分"。他说："不必让美狄亚当着观众屠杀自己的孩子，不
必让罪恶的阿特柔斯公开地煮人肉吃，不必把普洛克涅当众变成

---

① 贺拉斯：《诗艺》，杨周翰译，人民文学出版社1982年版，第154页。
② 贺拉斯：《诗艺》，杨周翰译，人民文学出版社1982年版，第155页。
③ 贺拉斯：《诗艺》，杨周翰译，人民文学出版社1982年版，第156、157页。

一只鸟,也不必把卡德摩斯当众变成一条蛇。"①总之,他要求艺术表现的适度,不要展示丑恶而要尽力表现美好。为此,他主张诗人的修养是先天的天才与后天的苦学的结合。他说:"有人问:写一首好诗,是靠天才呢,还是靠艺术? 我的看法是:苦学而没有丰富的天才,有天才而没有训练,都归无用;两者应该相互为用,相互结合。"②同时,贺拉斯还强调了艺术批评的重要性,那就是他著名的关于"磨刀石"比喻。所谓"磨刀石"就是艺术的批评功能。他说:"因此,我不如起个磨刀石的作用,能使钢刀锋利,虽然它自己切不动什么。我自己不写东西,但是我愿意指示(别人):诗人的职责和功能何在,从何处可以汲取丰富的材料;从何处吸收养料,诗人是怎样形成的,什么适合于他,什么不适合于他,正途会引导他到什么去处,歧途又会引导他到什么去处。"③他试图借助文艺批评的途径使得"寓教于乐"的美学与美育原则能够贯彻下去。

从上述贺拉斯有关"寓教于乐"的论述,可以看到这一命题的特定内涵有其时代的政治的背景,但其政治与艺术统一、教化与娱乐结合的总的精神却是有着超越历史的价值的,值得我们借鉴。

二、卢梭的《爱弥儿》及其"自然人"
　　教育与美育思想

(一)卢梭及其教育小说《爱弥儿》

让·雅克·卢梭(Jean Jacques Rousseau,1712—1778),法国

---

① 贺拉斯:《诗艺》,杨周翰译,人民文学出版社 1982 年版,第 147 页。
② 贺拉斯:《诗艺》,杨周翰译,人民文学出版社 1982 年版,第 158 页。
③ 贺拉斯:《诗艺》,杨周翰译,人民文学出版社 1982 年版,第 153 页。

启蒙运动著名的作家、思想家，著有《论科学和艺术》(1749)、《论人类不平等的起源和基础》(1755)、长篇小说《新爱洛漪丝》(1761)、《社会契约论》(1762)、小说《爱弥儿》(1762)、自传《忏悔录》(1770)等。他出身贫苦、颠沛流离，具有明显的平民意识，反对专制，反对特权，其哲学观是自然神论，在政治上力主"天赋人权"，艺术上力倡"回到自然"，对后来的浪漫主义文学与美学产生了很大影响。

卢梭于 1762 年出版了著名的教育小说《爱弥儿》，这部小说针对当时法国的封建专制统治及其对人的自然本性的戕害，虚构了主人公"我"即孤儿爱弥儿，在大自然中按照自然的法则进行教育的过程，力倡一种与当时的贵族"文明"教育相对的"自然教育"，在思想史与教育史上都具有革命的意义。正因此，这部具有革命意义的小说触犯了当时贵族和教会统治的根本利益，经历了被焚书、通缉、驱逐、逃亡等一系列难以想象的厄运与苦难。因为，他在小说中所宣扬的"自然神论""性善论""自然教育"与"消极教育"的理论，及其对当时社会不平等、腐朽的有力抨击，都是统治阶级与教会所无法接受的，也是与当时的统治思想与教会的"一神论""原罪说"相抵触的，所以为社会所不容，遭到残酷打击。但《爱弥儿》却开辟了人类教育思想的新篇章，成为教育史上的经典。

（二）卢梭的"自然人"教育与美育思想

卢梭的"自然人"教育与美育思想是十分深刻丰富的，概括起来主要有以下四点内容：

第一，批判文明，崇尚自然。

卢梭所持的立场是平民的立场，批判封建专制的所谓"文明",崇尚与文明相反的"自然"。他在《爱弥儿》中描写的通过"自然教育"所培养的理想人才——爱弥儿,就是平民阶级的代表。他说:"再没有哪一个人能够比爱弥儿更得体地按照自然的秩序和良好的社会的秩序而对人表示尊敬了;不过,他始终是先按自然的秩序而且按社会的秩序去尊敬人的;他对一个比他年长的平民,比对一个跟他同年的官员更尊敬。"①他在阐释自己的"自然的教育"时,也说:"与其教育穷人发财致富,不如教育富人变成贫穷。"②正因此,他于1749年10月读到法国第一科学院的征文"科学与艺术的进步是否有利于敦风化俗"时,立即应征写作了《论科学和艺术》一文。该文认为,科学和艺术的进步并没有带来人类道德的提高,反而带来普遍的堕落与罪恶。他说:"随着科学与艺术的光芒在我们的天边上升起,德行也就消失了。"③这是人类社会发展史上非常早的对"文明"的反思,对"文明"一定会带来人类福音的质疑。这样的反思与质疑一直延续至今,仍然具有极为重要的价值与意义。1753年,卢梭又应第戎科学院的征文"人类不平等的起源是什么?"写作了《论人类不平等的起源和基础》一文,将其归结为私有制。在这里,卢梭已经将他的矛头指向了"文明"的核心部分——封建的经济与社会制度。他犀利地指出,这种社会制度是罪恶的渊源。他在论述社会制度的矛盾时,说道:"有两种隶属:物的隶属,这是属于自然的;人的隶属,这是属于社会的。物的隶属不含有善恶的因素,因此不损害自由,不产生罪恶;而人

①[法]卢梭:《爱弥儿》,李平沤译,商务印书馆2008年版,第496页。
②[法]卢梭:《爱弥儿》,李平沤译,商务印书馆2008年版,第32页。
③马奇主编《西方美学史资料选编》上编,上海人民出版社1987年版,第609页。

的隶属则非常紊乱，因此罪恶丛生……"①为此，他提出"回到自然"的口号。所谓"回到自然"，就是回到人类的自然状态。从哲学史来看，卢梭之前有哲学家认为人类在进入文明社会之前有一个自然状态，并把由自然状态向社会状态的过渡看作一种历史的进步。但卢梭不同意这种进步论，他认为，这种过渡不是进步而是罪恶的丛生，由此发生"人是生而自由的，但却无处不在枷锁之中"②的判断。

第二，批判文明人，培养"自然人"。

卢梭在《爱弥儿》的第一卷就告诉我们，他这部小说主要论述"自然人"的培养。他说："一句话，必然了解自然的人。我相信，人们在看完这本书以后，在这个问题上就可能有几分收获。"③为了培养"自然人"，首先要弄清楚与之相对立的"文明人"。卢梭认为，所谓"自然人"是将古代的忠诚、勇敢、道义等"自然的感情保持在第一位的人"，而与之相反的则是"文明人"。他说："我们今天的人，今天的法国人、英国人和中产阶级的人，就是这样的人；他将成为一无可取的人。"④也就是说，在卢梭看来，古代人是"自然人"，而当代人则是"文明人"，是一种被封建专制制度所腐蚀了的人。同时，他也对当时以巴黎为代表的城市，及其所弥漫的腐败、侈奢与淫靡之风大加鞭挞，却欣赏乡村的纯朴、自然风气。所以，卢梭所说的"文明人"在一般的意义上是指"城市人"，而"自然人"则是指"乡村人"。他说："城市是坑陷人类的深渊。经过几代

①〔法〕卢梭：《爱弥儿》，李平沤译，商务印书馆2008年版，第82页。
②〔法〕卢梭：《社会契约论》，何兆武译，商务印书馆1980年版，第8页。
③〔法〕卢梭：《爱弥儿》，李平沤译，商务印书馆2008年版，第12页。
④〔法〕卢梭：《爱弥儿》，李平沤译，商务印书馆2008年版，第11页。

人之后,人种就要消灭或退化;必须使人类得到更新,而能够更新人类的,往往是乡村。因此,把你们的孩子送到乡村去,可以说,他们在那里自然地就能够使自己得到更生的,并且可以恢复他们在人口过多的地方的污浊空气中失去的精力。"①当然,卢梭将城市与乡村绝对对立,将城市的腐化与"人是最不宜于群居生活的"相联系,并不是科学的,但由此反映出他对作为"文明"代表的城市的抨击,却是有其意义的。

　　那么,如何培养"自然人"呢?卢梭的回答是:"遵循自然,跟着它给你画出的道路前进。"②这就是他的教育的"自然的法则",内容丰富,意义深远。首先,这是一种"生活的教育"。卢梭认为,教育应该与生活一致,与生命一致,顺应生活和生命的律动进行教育,是最自然的教育。卢梭指出:"在我们中间,谁最能容忍生活中的幸福和忧患,我认为就是受了最好教育的人。由此可以得出结论:真正的教育不在于口训而在于实行。我们一开始生活,我们就开始教育我们自己了;我们的教育是同我们的生命一起开始的……"③与这种"生活的教育"相衔接的首先是"苦难的教育"。卢梭认为,人不可能是抽象、生活于真空中的,而是具体、生活于社会中的,因此必然有挫折、痛苦与磨难,要让孩子能够承受住这一切。自然与生活"用各种各样的考验来磨砺他们的性情;它教他们从小就知道什么是烦恼和痛苦。……通过了这些考验,孩子便获得了力量;一到他们能够运用自己的生命时,生命的本

---

① [法]卢梭:《爱弥儿》,李平沤译,商务印书馆 2008 年版,第 43 页。
② [法]卢梭:《爱弥儿》,李平沤译,商务印书馆 2008 年版,第 23 页。
③ [法]卢梭:《爱弥儿》,李平沤译,商务印书馆 2008 年版,第 13—14 页。

原就更为坚实了"①。再就是"适龄教育",亦即婴儿期只能按照婴儿来教育,不能将婴儿当作幼儿;而孩子则只能按照孩子来教育,不能以成人的标准要求他们。卢梭确定这种"适龄教育"的原则还是从其"自然的准则"这一总的教育原则出发的。他说:"大自然希望儿童在成人以前就要像儿童的样子。如果我们打乱了这个次序,我们就会造成一些早熟的果实,它们长得既不丰满也不甜美,而且很快就会腐烂:我们将造成一些年纪轻轻的博士和老态龙钟的儿童。"②当孩子进入青春期和成年以后,会有爱情的要求。卢梭认为,爱情是顺应自然的事情,是非常美好的。但爱情是不同于情欲的,因此要对青年进行"爱情的教育"。他说:"我不怕促使他心中产生他所渴望的爱情,我要把爱情描写成生活中的最大的快乐,因为它实际上确实是这样的;我向他这样描写,是希望他专心于爱情;我将使他感觉到,两个心结合在一起,感官的快乐就会令人为之迷醉,从而使他对荒淫的行为感到可鄙;我要在使他成为情人的同时,成为一个好人。"③

上面是从生活与生命的历程介绍了卢梭"自然人"教育的思想。在"自然人"培养教育的空间和地点上,卢梭也有自己的见解。他提出了著名的"乡村教育"的思想,认为城市是腐朽与污浊之所,乡村则相对是纯朴之地,因此,他在书中是将爱弥儿放到乡村的环境中培养的。他说:"这里还有一个我为什么要把爱弥儿带到乡间去培养的理由,那就是,我要使他远远地离开那一群乱哄哄的仆人,因为除了他们的主人之外,就要算这些人最卑鄙;我

①[法]卢梭:《爱弥儿》,李平沤译,商务印书馆2008年版,第23页。
②[法]卢梭:《爱弥儿》,李平沤译,商务印书馆2008年版,第91页。
③[法]卢梭:《爱弥儿》,李平沤译,商务印书馆2008年版,第478页。

要使他远远地离开城市的不良风俗,因为它装饰着好看的外衣,更容易引诱和传染孩子;反之,农民虽有种种缺点,但由于他们既不掩饰,也显得那样粗鲁,所以,只要你不去存心模仿,则它们不仅不吸引你,而且还会使你发生反感。"①卢梭还主张直接让孩子接受"大自然的教育":"我希望他的老师不是别人,而是大自然,他的模特儿不是别的,而是他所看到的东西。"②

第三,批判理性,推崇感性。

卢梭所处的时代是唯理论占据优势的时代,这是工业革命前期历史发展的趋势。正是理性论的发展推动了科技革命,催生了工业革命。但唯理论的过度发展必然导致独断论,导致另一场思想与文明的危机。在唯理论蓬勃发展之时,在笛卡尔"我思故我在"这一理论模式兴起的法国,卢梭批判理性,推崇感性,显现其不同凡响的哲思。他首先批判了当时颇为时髦的"用理性教育孩子"的观念。他说:"用理性去教育孩子,是洛克的一个重要原理;这个原理在今天是最时髦不过了;然而在我看来,它虽然是那样时髦,但远远不能说明它是可靠的;就我来说,我发现,再没有谁比那些受过许多理性教育的孩子更傻的了。在人的一切官能中,理智这个官能可以说是由其他各种官能综合而成的,因此它最难于发展,而且也发展得迟;但是有些人还偏偏要用它去发展其他的官能哩!"③他认为,理性与其他官能相比发展得较迟较后,如果脱离感性进行理性教育,必然使孩子变傻,不是没有一点道理的。与此相对,他对感性与感性教育进行了充分的肯定,将感性

---

① [法]卢梭:《爱弥儿》,李平沤译,商务印书馆2008年版,第99—100页。
② [法]卢梭:《爱弥儿》,李平沤译,商务印书馆2008年版,第179页。
③ [法]卢梭:《爱弥儿》,李平沤译,商务印书馆2008年版,第89—90页。

看作人生存的基础与前提。他说："由于所有一切都是通过人的感官而进入人的头脑的，所以人的最初的理解是一种感性的理解，正如有了这种感性的理解做基础，理智的理解才得以形成，所以说，我们最初的哲学老师是我们的脚、我们的手和我们的眼睛。"①而且，他认为，在人的身上"首先成熟的官能是感官"，然而，"唯独为人们所遗忘的，而且最易于为人们所忽略的，也是感官"②。卢梭甚至认为，生活就是使用我们的感官感觉到我们的存在本身的各部分，生活得最有意义的人"是对生活最有感受的人"③。将感官与感性提到人的"存在的本身"与最有意义的生活的高度来认识，的确是从未有过的。卢梭还在《爱弥儿》中探讨了如何真正得到"身体的幸福"，他的办法是让孩子们经受轻微痛苦的锻炼，从而长大以后能够抵抗必然要遭受的灾难，做到镇定自若，过得愉快。他对此总结道："你想，除了体格以外，谁还能找到什么真正的幸福呢？如果要他免除人类的种种痛苦，这岂不是等于叫他舍弃他的身体？是的，我是这样看法的，为了要感到巨大的愉快，就需要他体会一些微小的痛苦，这是他的天性。"④在这里，卢梭讲了人的感性和感官教育与锻炼的一个重要途径，那就是"痛苦教育"，只有经受过轻微的痛苦，在今后更大的痛苦中，感觉和感官才能经受住考验，并从苦中求乐。这里需要特别指出的是，卢梭尽管非常重视感官与感性的基础性作用，但并不是一概排斥心灵与精神的作用的。他非常重视想象力的作用，认为形象

---

① ［法］卢梭：《爱弥儿》，李平沤译，商务印书馆 2008 年版，第 149 页。
② ［法］卢梭：《爱弥儿》，李平沤译，商务印书馆 2008 年版，第 161 页。
③ ［法］卢梭：《爱弥儿》，李平沤译，商务印书馆 2008 年版，第 15 页。
④ ［法］卢梭：《爱弥儿》，李平沤译，商务印书馆 2008 年版，第 85 页。

的联想可以增强感觉的魅力,使生活充满生气。他说:"如果我们的想象力不给那些触动我们感官的东西加上魅力,则我们从其中得到的乐趣便没有什么意义,只能算是感觉器官的享受,至于我们的心,则仍然是冷冰冰的。"①例如,春天时分,田野几乎一片荒芜,草地上的草不过刚吐芽儿,但"我们的想象力就会给它加上花、果实、叶荫,有时候还加上叶荫之下可能出现的神秘情景"②,从而使我们感到无限的温暖。当然,想象力还是一种感性力,不过已经是感性力的发展了。

第四,批判人为的"臆造的美",力倡感性的"自然美"。

卢梭认为,审美教育是教育的重要组成部分。他将美分为感性的自然美、道德的美与臆造的美。所谓感性的自然美,他认为,是人对无比美丽的大自然的选择。他说:"一切真正的美的典型是存在在大自然中的。我们愈是违背这个老师的指导,我们所做的东西愈不像样子。因此,我们要从我们所喜欢的事物中选择我们的模特儿。"③这里需要注意的是,卢梭所说的自然之美并不是"客观的",而是人"选择"的结果,因为他是不承认美的客观物质性的。他说:"'美'在表面上好像是物质的,而实际上不是物质的。"④对这种美的审视或者"选择",他认为,是"听命于本能的","是以他天赋的感受力为转移的"⑤。这就将审美奠定在感性的基础之上。这也正是卢梭美学观与美育观的关键点之所在。所

①[法]卢梭:《爱弥儿》,李平沤译,商务印书馆 2008 年版,第 202—203 页。
②[法]卢梭:《爱弥儿》,李平沤译,商务印书馆 2008 年版,第 203 页。
③[法]卢梭:《爱弥儿》,李平沤译,商务印书馆 2008 年版,第 502 页。
④[法]卢梭:《爱弥儿》,李平沤译,商务印书馆 2008 年版,第 501 页。
⑤[法]卢梭:《爱弥儿》,李平沤译,商务印书馆 2008 年版,第 500、501 页。

谓"道德上的美"则是"心灵的良好倾向"。对于"臆造的美"，卢梭是极端排斥的，因为这种"美"是贵族阶级所追求的一种虚荣与时尚，是同纯朴的自然之美相对立的。他说："至于臆造的美之所以为美，完全是由人的兴之所至和凭借权威来断定的，因此，只不过是因为那些支配我们的人喜欢它，所以才说它是美"；"支配我们的人是艺术家、大人物和大富翁，而对他们进行支配的，则是他们的利益和虚荣。他们或是为了炫耀财富，或者是为了从中牟利，竞相寻求消费金钱的新奇的手段。因此，奢侈的习气才得以风靡，从而使人们反而喜欢那些很难得到的和很昂贵的东西。所以，世人所谓的美，不仅不酷似自然，而且硬要做得同自然相反"。① 由此可见，在卢梭看来，人为的臆造的美实际上是贵族阶级的奢靡和浮华之美，而感性的自然美则是平民阶级所欣赏的纯朴的原生态之美。

他的美学观的思想倾向性是十分鲜明的。当然，卢梭也谈到了审美的共同性与差异性问题。他认为，审美不是纯个人的，而是具有某种共同性，"审美力是对大多数人喜欢或不喜欢的事物进行判断的能力"②。这就划清了审美与单纯的快感之间的界限。当然，审美也是有差异的，随着地区的不同，年龄、性格与性别的不同，审美是有差异的。卢梭指出："审美的标准是有地方性的，许多事物的美或不美，要以一个地方的风土人情和政治制度为转移；而且有时候还要随人的年龄、性别和性格的不同而不同，在这方面，我们对审美的原理是无可争论的。"③在审美力的培养

---

① [法]卢梭：《爱弥儿》，李平沤译，商务印书馆 2008 年版，第 502 页。
② [法]卢梭：《爱弥儿》，李平沤译，商务印书馆 2008 年版，第 500 页。
③ [法]卢梭：《爱弥儿》，李平沤译，商务印书馆 2008 年版，第 501 页。

上,卢梭是非常开放与辩证的,力主在反面的有争议的环境中扩大人的知识范围,增强人的分辨能力。他说:"如果是为了培养我的学生的审美力,而必须在一些审美观尚未形成的国家和审美观已经败坏的国家之间进行选择的话,我选择的次序是颠倒的,我先选择后面这种国家,而后选择前面那种国家。"①原因是审美观已经败坏的国家容易引起争论和分歧,在这种环境中进行培养"就会扩大哲学和人的知识范围,从而就可以学会如何思考"②。卢梭这种审美力的培养和训练方法应该是比较科学的,反映了他学术上的充分自信,与理性派的独断论是不同的。

(三)卢梭的"自然人"教育与美育思想的评价

卢梭的《爱弥儿》及其"自然人"的教育与美育思想被后人看作是教育史与美育史上的一场革命,意义重大。

第一,卢梭在《爱弥儿》及其"自然人"的教育与美育思想中贯彻了比较彻底的平民立场,这在新旧交替的法国社会和启蒙运动思想家中是十分可贵的。因为,当时的启蒙主义思想家大多站在资产阶级立场,尽管反对封建专制,却是拥护私有制的。但卢梭却坚定地站在平民阶级的立场之上,对封建专制体制及其私有制、腐朽奢侈的社会风尚与审美趣味进行了批判和揭露。他所倡导的"天赋人权""社会契约""回到自然"等口号在当时都具有积极而进步的革命意义。

第二,卢梭对感性、感性教育与"自然人"的大力倡导在当时和今天都具有重要的历史意义与学术价值。卢梭所处的时代正

---

①[法]卢梭:《爱弥儿》,李平沤译,商务印书馆2008年版,第503页。
②[法]卢梭:《爱弥儿》,李平沤译,商务印书馆2008年版,第503页。

值欧洲古典主义思潮刚刚湮没之时，高乃依等人倡导的理性精神仍然余音缭绕，而笛卡尔等唯理派哲学的理性哲学又势头正劲。在这种文化与学术背景下，卢梭大力倡导感性、感性教育与"回归自然"，并对所谓"理性精神"的虚伪性与有害性进行了不留任何余地的有力批判，是对理性哲学、教育学与美学的最有力的冲击之一，所以难以见容于当时的社会，甚至在启蒙运动与百科全书派中也成为被孤立的少数。但卢梭的观点已经被历史证明是非常有价值的。直到今天，在传统的主观与客观、感性与理性、身体与心灵二分思维仍然颇有市场并继续制约着教育学、哲学与美学发展的情况下，重温卢梭对理性派的有力批判、对感性教育的竭力倡导还是具有极为重要的现实意义，可以使我们从中获得斗争的勇气和理论的武器。

第三，卢梭在《爱弥儿》及其他著作中所表现的空前冷静的对文明之反思不仅在当时，甚至在今天都具有极其重要的价值。人类从工业革命以来的现代化创造了极为可观的现代文明，但也带来了一系列灾难，对文明的反思是人类愈来愈重要的课题。如果以英国的瓦特1782年发明蒸汽机作为工业革命的真正起始，那么卢梭1762年出版《爱弥儿》还在工业革命前夕。在那样的情况下，卢梭就对即将到来的文明可能带来的精神与物质方面的负面影响有如此清醒的认识，并将其归结为"私有制"这最后的根源，所表现出来的历史预见性及其深度是极为罕见的。历史的发展证明了卢梭的预见。而其对于文明的反思所表现出来的思想智慧也必将启发走向21世纪的现代人类，使我们思考如何在哲学、教育、艺术等多个领域提出补救文明与发展的方案，包括从卢梭的"自然人"教育与美育思想中汲取营养。

第四，卢梭对城市文明的批判，对"自然状态""自然美""自然人"的倡导,对于突破西方的"艺术中心论",开拓绵延已久的自然文学、自然美学,发展今天的生态批评、环境美学与生态美学具有重要意义,提供了十分宝贵的营养。

第五,卢梭的《爱弥儿》及其"自然人"教育与美育思想的局限性也是十分明显的。他所说的"自然状态"与"自然人"都是在抽象的意义上说的,尽管在哲学上具有与"文明状态""文明人"参照的作用,但毕竟抽离了它的社会历史内涵,是一种历史唯心主义的非科学的理论预设。而他对感性、感性教育、自然状态与自然人的突出强调,对理性、理性教育、城市与城市文明的有力批判尽管具有重要意义与价值,但也无可避免地存在着强调一方,忽视另一方的片面性。他的欧洲中心主义与男权中心主义思想也常常不由自主地流露出来。例如,他说"无论黑人或拉普兰人都没有欧洲人那样聪慧"[1]就是一例。

三、狄德罗的启蒙主义
美学与美育思想

狄德罗(Diderat,1713—1748),法国启蒙运动最重要的领袖,法国启蒙主义美学最主要的代表,杰出的唯物主义哲学家。他处于西方社会由封建专制主义到资本主义的急剧转型时期。在经济上以1782年瓦特蒸汽机的发明为标志,资本主义经济蓬勃发展;政治上以资产阶级为首的第三等级越来越壮大,并在政治上提出要求;思想上以狄德罗为代表的法国"百科全书派"提出高扬自由、平等与博爱三大口号,掀起震撼历史的启蒙主义思想文化

---

[1]［法］卢梭:《爱弥儿》,李平沤译,商务印书馆2008年版,第32页。

运动；哲学上是大陆理性主义与英国经验主义的分野；文化上表现为启蒙主义运动对封建王权神权与新古典主义"唯理论"的斗争与批判；科技上则是以现代实验科学为标志的现代科技的发展与勃兴。狄德罗作为法国启蒙主义运动的领袖与最重要的代表，代表着资产阶级第三等级的利益，在美学与美育理论上有一系列新的突破与建树，意义深远。

第一，批判唯心主义"唯理论"美学观，力倡"关系论"唯物主义美学与美育思想。

狄德罗所处的17—18世纪的欧洲，盛行以布瓦洛为代表的新古典主义美学与艺术思想。这种新古典主义倡导一种"理性至上"的美学理论，但它所说的"理性"与启蒙主义的理性在内涵上是有着明显差别的。新古典主义美学所倡导的理性是对君主专制政体的一种服从，而启蒙主义美学的理性则主要是一种自由、民主与博爱的新的文化精神。狄德罗在为《百科全书》撰写的"美"的词条《关于美的根源及其本质的哲学探讨》中对传统的唯心主义"唯理论"美学观进行了全面系统而深刻的批判。他认为，这种批判是一种从哲学根基上对其进行颠覆的彻底的批判。他在回答唯理派美学家的质疑时说道："我知道我刚才为了驳斥这种学说而提出的疑难没有一个是不能解答的；但我想即使能够解答，答案尽管很巧妙，恐怕归根结底是站不住脚的。"①在这里，狄德罗以反质疑的口吻尖锐而深刻地提出了反驳者的"解答"，"归根结底是站不住脚的"，揭示了"唯理派"理论根基上的脆弱性以及他的批判的彻底性。接着，狄德罗综合性地指出了各种唯理派

---

①［法］狄德罗：《狄德罗美学论文选》，张冠尧等译，人民文学出版社1984年版，第21页。

理论的致命弱点：柏拉图的理念论"丝毫没有告诉我们美是什么"；圣·奥古斯丁把一切美都归结为统一，"与其说这构成美的本质，毋宁说是构成完善的本质"；沃尔夫"把美和由美引起的情感以及完善混淆了"；克鲁萨在给美的特性添加内容时"越是增加美的特性，就越把美特殊化了"；哈奇生"并没有证明他的第六感官的现实性"；安德烈神甫的《论美》一书"没有论述我们内心对比例、秩序和对称概念的根源"……总之，各种唯理论美学均有其致命的弱点。①

　　与传统的"唯理论"相对，狄德罗提出了著名的唯物主义"关系论"美学观。他说："总而言之，是这样一个品质，美因它而产生，而增长，而千变万化，而衰退，而消失。然而，只有关系这个概念才能产生这样的效果。"②对于这种"关系论"美学，狄德罗又将其分为真实的美与相对的美两种。他说："因此，我把凡是本身含有某种因素，能够在我的悟性中唤起'关系'的这个概念，叫作外在于我的美。凡是唤起这个概念的一切，我称之为关系到我的美。"③很显然，前者这种"真实的美"是指一个事物自身的比例、对称与和谐的关系，并没有超出传统美学的范围；而后者这种"相对的美"则指事物间的关系，内涵颇为丰富。这里又有两种情况，一种是自然事物之间的关系，例如众多鱼中的那一条、众多花中的那一朵等，在比较中，在主客体特定的"观察"与"唤起"关系中

---

①［法］狄德罗：《狄德罗美学论文选》，张冠尧等译，人民文学出版社1984年版，第21—22页。

②［法］狄德罗：《狄德罗美学论文选》，张冠尧等译，人民文学出版社1984年版，第24—25页。

③［法］狄德罗：《狄德罗美学论文选》，张冠尧等译，人民文学出版社1984年版，第25页。

产生一种审美的体悟。这已经突破了传统的美在主体或美在客体的固有模式而进入了特有的"美在关系"的新境界,可以称之为美学与美育领域一次革命性的突破。

不仅如此,狄德罗的"关系论"美学还有更深的社会事物之间关系的内涵,那就是对著名的高乃依所作悲剧《贺拉斯》中"让他死"这句台词的解读。狄德罗认为,如果孤立地来看这句台词,应该是既不美也不丑的;但如果把这句台词放到特定的关系之中,就能揭示其特有的美与丑的含义。他说,如果我告诉他,这是一个人在被问及另一个人应该如何进行战斗时所作的答复,那他就可以看出答话的人具有一种勇气,并不认为活着总比死去好,于是"让他死"就开始使对方感兴趣了;如果我再告诉他这场战斗关系到祖国的荣誉,而战士正是这位被问者的儿子,是他剩下的最后一个儿子,而且这个年轻人的对手是杀死了他的两个兄弟的三个敌人,老人的这句话又是对女儿说的,他是个罗马人,"于是,随着我对这句话和当时环境之间的关系所作的一番阐述,'让他死'这句原先既不美也不丑的回答就逐渐变美,终于显得崇高伟大了"①。他认为,如果将这句话的环境和关系改变一下,把"让他死"从法国戏剧里搬到意大利舞台上,从高乃依的悲剧中老贺拉斯之口搬到莫里哀的喜剧《司卡班的诡计》中狡猾的仆人司卡班在主人遇到强盗时所说,这句话就变成滑稽了。由自然事物之间的关系发展到社会事物之间的关系,是美学理论的进一步深化,使审美由自然物的比例、对称与和谐等形式的外在因素突进到善与恶、正义与非正义等社会的道德的因素,具有重要的意义。

---

① [法]狄德罗:《狄德罗美学论文选》,张冠尧等译,人民文学出版社 1984 年版,第 29 页。

　　狄德罗还论证了"美在关系"的唯物主义哲学前提。他说："我的悟性不往物体里加进任何东西,也不从它那里取走任何东西。不论我想到还是没想到卢浮宫的门面,其一切组成部分依然是有原来的这种或那种形状,其各部分之间依然是原有的这种或那种安排;不管有人还是没有人,它并不因此而减其美,但这只是对可能存在的、其身心构造一如我们的生物而言,因为,对别的生物来说,它可能既不美也不丑,或者甚至是丑的。"①这句话的内涵是十分丰富重要的,一方面说明了"关系"之美的客观性,坚持了唯物主义的哲学立场;同时又阐明了这种客观的美是对人而言的,是物与人的关系之美,揭示了客观的关系之美的"属人性"。

　　总之,狄德罗的唯物主义"关系"论美学与美育思想,不仅具有批判古典主义"唯理论"美学的历史意义,而且对于突破启蒙运动以来主客二分对立的认识论美学,以及建设现代美学与美育理论也具有重要的价值与意义。这一理论告诉我们,审美与美育从根本上来说所要解决的既不是客体之美,也不是主体之美,而是人与对象的审美关系,已经预示了一种人生美学与人生美育的诞生。

　　第二,强调"真善美的紧密结合",力主审美与艺术求真扬善的社会功能。

　　狄德罗特别强调真善美的结合,并力主审美与艺术求真扬善的社会功能。他在《画论》中提出"真善美紧密结合"的观点:"真、善、美是紧密结合在一起的。在真或善之上加上某种罕见、令人

————————

① [法]狄德罗:《狄德罗美学论文选》,张冠尧等译,人民文学出版社 1984 年版,第 25 页。

注目的情景，真就变成了美了，善也就变成美了。"①在这里，狄德罗既强调了真与善是美的基础，同时又强调了美与真、善的区别以及三者的统一。他在著名的《拉摩的侄子》中以基督教"三位一体"比喻真善美三者之间的关系："'真'是圣父，他产生了'善'，即圣子；由此又出现了'美'，这就是圣灵了。这个自然的王国，也是我所说的三位一体的王国，定会慢慢建立起来。"②在这里，狄德罗将"真"作为"圣父"，放到了最基础性的地位；其次，他还强调了审美扬善惩恶的社会功能，将审美与艺术作为反对封建专制与启发教育人民的重要渠道与手段。他说："使德行显得可爱，恶行显得可憎，荒唐事显得触目，这就是一切手持笔杆、画笔或雕刻刀的正派人的宗旨。"③将"扬善惩恶"提到一切艺术家根本宗旨的高度，说明他对艺术的社会教育功能的高度重视。他甚至用反问的形式要求艺术家成为"人类的教导者，人生痛苦的慰藉者、罪恶的惩罚者、德行的酬谢者"④。

由于特定的历史原因，狄德罗对于艺术的教育作用进行了某种夸大，赋予艺术以变坏为好、变恶为善的功能。他说："只有在戏院的池座里，好人和坏人的眼泪才融汇在一起。在这里，坏人会对自己可能犯过的恶行感到不安，会对自己曾给别人造成的痛

---

① ［法］狄德罗：《狄德罗美学论文选》，张冠尧等译，人民文学出版社1984年版，第429页。

② ［法］狄德罗：《狄德罗美学论文选》，张冠尧等译，人民文学出版社1984年版，第355页。

③ ［法］狄德罗：《狄德罗美学论文选》，张冠尧等译，人民文学出版社1984年版，第411页。

④ ［法］狄德罗：《狄德罗美学论文选》，张冠尧等译，人民文学出版社1984年版，第412页。

苦产生同情,会对一个正是具有他那种品性的人表示气愤。当我
们有所感的时候,不管我们愿意不愿意,这个感触总会铭刻在我
们心头的;那个坏人走出包厢,已经比较不那么倾向于作恶了,这
比被一个严厉而生硬的说教者痛斥一顿要有效得多。"①在这里,
狄德罗强调了艺术胜于生硬说教的特殊教化作用,是十分正确
的,但将其强调到能使坏人幡然悔悟的程度应该有些过分。狄德
罗作为启蒙主义时期的思想家,他所力倡的真与善是具有与宗教
的"神性"以及封建专制主义的"奴性"相对立的"人性"内涵的。
他在《关于〈私生子〉的谈话》一文中借助多华尔之口对"人性"进
行了强调:"要使高贵的社会身份能感动人,我必须使情境突出。
只有这个办法才能使这些冷漠而被压抑的灵魂吐出人性的声音,
没有这人性的声音,就不能产生伟大的效果。"②而且,狄德罗认
为,"随着人的社会身份的提高,这种声音就逐渐减弱"③。也就
是说,在他看来,愈是处于社会低层的民众甚至奴隶,就愈具有人
性的精神,这无疑是一种资产阶级的革命精神,在当时具有积极
进步的意义。至于"人性"的内涵,狄德罗认为,最基本的是人的
七情六欲。他说:"最先精心研究人性者的第一件事是注意分清
人的七情六欲,认识它们,标出它们的特征。"④将人性的基础归

---

① [法]狄德罗:《狄德罗美学论文选》,张冠尧等译,人民文学出版社 1984 年
　　版,第 137 页。
② [法]狄德罗:《狄德罗美学论文选》,张冠尧等译,人民文学出版社 1984 年
　　版,第 111 页。
③ [法]狄德罗:《狄德罗美学论文选》,张冠尧等译,人民文学出版社 1984 年
　　版,第 111—112 页。
④ [法]狄德罗:《狄德罗美学论文选》,张冠尧等译,人民文学出版社 1984 年
　　版,第 112 页。

结为"七情六欲",这在启蒙主义主客、身心二分的理论与思想氛围中是十分可贵的。为此,狄德罗将原初的旺盛的生命力作为美的最重要标志,并以身体健康、青春活力的少女为例。他说:"有人说世上最美丽的颜色是少女面颊上可爱的红润,它是天真无邪、青春、健康、朴实、纯洁的色彩。这句话不但说得精巧、动人、微妙而且真实;因为画笔所难以表现的正是皮肤的色泽;那是润泽的白,是匀净的白,而不是苍白,不是暗淡无光的白;还有那隐隐约约显现出来的红蓝相混的颜色;还有血,生命,这些都使运用色彩的画家为之兴叹。"①这种对原始的生命力之美的倡导是与当时盛行的贵族阶级的古典主义美学理想完全对立的。

第三,首创"严肃喜剧",为新兴资产阶级争取艺术空间。

长期以来,在西方戏剧史上只有悲剧与喜剧两种艺术形式,前者主要写大人物的不幸,后者主要写小人物的缺点与可笑,没有一个剧种表现普通人(第三等级)的日常生活及其命运。随着以资产阶级为代表的第三等级的兴起,在戏剧舞台上表现普通人日常生活及其命运、情感的要求日渐强烈,但传统的悲剧与喜剧形式都适应不了这样的要求。于是,狄德罗突破传统的悲剧与喜剧的固有模式,首创介于两者之间的"市民喜剧""家庭悲剧""严肃喜剧"等新的戏剧形式,为以资产阶级为代表的第三等级争取到新的艺术空间。

1757 年,狄德罗创作的第一部严肃喜剧《私生子》发表,紧接着发表了《和多华尔的三次谈话》,第一次阐明了严肃喜剧的理论。首先,"严肃喜剧"的出现是一种现实的需要。第三等级的崛

---

① [法]狄德罗:《狄德罗美学论文选》,张冠尧等译,人民文学出版社 1984 年版,第 374 页。

起要求将这些普通人的家庭遭遇写成戏剧,但这样的戏剧不同于以小人物的缺点与可笑为内容的传统喜剧,其忧喜相伴的戏剧氛围又不同于以怜悯与恐惧为内容的悲剧,这就必然要求一种新的戏剧形式的诞生。狄德罗指出:"那就是,当他把家庭遭遇写成喜剧时,他是怎样建立起各种类型戏剧所共有的规则,他又是怎样出于忧郁的气质而仅仅将这些戒律应用于悲剧。"于是,狄德罗认为:"在前人走过的老路上是不可能赶上前人的,于是他毅然决然改辙易途,只有如此才能使我们从哲学所从未能攻破的偏见中解脱出来。"①这种改辙易途的突破,就是一种介于悲剧与喜剧之间的严肃喜剧即正剧的诞生。狄德罗指出:"一切精神事物都有中间和两极之分。一切戏剧活动都是精神事物,因此似乎也应该有个中间类型和两个极端类型。两极我们有了,就是喜剧和悲剧。但是人不至于永远不是痛苦便是快乐的。因此喜剧和悲剧之间一定有个中间地带。"②这个中间地带的戏剧属于哪种类型呢?狄德罗说,"属于喜剧吗?里面并没有使人发笑的字眼。属于悲剧吗?剧中并无恐怖、怜悯或其他强烈的感情的激发。可是剧中仍有令人感兴趣的东西……我把这种戏剧叫作严肃剧"③,后来又将其称作"正剧"。对于这种严肃剧或正剧的优点,狄德罗认为,这是一种"最有益,最具普遍性的剧种",而且"处在其他两个

①[法]狄德罗:《狄德罗美学论文选》,张冠尧等译,人民文学出版社1984年版,第75页。

②[法]狄德罗:《狄德罗美学论文选》,张冠尧等译,人民文学出版社1984年版,第90页。

③[法]狄德罗:《狄德罗美学论文选》,张冠尧等译,人民文学出版社1984年版,第90页。

剧种之间,左右逢源,可上可下,这就是它优越的地方"①。这个剧种在题材上"带有家庭性质,而且一定要和现实生活很接近";在形式上"不能采用诗的形式"②,也就是采用散文形式,更宜于表现朴素的日常生活。与这种戏剧领域的革命相应,在绘画领域,狄德罗在传统历史画之外提出了一种新的"世态画"形式。他说:"我们现在把画花卉、水果、禽兽、树木、森林、山岳和画家庭生活场面的人,如特尼埃、乌韦尔芒斯、格勒兹、沙尔丹、卢腾布格,甚至凡尔奈都一概称之为世态画家。"③很明显,"世态画"就是一种新型的表现第三等级生活的绘画形式。

第四,适应现实需要,力倡艺术为新兴的市民阶级服务,鼓励艺术家到民间去。

狄德罗力倡艺术为新兴的市民阶级服务,表现他们、歌颂他们。1761年英国小说家理查逊逝世,他的作品主要以英国市民家庭生活为题材。狄德罗当年即发表论文《理查逊赞》,通过对理查逊的充分肯定倡导艺术家应像理查逊那样自觉地为新兴的市民阶级服务。狄德罗认为,理查逊的作品"提高人的精神境界,扣人心弦,处处流露着对善良的爱","他总使我和受苦的人站在一起;不知不觉间,同情心就在我的心中产生和加强了"。④ 而在其著

---

① [法]狄德罗:《狄德罗美学论文选》,张冠尧等译,人民文学出版社 1984 年版,第 90、91 页。

② [法]狄德罗:《狄德罗美学论文选》,张冠尧等译,人民文学出版社 1984 年版,第 93、121 页。

③ [法]狄德罗:《狄德罗美学论文选》,张冠尧等译,人民文学出版社 1984 年版,第 419 页。

④ [法]狄德罗:《狄德罗美学论文选》,张冠尧等译,人民文学出版社 1984 年版,第 248、251 页。

名的《画论》中,狄德罗则对格勒兹这样以市民生活为题材的画家及其画作进行了充分的肯定。他说,格勒兹"把他的才智带到各个角落,熙熙攘攘的人群、教堂、集市、室内、街上;他不断地收集诸色人等的行动、情欲、性格、表情"①。狄德罗对格勒兹的画作《为死去的小鸟而悲伤的少女》《格勒兹夫人肖像画》《不孝之子》等进行了肯定性的评述。同样,在《画论》中,狄德罗鼓励艺术家到民间去,深入市民社会,主动地表现他们的生活,为他们服务。他说:"今天是大礼拜的前夕;你们到教区去围着忏悔台走一圈,你们就会看到静思和悔过的真实姿态。明天,你们到乡间小酒店去,你们会看到人们在发怒时的真实动作。你们要寻找公众聚会的场景,观察街道、公园、市场和室内,这样,你们对生活中的真实动作就会有正确的概念。"②狄德罗不仅发出号召,自己也身体力行,创作戏剧、评论画作,做出了榜样。

第五,重视艺术鉴赏的特点及艺术鉴赏力的培养,力图更好地发挥艺术的社会教化作用。

狄德罗既是思想家,也是艺术家,所以,他既十分重视艺术的社会教化作用,也很重视艺术特有的鉴赏特点。他在《关于〈私生子〉的谈话》一文中,一方面强调了一部戏剧的目的是"引起人们对道德的爱和对恶行的恨",同时又强调了艺术应有的"审美力""诗意"和"感人力量"③,接着充分地阐明了艺术欣赏的特点:"诗人、小说作

①[法]狄德罗:《狄德罗美学论文选》,张冠尧等译,人民文学出版社1984年版,第466—467页。

②[法]狄德罗:《狄德罗美学论文选》,张冠尧等译,人民文学出版社1984年版,第368页。

③[法]狄德罗:《狄德罗美学论文选》,张冠尧等译,人民文学出版社1984年版,第106页。

家、演员,他们以迂回曲折的方式打动人心,特别是当心灵本身舒展着迎受这震撼的时候,就更准确更有力地打动人心深处。"①而且,艺术的这种打动人心、震撼人心的作用应该是长久的,是长留人心的,他说:"效果长期留在我们心上的诗人,才是卓越的诗人。"②同时,狄德罗比较全面地论述了艺术鉴赏力的内涵,对于艺术家与广大民众培养与提升自己的艺术鉴赏力具有指导作用。他说:"高度的鉴赏力要求具备丰富的感觉,长期积累的经验、正直而善感的心灵、高尚的精神、略带忧郁的气质,以及灵敏的器官……"③狄德罗关于鉴赏力的这个界定是十分全面的,包括了感性方面的"感觉"和"灵敏的器官",理性方面的"高尚的精神",心理方面的"善感的心灵"与"忧郁的气质",以及历史层面的"长期积累的经验"等等,是对当时有关艺术鉴赏力理论的比较全面的综合。

　　狄德罗的美学与美育理论集中地体现了启蒙主义时代的现实需要,是对古典主义美学理论的重大突破,具有鲜明的时代感与革命性。但他的理论的内在矛盾性也是十分明显的。他一方面强调了艺术的感性作用,同时在戏剧演出理论中又特别强调凭借理性总结出来的"理想典范";在论述"天才"时,又特别强调"头脑和脏腑的某种构造,内分泌的某种结构"④,各种观点之间有很

①〔法〕狄德罗:《狄德罗美学论文选》,张冠尧等译,人民文学出版社 1984 年版,第 137 页。

②〔法〕狄德罗:《狄德罗美学论文选》,张冠尧等译,人民文学出版社 1984 年版,第 139 页。

③〔法〕狄德罗:《狄德罗美学论文选》,张冠尧等译,人民文学出版社 1984 年版,第 71 页。

④〔法〕狄德罗:《狄德罗美学论文选》,张冠尧等译,人民文学出版社 1984 年版,第 549 页。

明显的相互矛盾之处。这是我们需要注意的,但并不影响狄德罗美学与美育理论的价值。

四、德国古典美学的美育
思想与走出古典

18世纪末到19世纪初,美学与美育理论在德国得到蓬勃发展,从康德开始,经过歌德、席勒、费希特、谢林直到黑格尔,形成强大的美学流派,一般称为德国古典美学,其发展是与德国古典哲学相一致的。德国古典美学是西方古典美学的总结与终结,在美学与美育史上内涵丰富,意义重要,价值不凡。但从历史发展的进程来说,德国古典美学及其美育思想毕竟是古典时期的精神产品,19世纪后期,特别是20世纪以来社会、经济、文化、哲学发生了剧烈的转型,美学与美育理论也已经有了重大的变化与发展。因此,我们在建设新的21世纪美学与美育理论时,一方面要很好地学习继承德国古典美学,另一方面,更重要的是走出德国古典,发展德国古典,不应也不能继续完全站在德国古典美学的理论基点之上。对于我国来说,这一点尤其重要。因为,我国从1978年改革开放之后才真正进入现代化进程,德国古典美学所包含的以"主体性"为理论根基的美学与美育思想,康德、席勒与黑格尔的美学与美育理论观点一度深深地吸引我们并极具理论阐释力。但时间不过三十年,这些理论已经与急剧变化的社会与文化现实出现了反差,需要我们结合现实,重新对这些理论进行反思。

下面,我们结合美育理论简要论述德国古典美学最主要的贡献,同时指出其局限,以便走出德国古典,进入美学与美育理论的新世纪。

第一,"审美判断力"概念的提出为美学与美育开辟了独立的情感领域。

黑格尔曾说,他在康德的《判断力批判》的《导论》中找到了"关于美的第一个合理的字眼"①。翻开康德的《判断力批判》的《导论》,我们发现这个"合理的字眼"就是"审美判断力"。康德认为,判断是人类认识世界的基本形式,可分两种:一种是定性判断,又叫逻辑判断,是由普遍的概念出发,逻辑地去判定个别事物的性质,这是人们在理性认识(知性力)中所常用的;另一种是反思判断,是由个别出发反思普遍性的判断。康德认为,审美判断就属于这种反思判断,是对于一个个别事物反思其是否具有美的普遍性的判断。他认为,反思判断又分两种:一种是审目的判断,亦即由个别对象出发反思其结构与存在是否符合自身完善的概念,而这种符合是先天的合目的,例如,判断一朵花是否是一朵符合自身完善的花,这时主体与客体之间是由概念作为中介的;审美不是这种审目的判断,审美的反思判断不涉及对象的内容,只涉及对象的形式,是由个别对象出发反思其形式对于主体能否引起某种具有普遍性的先天的合目的的愉快之判断。他说:"因为心灵的一切机能或能力可以归结为下列三种,它们不能从一个共同的基础再作进一步的引申了,这三种就是:认识机能,愉快及不愉快的情感和欲求的机能。对于认识机能,只是悟性立法着,如果它(像应该做的那样,不和欲求机能混杂着,只从它自己角度来观察)作为一个理论认识的机能联系到自然界,对于自然界(作为现象)我们只能通过先验的自然概念,实际上即是纯粹的悟性概念而赋予诸规律。──对于欲求机能,作为一个按照自由概念

① [英]鲍桑葵:《美学史》,张今译,商务印书馆1985年版,第344页。

而活动的高级机能,仅仅是理性在先验地立法着(只在理性里面这概念存在着)。——愉快的情绪介于认识和欲求机能之间,像判断力介于悟性和理性之间一样。"①这一段论述非常重要,包含着十分丰富的美学与美育理论的内涵。

首先,揭示了审美判断作为形式的反思判断实际上是一种介于认识与欲求、真与善之间的"愉快及不愉快的情感判断"。这就为美学与美育第一次开辟了一个认识与伦理之外的独立的情感领域。这样的论述是对鲍姆嘉通"美学是感性认识完善"的突破与发展,同时,也为席勒在《美育书简》中将美育界定为"情感教育"铺平了道路,即便对于今天仍有极为重要的现实意义与价值。

其次,揭示了审美既具有判断的普遍性,同时又不借助知性逻辑(悟性)的基本特点。这就是康德在《判断力批判》中所论述的"鉴赏判断的二律背反"。他说:"二律背反可能解开的关键是基于两个就假相来看是相互对立的命题,在事实上却并不相矛盾,而是能够相并存立,虽然要说明它的概念的可能性是超越了我们认识能力的。"②

最后,康德对这个二律背反的"解决",是通过一个"主观的合目的性"的先验原理。这不免具有某种神秘的不可知的色彩,却又恰恰揭示了美学与美育作为人文学科、审美作为人性表征的某种难以用理性与工具预测和表述的特性,正是其魅力与张力之所在。诚如康德在描述这种审美判断力的想象力时所说,"在一个审美观念上悟性通过它的诸概念永不能企及想象力的全部的内在的直观,这想象力把这直观和一被付予的表象结合着。但把想

---

① [德]康德:《判断力批判》,宗白华译,商务印书馆1964年版,第15—16页。
② [德]康德:《判断力批判》,宗白华译,商务印书馆1964年版,第187页。

象力的一个表象归引到概念就等于是说把它曝示出来；那么，审美观念就可称呼为想象力（在自由活动里）一个不可表明出来的表象"①。在这里，康德揭示出审美判断力所特具的通常工具理性永不能企及的想象力的全部的内在直观性，以及想象力所特具的在其自由活动里用概念"不可表明出来的表象"②。这恰是美学与美育作为审美判断力所特具的魅力与张力之所在。正是从这个角度说，离开了"情感的判断"，离开了审美的想象力，也就离开了审美与美育的基本轨道。因此，康德与德国古典美学说出了关于审美与美育的"第一个合理的字眼"。

　　第二，"美在自由说"揭示了美学与美育的本质特征。

　　德国古典美学的最基本的范畴就是"美在自由"。温克尔曼早就将审美以及艺术与自由相联系，他在总结希腊艺术史时指出："在国家体制与机构中占统治地位的那种自由，乃是希腊艺术繁荣的主要原因。希腊永远是自由的故乡。"③康德指出："正当地说来，人们只能把通过自由而产生的成品，这就是通过一意图，把他的诸行为筑基于理性之上，唤作艺术。"④席勒说："当艺术作品自由地表现自然产品时，艺术作品就是美的。"⑤黑格尔在其《美学》中对"美在自由"说进行了集中的论述，他说："这种生命和

---

① ［德］康德：《判断力批判》，宗白华译，商务印书馆1964年版，第191页。
② ［德］康德：《判断力批判》，宗白华译，商务印书馆1964年版，第191页。
③ 转引自汝信、夏森：《西方美学史论丛续稿》，上海人民出版社1983年版，第98页。
④ ［德］康德：《判断力批判》，宗白华译，商务印书馆1964年版，第148页。
⑤ ［德］席勒：《论美》，《秀美与尊严——席勒艺术和美学文集》，张玉能译，文化艺术出版社1996年版，第75页。

自由的印象却正是美的概念的基础。"①

　　众所周知,德国古典美学,特别是黑格尔美学乃整个西方古典美学的集大成者,"美在自由说"是"美在和谐说"的深入发展,是西方古典美的最高级形态。"美在和谐说"在德国古典美学之前主要表现为两种形态:或偏重于感性、物质与形式的外在和谐,或偏重于理性、精神与内容的内在和谐。古希腊时期的亚里士多德偏重于外在和谐,柏拉图则偏重于内在和谐;英国经验主义美学是一种外在和谐,大陆理性主义美学则是一种内在和谐。到了德国古典美学,"美在和谐说"发生了质的变化,进入了新的阶段。由感性的外在和谐和理性的内在和谐发展到感性与理性经过对立统一达到一种新的自由的和谐境界。经过感性与理性、外在与内在的对立统一,古典美的内涵丰富充实起来,成为一种有层次的立体美。因而,"美在自由说"成为西方古典美的最高级阶段,当然也是古典美的终结,预示着一种新形态的美与美学理论的必然产生。同时,"美在自由说"充分揭示了西方古典形态的美学与美育的本质特征,标志着主体与客体、感性与理性在艺术创造中不受任何障碍制约的高度融合,直接统一。黑格尔指出:"美本身却是无限的、自由的。美的内容固然可以是特殊的,因而是有局限的,但是这种内容在它的客观存在中却必须显现为无限的整体,为自由,因为美通体是这样的概念:这概念并不超越它的客观存在而和它处于片面的有限的抽象的对立,而是与它的客观存在融合成为一体,由于这种本身固有的统一和完整,它本身就是无限的。此外,概念既然灌注生气于它的客观存在,它在这种客观存在里就是自由的,像在自己家里一样。因为概念不容许在美的领域里的外在存在独立地服从外在存在所特有的规律,

────────────

① [德]黑格尔:《美学》第1卷,朱光潜译,商务印书馆1981年版,第192页。

而是要由它自己确定它所赖以显现的组织和形状。正是概念在它
的客观存在里与它本身的这种协调一致才形成美的本质。"①在这
里，黑格尔将美的无限自由的本质建立在无限自由的理性与有限
而不自由的感性的直接统一、融为一体之上，由此克服了感性的
有限性与不自由性。他将这样的艺术形象比喻为古希腊神话中
"千眼的阿顾斯"："艺术把它的每一个形象都化成千眼的阿顾斯，
通过这千眼，内在的灵魂和心灵性在形象的每一点上都可以看得
出。"②这种理性与感性的直接统一、融为一体就是西方古典美的
本质，也是西方古典艺术的本质，其代表作品就是古希腊的雕塑。
正因此，黑格尔认为："审美带有令人解放的性质，它让对象保持
它的自由和无限。"③美在自由，审美带有令人解放的性质，可以
说以黑格尔为代表的德国古典美学家说出了美学与美育的本质
特征，但其表现形态却是有差异的。作为古典形态的没有完全摆
脱主客二分认识论的美，可以是感性与理性直接统一、融为一体
的一种物质的、形式的美；但进入现代以来的人生美学，这种"自
由"与"解放"应该是进入更加深入的人的生命、心灵与生存的层
面，具有更加深广的内涵与意蕴。

　　第三，"美在创造说"将美学与美育中人的主体性作用加以极
大拓展。

　　德国古典美学对于美的创造性进行了充分的论述，无论是康德
的审美判断的理论，还是席勒有关"审美王国"的论述，都是对"美在
创造说"的阐释。黑格尔的作为艺术哲学的美学更是将"美在创造

---

① ［德］黑格尔：《美学》第 1 卷，朱光潜译，商务印书馆 1981 年版，第 143 页。
② ［德］黑格尔：《美学》第 1 卷，朱光潜译，商务印书馆 1979 年版，第 198 页。
③ ［德］黑格尔：《美学》第 1 卷，朱光潜译，商务印书馆 1979 年版，第 147 页。

说"推到了高峰。黑格尔指出:"艺术作品既然是由心灵产生出来的,它就需要一种主体的创造活动,它就是这种创造活动的产品。"①这种"美在创造说"是启蒙主义时期人文精神的一种集中反映。众所周知,启蒙主义时期是人的主体性得到充分认识与发挥的时期,这一点也集中反映在美学与美育之中。黑格尔首先将审美作为人认识自我的一个重要途径,人有一种在外在事物中实现自己的冲动,于是通过改变外在事物,在其上刻上自己内心生活的烙印从而复现自己,这就是艺术与审美起源的原因之一。他说:"当他一方面把凡是存在的东西在内心里化成'为他自己的'(自己可以认识的),另一方面也把这'自为的存在'实现于外在世界,因而就在这种自我复现中,把存在于自己内心世界里的东西,为自己也为旁人,化成观照和认识的对象时,他就满足了上述那种心灵自由的需要。这就是人的自由理性,它就是艺术以及一切行为和知识的根本和必然的起源。"②这种理论观点逐步演变为后来的"自然的人化"说,并成为艺术与审美起源于劳动和实践的根据之一。

以上说明,黑格尔认为,人在改造世界,创造劳动产品的同时也创造了美。同时,黑格尔也认为,美和艺术完全是人的活动的产品,非人的自然物之中根本就不存在艺术与美。他说:"这外在的方面并不足以使一个作品成为美的艺术作品,只有从心灵生发的、仍继续在心灵土壤中长着的、受过心灵洗礼的东西,只有符合心灵的创造品,才是艺术作品。"③为此,他认为,由于心灵高于自

---

① [德]黑格尔:《美学》第 1 卷,朱光潜译,商务印书馆 1979 年版,第 356 页。
② [德]黑格尔:《美学》第 1 卷,朱光潜译,商务印书馆 1979 年版,第 40 页。
③ [德]黑格尔:《美学》第 1 卷,朱光潜译,商务印书馆 1979 年版,第 36—
　 37 页。

然,所以艺术也就必须高于自然:"我们可以肯定地说,艺术美高于自然。因为艺术美是由心灵产生和再生的美,心灵和它的产品比自然和它的现象高多少,艺术美也就比自然高多少。"①十分重要的是,黑格尔在《美学》中充分地论述了美与艺术的"心灵创造"历程,描绘了"心灵把全部材料的外在的感性因素化成了最内在的东西"②的过程。他是以逻辑与历史相统一的方法来进行这种论述与描绘的。从逻辑的角度来看,他论述了艺术美所历经的"一般世界情况——动作——性格"的"正、反、合"过程;从历史的角度来看,他论述了艺术美所历经的"象征型——古典型——浪漫型"的历史历程。这种模式化论述的科学性当然值得怀疑,以逻辑阉割历史的做法当然也不值得提倡,但其中所包含的对艺术规律的阐释,特别是强烈的艺术发展的历史感却是颇富价值的。黑格尔在《美学》中将艺术美称作"艺术理想",他说:"艺术理想的本质就在于这样使外在的事物还原到具有心灵性的事物,因而使外在的现象符合心灵,成为心灵的表现。"③因此,从某种意义上说,美的创造也就是对美的理想的追求与创造。黑格尔把这种美的理想的创造过程称作是一种"还原""清洗"和"艺术的谄媚"。他说:"因为艺术要把被偶然性和外在形状玷污的事物还原到它与它的真正概念的和谐,它就要把现象中凡是不符合这概念的东西一齐抛开,只有通过这种情洗,它才能把理想表现出来。人们可以把这种清洗说成是艺术的谄媚。"④他认为,这种艺术理想的

①[德]黑格尔:《美学》第1卷,朱光潜译,商务印书馆1979年版,第4页。
②[德]黑格尔:《美学》第1卷,朱光潜译,商务印书馆1979年版,第209页。
③[德]黑格尔:《美学》第1卷,朱光潜译,商务印书馆1979年版,第201页。
④[德]黑格尔:《美学》第1卷,朱光潜译,商务印书馆1979年版,第200页。

基本特征是"和悦的静穆和福气"①。这正是温克尔曼对古希腊艺术的基本特征所概括的"高贵的单纯，静穆的伟大"，而黑格尔也认为希腊艺术"攀登上美的高峰"②。黑格尔在美的创造中追求美的理想的论述是非常重要的，因为美学与美育从来都是与理想的追求和创造相联系的。可以说，在某种意义上，审美就是对美的理想的追求，而美育也就是一种美的理想的教育。一个人甚或一个民族，没有了对美的理想的追求也就没有了希望。

德国古典美学成就巨大，是人类智慧的精华。特别是我国1978年改革开放以来，德国古典美学关于主体性与艺术规律的阐释对我国新时期美学的复兴起到重要的推动作用。李泽厚的《批判哲学的批判》以及与之有关的康德的"主体性"哲学与美学一度成为广大美学爱好者与青年学子的热门话题。但历史的大潮汹涌澎湃，我国迅速进入了反思"现代性""主体性"与"人类中心主义"的建设"和谐社会"的新时期，对于德国古典美学的反思与超越成为历史的必然，成为新世纪美学与美育建设的必由之途。

首先，德国古典美学的理念论哲学根基及其思辨哲学的方法是脱离生活实际的。超越德国古典美学，走向生活与人生，成为新世纪美学的发展前景。

德国古典美学，特别是黑格尔美学都不是从生活实际、从人生出发的，而是从抽象的理念出发的，是理念发展的一个过程，是思辨哲学建构的一种需要。对于康德来说，审美判断力的提出是沟通纯粹理性与实践理性的一种需要。因而，这种美学尽管不乏真理的闪光，但总体上来说是脱离生活，脱离人生的。马克思曾

①［德］黑格尔：《美学》第1卷，朱光潜译，商务印书馆1979年版，第202页。
②［德］黑格尔：《美学》第1卷，朱光潜译，商务印书馆1979年版，第170页。

经批判黑格尔哲学是一种"头足倒置"的哲学,不仅揭示其唯心主义实质,而且有力地批判了这种哲学与活生生的生活的脱节。我们新世纪的美学应该是一种不同于德国古典美学的来自生活与人生的美学。

其次,黑格尔的"美是理念的感性显现"的基本美学概念是一种主客二分的认识论哲学的结晶。黑格尔提出"美是理念的感性显现",实际上是将美归结为理念的"感性显现"阶段,其前提仍然是理念与感性的二分对立,尽管在"感性显现"阶段二者达到了"直接统一",但很快理念将越出感性,重新进入二分对立的新的阶段。这种感性与理性的二分对立实际上是启蒙主义时期主客二分对立认识论哲学的表现,在这种理念论哲学中,理念的自我发展、自我实现成为一种宏观的认识过程。因此,黑格尔美学仍然是一种理念本体,亦可称作是认识本体的美学,美的根本动因还是在理念或认识,而不是人生之光,在很大程度上脱离了生活的大道。

再次,康德有关"判断先于快感"的论断是身与心二分对立的表现。康德有关审美判断的论述除了审美是无功利的静观之外,最重要的就是"判断先于快感"的论断,成为划清快感与美感的分水岭,被视为美学的"铁的规律"。但这种"判断先于快感"的论断,其实是一种身与心二分对立的表现,还是把心看得高于身,对眼耳鼻舌身,特别是鼻舌身等身体快感表现出一定程度的轻视。其实,在实际的审美过程中是不可能做到"判断先于快感"的,实际的情况是"判断与快感相伴",眼耳鼻舌身所有的感官都在审美中起到十分重要的作用。

最后,黑格尔有关"美学是艺术哲学"的论述充分表现了由"人类中心主义"决定的"艺术中心主义",是对自然美的严重忽视。黑格尔提出"美学是艺术哲学",将艺术看作心灵的产品,高于自然。这实际上是一种典型的"艺术中心主义",是"人类中心主义"在美学与艺术学中的反映。实际上,审美的对象绝不仅仅是艺术,而且必然地包含自然与社会生活,而审美也绝不仅仅是"心灵的产品",必须借助于自然物与审美对象的质素,是两者互动的结果。因此,走出"人类中心主义",以及与之相关的"艺术中心主义",建设新的生态美学、环境美学与生活美学成为新世纪美学建设的当务之急。

第九讲　西方现代美学的
"美育转向"

　　20世纪以来的西方现代美学呈现出多元、多变的发展轨迹，出现了种种转向，如"非理性转向""心理学转向""语言论转向""文化研究转向"等。但迄今为止，人们却忽视了其中另一种重要的转向，即"美育转向"——在由古典形态的对美的抽象思考转为对美与人生关系的探索、由哲学美学转到人生美学的过程中，美育在西方现代美学，特别是现代人文主义美学中成为一个前沿话题。这一转向并非偶然，有其现实的社会根源：20世纪以来，科技经历了由机械化到电子化再到信息化的发展，经济活动由工业革命时代逐步进入生态文明时代，教育则经历了从世纪初以测试主义为标志的应试教育到20世纪后半叶素质教育受到广泛重视的转变。这种社会的巨变，使包括想象力在内的人的审美力发展问题显现出从未有过的重要性，美育的地位也由此得以凸现。此外，社会现代化的步伐同时也带来了工具理性膨胀、市场拜物盛行与心理疾患蔓延等各种弊端，这些弊端的共同点，集中体现为人文精神的缺失，因此，对现代化进程中人文精神的补缺便成为十分紧迫的当代课题。美育作为人文精神的集中体现，是实现人文精神补缺的重要途径。因此，西方现代美学的"美育转向"正应和了时代的需要。

　　具体说来,西方现代美学的"美育转向",是以康德、席勒为其开端的。康德在其哲学体系中完成了"自然向人的生成",使美学成为培养具有高尚道德的人的中介环节,第一次把美学由认识论转到价值论,并使之完成由纯粹思辨到人生境界的提升,从而开辟了西方现代美学的"美育转向"之路。席勒"基于康德的基本原则",将美育界定在情感教育范围,并明确提出"要使感性的人成为理性的人,除了首先使他成为审美的人,没有其他途径"①。尤为可贵的是,席勒的思想体现了鲜明的现代色彩,包含了对于资本主义现代化过程中"异化"现象的忧虑与试图消除之的努力。可以说,康德与席勒为西方现代美学的"美育转向"确立了基本方向。其后,叔本华、尼采的理论主张体现出更加鲜明的现代性,他们以"生命意志""强力意志"为武器,彻底否定了西方的理性主义传统,倡导"人生艺术化",把审美与艺术提到世界第一要义的本体论高度。

　　由此可见,贯穿整个西方现代历程的人文主义美学思潮,在某种意义上,就是人生美学,也就是广义的美育。包括弗洛伊德的"原欲升华论",也可视为一种美育思想,即通过艺术与审美的途径提升人的本能、升华人的精神。存在主义美学更加彻底地将关注点完全转向现实人生,以人的生存为出发点与落脚点,首先敏锐地洞察与感受到现代资本主义对人的深重压力。为了改变这种极端困窘的生存状态,找到真正的精神家园,存在主义美学提出通过艺术与审美来实现"生存状态诗意化"的重要命题,萨特更是把艺术与审美看作人的生存由困窘向自由的提升。与存在

---

①［德］席勒:《美育书简》,徐恒醇译,中国文联出版公司 1984 年版,第116 页。

主义美学对美育的重视相呼应的，还有作为社会批判理论的西方马克思主义的某些代表人物，如马尔库塞试图以艺术与审美对"单向度的社会"进行改造，强调"艺术也在物质改造和文化改造中成为一种生产力"①。实用主义的杜威从科学主义角度关注美育，提出"艺术生活化"的著名命题。他的突出贡献在于，将艺术归结为经验，以经验为中介打破艺术与生活的界限，认为审美经验就是生活经验的一种，"这种完整的经验所带来的美好时刻便构成了理想的美"②。这种"理想的美"的获得，就是个体生命与环境之间由不平衡到平衡所获得的一种鲜活的生活经验。这样，杜威的"艺术生活化"理论也从一个侧面反映了现代工业社会大众文化逐步发展的实际情况，同时又带有某种理想的色彩。

　　这里，我们要特别提出法国当代哲学家福柯晚期著名的"生存美学"思想。这一思想强调"把每个人的生活变成艺术品"，为此，福柯提出了相应的"自我呵护"命题，主张"与自我的关系具有本体论的优先性，以此衡量，呵护自我具有道德上的优先权"③。"自我呵护"命题的提出，标志着一个重要的哲学与伦理学转折的开始，即把关注点从人与社会、人与他人的关系转到人与实际存在的人自身的关系之上，要求从个体出发突破"规范化"的束缚。应该看到，人类关注重点的转移是有着强烈的时代性的。在人类社会早期的农耕时代，人类所关注的是自然；进入工业社会，人类

---

① 转引自朱立元主编：《现代西方美学史》，上海文艺出版社1993年版，第1021页。

② 转引自朱立元主编：《现代西方美学史》，上海文艺出版社1993年版，第643页。

③ 转引自［英］路易丝·麦克尼：《福柯》，黑龙江人民出版社1999年版，第172页。

关注的重点是理性;从 20 世纪初期开始,特别是"二战"以后,资本主义制度的弊端愈发突出,工具理性的局限日益明显,人类面临诸多灾难,因此,关注的重点转向非理性对理性的突破之上。进入信息时代以来,网络技术迅速发展,全球化进程不断加速,大众文化日渐勃兴,对工具理性的解构逐步被人的主体性重建所代替。在这种形势下,福柯特别提出以关注人自身存在状况为内涵的"自我呵护"命题,其侧重点显然不在人的解放,而在于人的艺术化生活的"创造"。尽管这一命题的审美乌托邦倾向与极端个人主义内涵十分明显,但它所揭示的现代社会工具理性与市场拜物盛行所造成的"规范化"现实,以及由此产生的人的"自我"某种程度的丧失,却是客观存在的。对此,我们可以在唯物主义实践观的指导下,扬弃其个人主义的内涵,通过倡导"自我呵护"而引导每个人的生活走向"艺术化"的创造。

一、叔本华:艺术是人生的花朵

(参见第三卷《现代美育理论》第 146 页)

二、尼采:艺术是生命的伟大兴奋剂

(参见第三卷《现代美育理论》第 150 页)

三、杜威：艺术的生活化

　　杜威(1859—1952),20 世纪美国著名的哲学家、教育家和心理学家。从 1894 年开始,他与他的学生们组成美国实用主义的重要学派——芝加哥学派,并产生了极大的影响。1931 年,杜威应哈佛大学之邀前往举办演讲会,作了一系列题为"艺术哲学"的演讲,后编成《艺术即经验》一书,于 1934 年出版。这本书集中地阐释其实用主义美学思想,成为当代最具美国特点的美学理论体系。杜威在书中以"艺术即经验"为核心观点,全面论述了艺术与生活、艺术与人生、艺术与科学、内容与形式等一系列重要问题。他将美国资产阶级的民主观念与商业观念贯注于其经验论美学之中,将艺术从高高的象牙之塔拉向现实的社会人生,提出艺术生活化的重要命题,对于当代,特别是我国的美学与美育建设产生了重要影响。

　　杜威的美学思想也走过了一段曲折的道路。由于种种原因,他的美学思想从 20 世纪 30 年代提出后即走向沉寂,逐步被分析美学所取代。从 20 世纪后期开始,以罗蒂出版《哲学和自然之镜》为标志,他的实用主义美学思想重新引起人们的重视。

(一)经验自然主义的研究方法

　　要掌握杜威的艺术即经验与艺术生活化的实用主义美学思想,首先要了解其经验自然主义的美学研究方法。经验自然主义的方法就是实用主义的方法,也就是一种重效果、重行动的特有的当代美国式的方法。这种方法当然与 18 世纪英国经验派的理论有继承关系,但它主要产生于美国特有的拓荒时代,即当时遵循实业第一的原则、效率首位的教育、利益取向的政治,以及 19 世纪以达尔文进化论为代表的科技的发展及其对实证的强调。对于这种方法,杜威将其看作是一种"哲学的改造",旨在突破古希腊以来,特别是工业革命以来的理性主义和本质主义传统以及主客二分的思维模式。杜威认为,这种方法立足于突破古希腊以来由主奴对立所导致的知识与实用的分裂,他试图通过经验对其加以统一。这是杜威实用主义哲学与美学的最重要的贡献和最富启发性之处,但长期以来没有引起足够的重视。

首先是主观唯心主义的经验论。他对其哲学与美学的核心概念"经验"作了主观唯心主义的界说。他突破传统的主客二分方法,将经验界定为主体与客体的合一、感性与理性的合一,以此与传统的二元论划清界限。他的经验论又与自然主义的实践观紧密相联。这里所说的实践是作为有机体的人为了适应环境与生存所进行的活动,他说:"经验是有机体与环境相互影响的结果。"①其次是以生物进化论作为其重要的理论基础。杜威将达尔文的生物进化论,特别是适者生存理论作为自己的哲学与美学的理论基础。这种对于人与环境适应的强调,固然有生物进化论的弊端,但十分重要的是,将人的生命存在放在突出的位置,因此,也可以说是一种"自然主义的人本主义"(Naturalistic Humanism)。再就是工具主义的方法论。杜威主张真理即效用的真理观,这是一种工具主义的理论。在此基础上,他又将其改造为控制环境的一种工具。他说:"对环境的完全适应意味着死亡。所有反应的基本要点就是

---

① [美]杜威:《艺术即经验》,高建平译,商务印书馆 2005 年版,第 22 页。

控制环境的欲望。"①这种控制就是朝着一定的目标对环境运用"实验的方法"进行的一种"改造"。所谓"实验的方法"就是对"逻辑的方法"的一种摒弃,采取"假定——实验——经验"的解决问题的路径。这就是一种实验的工具主义的方法,也就是我们所熟悉的"大胆假设,小心求证"。在《艺术即经验》之中,这种工具主义方法的具体运用就是采用一种与本质主义方法相对的"描述"的方法,也就是一种"直观的""直接回到事实"的方法。杜威将艺术界定为"经验",就是一种抓住其最基本事实的"描述",虽不尽准确,却具有极大的包容性。

(二)艺术即经验,艺术即生活

"艺术即经验"是杜威美学思想的核心命题。他的《艺术即经验》的主旨就是恢复艺术与经验的关系,"把艺术与美感和经验联系起来"。这就是西方当代美学所谓的"经验转向",将艺术由高高在上的理性拉向现实的生活实践与生活经验。首先,杜威将其美学与艺术研究的出发点归结为"活的生物"(live creature),这是别开生面的。"活的生物"是杜氏实用主义美学的关键词之一,要给予充分的重视。他说:"每一个经验都是一个活的生物与他生活在其中的世界的某个方面相互作用的结果。"②这一方面充分强调了审美的"感性"特点,同时强调了人的审美的感性与动物感性的必然联系。他说:"为了把握审美经验的源泉,有必要求助于

①转引自[美]杜兰特:《哲学的故事》,朱安等译,文化艺术出版社1991年版,第532页。
②[美]杜威:《艺术即经验》,高建平译,商务印书馆2005年版,第46页。

处于人的水平之下的动物的生活。"①在此,他批判了传统的"蔑
视身体、恐惧感官,将灵与肉对立起来"②的观念,强调五官在审
美之中的参与作用,认为"五官是活的生物借以直接参与他周围
变动着的世界的器官"③。这就与古典的借助于视听的无利害的
"静观美学"划清了界限。更重要的是,在这里,杜威提出了人与
自然的全新的关系的观点。他打破了传统的人与自然对立的观
念,力主人与自然统一的观念,提出人在自然之中而不是在自然
之外。他说,"艺术的源泉存在于人的经验之中"④,这种经验就
是"活的生物"在某种能量的推动下与环境相互作用的结果。"有
机体与周围环境的相互作用,是所有经验的直接的或间接的源
泉,从环境中形成的阻碍、抵抗、促进、均衡,当这些以合适的方式
与有机体的能量相遇时,就形成了形式"⑤,艺术的任务就是恢复
审美经验与日常经验的联系。艺术哲学的任务旨在恢复"构成经
验的日常事件、活动,以及苦难之间的连续性"⑥。他还进一步打
破了艺术与日常工艺以及精英与大众的壁垒。这种对于艺术经
验与日常经验连续关系的探讨,正是杜威式的美国资产阶级民
主在审美与艺术领域中的表现。它打破了文化艺术的精英性和
神秘性,将其拉向日常生活与普通大众。杜威特别强调审美经
验的直接性,认为这是美学所必须的东西。他说:"美学所必须
的东西:即审美经验的直接性。不是直接的东西便不是美的,这

①[美]杜威:《艺术即经验》,高建平译,商务印书馆2005年版,第18页。
②[美]杜威:《艺术即经验》,高建平译,商务印书馆2005年版,第20页。
③[美]杜威:《艺术即经验》,高建平译,商务印书馆2005年版,第22页。
④伍蠡甫主编:《现代西方文论选》,上海译文出版社1983年版,第219页。
⑤[美]杜威:《艺术即经验》,高建平译,商务印书馆2005年版,第163页。
⑥[美]杜威:《艺术即经验》,高建平译,商务印书馆2005年版,第2页。

点无论怎样强调都不算过份。"①由此,他反对在艺术欣赏中过分地强调联想,因其违背审美直接性的原则。同时,他也反对从古希腊开始的将审美经验仅仅归结为视觉与听觉的理论,而将触觉、味觉与嗅觉等带有直接性的感觉都包含在审美的感觉之内。他说:"感觉素质,触觉、味觉也和视觉、听觉的素质一样,都具有审美素质。但它们不是在孤立中而是在彼此联系中才具有审美素质的;它们是彼此作用,而不是单独的、分离的实质。"②他认为,审美经验不同于日常经验之处就是它是一种"完整的经验",因而构成"理想的美"。对于这种完整性,他称为"一个经验"(an experience),这是理解杜氏美学思想的一把钥匙。他说:"把对过去的记忆与对将来的期望加入经验之中,这样的经验就成为完整的经验,这种完整的经验所带来的美好事情便构成了理想的美。"③这种完整经验的理想美,具体表现为有序、有组织运动而达到的内在统一与完善的艺术结构。杜威认为,这个完整的经验以现在为核心,将过去与将来交融在一起,使人与环境达到水乳交融的境界,从而使人成为"真正活生生的人"。这就是一种处于审美状态的人和审美境界,"这些时刻正是艺术所特别强烈歌颂的"④。艺术即"活生生的人"的"完整的经验",是"理想的美"。这就是杜威对于"艺术即经验"的中心界说。正因为杜威把经验

---

① [美]杜威:《内容与形式》,见伍蠡甫、胡经之主编:《西方文艺理论名著选编》下,北京大学出版社1987年版,第23页。

② [美]杜威:《内容与形式》,见伍蠡甫、胡经之主编:《西方文艺理论名著选编》下,北京大学出版社1987年版,第25页。

③ 伍蠡甫主编:《现代西方文论选》,上海译文出版社1983年版,第226—227页。

④ 伍蠡甫主编:《现代西方文论选》,上海译文出版社1983年版,第227页。

界定为人作为有机体生命的一种生机勃勃的生存状态,所以他认为不断的变动和完结终止都不会产生美的经验,而只有变动与终止、分与合、发展与和谐的结合才能产生美的经验。所谓"需要——阻力——平衡"才是审美经验的基本模式。他说:"我们所实际生活的世界,是一个不断运动与到达顶峰、分与合等相结合的世界。正因为如此,人的经验可以具有美。"①这种分与合的结合,实际上是人与周围环境由不平衡到平衡、由不和谐到和谐的过程。他说:"生命不断失去与周围环境的平衡,又不断重新建立平衡,如此反复不已,从失调转向协调的一刹那,正是生命最剧烈的一刹那。"②这也就是美的一刹那。由此可见,杜威的美是一种主体与环境由不平衡到平衡的过程中所产生的强烈的、同时也是完整的审美经验,即生命的体验。正是从"艺术即经验"的基本界说出发,杜威主张"艺术产品,是艺术家与听众之间的联系环节"③。他认为,艺术品只有在创造者之外的人的经验中发生作用,或者说被接受,才是完整的。他甚至认为,即便在艺术创作过程中,艺术家也应该将自己化身为读者与观众,像了解自己的孩子一样与自己的作品一起生活,掌握其意义,这时"艺术家才能够说话"④。这就说明,杜威在自己的美学体系之中较早地提出了与后来接受美学相近的美学观念。杜威的实用主义的工具主义在其美学理论中的表现,就是他认为艺术与其

---

① 伍蠡甫主编:《现代西方文论选》,上海译文出版社 1983 年版,第 225—226 页。

② 伍蠡甫主编:《现代西方文论选》,上海译文出版社 1983 年版,第 226 页。

③［美］杜威:《艺术即经验》,高建平译,商务印书馆 2005 年版,第 115 页。

④［美］杜威:《内容与形式》,见伍蠡甫、胡经之主编:《西方文艺理论名著选编》下,北京大学出版社 1987 年版,第 11 页。

他经验一样都是具有工具性的。艺术经验的工具性的特点,即为"在事情的结果方面和工具方面求得较好的平衡"①。这也就是要求作为完整经验的美与作为工具性的善之间取得某种统一与平衡。

(三)艺术是人类文明的显示

对于审美与艺术的作用,杜威给予了充分的肯定。他首先认为,艺术是人类文明的记录与显示。他说:"审美经验是一个显示,一个文明的生活的记录与赞颂,也是对一个文明质量的最终的评断。"②审美与艺术的作用集中表现在,文明的传承与交流中"文化从一个文明到另一个文明,以及该文化之中传递的是连续性的,更是由艺术而不是由其他某事物所决定的"③。他认为,哲人与艺术家会一个接一个地逝去,但他们的作品却沉留下来成为文化传承的载体,从而"成为文明生活中持续性的轴心"④,而且也正是通过艺术,不同民族之间得以进行文化的对话与交流。各个民族的文化艺术尽管各异,但在"存在着一种有秩序的经验内容的运动"⑤上却是有着一致性的,这就可以使之"进入到我们自身以外的其他关系和参与形式之中","可以导致一种将我们自己时代独特的经验态度与远方民族的态度的有机混合。"⑥最后,杜威特别强调了审美与艺术的教育作用,他说,"这些公共活动方式

---

① [美]杜威:《艺术即经验》,高建平译,商务印书馆 2005 年版,第 50 页。
② [美]杜威:《艺术即经验》,高建平译,商务印书馆 2005 年版,第 362 页。
③ [美]杜威:《艺术即经验》,高建平译,商务印书馆 2005 年版,第 362 页。
④ [美]杜威:《艺术即经验》,高建平译,商务印书馆 2005 年版,第 362 页。
⑤ [美]杜威:《艺术即经验》,高建平译,商务印书馆 2005 年版,第 368 页。
⑥ [美]杜威:《艺术即经验》,高建平译,商务印书馆 2005 年版,第 371 页。

中每一个都将实践、社会和教育因素结合为一个具有审美形式的综合整体。它们以最使人印象深刻的方式将一些社会价值引入到经验之中。"①在这本书的最后,他引用了一首诗来阐明艺术对于人类的潜移默化的培育作用:"但是艺术,绝不是一个人向另一个人说,只是向人类说——艺术可以说出一条真理,潜移默化地,这项活动将培育思想。"②

　　杜威还论述了艺术与科学的关系,他认为,两者从经验的角度看是有着一致性的,而且科学可以为艺术与审美提供方法的启示,但两者的表现方式却是不同的,"科学陈述意义,而艺术表现意义"③。

　　总之,杜威尝试用新的实用主义方法,突破传统美学与艺术理论,提出艺术即经验的重要命题,回应20世纪新时代提出的一系列新的课题,产生了广泛影响。他在《经验与自然》一书的序言中说道:"本书中所提出的这个经验的自然主义的方法,给人们提供了一条能够使他们自由地接受现代科学的立场和结论的途径。"④这就是杜威借助实用主义方法对审美与艺术所进行的全新的阐释,旨在突破传统二元对立的纯思辨方法。他破除西方古典美学中艺术与生活、内容与形式以及灵与肉两极对立的观点,以经验为纽带将其紧密相联,这成为其美学与艺术理论中的精彩之点,形成新的实用主义美学流派,产生了广泛影响。事实证明,杜威是20世纪初期美国最有影响的美学家。他的美学是一种改

---

① [美]杜威:《艺术即经验》,高建平译,商务印书馆2005年版,第364页。
② [美]杜威:《艺术即经验》,高建平译,商务印书馆2005年版,第387页。
③ [美]杜威:《艺术即经验》,高建平译,商务印书馆2005年版,第90页。
④ [美]杜威:《经验与自然》"序",傅统先译,商务印书馆1960年版,第3页。

变了美国艺术家思维方式的理论，多数美国的美学家和艺术家都承认，不了解杜威美学就不会了解战后美国的美学和艺术所发生的深刻变化。

四、弗洛伊德：艺术即原欲的升华

弗洛伊德（1856—1936）是奥地利著名的精神病学家，精神分析学派的创始人。他的以潜意识发现为特点的深层心理学在现代人类文化史上具有很大的影响，渗透到当代西方哲学、教育学、心理学、伦理学、社会学与美学等各个领域。可以说，弗洛伊德的深层心理学从根本上改变了人们对自身行为的看法，使人们认识到决定人的行为的并不完全是意识，还有并不被人们所了解的潜意识，这就为包括美育在内的人的教育与人格的培养提供了新的思想维度。弗洛伊德的精神分析心理学包括心理结构理论、人格结构理论与心理动力理论等。关于心理结构，他认为，人的心理结构应分为意识、前意识与潜意识三个层次，作为人的本能的潜意识是最原始、最基本与最重要的心理因素。关于人格结构，他认为，人的人格结构也分为超我、自我与本我三个层次，其中，"本我"是人格的原始基础和一切心理能量的源泉。关于心理动力，他认为，人的心理过程是一个动态系统，以本能作为一切社会文化活动的能量源泉，并成为其终极因。正是在上述理论的基础上，弗氏建立了自己的"原欲升华"的美学与美育理论。

（一）艺术创作的源泉在"原欲"

弗洛伊德认为，艺术创作的源泉是"原欲"。他说："艺术活动的源泉之一正是必须在这里寻觅。"①又说："我坚决认为，'美'的观念植根于性的激荡。"②这里所说的"原欲"（Libido），是一种广义上的能带来一切肉体愉快的接触。他认为，"原欲"同饥饿一样是一种本能的力量，即为"性驱力"，是人的一种"潜能"，是生命力的基础，处于心理的最深层，人的一切行为都是它的转移、升华和补偿。弗洛伊德认为，"原欲"在人身上集中地表现为"俄狄浦斯"的"恋母情结"和"厄勒克特拉"的"恋父情结"。所谓"情结"即是压抑在潜意识中的性欲沉淀物，实际上是一种心理的损伤，即是未曾实现的愿望。弗洛伊德认为，这种"恋母"和"恋父"情结经过变化、改造和化装，供给诗歌与戏剧以激情，成为艺术作品的源泉。

（二）原欲的实现经过了发泄与反发泄的对立过程

弗洛伊德不仅将艺术创作的源泉归结为"原欲"，而且进一步从动态的角度描述了原欲实现的过程。他认为，心理现象都表现为两种倾向——能量的发泄与反发泄的对立与斗争。所谓"发泄"，即指本我要求通过生理活动发泄能量；所谓"反发泄"，即指自我与超我将能量接过来全部投入心理活动。这种情形就是超我、自我与本我之间的"冲突"。这就使原欲处于受压抑状态，得不到实现，从而形成对痛苦情绪体验的焦虑，长此以往，就可能形成精神疾病。而艺术创作就是冲突的解决，给原欲找到一条新的出路。

――――――――

①转引自［苏］叶果洛夫：《美学问题》，刘宁、董友译，上海译文出版社1985年版，第305页。

②［奥］弗洛伊德：《爱情心理学》，林克明译，作家出版社1986年版，第53页注㉒。

（三）升华——原欲实现的途径

弗洛伊德认为，要使人们摆脱心理冲突，从焦虑中挣脱出来，有许多途径，"移置"即为其中之一。所谓"移置"，即指能量从一个对象改道注入另一个对象的过程。因而，移置必然寻找新的替代物代替原来的对象；如果替代对象是文化领域的较高目标，这样的"移置"就被称为"升华"。因此，对弗洛伊德来说，所谓升华作用即是"将性冲动或其他动物性本能之冲动转化为有建设性或创造性的行为之过程"，艺术即是这种原欲升华之一种。① 他认为，艺术的产生并不是纯粹为了艺术，其主要目的在于发泄那些被压抑了的冲动。这是原欲对于新的发泄出口的选择，其作用在于通过心理的发泄不使其因过分积储而引起痛苦。他说："心理活动的最后的目的，就质说，可视为一种趋乐避苦的努力，由经济的观点看来，则表现为将心理器官中所现存的激动量或刺激量加以分配，不使他们积储起来而引起痛苦。"② 弗洛伊德指出，这就证明原欲为人类的文化、艺术的创造带来了无穷的能量，从而为人类文化艺术的发展作出了很大的贡献。他说："研究人类文明的历史学家一致相信，这种舍性目的而就新目的的性动机及力量，也就是升华作用，曾为文化的成就带来了无穷的能源。"③ 又说："我们认为这些性的冲动，对人类心灵最高文化的，艺术的和

---

① ［奥］弗洛伊德：《爱情心理学》，林克明译，作家出版社1986年版，第145页注⑪。

② ［奥］弗洛伊德：《精神分析引论》，高觉敷译，商务印书馆1984年版，第300页。

③ ［奥］弗洛伊德：《爱情心理学》，林克明译，作家出版社1986年版，第59页。

社会的成就作出了最大的贡献。"①

　　现在看来,弗洛伊德这种将"原欲"看作是一切社会文化活动的根本动力的泛性主义显然是片面的,但他揭示出潜意识的原欲是人类社会文化活动的根源之一,并将其途径概括为"升华",应该说是很有见地的。他的这种"舍性目的而就新目的"的理论与批评实践,无疑是对艺术的育人作用的新的概括,是对当代美学和美育理论与实践的丰富。

五、海德格尔:人诗意地
栖居在大地上

　　马丁·海德格尔(1889—1976)是 20 世纪最有影响的西方哲学家与美学家之一。他出生于德国的默斯基尔希,在弗莱堡大学学习神学和哲学,1914 年获博士学位,先后在马堡大学和弗莱堡大学任教,主要著作有《存在与时间》、《林中路》与《荷尔德林诗的阐释》等。他的人生历程中最重要的一件事情,他曾经参加纳粹党,并于 1933 年 4 月至 1934 年 2 月任弗莱堡大学校长。对于这段历史,学术界一直存在争论。尽管如此,海氏还是当代存在主义哲学与美学的最重要代表,终生思考着资本主义现代性与传统哲学的诸多弊端,着力阐发其基本本体论哲学与美学思想。

(一)存在论哲学观

　　海德格尔的基本本体论实际上是对传统本体论的一种反思与

---

①〔奥〕弗洛伊德:《精神分析引论》,高觉敷译,商务印书馆 1984 年版,第9 页。

批判。他认为,传统本体论的最主要弊端是混淆了存在与存在者的关系。他将两者区分开来:所谓存在者就是"是什么",是一种在场的东西;所谓存在则是"何以是",是一种不在场。他指出,在存在者中最重要的是"此在",即人,这是一种能够发问存在的存在者。"此在"的特点是"在世",即处于"此时此地"之中。而且,此在之在世是处于一种被抛入的状态,其基本特征就是"烦"、"畏"和"死"。

　　传统的真理观是符合论的真理观,也就是在认识论的思维中,判断与对象相符合的就是真理。但这种真理观是主客二分、预设的,将存在者与存在分开,阐释的是存在者而不是存在。海氏与之相反,提出揭示论的真理观,也就是不把真理看作某种实体,而是看成由遮蔽到澄明逐步展开的过程。

　　海氏运用了胡塞尔开创的现象学方法,这是一种"回到事情本身"的方法,也就是通过将一切实体(客体对象与主体观念)加以"悬搁"的途径回到认识活动最原初的"意向性",使现象在意向过程中显现其本质,从而达到"本质直观"。这就是所谓的"现象学的还原"。但海氏对现象学进行了改造,将其变为存在论现象学。他以存在取代了胡塞尔的先验主体构造的意识现象,并使现象学成为对于存在意义的追寻。这样,所谓"回到事情本身"就成为"回到存在",而其悬搁的则是存在者。这样的"回到人的存在"就是回到人的原初,回到美学的真正起点。这就将人的生存问题提到哲学与美学的核心地位。

(二)美与艺术的本源是存在由遮蔽到解蔽的自行显现

　　海氏突破了传统认识论理论中有关真理的符合论思想,从存在论现象学出发,将真理看作是存在由遮蔽到解蔽的自行显现,而这也就是美与艺术的本源。他说:"艺术作品以自己的方式敞开了存在者的存在。这种敞开,就是揭示,也就是说,存在者的真理是在作品中实现的。在艺术作品中,存在者的真理自行置入作品。艺术就是自行置入作品的真理。"①海氏面对资本主义深重的经济与社会危机、社会制度的诸多弊端、工具理性的重重压力、人的极其困难的生存困境,思考着人的存在之谜,探问人是什么、人在何处安置自己的存在等重大问题。他认为,工具理性的膨胀已经使人类处于技术统治的"黑暗之夜"。"这片大地上的人类受到了现代技术之本质连同这种技术本身的无条件的统治地位的促逼,去把世界整体当作一个单调的、由一个终极的世界公式来保障的、因而可以计算的贮存物(Bestand)来加以订造。"②因此,人的存在只有突破资本主义社会制度和工具理性的重重压力,才能由遮蔽走向敞开,实现真理的自行置入,人才能得以进入审美的生存境界。在这里,主观的构成作用十分明显。所谓真理的自行显现是在意向性过程中主观构成的结果。人"在世",周围世界进入此在的关系中,但审美是世界与人的一种"机缘",也就是说,世界所有的事物对于人来说都是"在手"的,只有人对之产生兴趣的东西才是"上手"的东西,这个东西就与人有了机缘;如果这个东西具有美的属性,那人就与之发生审美关系,在主观意向构成中逐步由遮蔽走向解蔽,由昏暗走向澄明,从而真理自行显现。这就是人与对象的审美关系发生的过程。这种"解蔽"的过程不是通过实物的描绘、制作程序的讲述,也不是对实际器具的观察,

---

① 转引自朱立元主编:《现代西方美学史》,上海文艺出版社 1996 年版,第530 页。

② [德]海德格尔:《荷尔德林诗的阐释》,孙周兴译,商务印书馆 2000 年版,第221 页。

而是通过对艺术作品的"观赏"与"体验"。例如，海德格尔对凡·高的《鞋》，就是通过欣赏体验到农妇艰苦的生存状态的。

（三）人诗意地栖居于这片大地上

"人诗意地栖居于这片大地上"是海氏对诗和诗人之本源的发问与回答，也就是回答"人是谁以及人把他的此在安居于何处"。艺术何为？诗人何为？海德格尔回答说，他就是要使人诗意地栖居于这片大地上。他认为，诗人的使命就是在神祇（存在）与民众（现实生活）之间，面对茫茫黑暗中迷失存在的民众，将存在的意义传达给民众，使神性的光辉照耀宁静而贫弱的现实，从而营造一个美好的精神家园。海氏认为，人在现代生活的促逼之下失去了自己的精神家园，艺术应该使人找到自己的家，回到自己的精神家园。同时，"人诗意地栖居于这片大地上"也是海氏的一种审美的理想。他所说的"诗意地栖居"是同当下"技术地栖居"相对立的。所谓"诗意地栖居"，就是要使当代人类抛弃"技术地栖居"，走向人的自由解放的美好生存。

（四）天地神人四方游戏说

海氏后期思想突破了人类中心主义的束缚，走向生态整体理论，他因此被称为"生态主义的形而上学家"，最著名的就是提出了"天地神人四方游戏说"。1950年，他在《物》一文中提出"四方游戏"说，指出壶之壶性在倾注之赠品——泉水中集中表现。泉水来自大地的岩石，大地接受天空的雨露，水为人之饮料，也可敬神献祭，"这四方（Vier）是共属一体的"①。1959年，他在《荷尔德林的大地与天空》一

---

① 孙周兴编：《海德格尔选集》，上海三联书店1996年版，第1173页。

文中指出:"于是就有四种声音在鸣响:天空、大地、人、神。在这四种声音中,命运把整个无限的关系聚集起来。"①海氏的"四方游戏说"包含着极其丰富的内容。四方中之"大地",原指地球,但又不限于此,有时指自然现象,有时指艺术作品的承担者;而"天空"则指覆盖于大地之上的日月星辰,茫茫宇宙;所谓"神",实质是指超越此在之存在;而所谓"人",海氏早期特指单纯的个人,晚期则拓展到包含民族历史与命运的深广内涵。所谓"四方"也并非一种实数,而是指命运之声音的无限关系从自身而来的统一形态。"游戏"是指超越知性之必然有限的自由无限。海氏甚至用"婚礼"来比喻"四方游戏"之无限自由性。这无疑是对其早期"世界与大地争执"之人类中心主义的突破,走向生态整体理论。海氏认为:"在这里,存在之真理已经作为在场者的闪现着的解蔽而原初地自行澄明了。在这里,真理曾经就是美本身。"②

(五)语言是存在之家

在海氏的哲学理论中,语言观是非常重要的组成部分。首先,他认为,他所说的"语"不是以其为知识对象的语言,也不是具体的话语,而是作为人的存在的"道说"。人正是通过语言的"开启而明晓"而成为特殊的存在者,因此,语言是"存在之家"。"唯语言才使存在者作为存在者进入敞开领域之中",而语言本身就是根本意义上的诗,"诗乃是存在者之无蔽的道说"③。诗

---

① [德]海德格尔:《荷尔德林诗的阐释》,孙周兴译,商务印书馆 2000 年版,第 210 页。

② [德]海德格尔:《荷尔德林诗的阐释》,孙周兴译,商务印书馆 2000 年版,第 198 页。

③ 孙周兴编:《海德格尔选集》,上海三联书店 1996 年版,第 294 页。

就是通过语言去神思存在。对于"神思"，海氏说道："存在决不是存在者。但因为存在和存在物的本质不可计算，也不可从现存的东西中计算推衍出来，所以它们必然是自由创造、规定和给予的。这种给予的自由活动就是'神思'。"①也就是诗通过语言给予存在与存在物第一次命名，诗意的生存成为人们追求的目标。

（六）美是在时间中生成的

时间问题是海氏存在论的重要关注点，他的《存在与时间》的主题就是存在的意义在于时间。海氏列出了此在的各种存在状态：过去（沉沦态）、现在（抛置态）、将来（生存态）。因此，在海氏的存在论美学中，美不是静态的实体，而是一个逐步展开的过程；美也不纯粹是客观存在，而是与欣赏者密切相关，是在欣赏者的阐释中逐步展开的。因此，存在论美学必然导向解释学。海氏说，"现象学描述的方法上的意义就是解释"，又说："通过诠释，存在的本真意义与此在的本己存在的基本结构就向居于此在本身的存在之领悟宣告出来。"②审美与时间性的关系向我们提出了一个美的永恒性与现时性的问题。我们过去常说，经典作品的美的魅力是永恒的，但美又是在时间的境域中展开的。应该如何理解呢？总的来说，在海氏的现象学理论中永恒的美是不存在的，美都是在时间中生成的。例如，过去远古时期的工具，现在可能

---

① 转引自朱立元主编：《现代西方美学史》，上海文艺出版社 1996 年版，第534 页。
② ［德］海德格尔：《存在与时间》，陈嘉映、王庆节译，生活·读书·新知三联书店 1987 年版，第46—47 页。

成为艺术品,成为经典;今天的经典也可能随着历史的发展而丧失其价值。总之,一切都在时间中变动,都是当时人的自由的创造,不存在任何永恒。海氏常用的梵高的画《鞋》的例子就是一种时间性的解读与阐释。当然,这种解释并不排除某种"前见",例如他对古希腊神殿的阐释。

由此可见,在海氏的美学理论中,四方游戏、诗性思维、真理显现、美的境界与诗意地栖居都是同格的。这就是他后期的美学思想中不仅包含着深刻的当代存在论思想,而且还包含着深刻的当代生态观的缘由。这也正是他以诗性思维代替技术思维、以生态平等代替人类中心、以诗意栖居代替技术栖居的必然结果。总之,海氏的当代存在论美学思想在审美对象、艺术本质、语言观上均有大的突破,成为代表新时代美学的旗帜之一。但也有着自己的局限性:其理论自身有不完善性,与审美及艺术的结合有待于加强;在人的存在与现代化以及科技的关系等问题上的把握也有偏颇之处。此外,西方当代存在论美学思想的本土化问题也需要进一步探索。

六、杜夫海纳:艺术是
审美知觉的构成

米凯尔·杜夫海纳(Mikel Dufrenne,1910—1995),法国著名美学家,曾任法国美学学会主席、世界美学学会副主席,主要著作有《审美经验现象学》《美学与哲学》等。他的美学思想从现象学的研究路径特别地强调了审美知觉的构成作用,由此不仅确认了美是人的一种创造,而且突出了欣赏者在创造中的作用,在一定的意义上包含着"人人都是艺术家"的重要内涵。

(一)现象学的研究路径

杜氏美学研究的最主要特点是坚持现象学的哲学立场,运用现象学本质直观的方法,也就是通过意识的构成性来解决审美经验与审美对象的循环,实现心与物、主体与客体、意识活动与意识对象的辩证统一,探讨审美的经验。这是一种属人的现象之意义的自身显现过程。这种现象学立场不同于通常的唯物、唯心之哲学立场,也不同于通常的心理主义,实际上是经验与对象、心与物的一种"主体间性"关系,其具体研究是从欣赏者的经验出发的。而欣赏者所凭据的作者是作品显示出来的作者,而不是历史上创作出这个作品的作者。

杜氏美学研究的主要着力点是描述艺术引起的审美经验,研究的中心是审美对象和审美知觉的相互关联,亦即欣赏者和对象之间的交流沟通;其方法是通过不可避免的知觉和对象的两分法来把握审美经验;具体路径为由审美对象即作品的客观分析到审美知觉本身的研究;最后研究这些审美经验意味着什么,以先验的本体论的思考力图摆脱二分关系;得出的结论是美是存在于审美感知中的性质。他说:"美不是一个观念,也不是一种模式,而是存在于某些让我们感知的对象中的一种性质,这些对象永远是特殊的。美是被感知的存在在被感知时直接被感受到的完满(即使这种感知需要长时间的学习和长时间熟悉的对象)。首先,美是感性的完善,它以某种必然性的面目出现,并能立刻打消任何对其加以修改的念头。其次,美是某种完全蕴含在感性之中的意义,没有它,对象将毫无意义,至多是令人愉快的、装饰性的或有趣的事物而已。"①

----

① [法]米凯尔·杜夫海纳:《美学与哲学》,孙非译,中国社会科学出版社1985年版,第19—20页。

（二）审美知觉是审美对象的基础

何为审美对象？杜氏认为，审美对象就是被知觉的艺术作品。这就将审美对象与一般的艺术作品区别开来了。"审美对象和艺术作品的区别是：要有审美对象的显现，必须在艺术作品之上加上审美知觉。"①审美知觉是审美对象的基础，一幅画对于搬运工来说是物，而对于爱好者来说则是画。杜氏说："审美对象是奉献给知觉的，它只有在知觉中才能自我完成。"②在这里，审美对象与艺术作品的区别就是，艺术作品只有在与审美知觉相连时才成为审美对象。审美知觉也不是一般的知觉，而是一种感性完满的知觉。关于审美对象的特性，杜氏认为，审美对象不是论证，不是说教，而是显现，是感性要素的组合。他说，审美对象的根本现实性首先在于感性当中。只有在欣赏中，审美对象才得以再现，否则只处于沉睡状态。杜氏认为："观众通过观看对象使之达到再现，使之显示出沉睡在它身上的感性，而没有人观看就不会唤醒它。"③又说，博物馆关门后，艺术作品"再也不作为审美对象而存在，只是作为东西而存在……仅仅作为可能的审美对象而存在"④。他还进一步区分了一般感性与审美感性，认为一般感性

---

①［法］米凯尔·杜夫海纳：《审美经验现象学》，韩树站译，文化艺术出版社1996年版，第22页。

②［法］米凯尔·杜夫海纳：《审美经验现象学》，韩树站译，文化艺术出版社1992年版，第254页。

③［法］米凯尔·杜夫海纳：《审美经验现象学》，韩树站译，文化艺术出版社1992年版，第40页。

④［法］米凯尔·杜夫海纳：《美学与哲学》，孙非译，中国社会科学出版社1985年版，第55页。

(知觉)走向实用或知识,而在艺术和审美中感性则成为目的,成为对象本身,是一种被直接感受到的完满。他还对形式给予了特别的重视,认为形式是作品的灵魂,犹如灵魂是肉体的形式。

杜氏认为,审美对象是内在于感性的意义,"意义内在于感性",不同于传统的观点所认为的内容与形式的对立,这是一个"中心概念"①。这里的关键是感性具有本体的地位,具有存在的意义。感性就是对象,就是主体,就是此在。杜氏指出,审美对象不容许知觉离开给定之物(即形式),要求知觉停止于给定之物才交出其意义;在审美对象中,所指内在于能指。② 他还认为,意义通过时空的先验构架来安排感性,使不同的艺术在复杂性和形式方面各个不同。审美知觉与感性是起着决定作用的,而不是对象的属性。从审美知觉的角度看,所有的艺术形式中都包含着时间与空间的因素。因此,传统的时间艺术与空间艺术的区别是错误的。

杜氏的一个非常重要的观点,是审美对象具有准主体性质,也就是审美对象跨越外在性,具有表现性;既是客观对象,又表现了主体世界观。他说,在这里,审美对象与知觉主体互为主体,交流对话;又说,审美对象是一个作者的作品,在它身上含有制造它的主体的主体性。③

---

①[法]米凯尔·杜夫海纳:《审美经验现象学》,韩树站译,文化艺术出版社1992年版,第119页。
②[法]米凯尔·杜夫海纳:《审美经验现象学》,韩树站译,文化艺术出版社1992年版,第156页。
③[法]米凯尔·杜夫海纳:《审美经验现象学》,韩树站译,文化艺术出版社1992年版,第178—179页。

（三）审美知觉是审美对象的存在方式

杜氏强调审美知觉现象学的重要性，认为审美知觉是审美对象的存在方式，审美对象是知觉中才能领会的感性事物的存在。知觉具有构成性，在（感性）呈现阶段，它是肉体，这是前反思阶段物我不分的肉体；在再现阶段，它是属人的主体，也就是经过了对象化，成为形象；在表现的感觉阶段，它是深层的我。① 他认为，审美知觉是一种感知、见证、呈现的状态，而不是完全感性自失的心理意义的状态。

他将审美知觉分为三个阶段：第一，呈现阶段，即知觉的产生，是一种整体的、前反思的和身体合一的知觉阶段。第二，表象和想象阶段。他认为，知觉倾向于对象化，把感知到的初步内容塑造成可辨认的实体和事件。第三，反思和情感阶段。他认为，知觉发展为一种客观反思的形式，并趋向于可理解和认识的，同时，因其感情特质而与审美对象固有的表现性联系在一起。杜氏特别强调了知觉对对象的构成作用以及知觉能力的训练。"如果我仅是一只瞬间性的耳朵，如果我的耳朵没有受过训练，进一步说，如果我不让音乐在我呈现给声音的这个自我中回荡并得到反响，我如何能感觉到音乐呢？"②他还突出了情感在知觉构成中的重要地位与特殊作用，认为情感特质是"主体中最深的东西，正如它是审美对象中最深的东西一样"③。

----

①〔法〕米凯尔·杜夫海纳:《审美经验现象学》，韩树站译，文化艺术出版社1992年版，第484页。

②〔法〕米凯尔·杜夫海纳:《审美经验现象学》，韩树站译，文化艺术出版社1992年版，第444页。

③〔法〕米凯尔·杜夫海纳:《审美经验现象学》，韩树站译，文化艺术出版社1992年版，第489页。

（四）对象与知觉的协调

对象与知觉两者的协调成为杜氏理论的主导线索,因为其出发点就是通过现象学的悬搁途径消解主客二分,因此,对象与知觉的二分必将走向协调统一,这也是他的现象学美学的中心问题:审美对象与欣赏者如何相聚于审美经验之中? 杜氏说,审美对象与审美知觉的关联是"我们研究的中心"①。

审美情感特质是沟通对象与知觉的最基本的途径。杜氏指出,审美经验运用的是真正的情感经验,这是一个世界能被感觉的条件②;只有审美的情感特质才构成先验,并具有产生一个世界的作用:并非任何情感特质都能构成一种先验,只有被审美化时才能如此;思想本身也不能构成一个世界,只有通过情感特质才得以成形和表现。因此,没有哲学家斯宾诺莎的世界,只有艺术家巴尔扎克和贝多芬的世界。

杜氏认为,情感先验所导致的统一性归根结底来自欣赏者观看现实的目光的统一性。他说,只有主体才能揭示这个世界,而有多少审美对象就有多少世界。③

最后,杜氏认为,本体论是最终的统一:对象与知觉统一于存在。情感先验是以存在为基础的,他说:"赋予审美经验以本体论意

---

① [法]米凯尔·杜夫海纳:《审美经验现象学》,韩树站译,文化艺术出版社1992 年版,第 22 页。
② [法]米凯尔·杜夫海纳:《审美经验现象学》,韩树站译,文化艺术出版社1992 年版,第 477 页。
③ [法]米凯尔·杜夫海纳:《审美经验现象学》,韩树站译,文化艺术出版社1992 年版,第 572—575 页。

义,就是承认情感先验的宇宙论方面和存在方面都是以存在为基础的。"①所谓"价值就是存在"②,而艺术则成为人性充分展现自己的那个世界,"人类一经超越兽性阶段,艺术就出现在历史的初期"③。对于真正的艺术家,存在与创作之间没有界限,他的行为处于主客的区分之外,并体现出相互主体性,也就是说,他要求别人都是自我。④

　　杜夫海纳的贡献是,以现象学为出发点提出美不是观念,不是模式,而是主体通过知觉感知对象中的一种性质的生存论美学观,完全区别于传统的实存论美学观;强调以身体的感觉为基础,恢复 Aesthetic 作为感性学的原意;也对现代艺术进行了理论的概括,提出了"相互主体性"这一重要问题;试图以审美知觉为基础,统一主体与对象,并做出了卓有成效的努力;具体阐释了审美与存在的关系;对审美想象与情感、先天与后天的关系等重要问题发表了自己的看法。但其局限性也是非常明显的,表现为对新时期纯粹美学——新的审美范畴能否建立存有疑虑,在美学与哲学、生活的关系的论述上还存在模糊性;没有完全摆脱主客二分思维模式与人类中心主义的束缚。

---

① [法]米凯尔·杜夫海纳:《审美经验现象学》,韩树站译,文化艺术出版社1992年版,第581页。
② [法]米凯尔·杜夫海纳:《美学与哲学》,孙非译,中国社会科学出版社1985年版,第24页。
③ [法]米凯尔·杜夫海纳:《审美经验现象学》,韩树站译,文化艺术出版社1992年版,第594页。
④ [法]米凯尔·杜夫海纳:《审美经验现象学》,韩树站译,文化艺术出版社1992年版,第597页。

七、伽达默尔:审美
教化是造就人类
素质的特有方式

　　伽达默尔(1900—2002),当代德国最著名的解释学哲学家和美学家,胡塞尔和海德格尔的学生。先后任教于马堡大学、莱比锡大学、法兰克福大学和海德堡大学,1960年出版代表性论著《真理与方法》,标志着当代解释学哲学的诞生。该书的副标题为《哲学解释学的基本特征》,从艺术、历史与语言三个方面阐释了"理解"的基本特征。书名《真理与方法》,实际上指的是在真理与方法之间进行选择。伽氏的选择是,超越启蒙主义以来理性主义的科学方法而从解释学理论出发去探寻真理的经验。这里的"经验"是指现象学的原初的经验,也就是说,伽氏的解释学是以追寻存在的意义为其旨归的"本体论"的解释学,不同于传统的以探寻客观知识为其主旨的认知解释学。该书的最重要贡献,是在胡塞尔现象学和海德格尔解释学的基础上进一步完善与发展了现代解释学哲学理论,并将之用于美学领域,提出美学实际上归属于解释学的重要命题,以及审美教化是造就人类素质的特有方式,从而在现代人生美学的建设上作出了自己特殊的贡献。

(一)解释学的哲学原则

　　伽氏的现代解释学是对西方古代解释学理论,特别是对德国生命哲学家狄尔泰客观主义解释学和海德格尔存在论此在解释学继承发展的结果。但又有着自己鲜明的特点:第一,在对待理解者"偏见"的态度上,传统解释学是将其看作消极因素而力主消除,而伽氏则将其看作有益的视界,是一种"前见",说明"解释"的本质是一种与"他者"的对话,在"他者"的共同参与下创造意义。第二,在解释学循环方面,传统解释学循环是部分与整体之间的解释循环,而伽氏则认为是"前见"与理解之间的循环关系,具有本体的意义。第三,对于"解释",传统解释学将其看作方法,而伽氏则将其看作本体,提出"解释本体"的核心观点。第四,在真理观上,传统解释学是一种符合论的命题真理观,而伽氏的当代解释学则是一种本体论的真理观,将"理解"作为此在之存在方式,其本身就是真理。第五,当代解释学哲学原则是关系性、对话性、开放性和历史性,这也是传统解释学所没有的。

(二)审美教化是人类素质提高的特有方式

伽氏的解释学美学具有浓郁的人文色彩,他特别强调了审美的教化。"现在教化就最紧密地与文化概念连在了一起,而且首先表明了造就人类自然素质和能力的特有方式。"[1]在他看来,人通过教化才能成为解释主体,只有在教化中的人才具有理解与创造意义的能力,并且能不断提高这种能力。这就将其解释学美学引向文化,引向人类素质的造就。而且,他充分论述了自席勒以来强调审美教育的重大意义:"从艺术教育中形成了一个通向艺术的教育,对一个'审美国度'的教化,即对一个爱好艺术的文化社会的教化,就进入了道德和政治上的真正自由状态中,这种自

----

① [德]伽达默尔:《真理与方法》,王才勇译,辽宁人民出版社 1987 年版,第 11 页。

由状态应是由艺术所提供的。"①在此,伽氏不仅深入论述了审美教化的内涵,而且论述了其导向道德和政治自由的巨大作用。将解释学美学引向审美教化,又将审美教化强调到改造国家社会的高度,这恰恰表明了伽氏强烈的社会责任意识。

伽氏还论述了当代审美教化的特点。首先是认为审美观念的刷新直接影响到审美教化,这就是"对19世纪心理学和认识论的现象学批判"②。这种批判标志着当代审美观念的转型,要求从科学认识论转到以现象学为哲学基础的当代阐释学美学的轨道上来。由此,在审美教化过程中突出了观者主体的作用和同戏共庆的人类学特征。这里所说的"教化",不是传统意义上从上对下的"教化",而是广大民众在审美欣赏中通过阐释(游戏)所进行的自我教化。再就是,对于审美教化所凭借的艺术作品,伽氏也作了自己的阐释,提出了"审美体验所专注的东西就应是真正的作品"③这样的见解。所谓"真正的作品",就是对目的、功能、内容、意义等非审美要素的抛弃。伽氏认为,真正的作品只能同审美体验相联,在游戏中存在,通过象征显现。也就是说,审美教化所需要的作品是真正审美意义上的高水平作品。在这里,伽氏对审美教化即美育,作了阐释学的全新理解。尽管伽氏的阐释学美学与美育思想有着十分明显的主观唯心主义和相对主义的弊病,但其对美学和美育的全新理解却对我们深有启发。

---

① [德]伽达默尔:《真理与方法》,王才勇译,辽宁人民出版社1987年版,第119页。

② [德]伽达默尔:《真理与方法》,王才勇译,辽宁人民出版社1987年版,第120页。

③ [德]伽达默尔:《真理与方法》,王才勇译,辽宁人民出版社1987年版,第123页。

（三）艺术经验是审美教化的途径

艺术经验在伽氏美学理论中占有极为重要的位置,它是审美教化得以进行的重要途径。伽氏认为,"艺术的经验在我本人的哲学解释学起着决定性的,甚至是左右全局的重要作用"①,并以其当代解释学理论对艺术经验作了全新的阐释。他说,如果我们在艺术经验的关联中去谈游戏,那么,游戏是"指艺术作品本身的存在方式"②。他认为,游戏的特点首先是其特具的"此在"的本体性特征;游戏还具有游戏者与观者"同戏"的特点,这是艺术的本质,也是其人类学基础,人性特点之所在;再就是,游戏还是一种"创造物",艺术家通过自己的艺术创造实现艺术的"转化",即由日常的功利生活转入审美的生活。最根本的是,游戏具有一种"观者本体"的基本特征。伽氏指出,"观者就是我们称为审美游戏的本质要素所在"③。他认为,艺术表现实质上是通过接受者的再创造使之获得艺术本身存在方式的过程。游戏只有在游戏时才具体存在,而具有游戏特点的艺术作品也只有在被观赏时才具体存在。也就是说,只有依赖于观者的艺术经验,艺术作品才具体存在。这种"观者本体"的作用表现在两个方面:一是只有通过观者的欣赏和创造,艺术才能超越日常功利进入审美状态;二是只有通过"观者"的意向性构成作用,才能

①转引自蒋孔阳、朱立元主编:《西方美学通史》第 7 卷,上海文艺出版社 1999 年版,第 230 页。

②[德]伽达默尔:《真理与方法》,王才勇译,辽宁人民出版社 1987 年版,第 146 页。

③[德]伽达默尔:《真理与方法》,王才勇译,辽宁人民出版社 1987 年版,第 146 页。

使作品成为审美对象。这种对于观者构成功能的突出强调,就使阐释论美学有别于认识论美学,也有别于完全不讲文本的"接受美学"。

伽氏认为,象征是艺术作品的显现方式,"总之,歌德的话'一切都是象征'是解释学观念最全面的阐述"①。象征之所以成为艺术作品的显现方式,完全是由艺术作为游戏的非功利性质决定的。这里所说的象征,不是一物对于另一物的象征,而是指一物对于"存在""意义"的象征。由此形成了巨大的"解释学空间",召唤理解者沉浸在"在与存在"本身的遭遇之中,体认那流逝之物中存在的意义。

伽氏以海德格尔的存在论现象学为其哲学基础,所以特别重视艺术存在的时间特性问题。他认为,节日就是艺术存在的时间特性。时间性是解释学美学不同于传统美学的重要内容,包含历史性、现时性与共时性等内涵。而节日庆典则是伽氏研究艺术经验时间性的重要对象。因为,庆典具有同时共庆性、复现演变性和积极参与性等特点,由此区别于日常的经验而进入特有的审美世界,并使作为阐释的艺术具有了现时性。这种节日庆典的狂欢共庆性进一步成为艺术的人类学根源。

总之,伽达默尔从其解释学哲学立场出发,给审美教化以完全崭新的解释学、存在论与人类学的阐释,特别强调了艺术欣赏中的自我教化作用,突显了艺术在当代社会中的作用,具有重要的意义。

---

①转引自王岳川:《现象学与解释学文论》,山东教育出版社1999年版,第223页。

八、福柯:"关注自我"的生存美学

米歇尔·福柯(1926—1984),法国与柏格森、萨特齐名的著名哲学家,1960年获哲学博士学位,1970年起任法兰西学院历史与思想系教授。著有《癫狂与非理性》(1961)、《词与物》(1966)、《监督与惩罚》(1975)、《性经验史》(1976—1984)等著作。他在美学与美育方面的重要贡献,就是以其解构论理论提出了"关注自我"的生存美学。

(一)解构主义的理论与方法

福柯的工作是对现代历史的哲学批判,中心问题是现代理性和人的主体性在西方社会兴起的社会历史条件及其不合理性。他运用解构的立场与方法,从历史发展的断裂、缝隙与偶然中质疑并颠覆现代理性与人的主体性的合理性与必然性。

他的解构的具体途径是所谓"知识考古学"。这种"知识考古学"建立在对康德与海德格尔等对人的理解的不满与批判之上。他认为,康德力主一种先验的逻辑学的"人",海德格尔则力主一种时间中的历史学的"人",而实际上是"人的终结",人生活在各个时代的断裂层中。他所谓的"考古学",就是对理性、主体性等传统知识结构的本原进行更加深入的知识的探寻,在合理中发掘不合理,在必然中发掘偶然,在历史发展中发掘断裂。他说:"我设法阐明的是认识论领域,是认识型,在其中,撇开所有参照了其理性价值或客观形式的标准而被思考的知识,奠定了自己的确定性,并因此宣明了一种历史,这并不是它愈来愈完善的历史,而是它的可能性状况的历史;照此叙述,应该显现的是知识空间内的那种构型，它们产生了各种各样的经验知识。这样一种事业，与其说是一种传统意义上的历史，还不如说是一种考古学。"①

福柯的另一种解构理论是"系谱学"，是他在《权力知识》一书中提出来的。他认为，"系谱学"是"微观物理学"，"政治解剖学的结果和工具"，它的"参照点不是语言和符号的模式，而是战争、战役的模式"。② 这里所谓的"战争"，是指内在身体的强力与外在政治权力的较量，这种身体内的微观战争是宏观社会组织与经济关系的基础。"系谱学"正是在身体内的微观战争这一基础上，从微观的角度，从人的身体内部看待现代惩罚制度的影响：由前资本主义时期对身体的直接奴役到现代资本主义经济从身体内部抽取生产性服务（规训），从内部控制身体，把一定的力量灌注在身体之内。虽然，这是通过语言进行的纪律约束、技术培训和知识教育，但其结果不亚于战争对身体的摧残。这里涉及福柯对"话语"和"权力"的特殊理解。他所谓的"话语"不是传统意义上的文本，而是人的一种实践活动，影响、控制话语的最根本因素是权力，两者结合控制社会。

福柯就是通过这种对知识和权力的分析来剖析现代资本主义社会知识体系的弊端，进行他对社会文化的大规模解构，影响到文化和社会生活的方方面面。

---

① ［法］米歇尔·福柯：《词与物》"前言"，莫伟民译，上海三联书店2002年版，第10页。
② 转引自赵敦华：《现代西方哲学新编》，北京大学出版社2000年版，第265页。

（二）有关"人的终结"的后现代人学思想

福柯通过自己的知识考古学方法探索了自文艺复兴以来，人类在"词与物"这个维度上的知识形态的变化与特点，从而反映出人的生物、经济和文化的特征。他认为，文艺复兴从 1500 年到 1600 年，其基本的知识特征是相似性，知识形式为神秘科学，哲学形式为神学；古典时期是从 1600 年到 1800 年，知识形式为自然科学，哲学形式为理性主义；现代则是从 1800 年到 1950 年，知识形式为人文科学，哲学形式为人类中心主义，此时，人走上历史舞台了；当代是从 1950 年至今，知识形式为反人类科学（即反人类中心），哲学形式为考古学即解构论哲学。① 这里非常重要的两个观点是：其一，人其实是工业革命深度发展的结果。人产生了理性，发明了科技，力量空前扩张，使人自认为成为世界的中心。当然，人也第一次发现了自己。"在 18 世纪末以前，人并不存在。生命力、劳动多产或语言的历史深度也不存在。他是完全新近的创造物，知识的造物主用自己的双手把他创造出来还不足 200 年。"②其二，指出了"人的终结""人类中心主义"的终结，起到了振聋发聩的作用。"在我们今天……已被断言的，并不是上帝的不在场或死亡，而是人的终结（这个细微的、这个难以觉察的间距，这个在同一性形式中的退隐，都使得人的限定性变成了人的终结）。"③

---

① 参见赵敦华：《现代西方哲学新编》，北京大学出版社 2000 年版，第 261—264 页。

② ［法］米歇尔·福柯：《词与物》，莫伟民译，上海三联书店 2002 年版，第 402 页。

③ ［法］米歇尔·福柯：《词与物》，莫伟民译，上海三联书店 2002 年版，第 503 页。

他还在《词与物》的最后说道:"人是近期的发明。并且正接近其终点","人将被抹去,如同大海边沙地上的一张脸"。① 事实上,从词与物的关系来看,"人类中心"也是人自己运用语言创造出来的。随着历史的前进,"人类中心"被证明只不过是一个虚妄的事实,并不能反映人的真实位置。所以,人类又运用"知识考古学"的解构方法将"人类中心"这个词语颠覆,代之以"非人类中心"等新的词语。在福柯看来,这其实也是一种人的解放。"人已从自身之中解放出来了。"②也就是说,人将自己从"人类中心"这个词语中解放出来了。从这个角度说,这是一种旧的人文精神的结束,新的人文精神的诞生。工业革命的"人类中心"的"人"终结了,后工业革命时代的"非人类中心"的"人"产生了。这其实反映了福柯的一种非常新锐的,同时也是与时俱进的"后现代"人文思想,当然,也包括他对资本主义工具理性的规训与惩罚的强有力的批判与控诉。

(三)以"关注自我"为核心内容的"生存美学"

福柯晚年倾其全部精力写作了亘古未有的奇书《性经验史》,这是一部对人性进行另类而深刻的剖析的巨著。从美学的角度看,该书包含了以"关注自我"为核心内容的生存美学。这里需要说明的是,该书中涉及颇多的性经验与身体快感和审美的关系,比较复杂,我们暂且放在一边,重点阐述与"生存美学"直接有关的内容。

---

①[法]米歇尔·福柯:《词与物》,莫伟民译,上海三联书店 2002 年版,第506 页。

②[法]米歇尔·福柯:《词与物》,莫伟民译,上海三联书店 2002 年版,第454 页。

第一,该书提出的"生存美学"所使用的是"系谱学"的解构方法。"总之,我以为,如果不对欲望和欲望主体进行一种历史的和批判的研究,即一种'谱系学'的研究,那么我们就难以分析 18 世纪以来性经验的形成和发展。因此,我不想写出一部欲望、色欲或里比多前后相继的概念史,而是分析个体们如何被引导去关注自身、解释自身、认识自身和承认自身是有欲望的主体实践。"①也就是说,福柯从人自身(自我)身体的性快感这样一个独特的视角,从发生在这一切之上的权力与强力的微观战争来审视和批判社会制度和社会文化,追求人的解放和审美的生存。

第二,福柯正是在借助系谱学方法的过程中,在强力与权力的斗争中,也就是在由此形成的各种"质疑"的分析中提出"生存美学"的。"我想指出古代的性活动和性快感是如何在自我的实践中被质疑的,并且展示各种'生存美学'的标准的作用。"②在这里,福柯所说的"自我的实践"包括养生的实践、家庭伦理的实践、恋爱行为中的求爱实践等③,有点类似于"生活美学"或者现在盛行的"日常生活审美化"。由此可见,福柯的"生存美学"是一种个体的美学、身体的美学、自我的美学。与此同时,他还提出一种"生存艺术"的观念,就是指"那些意向性的自愿行为,人们既通过这些行为为自己设定行为准则,也试图改变自身、变换他们的单一存在模式,使自己的生活变成一个具有美学价值、符合某种风

---

①[法]米歇尔·福柯:《性经验史》,佘碧平译,上海世纪出版集团 2005 年版,第 109 页。

②[法]米歇尔·福柯:《性经验史》,佘碧平译,上海世纪出版集团 2005 年版,第 113 页。

③[法]米歇尔·福柯:《性经验史》,佘碧平译,上海世纪出版集团 2005 年版,第 170 页。

格准则的艺术品"①。

第三，"关注自我"是该书，也是福柯"生存美学"的核心命题。他说："关心自我、关注自我（heautou epimeleisthai）的观念实际上是希腊文化中一个非常古老的论题。它很早就是一个广泛传播的律令。色诺芬笔下的居鲁士不认为他的生存因为征战的结束而完成，他还需要关注自我——这里最珍贵的……"②他指出，"关注自我"是许多哲学学说中常见的一种律令；人的存在被界定为负有关注自我使命的存在，这是人与其他生物的根本区别；对自我的关注不是简单地要求一种淡淡的态度和零散的注意力，而是指一整套的事务，包含一种艰苦的劳动，诸如训练、养生、社会实践等；根据一种在希腊文化中源远流长的传统，关注自我是与医学思想和实践紧密相联的，而在关注自我中，"认识自我"显然占有极其重要的地位；关注自我的"实践尽管表现不同，但是有着共同的目标，其特征可以用转向自我（epistropheis heauton）的最一般原则来规定"③。福柯认为，这是一种行为的改变，同时也是一种自创的伦理。从法律上来看，人属于自我，人就是他自己；同时，他"自我愉悦"，获得快感。

第四，福柯"关注自我"的"生存美学"包含着十分可贵的"身体"内涵。他说："我们不难发现，在塞涅卡的书信或在马克·奥勒留与弗罗东的通信中，他们对自己日常生活的回忆见证了这种

---

① 汝信主编：《西方美学史》第 4 卷，中国社会科学出版社 2008 年版，第 756 页。

② ［法］米歇尔·福柯：《性经验史》，佘碧平译，上海世纪出版集团 2005 年版，第 330 页。

③ ［法］米歇尔·福柯：《性经验史》，佘碧平译，上海世纪出版集团 2005 年版，第 346 页。

关注自我和自身肉体的方式。这种方式得到了极大的强化,远远超过了根本的变化;它表明了人们对身体的担忧大大增强了,但不是要贬低肉体。"①福柯引用了伽利安有关人的创造"朽与不朽"的悖论。伽氏说:"大自然在创造过程中,遭遇到了一个障碍,即一种内在于它的目的之中的不兼容性。为了完成一个不朽的创造,它费尽了心机。然而,它所使用的材料却使它无法成功。"②这就使创造所追求的不朽与所使用的物质材料的可腐败性之间不可避免地不一致。为此,大自然(造物主)就创造了克服这种材料可腐性的计谋。这种计谋或诡计就是三种要素:赋予所有动物用来生育的各种器官、不同寻常和激烈的快感能力,以及灵魂中利用这些器官的欲望。当然,伽利安这里主要讲的是性活动,但从广义的"生存美学"说,器官、快感和欲望也是身体的三要素。福柯提出"快感养生法""自我呵护",在器官、快感和欲望三个维度上使身体走向愉悦与美好。

无疑,福柯的解构论"生存美学"所具有的对工具理性与"人类中心"的颠覆是极具启发与价值的。他有关"生存美学""关注自我""自我呵护"的广义美学思想,也是有一定的现实与时代意义的。但他对裂缝与偶然的过分强调、对快感的过分张扬,乃至其本人的悲惨辞世,都是我们应持保留态度的。

---

①[法]米歇尔·福柯:《性经验史》,佘碧平译,上海世纪出版集团 2005 年版,第 375 页。

②[法]米歇尔·福柯:《性经验史》,佘碧平译,上海世纪出版集团 2005 年版,第 376 页。

第十讲　西方现代教育中的美育

20世纪以来,西方现代经济社会处于剧烈变动之中,由工业文明进入后工业文明,由工业社会进入信息社会,文化也由一元到多元,呈现出诸多后现代的状况。在这种情况下,教育也处于剧烈变动的态势之中,出现专才与通才、智商与情商、科技与人文等尖锐的矛盾,从而出现了形态多样的教育观念与实践,而美育始终是贯穿其间的重要元素。

一、"通识教育"与美育

"通识教育"(General Education)是一种兴起于19世纪、盛行于20世纪,并绵延至今的教育观念与实践。一百多年来,西方教育领域尽管在"通识教育"问题上始终交织着褒与贬的激烈论辩,但它始终是一种具有主流地位的教育观念与模式,特别体现在哈佛大学等名校的办学理念与实践之中。而美育则始终是"通识教育"中不可缺少的重要组成部分。

(一)"通识教育"作为"自由教育"的人文内涵

"通识教育"与美育的关系首先体现在它作为"自由教育"的人文内涵上,美育是人文教育的集中体现,所以,美育必然成为

"通识教育"不可缺少的组成部分。

关于"通识教育"与"自由教育"的关系,哈佛大学第 23 任校长科南特(James Bryant Conant,1893—1978)在被誉为"通识教育圣经"的《自由社会中的通识教育》报告的导言中指出,"通识教育的核心问题是自由而文雅的传统之持续问题"①。由此说明,"自由教育"是"通识教育"的核心。"自由教育"起源于古希腊亚里士多德的以追求"心智"解放与德性完善为宗旨的"自由人"的教育。自由教育"Liberal Education",也称作"Liberal Arts Education",有时译为"自由技艺教育"与"博雅教育",目的在于培养具有广博知识的"有自由教养的人"。因此,自由教育实际上是一种古典形态的人文教育,其内容,在古代包括语法、逻辑学、修辞学、算术、几何、天文、音乐"七艺"。在现代,随着社会的发展,其教学内容也有新的变化与调整,但美育及与之有关的艺术教育都是不变的要素。

现代西方教育史告诉我们,高等学校到底是培养"自由人"还是培养"专业人",是"通才教育"还是专才教育,是人文教育还是知识教育,对于这些问题的回答是一直存在争议的。早在 19 世纪初,美国博德学院的帕卡德(A. S. Parkard)教授就开始将"通识教育"与大学教育联系在一起,虽然其间历经波折。工业革命的日益勃兴使"专才教育"的需要更加突出,从而极大地冲击了"通识教育"。第二次世界大战法西斯主义的肆虐给人们以警醒、以沉思:为什么大学体制相对先进、科学知识领先的德国会成为纳粹主义滋生的温床? 高速发展的科技是否足以摧毁整个人类?

对于以上问题加以反思的成果之一,是 1945 年哈佛大学科

①转引自程相占:《哈佛访学对话录》,商务印书馆 2011 年版,第 146 页。

南特校长主持的《自由社会中的通识教育》（俗称"通识教育红皮书"）的出台。科南特认为，通识教育的中心难题是自由与人道传统的延续。纯粹资讯的获得，特殊技术及其才能的发展，都不能给予我们文明赖以保存的广阔的理解基础；仅是学科知识、读写以及掌握外语的能力，不足以提供一个自由民族公民充分的教育背景，因为这样的课程未能触及人作为一个个体的情感经验，以及人作为群体动物的实践经验；通识教育要建立在一个共同的西方文化传统基础上，这就是对人的尊严信念及对同类之责任的承担。①

　　但在《自由社会中的通识教育》报告出台后的漫长时间里，由于工具理性的强劲势头，特别是 1957 年苏联人造卫星上天之后，美苏开始了在航天与军备方面的激烈较量。美国迅速调整了高教方向，日渐强化专才教育，通识教育受到极大冲击。这种情况引起了高校界的反思。这就是始于 20 世纪 70 年代中期、实行于 80 年代初期的哈佛核心课程（The Harvard Core Curriculum）。主要是在哈佛大学博克校长的有力支持下，经济学教授亨利·罗索夫斯基（Henry Rosovsky）对哈佛大学的课程体系进行改革，提出"核心课程计划"，并于 1976 年秋季发表了 1975—1976 年度报告，标题是《本科教育：定义这些问题》。他在这个报告中阐述了核心课程改革的指导纲领，重申哈佛本科教育的目标是培养"有教养的男性与女性"，仍然强调了"自由教育"的主旨与人文教育的内涵。

　　随着新世纪的到来，高等教育在人文与实用、通才与专才、教

① 梁美仪：《从自由教育到通识教育》，《大学通识》2008 年 6 月总第 4 期，第 70—71 页。

学与科研的两极经历着新一轮此消彼长的斗争。正如前哈佛学院院长路易斯（H. Lewis）在《没有灵魂的卓越》一书中所说，现代综合型研究大学所追求的卓越同理想的教育目标间存在着激烈的冲突，教师仍越来越倾向于尖端科研，而教学与学生的成长却变得无关紧要。①"没有灵魂的卓越"实际上是对高校只以科研成果为唯一目标、忽视人的培养与人文精神的深刻而又极为形象的批判。在路易斯等教育学家看来，只有人文精神与人文教育才是高校的灵魂所在，否则高校就会成为"无魂的大学"。这真是一语中的。正是在这样的形势下，哈佛大学开始了新的一轮教育改革，并于 2004 年 4 月出台了《哈佛学院课程评估报告》。报告阐述了这次评估的原则："我们所处的时代日益专业化、日益职业化而且日益碎片化，不但高等教育是这样，整个社会也是如此。正是在这种情形下，我们重申我们对于处理科学中博雅教育的承诺。我们旨在向学生们提供知识、技能以及心灵的各种习惯，使他们能够进行终生学习并适应于无时无刻不在变化的环境。我们试图将学生培养为独立、博学、严格而富有创造性的思想者，使他们具备社会责任感，以便于他们能够在全国乃至全球共同体中引导富有成果的生活。"②由此可见，这个评估着重强调的是在新世纪与新的形势下进一步坚持"通识教育"中"自由教育"与"人文教育"的承诺。

以上，我们回顾了西方，主要是美国近一百多年来在"通识教育"中所贯穿的人文与实用、通才与专才的尖锐而曲折的论争，阐

①梁美仪：《从自由教育到通识教育》，《大学通识》2008 年 6 月总第 4 期，第70—71 页。
②转引自程相占：《哈佛访学对话录》，商务印书馆 2011 年版，第 177 页。

述了其中所蕴含的"人文教育"与"人文精神"的丰富内涵，从而使"通识教育"不可避免地与美育紧紧联系在一起。当然，我们必须明确的是，西方"通识教育"的人文传统只能是西方文化传统，尽管在新世纪西方"通识教育"中强调了多元文化的对话，那也只能是以西方的立场为其出发点，但我们仍可从中提炼出"全面发展""人格健全"等有价值的成分加以借鉴。

（二）通识教育中的艺术教育

关于艺术教育在通识教育中的地位，笔者想先引用哈佛大学现任校长凯瑟琳德鲁·吉尔平·福斯特（Catharine Drew Gilpin Faust）的一段话加以说明。福斯特是历史学家，2007 年 10 月 12 日就任哈佛第 28 任校长，而且是哈佛大学历史上第一位女校长。她非常重视艺术教育工作，上任不久就成立了艺术特别工作组，并于 2007 年 11 月 1 日发表专门讲话，提出艺术特别工作组的任务，内容如下：

> 我要求委员会思考和报告如下一些问题：
>
> 1.在一个研究型大学中，艺术应该发挥什么功能或作用？
>
> 2.在博雅教育中，艺术应该发挥什么功能？
>
> 3.我们应该如何思考艺术在课程设置中的功能？除了设计研究生院和视觉与环境研究系之外，我们教师队伍中很少实践型艺术家。造成这种结果的原因是原则、资源还是偶然的？我们是否应该重新思考作家、画家、电影制作者在哈佛的角色？我们是否需要任命不同类型的教员，以使更多的艺术家在我们的大学共同体中获得永久的职位？是否存在跨院系的合作，促进更广泛的艺术实践？
>
> 4.我们应该如何思考课程内部艺术和课外艺术的关系？

5.学校的艺术机构诸如哈佛大学艺术博物馆,并非明确地与核心学术研究或学生项目相连,如何使它们更加充分地整合到新颖而活跃的哈佛艺术文化中?

6.在哈佛,设计研究生院比其他任何院系都关注创造性和设计问题,在建设和支持全校艺术中,它能够超越其界限而发挥什么功能?

7.在促进科学、技术、人文学科以及其他相关领域方面,艺术创造活动能够、又应该发生什么关系?

最后,特别希望委员会就以下问题提出建议:

1.什么类型的管理方式或机构改革能够更好地支持哈佛艺术?

2.需要什么样的设施来促进我们的目标?

3.在未来的大学竞争中,艺术具有什么意义?①

福斯特的这个讲话涉及高校艺术教育地位与建设的一切重要方面。首先是深刻地揭示了高校艺术教育在研究型大学建设、人文教育、课程设置、学科发展与未来大学竞争五个方面的重要作用;其次提出了高校艺术教育发展的课程内与外、艺术机构与艺术文化、艺术设计学科与学校创造性艺术文化建设三个方面的关系;最后指出了艺术教育建设所不可缺少的机构与设施这两大保障体系。这个讲话为哈佛大学艺术教育发展奠定了良好的基础,也说明了艺术教育在通识教育甚至是整个高校中的重要地位。

关于艺术教育在通识教育中所占的具体比重,我们可以1945年通过的哈佛大学《自由社会中的通识教育》(即"通识教育红皮

①参见程相占:《哈佛访学对话录》,商务印书馆2011年版,第194—195页。

书")中所列内容为例加以说明。该书首先对课程提出了要求,学士学位要修的 16 门课程中,6 门应该是通识教育课程。而这 6 门课程中,至少要有一门选自人文学科,一门选自社会科学,一门选自自然科学。人文学科包括四种科目,即文学、哲学、美术与音乐。除哲学外,其余 3 门均为艺术教育。因此,人文学科的主干部分就是艺术教育。该书特别强调人文教育的通识教育,将人文教育归结为这样三类课程:以"我"为中心的文明类课程,以人类思想为中心的经典类课程,以及以思维训练为中心的批判思维课程。① "红皮书"又特别强调了经典的阅读。经典著作是人类思想精华的结晶,是人文教育的最好教材之一。"红皮书"推荐的名著课程主要包括:荷马,一到两个希腊悲剧,柏拉图,《圣经》,维吉尔,但丁,莎士比亚,弥尔顿,托尔斯泰。②

由此可见,艺术教育不仅在整个高校的发展建设中具有举足轻重的作用,而且在通识教育的课程体系中也占据着重要的比重,成为高校人文教育不可缺少、同时也极为重要的途径。

(三)美育学科性质的论争

20 世纪 60—80 年代,在美国教育界发生了美育学科性质的论争。论争的焦点是艺术到底是一种无序的经验,还是有序的知识,最后涉及艺术及艺术教育是否能够成为学科的问题。这实际上是一场美育(艺术教育)能否在学校教育与课程体系中占有一席之地的论争,关系到美育的存亡及地位。由于现代科技主义的

---

① 徐慧珍:《美国大学通识教育课程内容之发展与启示》,《大学通识报》2008 年 6 月总第 4 期,第 124 页。

② 参见程相占:《哈佛访学对话录》,商务印书馆 2011 年版,第 151 页。

盛行,导致用自然科学的模式来界定学校的"学科",认为学科的特征是"拥有一个有机的知识主体,各种独特的研究方法,一个对本研究领域的基本思想有着共识的学者群体",而且强调"只有学科知识才适合进入学校课程"。①

有关美育学科性的论争其实一直存在,但集中表现于1966年在宾夕法尼亚州召开的一次关于艺术是否是一个独立学科的研讨会。在会上,巴肯(Barken)发表了题为《艺术教育中的课程问题》的论文,驳斥了有关艺术是纯经验的、模糊的、不严谨的,因而是非学科的等观点,论证了艺术同样是有序可循的,因而可以成为学科的观点。他说:"缺乏科学领域中普遍符号系统所体现的关于互为定理的一种形式结构是否就意味着被谓之艺术的人文学科就不是学科,意味着艺术探索是无序可循的? 我认为答案是,艺术学科是一种具有不同规则的学科。虽然它们是类比和隐喻的,而且也非来自一种常规的知识结构,但是艺术的探索却并非模糊和不严谨的。"②在这里,巴肯集中论述了艺术的类比性、隐喻性与规则性共存的特点。当然,巴肯为了更加充分地说明艺术的有规则性,将艺术学科由原来的艺术创作扩展到艺术和艺术批评的部分内容。

进入20世纪70年代,又有对艺术教育是否具有对应于艺术的有规则的学科性质的质疑。这种质疑主要由联邦政府和私人委员会赞助的"艺术教育运动"所提出。他们认为:"艺术不是一

①［美］阿瑟·艾夫兰:《西方艺术教育史》,刑莉、常宁生译,四川人民出版社2000年版,第313页。

②转引自［美］阿瑟·艾夫兰:《西方艺术教育史》,刑莉、常宁生译,四川人民出版社2000年版,第315页。

门学科。相反,它只是'一种经验',这种经验或是通过参与艺术创作过程而获得,或是通过亲眼目睹艺术家的创作表演而获得。"①其实,"艺术教育运动"并非抹杀艺术与艺术教育的重要性,而是要强调其重要性,并进一步吸引国家的注意力和重视。只是他们对表演过于偏爱,并过于强调了艺术的经验性,从而把教育家及有关组织、团体拒之门外。正因为"艺术教育运动"自身的片面性,所以也遭到了学术界的批评。

1983 年,著名的盖蒂艺术教育中心成立,并在艺术课程讲习班中正式提出"以学科为基础的艺术教育"(discipline-based art educa-tion,DBAE)这一术语。盖蒂艺术教育中心的第一部出版物是《超越创作:美国学校中的艺术地位》。这部著作提出艺术课程的内容应该取自艺术工作室(art studio)、艺术批评(artcriticism)和艺术史(art history)。在此基础上又增加了第四门课,即美学(the study of aesthetics)。自此,人们对 DBAE 的兴趣日益增长,1984—1988 年召开的国家艺术教育协会年会对 DBAE 给予了特别的关注。②

美国上述历时二十多年的有关美育学科性质的论争向我们揭示了美育与艺术教育智性与非智性二律背反的学科特性。这正是康德在《判断力批判》中所揭示的审美是无目的的合目的的二律背反。首先,审美、美育与艺术教育是无目的、体验、非智性与非概念的,这是其最基本的特征;同时,审美、美育与艺术教育又趋向于某种共通性、某种概念与理性。以上两者同时共存,从

---

①转引自[美]阿瑟·艾夫兰:《西方艺术教育史》,刑莉、常宁生译,四川人民出版社 2000 年版,第 318—319 页。

②[美]阿瑟·艾夫兰:《西方艺术教育史》,刑莉、常宁生译,四川人民出版社 2000 年版,第 330 页。

而构成了审美、美育与艺术教育的根本特性、内在张力与无穷的魅力。

（四）布朗的《视觉艺术报告》及其意义

1954 年 6 月，哈佛视觉艺术委员会成立，由约翰·布朗（John Nicholas Brown）任主席。这个以布朗为首的委员会在深入调研的基础上起草了一个《视觉艺术报告》（俗称《布朗报告》），并于 1956 年 5 月正式出版。这个报告被认为是探讨美术在一般大学课程中功能的最重要的宣言之一。其创新之处在于：第一，拓展了艺术的领域，以"视觉艺术"取代"美术"。该委员会认为，"美术"包含的范围过于狭窄，而"视觉艺术"则较为宽阔，视觉是人类最重要也是使用最多的感觉，它的产品同样可以具有视觉属性方面的和谐有序，因而也同样是美的。第二，强调了视觉艺术在心灵成长中的特殊功能。哈佛大学 1954—1955 年度诺顿教授里德（Herbert Read）在发表学术演讲时指出，"心灵成长是其意识领域的扩展。通过一种本质上是审美的造型活动（formative activity），那个意识区域在持久的意象中被锤炼得优秀，潜能得以开发和呈现"[1]，以此说明造型类的视觉艺术在大脑开发方面的特殊作用。第三，突破原有的"美术学"，建构了包括四个单位的视觉艺术教育体系和机构。该委员会还以"艺术史系"取代原有的"美术系"，成立新的"设计系"，并将福格艺术博物馆及其他收藏机构组成"教学收藏品"机构，加上大学剧院，共计四个机构，成为实施视觉艺术教育的体系框架。第四，重申了视觉艺术教育的重要性。委员会认为有两大原因："首先，因为对于史前古器物的

---

[1]转引自程相占：《哈佛访学对话录》，商务印书馆 2011 年版，第 158 页。

仔细考察和学习，能够使我们对于人类过去的知识变得具体起来；其次，在人造物品中，见多识广的观察者可以感知人类精神的最优美飞翔。总而言之，学习视觉艺术是为了理解和鉴别人类的创造物，为了领会创造过程（creative process）。"

　　哈佛大学的《视觉艺术报告》可以说是包括了西方世界在内的十分具有前瞻性的一份艺术报告。这个报告出台于1956年，而西方社会视觉文化的真正兴起则是20世纪60年代，滥觞于20世纪90年代，迄今仍在发展过程当中。"视觉艺术教育"的提出说明西方艺术与艺术教育领域开始步入反思与消解"现代艺术"的"后现代状况"，是一种文化与艺术的巨大转变，具有极为重要的现实意义。周宪指出："当代文化的这一转型，表面上看只是电影取代了讲故事或阅读书籍，从而把图像推至主导地位，其实问题远不止这么简单！我仍有理由相信，深刻发生的变化就是海德格尔所说的'世界被把握为图像'。一个可以经验到的发展趋势是，当代文化的各个层面越来越倾向于高度的视觉化。可视性和视觉理解及其解释已成为文化生产、传播和接受活动的重要维度。"①这个转型具有巨大的冲击力，它消解了雅与俗、艺术与生活、艺术与商品、原创与复制等一系列传统的界限。

　　目前包括美国在内的西方艺术教育正处于以学科为基础的艺术教育（DBAE）向视觉文化艺术教育（VCAE）转型的过程中。对于这样的转型，我们的态度是：第一，正视并接受它。因为，它具有很强的现实性与前沿性，几乎是势不可挡。第二，审视并批判它。因其具有一定的负面因素，诸如消解经典、消解崇高、消解责任，最后消解人文等等，需要我们在新的形势下，在当代视觉艺

---

① 周宪：《视觉文化的转向》，北京大学出版社2008年版，第5页。

术教育的背景下坚持"通识教育"的人文精神和关怀人类前途命运的高尚情怀。第三,紧密结合中国国情,坚持有中国特色文化建设的方向。哈佛大学的通识教育十分强调社会现实性与批判思维的培育,我们相信它一定会在当代视觉艺术教育转型中提出有价值的方案。

二、德国的包豪斯与"艺术与工艺结合"的艺术教育观念

1919年,魏玛国立包豪斯学院在德国成立,这是一所培养艺术设计人才的专业化学校。但包豪斯所确立的"艺术与工艺结合"的艺术教育观念却标志着艺术教育的一个新时代的开始。这个新时代,即艺术教育结束了纯艺术教育的途径,大踏步地走向日常生活,走向经济社会与工艺。这当然是工业革命蓬勃兴起的新时代对艺术教育提出新的要求使然。这种艺术与工艺相结合的教育观念不仅极大地影响到专业艺术教育,而且极大地影响到普通艺术教育。

(一)包豪斯及其发展历程

1919年4月,魏玛国立包豪斯学院正式成立。该学院由原来的魏玛艺术学院与工艺美术学院合并而成。包豪斯(Bauhaus),由德语"房屋建造"(Hausbau)一词倒置而成,意指"现代建筑之家"。创始人与首任校长为沃尔特·格罗皮乌斯(Walter Gropius),成立地点为德国魏玛。1925年,由于财政压力,包豪斯迁校至当时德国的工业中心与运输枢纽德绍。1928年4月,格罗皮乌斯辞去校长一职,由瑞士建筑师汉斯·梅耶(Hans Meyer)继任。1932年10月,第二次迁校至柏林的施泰格利茨一家废弃的

电话制造厂内。1933 年,希特勒纳粹政府在柏林上台,实行法西斯统治。同年 4 月 1 日,新学期开始时,包豪斯被柏林警察和一支纳粹特遣队占领,32 名学生被逮捕。7 月 20 日,最后一任校长密斯·凡·德·罗在柏林签署解散包豪斯手令,历时十四年的包豪斯宣告瓦解。包豪斯尽管只存在短短的十四年,但它的理念与实践却成为艺术与艺术教育史上的一次革命并永载史册,成为后人不断借鉴与研究的重要对象。①

　　此后,包豪斯的首任校长格罗皮乌斯与众多教员、学生移民美国,其中包括曾在 1923—1928 年担任过包豪斯基础课程主持人的莫霍利-纳吉(Laszlo Moholy-Nagy),他于 1937 年移民美国芝加哥成立"新包豪斯"并担任校长。这就将包豪斯的理论与实践带到了美国,在一定程度上延续了包豪斯的生命。新学校的办学原则基本遵循了包豪斯的德国理念,但一年以后因资金支持者的撤出而关闭。1946 年,英格·肖尔在德国小城乌尔姆建立了一所设计学院,俗称乌尔姆学院,建立后的 1953—1956 年被德国设计师协会会长赫伯特·林丁格(Herbert Lindinger)称作"乌尔姆的新包豪斯时期",此时期包豪斯的影响全面体现在乌尔姆的精神纲领与教学实验中。②

　　(二)包豪斯的艺术教育理念

　　1. 艺术与工艺相结合,以及艺术教育的"双轨教育学制"。

　　包豪斯的成立完全是为了适应工业革命的需要,工业革命以技术的高度发展为其特征,必然要打破艺术与技术的壁垒,实现

---

①杭间、靳埭强主编:《包豪斯道路》,山东美术出版社 2010 年版,第 7 —
　10 页。
②杭间、靳埭强主编:《包豪斯道路》,山东美术出版社 2010 年版,第 84 页。

两者之间的结合。1919 年 4 月包豪斯成立之时,格罗皮乌斯就在著名的《包豪斯宣言》中提出了这一问题。他在《宣言》中写道:"让我们来创办一个新型的手工艺人行会,取消工匠与艺术家之间的等级差异,再也不要用它树起妄自尊大的藩篱!"①

其实,"Bauhaus"中"Bau"的意思是"Building",格罗皮乌斯在新学校的大学目录中对此阐释道:"'building'统一了所有的工艺和美学。"②艺术与技术统一口号的正式提出则是 1923 年,那年夏秋之交,包豪斯为了扩大自己的影响,从 8 月 15 日至 9 月 30 日举行了一系列主题展览和特别活动,吸引了众多国际名流,评论界也给予了高度评价。这次展览的口号就是"艺术与技术,一种新的统一"③,且被写在了宣传海报的醒目位置,标志着包豪斯核心观念的形成。为了贯彻这一核心理念,包豪斯打破了传统学院制的培养模式,实行了教学与生产、艺术教师与工艺教师结合的"双轨教育学制"。④ 在格罗皮乌斯的心目中,车间是实现艺术与技术统一的最理想场所。他在《国立包豪斯纲领》中要求,"研修人员都必须在工作室、试验室、车间里接受全面的手工艺训练"⑤。为达到这一目的,包豪斯与校外的工作作坊或车间签订实习合同,学校自身也

---

①转引自[英]弗兰克·惠特福德:《包豪斯》,林鹤译,生活·读书·新知三联书店 2001 年版,第 221 页。

②[美]威廉·斯莫克:《包豪斯理想》,周明瑞译,山东画报出版社 2010 年版,第 25 页。

③杭间、靳埭强主编:《包豪斯道路》,山东美术出版社 2010 年版,第 51 页。

④桂宇晖:《包豪斯与中国设计艺术的关系研究》,华东师大出版社 2009 年版,第 50 页。

⑤桂宇晖:《包豪斯与中国设计艺术的关系研究》,华东师大出版社 2009 年版,第 52 页。

成立若干个车间,学校为车间服务,并最终被车间同化。在师资构成上,包豪斯形成了艺术教师与工艺教师相结合的"双师制"。它将教员分为"形式大师"(即艺术家)和"技术大师"(即工匠),他们一起在专用木材、金属与玻璃等特定材料的工作坊(车间)中授课,学生不仅要在绘图桌上工作,还要像同行业熟练工那样干活。实际上,在学校已没有了老师和学生,而只有师傅、技工和徒工。这就在理念与实践上彻底改造了传统的学院式艺术教育,将艺术与技术,教育与生产、理论与实践真正地结合在一起。

2.艺术与工业相结合与艺术的批量生产。

艺术与技术的结合,作为工业革命时代的产物必然导致艺术与工业的结合,导致工艺品的批量生产。将这一理论推向现实的,是包豪斯基础课的教学主持人、构成主义画家莫霍利-纳吉。他清醒地认识到了工业时代机器生产的根本特点。他说:"我们这个世纪的现实就是技术,就是机器的发明、制造和维护。谁使用机器,谁就把握了这个世纪的精神。……在机器面前人人平等……"①为此,他力倡与工业界的联合,积极联系照明公司,组织学生参观生产线,倾听工人的技术讲解,启发学生的设计思路,主张为节约成本进行批量生产。"为工业做模型"成为包豪斯作坊里教学与实践的目标。② 纳吉还更加明确地提出了为工业生产服务的口号,作坊中的传统器皿很快被现代家用电器取代,并开始批量生产,多次参加商品交易会和展览会。到1930年,有超过五万盏包豪斯设计的灯具和照明设备生产并出售。制陶作坊

---

①转引自[英]弗兰克·惠特福德:《包豪斯》,林鹤译,生活·读书·新知三联书店2001年版,第136页。
②杭间、靳埭强主编:《包豪斯道路》,山东美术出版社2010年版,第33页。

也开始面向工业大生产，与柏林陶瓷厂合作出售了一些石膏模型。"二战"后成立的乌尔姆设计学院在艺术与工业结合上迈出了更大步伐。他们与德国著名的电器企业布劳恩公司合作，创造了设计艺术教育与企业产品设计开发相结合的成功典范。该校的工业设计系主任汉斯·古格洛特（Hans Gugelot）把学院的设计构想在布劳恩公司完善和实现，为公司设计的收音机、电视机、音响组合系统都是用标准的模块单元进行不同的自由组合。这种系统设计方法从家具、室内到建筑都可推广运用，对20世纪的当代设计产生重大影响，成为现代工业艺术设计的重要理论和方法之一。① 艺术品生产的工业化与批量化，一方面凸现了艺术从未有过的实用与经济价值，同时也对艺术创作特有的独创性形成冲击，是艺术与艺术教育的重大变革。

3. 形式服从功能与简化原则。

包豪斯在20世纪工业化的大潮中，在艺术与技术、艺术与工业结合的原则下，提出了"形式服从功能"的功能主义理念与"以少胜多"的简化原则。最突出倡导这一原则的，是包豪斯的第二任校长、瑞典建筑师汉斯·梅耶，他的设计观的出发点是对需求的系统考虑，并强调低廉的造价、最大的经济效益和社会效应。他说："我们所理解的建筑是一个集体的概念……只是为了满足生活的需要，设计中所应遵循的原则是最大程度的实用和最低成本的付出，在两者之间寻求最优组合。"② 他提出"功能加经济"的

① 桂宇晖：《包豪斯与中国设计艺术的关系研究》，华东师大出版社2009年版，第47页。

② 转引自[英]弗兰克·惠特福德：《包豪斯：大师和学生们》，陈江峰、李晓隽译，艺术与设计杂志社2003年版，第221页。

设计哲学,认为"建筑本身是一个生物学的过程,而不是一个美学的过程"①。与此相应,在包豪斯形成一种简洁、节约、低廉、高效的"简化原则"。诚如约瑟夫·艾尔伯斯(Josef Albers)所说:"我们浪费不起材料,也浪费不起时间。"②在这种氛围中,即便是著名艺术家康定斯基在包豪斯的教学工作中也强调了"功能主义"理念。他于1922年中期来到包豪斯任教,在教学中要求学生在考虑材料和构想设计之前先要分析家具及其相关的功能。这种功能理念被格罗皮乌斯等包豪斯的成员带到了美国并逐步形成"少即是多"的原则。西方传统的"哥特式""洛可可"建筑与艺术风格在这种"功能主义"与简化原则面前不复存在。

4. 视觉艺术与生活艺术。

艺术与工艺以及工业的结合,彻底改变了艺术的边界,将传统艺术诗、画、乐与建筑的内涵扩大到工业制品与生活用品,将艺术鉴赏中的读、看、听的功能简化到以看即视觉为主的功能。人们在工业社会中所面对的大量艺术品,已经是主要凭借视觉感受的建筑物、商品、产品、用品,特别是伴随着工业革命而逐步发展起来的摄影、电影、电视等艺术样式和商业广告、服装等生活样式,更是对我们形成巨大的视觉冲击。包豪斯的前沿之处在于,它在20世纪20年代初期就敏锐地意识到视觉艺术与视觉审美能力在艺术与艺术教育中的重要作用。早在其成立之初,就提出并设置专门课程对学生进行严格的"视觉训练",对他们进行"洗

---

① 转引自[英]弗兰克·惠特福德:《包豪斯:大师和学生们》,陈江峰、李晓隽译,艺术与设计杂志社2003年版,第226页。
② 杭间、靳埭强主编:《包豪斯道路》,山东美术出版社2010年版,第36页。

脑"，"重塑他们观察世界的崭新方式"。① 正如包豪斯培养的第一代学生约瑟夫·艾尔伯斯所说："我们所讨论的——自始至终——不是与所谓的事实相关的知识，而是洞察力——观看。"②发展到"二战"之后，作为包豪斯延伸的乌尔姆设计学院，更是从图像作为当代信息主要媒介的高度来探索与实践当代视觉艺术的发展。著名的《乌尔姆简章》指出："人之间的相互理解，现在主要还是透过图式的信息发生的。例如经由相片、海报、符号，让这类信息具有合乎其功能的形式，并且为此创造出符合我们时代需求的方法，这是视觉传达系的目标。"③视觉艺术对艺术与审美的拓展拉近了艺术与生活的距离。实际上，包豪斯所力倡的艺术与技术的统一就已经意味着突破了往昔的"为艺术而艺术"的模式，将艺术与生活紧密相联。早在包豪斯成立之初，格罗皮乌斯就在《国立包豪斯的理论与组织》中把批评的矛头指向把自己与社会隔离的"老式美术学院"，认为它们是昨日精神的产物，它们把艺术家与工业世界截然分开，也就是把艺术孤立起来（为艺术而艺术），剥夺了它的生命力。他竭力倡导艺术要为"大众生活的服务"④。到了"二战"之后的德国乌尔姆设计院，更是将"生活艺术"明确摆到了人们面前。它的首任校长马克斯·比尔在新校舍落成仪式的贺词中指出："我们认为文化不是'高尚艺术'的特殊的领地，而是表现在当前日常生活和所有物品的形式中……总而

①杭间、靳埭强主编：《包豪斯道路》，山东美术出版社 2010 年版，第 27 页。

②转引自［英］弗兰克·惠特福德：《包豪斯：大师和学生们》，陈江峰、李晓隽译，艺术与设计杂志社 2003 年版，第 198 页。

③转引自［德］赫伯特·林丁格编：《包豪斯的继承与批判》，亚太图书出版社2002 年版，第 144 页。

④杭间、靳埭强主编：《包豪斯道路》，山东美术出版社 2010 年版，第 99 页。

言之，那些可以改善和美化生活的实际的东西——文化是日常的文化，不是来自其之上并超脱（above and beyond）的文化。"①

（三）包豪斯的衰落与启示

包豪斯从 1919 年到 1933 年，经历了不平凡的十四年时光。它的衰落或者说闭幕，当然与德国纳粹的上台与粗暴干涉直接有关，但其内因在于十四年中包豪斯内部始终存在着两种办学理念与艺术教育思想的论争。包豪斯的艺术教育理念"艺术与工艺的结合"自身就是一个矛盾的结合体，因为艺术与工艺包含着艺术与非艺术两个截然相反的维度，包豪斯的贡献就在于这两个维度奇妙而恰当的统一，但也不可避免地存在内在的矛盾。这种内在矛盾反映在教育思想上，就是表现主义与功能主义的斗争。表现主义是一种古老的人文主义传统，侧重于艺术与艺术教育的内在规律，是一种强调艺术性的倾向；功能主义则是一种对艺术和艺术教育实用性的侧重，强调非艺术的倾向。这种艺术教育思想的矛盾斗争贯穿了包豪斯整个十四年办学过程的始终，突出地体现在前后三任校长的各有特色的办学理念上。首先是第一任校长格罗皮乌斯，他是表现主义的代表，强调对机器文明的反思及对艺术本性的坚守。他曾在莱比锡的一次演说中指出，"对权力和机器的崇拜，使我们忽视了精神的方面，走向了经济上的无边欲壑"②。他就在这种艺术与工艺、表现与功能、标准化与艺术自由

---

① 转引自李亮之：《包豪斯：现代设计的摇篮》，黑龙江美术出版社 2008 年版，第 126 页。

② 转引自［英］弗兰克·惠特福德：《包豪斯》，林鹤译，生活·读书·新知三联书店 2001 年版，第 34 页。

之间摇摆。这种摇摆一方面反映了包豪斯艺术教育理念的矛盾，同时也成就了包豪斯的包容性、开放性与多样性，但这毕竟是一种难以协调的内在矛盾，时时煎熬着作为个体的格罗皮乌斯。1928年，就在包豪斯欣欣向荣之际，格罗皮乌斯出人意料地选择辞职。其继任者是瑞士建筑师汉斯·梅耶，功能主义的倡导者，他的口号是"最大程度的实用和最低的成本付出"。许多教员由于无法容忍愈来愈严重的僵硬化和程式化而选择先后离开。1930年8月，汉斯·梅耶被迫下台。第三任校长为密斯·凡·德·罗，这是一位远离政治的纯技术主义者，将包豪斯变成了一所单纯的建筑学院，原有的作坊被简化为建筑设计和室内设计两部分，并大大削减了艺术课程。这种改革也因纳粹上台的政治原因而被迫在德国本土中止。包豪斯的这种内在矛盾甚至反映到包豪斯学院前后两枚校徽的设计之上。第一个校徽是由卡尔－彼德·罗尔设计，具有鲜明的表现主义特征，使用时间为1919—1922年；第二个校徽由奥斯卡·施莱默设计，受功能主义影响显著，使用时间是1922年以后。

包豪斯短短十四年的办学历程给我们以重要的启示。第一，艺术与艺术教育都具有鲜明的时代性。包豪斯及其"艺术与工艺结合"的艺术教育思想都是工业革命时代的产物，也必然要随着"后工业时代"的到来实现必要的转型，在艺术与工艺、艺术与工业的维度之外更多地思考与探索艺术与人的生存的关系。这正是当代艺术与艺术教育特别需要思考与探索的重大课题。第二，艺术与工艺、艺术与工业、艺术与经济以及艺术与生活的结合是历史发展的趋势，但如果走向极端，也必然导致艺术与艺术教育的消解，应该努力探寻两者适度的平衡之点。第三，包豪斯提出的艺术与工艺、艺术与工业相结合的教学模式及其所实行的艺术教师与工艺教师结合的"双师制"，不仅对专业艺术设计教育有效，而且对普通高校的公共艺术教育也具有启示作用。我们的公共艺术教育不仅要强调理论，而且要强调实践，强调学生实际动手能力的培养。据我所知，有的高校就在公共艺术教育课中设立了"陶吧"，让学生在"陶吧"中亲自动手创作各种艺术品，培养其想象力与创造力，效果十分显著。

三、罗恩菲德有关人格与创造力培养的艺术教育思想

维克多·罗恩菲德（Viktor Lowenfeld，1903—1960）是西方"二战"之后最重要的艺术教育家之一，他于 1947 年出版的《创造与心智的成长》是"二战"之后最具影响的艺术教育方面的教科书，曾再版七次。该书所阐述的有关人格与创造力培养的艺术教育思想在西方，特别是在美国的艺术教育界有着广泛而深远的影响，直到今天仍对我们有着重要的启示。

罗恩菲德 1903 年出生于奥地利的林茨，青年时代曾是犹太复活青年组织的成员。1921—1925 年就读于维也纳艺术工艺学校，1926 年毕业于维也纳美术学院，1928 年毕业于维也纳大学。1926—1938 年，在霍荷瓦特盲人学校任教。随着德国纳粹的猖獗，罗恩菲德及其家人逃离奥地利前往英国，后又移居美国，在弗吉尼亚州的汉普顿学院教授心理学，并参与了该校艺术系的建立。1946 年因对种族歧视的不满，又前往宾夕法尼亚州执教，并在那里创建了艺术教育系，1960 年 57 岁时过早辞世。

罗恩菲德的艺术教育思想不同于杜威强调社会功效的实用主义理论，他突出了艺术教育的自律作用，强调艺术教育自身在

人的成长中的决定性作用。他在《创造与心智的成长》一书的开端就指出，最广义的教育"是影响我们行为的主要因素"①，他将艺术教育的作用提到先于其他学科的地位。艾夫兰在《西方艺术教育史》中对罗氏的观念概括道："艺术在教育中之所以意义重大，主要是因为它可以先于其他任何科目或学科早早地使创造性解决问题的能力得以发展。"②这种艺术教育思想的形成有内外两个方面的原因。从外在方面说，是对"二战"期间德国强制性的强权教育的反思。他说："在经历了由于极端的教条主义和不尊重个性差异所导致的毁灭性结果之后，我认识到武力不能解决问题……我强烈地感到，如果没有普遍存在于德国家庭生活和学校中那种强制性的纪律，极权主义是不可能被普遍接受的。"③由此可见，他正是从外在的法西斯强制性的极权教育中感觉到内心自由的可贵，走向对非强制性的艺术与艺术教育的突出强调。从内在方面来说，罗恩菲德受到了来自奥地利的弗洛伊德主义的深刻影响，认为儿童的自由表现是一种先天的欲望，在受到后天教育的成人压制后必然会走向精神失调，而唯有通过自由的艺术才能使这种自由表现的先天欲望得以回归。当然，罗恩菲德的艺术教育思想与他当时所生活的美国社会也密切相关。美国社会以移民为主，经历了南北战争和"二战"，所以特别地标榜"民主"，从而成为所有艺术中的自由表现理论的重要土壤。

---

①［美］罗恩菲德：《创造与心智的成长》，王德育译，湖南美术出版社1993年版，第1页。

②［美］阿瑟·艾夫兰：《西方艺术教育史》，邢莉、常宁生译，四川人民出版社2000年版，第308页。

③转引自［美］阿瑟·艾夫兰：《西方艺术教育史》，邢莉、常宁生译，四川人民出版社2000年版，第305—306页。

（一）艺术教育的主要贡献是造就身心健全的人

罗恩菲德在经历了残酷的第二次世界大战之后，将身心健全的人的教育放到艺术教育的突出位置。他说："艺术教育对我们的教育系统和社会的主要贡献，在于强调个人和自我创造的潜能，尤其在于艺术能和谐地统整成长过程中的一切，造就出身心健全的人。"①在这里，他明确地将培养"身心健全的人"作为艺术教育对教育和社会的"主要贡献"。在下文中，他又进一步对这种"身心健全的人"从心理学的角度进行了阐释，将之称作"提升人格"。他在讨论中学阶段艺术教育的主要目的时，指出：艺术教育不是专业的教育，而是人格的提升。他说："在中等学校的课程中，教授雕塑的主要目的在于透过自我表现提升人格，而不是施予专业的训练。"②他明确地将公共艺术教育的目的界定为"提升人格"，而不是"专业的训练"，这进一步明确了公共艺术教育的性质，将之与专业艺术教育划清了界限。然后，他从美感教育的高度具体论述了艺术教育这种"人格提升"的功能与过程。他说："因此，良好的美感成长是思想、感情及理解力表现的根基。透过文字、空间、声调、线条、形状、色彩、动作，或这些的综合为媒介，美感经验将之以艺术的形式表现出来。美感组织可能在生活中、游戏中、艺术中或任何时候，以意识或潜意识的状态逐渐成长。因此，我们的人格便受了美感成长的影响。一个人如果缺乏美感

---

① ［美］罗恩菲德：《创造与心智的成长》，王德育译，湖南美术出版社1993年版，第10页。

② ［美］罗恩菲德：《创造与心智的成长》，王德育译，湖南美术出版社1993年版，第366页。

组织,心灵必不得统整。因此,美感成长不但影响了个人,并且在某些情况下,也影响了整个社会。"①以上论述,包含着有关美感育人的丰富内涵:第一,艺术教育的性质是美感成长的过程;第二,艺术教育的媒介是文字、空间、声调、线条、形状、色彩、动作及其综合,在这里主要是视觉形式;第三,艺术教育的途径是生活、游戏、艺术或任何形式;第四,艺术教育作用的对象是意识或潜意识;第五,艺术教育的目的是人格的提升与心灵的统整;第六,艺术教育的作用是个人的健康成长与整个社会的和谐协调。罗恩菲德根据艺术教育的主要目的是"身心健康"与"人格健全"的人的培养,极富创意与针对性地提出:"艺术教育所强调的,便是自由表现的过程而不是完成品。"②他这是针对各级各类学校艺术教育中频繁出现的竞争来说的。他认为,这种竞争表面上评出了那些符合所谓"审美标准"的作品,但却会伤害儿童的"人格",压抑其个性,后果极为严重。罗氏认为,儿童的艺术天性是极端个人、极端多样性的,几乎没有两位儿童是完全相像的。他说:"艺术教育的一项重要目标,就是把这些儿童的个人差异诱发出来,压抑这种个人差异会限制儿童的人格。"③在这里,罗氏十分深刻地强调了儿童个性,特别是艺术个性的差异性,艺术教育就是要鼓励并诱发这种差异性而不是以某种"标准"将其压抑从而限制其人格。这就是他关于艺术教育应关注过程而不应关注作品的

————————

① [美]罗恩菲德:《创造与心智的成长》,王德育译,湖南美术出版社1993年版,第393页。

② [美]罗恩菲德:《创造与心智的成长》,王德育译,湖南美术出版社1993年版,第74页。

③ [美]罗恩菲德:《创造与心智的成长》,王德育译,湖南美术出版社1993年版,第73—74页。

根据,十分深刻妥帖,极富启发。

对于什么是"身心健全"的人,罗氏用"均衡"与"统整"加以表述。所谓"均衡"就是"思想、感情以及感受力都必须均衡地发展",这里包含了理性、感性及身体的感受等身心各个方面,"艺术就是平衡儿童的智慧和情感所不可或缺的工具"①。所谓"统整"就是将感情经验、智慧经验、知觉经验与美感经验统整为一个整体。正如罗氏所说:"在艺术教育中,当导致创作经验的单独元素变为一个整体时,统整作用便发生了。"②罗氏认为,在科技主义盛行,特别是强调"专业化"的时代,这种统整的作用特别重要,因为过早且过度的专业化会使人失去与社会的接触,从而妨碍儿童的健康成长。他说:"我们的时代正严重的面对这点,因此,学习的统整具有很重要的意义,因为它能使年轻人走向一个适应良好的生活。"③

(二)艺术教育是一种创造力的培养

正因为罗恩菲德将艺术教育的主要任务确定为身心健康、人格健全的人的培养,所以,在确定艺术教育具体目标时就将创造力的培养突出了出来。在《创造与心智的成长》一书中,罗氏首先将艺术教育与一般艺术活动区别开来,认为"艺术教育重视的是创造过程对个人的影响,以及美感经验给人的感受;而纯艺术中

---

① [美]罗恩菲德:《创造与心智的成长》,王德育译,湖南美术出版社 1993 年版,第 2 页。

② [美]罗恩菲德:《创造与心智的成长》,王德育译,湖南美术出版社 1993 年版,第 37 页。

③ [美]罗恩菲德:《创造与心智的成长》,王德育译,湖南美术出版社 1993 年版,第 37 页。

重要的是成品"①。因为,艺术教育首先是一种教育活动,面对的是接受教育的学生,所以侧重创作或欣赏过程对人的影响;而所谓"纯艺术"即一般的艺术活动面对与侧重的则是艺术作品本身、它所达到的水平及价值等等。所以,罗氏明确指出:"艺术教育的目标是使人在创造过程中,变得富于创造力,而不管这种创造力将施用于何处。"②在这里,他将创造力的培养作为艺术教育的具体目标。那么,罗恩菲德为什么如此重视创造力的培养呢? 原来,他认为,创造力是人的最基本的能力,是人之为人的本能所在,是人与动物最主要的区别。他说:"人类与动物的主要区别之一,就是人类能够创造而动物不能;创造性的成长,主要是自由而独立地使用前述的六种成长因素,而达到统整的效果。创造性是人类所具有的本能,是一项天生的直觉,它是我们解决和表现生活困难的主要直觉,儿童尚未学习如何去使用它以前,就懂得使用。最近的心理研究显示:创造性、探索和调查的能力是属于基本驱力的一种,没有这种驱力,人类便不能生存。"③在这段话里,罗氏基本上将他为什么如此突出地强调创造力以及创造力的内涵都作了简明扼要的回答。第一,创造性的重要性在于它是人类与动物的主要区别之一,因此,人的培养教育主要就是创造力的培养教育;第二,创造性的内涵是"自由而独立地使用"情感、智慧、生理、知觉、社会与美感六种"成长因素",对之加以统整,归根

---

① [美]罗恩菲德:《创造与心智的成长》,王德育译,湖南美术出版社1993年版,第4页。

② [美]罗恩菲德:《创造与心智的成长》,王德育译,湖南美术出版社1993年版,第4页。

③ [美]罗恩菲德:《创造与心智的成长》,王德育译,湖南美术出版社1993年版,第59页。

结底是一种先天的本能性的直觉能力；第三，创造力的作用在于它是与探索、调查能力等一起属于人类赖以生存的基本驱动力之一，人类没有创造的追求，也就无法生存。他还认为，创造性是艺术表现的"本质的精髓"①。

由上述可知，罗恩菲德有关创造性的理论明显地受到弗洛伊德精神分析心理学与克罗齐直觉论美学的影响。他将创造性归结为人之本性的非理性的直觉能力。这种看法有其正确的一面，是对启蒙主义以来，尤其是工业革命时代对理性主义过分强调与张扬的一种反拨，也是对深藏不露的人性的一种惊叹。但对理性的抹煞与忽视毕竟是不全面的，尽管罗氏的"成长因素"中也包含了智慧、知觉与社会等理性成分，但他最后还是将创造性归结为"直觉"。

在《创造与心智的成长》一书中，罗氏还提出了一个十分重要的问题，那就是在儿童迈过青春期变成成人后如何保持其蓬勃的创造力？他说："因此，如何在青春期的批判阶段之后，仍使儿童保存其创造力，将是个重大的问题。假如能做到这点，不仅挽救了人类最大的一项天赋——创造的能力，而且还保持了适当行为所必须有的物质——弹性。"②这是一个非常重大的课题，不仅是艺术教育的重大课题，而且是整个教育中的重大课题。因为，创新是社会与人类前进的根本动力，而创新的缺乏正是当代社会病症之一。这正是哈佛学院路易斯有关"缺乏灵魂的卓越"的质询

---

①［美］罗恩菲德：《创造与心智的成长》，王德育译，湖南美术出版社1993年版，第23页。

②［美］罗恩菲德：《创造与心智的成长》，王德育译，湖南美术出版社1993年版，第219页。

与钱学森有关"为什么难以培养创新型人才"的询问的症结所在。其实,早在1947年,罗恩菲德作为一位心理学家与艺术教育家就提出了类似的问题,并作出了自己初步的回答。他的回答是:"儿童许多珍贵的创作都被老师不知不觉地破坏了。"①也就是说,问题出在教育、出在教师。教育和教师没有按照儿童的本性与教育的规律去教育儿童,从而使其丧失了可贵的创造性。对儿童进入青春期后创造性的保持,罗氏提出了一个弥补的措施:"在不自觉的阶段里就使他接近他即将获得的概念。"②他举例说,儿童在青春期前的绘画中是缺乏焦点透视观念的,不知道"远小近大,远淡近深"这样的绘画规律的,等他从青春期进入成年后就逐步地掌握了这样的道理。罗氏认为,老师应通过循循善诱的方法保留儿童自行发现的权利,适当加以刺激与引导,而不要强制灌入,使儿童失去创造的信心与动力。"最重要的是:老师必须随时记得,老师并没有剥夺儿童自行发现的权利。相反地,他必须在必要时为儿童提供恰当的刺激,以使他们能自行发现。"③至于在整个教育过程中如何做到保护与培养儿童的艺术创造力这个十分重要的目标,罗氏提出"以儿童为中心"的艺术教育理念。

(三)"以儿童为中心"——一个极其重要的艺术教育理念

在《创造与心智的成长》一书中,罗恩菲德提出的一个非常重

---

① [美]罗恩菲德:《创造与心智的成长》,王德育译,湖南美术出版社1993年版,第218页。

② [美]罗恩菲德:《创造与心智的成长》,王德育译,湖南美术出版社1993年版,第219页。

③ [美]罗恩菲德:《创造与心智的成长》,王德育译,湖南美术出版社1993年版,第218页。

要的观点就是:艺术教育必须以儿童为中心。他说:"过去的几年
中,小学教育已有了极大的进步,教学已从题材为中心转向以儿
童为中心;我们正处在一个新纪元的尖端。"①又说,艺术教育的
任务"既不是艺术本身,又不是艺术作品,也不是审美经验,而是
儿童"②。这一观念的提出是非常重要的,扭转了长期以来占统
治地位的艺术教育以艺术为中心的传统观念。其实,罗恩菲德的
老师弗朗兹·齐泽克本来是主张以艺术为中心的,罗氏不同意这
一观念,认为这"与我们的教育理念相悖,我相信也与我们的时代
要求相悖"③。这其实是将艺术教育从面向物扭转到面向人,恰
是罗氏艺术教育思想中人文主义精神的集中表现。由此,他明确
地提出了在艺术教育中要将儿童真正当作儿童而不能用成人的
标准要求儿童的重要观点。他深刻地论述了儿童未受外界干扰
的艺术天性,他们的艺术描绘、风格是与成人不同的,要重视与珍
惜这种不同,不能予以强制性的评判甚至修改。他说:"在儿童开
始涂鸦时,心急的父母希望看到合于成人观念的构图,这种干扰
就可能已经开始了。压制儿童心灵以迎合成人的观念,这是何等
荒谬呀!"④正因为罗恩菲德坚持艺术教育要以儿童为中心,所
以,他始终坚持在艺术教育的过程中教师要始终将注意力集中于

---

①〔美〕罗恩菲德:《创造与心智的成长》,王德育译,湖南美术出版社 1993 年
　版,第 1 页。

②转引自〔美〕阿瑟·艾夫兰:《西方艺术教育史》,刑莉、常宁生译,四川人民
　出版社 2000 年版,第 306 页。

③转引自〔美〕阿瑟·艾夫兰:《西方艺术教育史》,刑莉、常宁生译,四川人民
　出版社 2000 年版,第 306 页。

④〔美〕罗恩菲德:《创造与心智的成长》,王德育译,湖南美术出版社 1993 年
　版,第 12 页。

儿童身上,集中于儿童创造力的成长过程之上,而不能集中在作品之上,他说:"如果教师的注意力从儿童身上转移到作品上,儿童和其作品就会受到不公正的对待。"①他认为,儿童在成长过程中对自己创造力的发现乃至进步可能只是一小步,但却是具有决定意义的一小步,这一小步在他的作品中很可能没有明显的反映,如果教师的注意力集中于作品,就会忽视儿童的进步,从而作出不公正的评价并伤害儿童。他指出:"因为这样会使他的注意力从创作过程导向完成品,对于曾经受到阻碍,但首次在创作活动中发现自己的儿童,还会增加另一次的打击。"②罗氏坚持艺术教育"以儿童为中心"的观念,主张根据儿童不同的心理特征进行有针对性的艺术教育。他认为,在儿童11—13岁开始进入青春期之时就开始表现出"视觉型"与"触觉型"的差别。"我们愈是仔细地观察青春期,就愈能在儿童的创作经验中看到一项差别;显然,有些儿童喜爱视觉刺激,而其他人却比较专注于主观经验的阐释。"③为此,他进行了有关儿童心理特征的调查,采用了1128道测验题。调查的结果是:47%显然属于视觉型,23%是触觉型,而其余30%不是低于可清晰辨定的界限之下就是不可确定。④在摸清儿童心理特征的基础上,就可以进行有针对性的教育。他

---

① [美]罗恩菲德:《创造与心智的成长》,王德育译,湖南美术出版社1993年版,第68页。

② [美]罗恩菲德:《创造与心智的成长》,王德育译,湖南美术出版社1993年版,第68页。

③ [美]罗恩菲德:《创造与心智的成长》,王德育译,湖南美术出版社1993年版,第213页。

④ [美]罗恩菲德:《创造与心智的成长》,王德育译,湖南美术出版社1993年版,第259页。

说:"假如一个视觉型的人只受在触觉印象的刺激,他就会受到干扰和限制。也就是说,假如他被要求放弃视觉,而仅借触觉、身体感觉、肌肉感应和运动感来认识自己的所在,就可能成为阻碍的因素。然而,强迫触觉型的以用'看'来创作,也可能成为一项阻碍的因素,这两个事实已经在许多实验报告中建立起来。"①

　　罗恩菲德是弗洛伊德精神分析心理学的信奉者,这一点体现在,他认为人类人格形成的基础深植于童年经验与精神心理治疗之上。我们先来看他从人格形成的基础深植于童年经验出发对儿童艺术教育的高度重视。他曾认为,"人类相互间的关系的基础通常都是在家庭和幼儿园开始形成的"②。因此,罗氏对艺术教育在儿童早期的施行特别重视,认为"艺术教育,如在儿童早期施行的话,便很可能造就出富有适应力和创造力的人"③。同时,由于艺术具有直感性,所以特别适合于儿童教育,他提出艺术应成为儿童的朋友,成为儿童生活整体的一部分的重要观点。"艺术必须成为儿童的朋友,当言语不足以表达他们的欣喜、忧愁、恐惧和挫折时,他或许便得以依赖它。经由这种经验,他的艺术表现便成为他生活整体的一部分。"④

　　正是因为他对儿童艺术教育高度重视,所以在《创造与心智

---

① [美]罗恩菲德:《创造与心智的成长》,王德育译,湖南美术出版社 1993 年版,第 258 页。

② 转引自[美]阿瑟·艾夫兰:《西方艺术教育史》,邢莉、常宁生译,四川人民出版社 2000 年版,第 305 页。

③ [美]罗恩菲德:《创造与心智的成长》,王德育译,湖南美术出版社 1993 年版,第 2 页。

④ [美]罗恩菲德:《创造与心智的成长》,王德育译,湖南美术出版社 1993 年版,第 11 页。

的成长》一书中着力阐述并分析了儿童成长不同阶段创造力和心智成长的关系。他认为:"进步的艺术教育是老老实实地基于儿童发展的倾向。"①湖南师大美术研究所王秀雄教授在该书的中译本序言中正确地指出,罗氏"认为儿童的美术乃是儿童心智成长的一种反映,他们的智力、认知有所改变时,儿童的美术也随着改变,所以他就把美术创造跟心智作为一体来观察研究了。这就是这一本书'创造与心智的成长'的最大特色,也是这一本书命名的由来"②。罗氏借鉴皮亚杰的发展心理学对儿童心智的成长进行了划分。皮亚杰将儿童的心智成长划分为:感知运动阶段(0—2岁),前运算阶段(2—7岁),具体运算阶段(7—12岁),形式运算阶段(12—15岁)。罗恩菲德根据儿童在艺术中自我表现的特征划分为:涂鸦阶段(2—4岁);样式化前阶段(4—7岁);样式化阶段(7—9岁);党群年龄阶段(9—11岁);推理的阶段(11—13岁);青春期(13—17岁)。罗氏详尽地分析介绍了每一阶段儿童的心理特征,论述了根据这些特征在艺术教育中所应设定的目标、采取的教育措施等,具有很强的可操作性。但从理论上讲,他所提供的有价值的思想是有关儿童艺术教育"自由表现"的目标、艺术教育与儿童全面成长的紧密相关、阶段性与差异性等。

首先是关于儿童艺术教育"自由表现"的目标。罗氏在他的艺术教育理论中提出了一个"民主的箴言":"所有的儿童都应该给予相等的机会,自由地表现他们的意志。"又说:"每一位儿童都

---

① [美]罗恩菲德:《创造与心智的成长》,王德育译,湖南美术出版社1993年版,第178页。

② [美]罗恩菲德:《创造与心智的成长》"序",王德育译,湖南美术出版社1993年版,第5页。

应被尊重为一个人,而无视于他的社会地位。"①这里的"民主箴言"当然体现了资产阶级的人文精神,也体现了弗洛伊德的精神分析心理学的思想。因为,按照弗氏的观点,儿童的欲望应给予自由发挥的机会,在此前提下予以提升、"升华"。艺术就是"升华"的重要渠道,但其前提是"自由的发挥"。如果没有这样的"自由发挥"的前提,一旦受阻,就会造成精神创伤。罗氏的"自由地表现"就包含这样的内涵。他的另一重要观点就是儿童的艺术教育与其成长全面相关,这个成长包含了智慧成长、感情成长、社会成长、知觉成长、生理成长、美感成长、创造性成长等诸多方面。他特别强调了艺术教育与儿童全面生长的关系,认为绝不能仅仅看重一个方面的成长,例如美感成长。他说:"一般所犯的错误是:只用一种成长的组成元素来评量儿童的作品,通常是以外在的美作为标准——一件作品'看起来'的样子,其设计特质、色彩、形状,以及相互间的关系——这不但对作品不公平,而且对儿童更不公平,因为成长并不包含外在标准,也不只是美感所构成的。美感成长虽然十分重要,但只是儿童整体发展的一部分而已。"②当然,他还强调了儿童成长的"阶段性",认为不同年龄段的儿童具有不同的心理特征,应该根据这样的心理特征施以不同的艺术教育,使其健康成长。他说:"对儿童有意义的提示必须适合他发展的阶段。"③在对儿童接受艺术教育情况进行评量时,也要特别

①[美]罗恩菲德:《创造与心智的成长》,王德育译,湖南美术出版社1993年版,第415页。
②[美]罗恩菲德:《创造与心智的成长》,王德育译,湖南美术出版社1993年版,第49页。
③[美]罗恩菲德:《创造与心智的成长》,王德育译,湖南美术出版社1993年版,第48页。

注意"发展的阶段":"适合 5 岁儿童的创造表现,显然不再适合 8 岁或 10 岁儿童的艺术表现。当成长继续时,创造表现——成长可见的表征——就改变了;为了要了解评量的平均标准,就得根据儿童创作发展的单独阶段来研究。"①他还强调,要重视儿童作为个体的"差异性",根据不同特点施之以教。"成长的不同构成元素并不是平均分配的,一个小孩可能在情感上十分奔放,但他可能在创作方法上、思想和感情上缺乏创造性,所以他不是一个富于创造力的儿童。但其他儿童则可能十分具有创造力和发明的发展;再者,另一位儿童可能是有高度禀赋的创造力和美感,但他缺乏行为的控制,显示他缺乏身体的技巧,因而可能会阻碍了他的创性表现。有一些非常聪明的儿童,其智慧之成长比其他成长的构成元素为迅速,这些儿童可能在将智慧运用到创造时遭到困难。"②他认为,承认儿童心理特征的差异性是基于承认每一个儿童都有特殊的资质,都应得到发展的权利,并受到良好教育的前提之上的。因此,他坚决反对将儿童区分为"天才儿童""平庸儿童"。他说:"每一位儿童在潜能上都是具有天赋的,把儿童区分为'天才'和'平庸之才'是错误的;因为我们的理论是基于每一位儿童都有潜在的创作能力,而不论这儿童的资质如何。"③

　　总之,"以儿童为中心",一切从儿童出发,为儿童的成长服务,正是罗恩菲德艺术教育理论的精髓之一。

---

① [美]罗恩菲德:《创造与心智的成长》,王德育译,湖南美术出版社 1993 年版,第 60 页。

② [美]罗恩菲德:《创造与心智的成长》,王德育译,湖南美术出版社 1993 年版,第 49 页。

③ [美]罗恩菲德:《创造与心智的成长》,王德育译,湖南美术出版社 1993 年版,第 422 页。

(四)艺术教育的评量必须从有利于儿童的心智成长出发

艺术教育的评量(价)是艺术教育中的一个带有根本性的问题,目前仍是国内外艺术教育界不断探索的一个重要课题。罗恩菲德在《创造与心智的成长》一书中作了极富价值的探索。他首先提出的基本问题是评量的目的问题。他说:"在评量儿童的作品时,我们先要考虑一下,我们评量儿童作品的目的究竟何在?是为了认识儿童的成长、经验、感情和兴趣吗?或者显示儿童的优点、弱点、创造能力、有技巧,或缺乏技巧?换言之,去将他们分等吗?"①非常明显的,罗氏的回答显然是前者——"为了认识儿童的成长、经验、感情和兴趣",而不是后者——划分优劣,进行分等。他对此所给予的正面回答是:"任何评量,只有能帮助老师了解儿童,并有效地提示儿童从事创作,才有意义。"②为此,他提出了两个与艺术教育评量有关的基本原则问题。一个就是艺术教育最重要的意义:成长的激励;另一个是艺术教育的基本哲学:启迪儿童创造性和心智发展。艺术教育评量的目的决定了评量的对象与方法。罗氏认为,艺术教育评量的对象是创作过程而不是作品。因为,从创作过程之中可以见到儿童创造性与心智成长的特点与轨迹,从而有针对性地施之以教;而作品则与儿童的成长无关,并可能因评价其优劣导致对儿童创造性与心智的压抑。他说:"制作过程比完成品更为重要;换言之,一件很'原始'的——

①[美]罗恩菲德:《创造与心智的成长》,王德育译,湖南美术出版社1993年版,第43页。

②[美]罗恩菲德:《创造与心智的成长》,王德育译,湖南美术出版社1993年版,第45页。

以成人的观点来看是'丑陋'的——作品对儿童而言,比一件制作精美,而成人觉得满意的作品还有意义。"①因为,在这件"丑陋"的作品中,儿童可能是生平第一次认识了自己,抛开了限制其成长的感情困扰,并因而改变他的生命。罗氏认为:"这种生命的改变比任何完成品还重要。"②评量的方式,"不但因个人不同,且因发展阶段而不同"③。总之,罗氏认为:"对儿童作品施以评价只是使老师更透彻地了解儿童的成长,而不是以学生的缺点和优点来困扰他们。"④

(五)艺术教育的治疗功能

罗恩菲德在《创造与心智的成长》一书中用相当多的篇幅论述了艺术教育对残障儿童的治疗问题,具有特殊的价值。他的这一理论的建立有两个前提,一个就是他有关艺术教育的民主箴言:所有儿童都应给予相等的机会自由表现自己。他说:"没有人有权力去划一条分界线,而把人类分为一些在他们的发展中应该获得充分的培养,而另一些则不值得我们去努力。"⑤这里包含着

---

① [美]罗恩菲德:《创造与心智的成长》,王德育译,湖南美术出版社 1993 年版,第 44 页。
② [美]罗恩菲德:《创造与心智的成长》,王德育译,湖南美术出版社 1993 年版,第 44 页。
③ [美]罗恩菲德:《创造与心智的成长》,王德育译,湖南美术出版社 1993 年版,第 44 页。
④ [美]罗恩菲德:《创造与心智的成长》,王德育译,湖南美术出版社 1993 年版,第 44 页。
⑤ [美]罗恩菲德:《创造与心智的成长》,王德育译,湖南美术出版社 1993 年版,第 423 页。

"人人有权接受相同的教育"的合理的人文主义精神。另一个理论前提就是弗洛伊德精神分析心理学的影响，因为弗氏是力主通过艺术升华来进行心理治疗的。罗恩菲德对残障儿童的治疗也是一种通过艺术的心理矫正与提升。罗氏自己声称，"大多数艺术的治疗方式与心理分析有关"①。

艺术教育治疗的目标是什么呢？罗恩菲德批判了在功利主义社会环境中仅仅将治疗局限于"谋生的准备"而剥夺残障儿童享受人生权利的流行理论与通常做法。他说："在物质主义的时代里，有障碍者的教育几乎是一致地朝谋生的准备而运转着；显然，快乐是一项有障碍者付不起的奢侈品。"②他从艺术教育是身心发展健康的人格教育的角度出发，认为"我们可以更有效率地使他们成为有用的公民"③。当然，罗氏这里所说"治疗"是一种心理的治疗。他举例说，X 是一间化学工厂的工程师，因遭遇一次意外事故而导致双目失明，但他仍有健全的四肢、流畅的语言、敏锐的听觉与正常的心智，所以，X 在客观上只能算是 50％的残障。但他主观上极其悲观失望，在感觉上是百分之百的残障，他觉得自己是完全无用的人。艺术教育的治疗就是要通过艺术创造的手段，让其认识自我，恢复必要的身体意象，恢复自信。罗氏指出："因此，任何治疗都该帮助 X 认识到他还有许多机会来享受

---

① ［美］罗恩菲德：《创造与心智的成长》，王德育译，湖南美术出版社 1993 年
　　版，第 484 页。
② ［美］罗恩菲德：《创造与心智的成长》，王德育译，湖南美术出版社 1993 年
　　版，第 424 页。
③ ［美］罗恩菲德：《创造与心智的成长》，王德育译，湖南美术出版社 1993 年
　　版，第 424 页。

生活,他仍然是社会有用的一分子。"①也就是说,在罗氏看来,艺术教育治疗的目标是一种健全人格的重塑。所以,他认为,"艺术教育治疗的本质是使用创造活动作为自我认知的方法"②。正是基于艺术教育治疗是一种健康人格的重塑,所以,在治疗方法上,罗氏否弃了通常所用的模仿而认为仍然应该采用艺术的创造活动。他认为,大量的事实证明,单靠临摹模仿,不仅增加有障碍者的依赖性,而且使他们做事缺乏自信心和进取精神,其结果是在他们原有的障碍上又增加了另一障碍。因此,他主张通过艺术创造来进行治疗。他说:"有障碍的人经由他们自己的创造成就——不但获得了自信,并且得到他们所迫切需要的独立性和满足感。"③罗氏在总结艺术创造活动对残障儿童的治疗作用时指出,"对于生理有障碍者,孤离隔绝会导致生理的缺陷和自卑感,而创作活动克服这种孤离隔绝——生理上或心理上的,并改进那些感觉的经验——这些经验是基于已经改进之自我概念的建立——以及在感情上解除那些阻碍有障碍者潜能发展的紧张和限制……透过自我的体验,个人得到与环境的接触和联系,而解脱孤离隔绝成为社会有用的分子"④。

综上所述,罗恩菲德以"自我表现"为基础的艺术教育理论,

---

① [美] 罗恩菲德:《创造与心智的成长》,王德育译,湖南美术出版社 1993 年版,第 426 页。

② [美] 罗恩菲德:《创造与心智的成长》,王德育译,湖南美术出版社 1993 年版,第 429 页。

③ [美] 罗恩菲德:《创造与心智的成长》,王德育译,湖南美术出版社 1993 年版,第 424 页。

④ [美] 罗恩菲德:《创造与心智的成长》,王德育译,湖南美术出版社 1993 年版,第 490 页。

他的有关健全人格的培养、创造力的培养、以儿童为中心、艺术教育与儿童成长的关系、艺术教育的治疗作用,以及艺术评价的理论,都包含着丰富的内涵,积淀着大量的实践经验,具有重要的学术价值,特别是具有很强的可操作性。正如阿瑟·艾夫兰所说,"罗恩菲德的成功在于,他为我们认识和理解儿童艺术提供了一个促进发展的基础……罗恩菲德也许更大地增强了教师教授艺术的信心"①。他的《创造与心智的成长》一书在西方艺术教育史上有着广泛的影响,再版过7次。当然,随着历史的发展,后来的艺术教育理论家对于罗氏过于隔绝社会,强调艺术表现自我、表现的"自律性",以及硬性地划分"视觉性"与"触觉型"的观点提出了批评。但这并没有完全抹掉罗恩菲德在艺术教育史上的历史与现实的价值,他的许多理论观点对我们今天的艺术教育理论的建设与实践仍然具有极为重要的借鉴意义。

四、加德纳"多元智能"理论中的美育思想

(一)"多元智能"理论的提出及其背景

世纪之交,世界范围内教育理论领域是非常活跃的,有许多新的突破。结合我国实际,借鉴这些理论,无疑有助于我国教育的现代化,特别是有助于我国深入开展素质教育。

霍华德·加德纳(Howard Gardner)是世界著名的发展心理

---

① [美]阿瑟·艾夫兰:《西方艺术教育史》,刑莉、常宁生译,四川人民出版社2000年版,第306页。

学家,美国哈佛大学教育研究生院认知和教育学教授、心理学教授,哈佛大学"零点项目"研究所两位所长之一。他在 1983 年出版的《智能结构》一书中针对传统的智商测试的弊端提出"多元智能"的观点。这本书在教育界产生了强烈反响并引起争论。1993年,加德纳教授又根据十年来学术界研究的进展出版了《多元智能》一书,并对"多元智能"理论,即"MI(Multiple Intelligences)理论"进行了比较全面的阐述。他说:"如我将智能定义为:在一个或多个文化背景中被认为是有价值的、解决问题或制造产品的能力。在多元智能理论中,我提出所有正常人拥有至少七种相对独立的智能形式。"①这七种智能为语言智能、数学逻辑智能、音乐智能、身体运动智能、定向智能、人际关系智能和自我认识智能。他认为,每种智能最初都以生理潜能为基础,是遗传基因和环境因素相互作用的结果,应将其看作生理心理产物,是认知的来源。每种智能都必须具有可辨别的基本能力的特征或一组特征。例如,音乐智能的基本能力特征就是对于音高的敏感性,语言智能的基本能力特征则是对于发音和声韵的敏感性。他说:"每个正常的人都在一定程度上拥有其中的多项技能,人类个体的不同在于所拥有的技能的程度和组合不同。"②加德纳还将这种"多元智能"理论运用于教育实践,提出了新的教育理论和新的学校的概念,并从学校、专家、学生、社会的纵向角度和课程、评估以及活动的横向角度将"多元智能"理论付诸实践,取得相当多的实践例

①[美]霍华德·加德纳:《多元智能》,沈致隆译,新华出版社 2004 年版,第92 页。

②[美]霍华德·加德纳:《多元智能》,沈致隆译,新华出版社 2004 年版,第16 页。

证。加德纳的"多元智能"理论在美国引起了强烈反响，从独立学校全国联合会、教育立法者、教育记者、大学教授到学生家长和学生本人，各界人士都十分关心这一理论，并参与到"多元智能"理论的讨论和实践之中，有关著作和刊物也纷纷出现。可见，"多元智能"理论是一个在世纪之交引起全世界、特别是美国教育界普遍关注的问题。"多元智能"理论之所以引起如此强烈的反响，重要的原因是它适应时代的要求，摒弃单一的应试教育，倡导多元的素质教育。正因此，它同美育也就有了密切的关系。因为，对美育的突出强调也是素质教育的题中应有之义。正是从这个角度，我们认为，"多元智能"理论的研究不仅有助于新时期美育理论的发展，而且会为美育研究提供新的方法和理论武器。当然，不可否认地，"多元智能"理论本身在教育实践中所包含的艺术教育内容对美育而言也有借鉴意义。

　　"多元智能"理论是 20 世纪后半期经济、社会和学科发展的产物。从这个角度看，美育在这一时期由冷到热，进而跨入社会与学科的前沿，也是适应 20 世纪后半期时代需要的结果。我们由"多元智能"理论产生的社会必然性，也可窥见美育作为素质教育组成部分而进一步发展的社会必然性。加德纳指出："大约一个世纪以来，西方工业化社会及其学校只能开发出人口中一小部分人的智能。然而随着后工业时代经济的发展，仅仅依靠非情景化的学习来开发智力已经不恰当了。我们必须根据个体的特点和文化要素来考虑拓宽智能的概念。伴随着智能的新观念，需要新的教育和评估体制，以培养多数人的能力。"①加德纳在这里指

---

① [美]霍华德·加德纳：《多元智能》，沈致隆译，新华出版社 2004 年版，第251 页。

出了"多元智能"理论产生的社会经济背景——后工业社会。所谓后工业社会，也就是我们通常所说的以信息产业为标志的知识经济时代。正是这样一个时代，要求摒弃工业时代传统的教育理论，呼唤一种新的教育观念和体制。他说："据我看来，美国的教育正处在转折关头。目前的形势是：一方面存在着相当的压力，使教育迅速向'统一规划的学校教育'方向发展。另一方面，同时又存在着教育系统包容'以个人为中心的学校教育'的可能性。学校教育究竟应该向何处去？双方争论激烈。根据对科学证据的分析，我认为应该向'以个人为中心的学校教育'体制发展。"①这里讲到了两种对立的教育观和教育体制："统一规划的学校教育"和"以个人为中心的学校教育"。所谓"统一规划的学校教育"，就是工业时代的应试教育，其代表性的理论与实践就是所谓智商（IQ）测定，以 IQ 为根据评估学生、选拔学生。正是在这种情况下，在美国出现了一种十分独特的测试行业，而且每年为此花费数十亿美元。这正是工业社会崇尚高效、简单、容易操作的方法及其对所谓经济效益的追求的结果，由此派生出"一元化的教育"，即根据这种统一测试的要求，学生必须尽可能地学习相同的课程，教师必须尽可能以相同的方式将这些知识传授给所有的学生。学生在校期间必须通过频繁的考试评估，这些考试应在一致的条件下进行，学生、教师和家长都应收到表明学生进步或退步的量化的成绩单；这些考试又必须是全国统一的规范化测验，以便具有最大范围的可比性。因此，最重要的学科就是适合采用这种考试方式的学科，如数学、科学、语法、历史等，而那些正规考试

---

① ［美］霍华德·加德纳：《多元智能》，沈致隆译，新华出版社 2004 年版，第70 页。

难以控制的学科,如艺术等则最不受重视。加德纳认为,这种"统
一规划的学校教育"及与其适应的智商测试方法,实际上承受着
三种偏见的危害。这三种偏见就是"西方主义""测试主义"和"精
英主义"。所谓"西方主义"是指由古希腊苏格拉底开始的一味推
崇"逻辑思维"和理性的传统,由此而一味排斥其他。所谓"测试
主义"是指只重视人类可以测试出来的能力,如果某种能力无法
测出,就认为这种能力不重要。所谓"精英主义"则指迷信按确定
的数学逻辑思维方法解答所有问题的"精英分子",而正是这些
"精英分子"误导了美国的政策。加德纳与这种"统一规划的学校
教育"及其"智商式思维"的测试体系相对立,提出了"多元智能"
理论及与之相应的"以个人为中心的学校教育"。这种"以个人为
中心的学校教育"的理论根据,是"人的心理和智能由多层面、多
要素组成,无法以任何正统的方式,仅用单一的纸笔工具合理地
测量出来"①。正是基于此,才得出了人与人的智能是不同的观
点,由此要求教育理论和方法反映这种差异,这无疑有助于受教
育者最大限度地发挥其智能潜力。同时,多元智能理论及与之相
应的"以个人为中心的学校教育"认为,没有一个人能精通所有的
知识,拥有所有的能力,因此便存在着一个发展适合自己的智能
和选择适合自己的发展道路的问题,"多元智能"理论应在这一方
面给予学生与家长以建议和帮助。最后就是创建一种能"使教育
在每个人身上得到最大的成功"②的"以个人为中心的学校"。加

①［美］霍华德·加德纳:《多元智能》,沈致隆译,新华出版社 2004 年版,第
　　72 页。
②［美］霍华德·加德纳:《多元智能》,沈致隆译,新华出版社 2004 年版,第
　　72 页。

德纳的"多元智能"理论就是在这种知识经济的背景条件下，在"统一规划的学校教育"与"以个人为中心的学校教育"两种教育观的尖锐对立中产生的，它旨在适应后工业社会的知识经济，并为"以个人为中心的学校教育"提供理论根据。

由此我们可知，所谓"统一规划的学校教育"就是一种适合工业社会培养工业劳动后备军的"应试教育"，而"以个人为中心的学校教育"是知识经济时代强调充分发挥个人潜能特别是创造能力的素质教育。这种强调个人自由发展的素质教育，呼唤人的多种潜能包括审美潜能的开发。尽管加德纳并不承认审美力的独立存在，他说："谈到智能的多元化，立刻会出现一个问题，即是否存在单独的艺术智能。按照我的分析，没有。这些形式中的每一种智能，都能导向艺术思维的结果，也即表现智能的每一种形式的符号，都能（但不一定必须）按照美学的方式排列。"①但他毕竟承认七种智能的每一种都能导向艺术思维。在他对"统一规划的学校教育"的批判中，我们也可看到，这种教育模式及其遵循的智商测试方式只导向对适合这种测试方式的学科的重视，而难以运用这种方式测试的学科则在不被重视之列。这样的学科，加德纳认为首先就是艺术。因此，在他的"以个人为中心的学校教育"中，从来都是将艺术教育（美育）放在十分突出的位置。而且，加德纳也反对将美育仅仅看作是对一种技巧和概念的掌握，而主张将其看作是一种特殊的对待世界的方式与态度，也就是"个人化"的"感情"的方式和态度。他说："艺术的学习仅仅掌握一套技巧和要领是不够的。艺术是一种深度个人化的领域，学生在这个领

_____

① ［美］霍华德·加德纳:《多元智能》，沈致隆译，新华出版社 2004 年版，第148 页。

域中将进入自己和他人的感情世界。"①当然,关于审美力是否具有独立意义的问题,如果将其单纯看作智力因素,的确难以独立存在。但加德纳将素质教育的多元结构仅仅归结为"智能",这也是极不全面的,不过是将阿尔弗莱德·比奈的局限于数学与语文的"智商"扩大到智力领域的其他方面而已,同样极大地忽视了应试教育中被排除在外的品德、意志、情感等极为重要的非智力因素。由此可知,加德纳对美育与审美力的独立意义的否定,恰恰说明他还没有完全摆脱工业社会传统的"智力第一"理论的影响。

　　从上述的介绍,我们可以看到加德纳"多元智能"理论的强烈的现实性。从他对"统一规划的学校教育"及与之相应的考试方法的描述中,我们已看不到任何"异国情调",所有这些仿佛就发生在我们周遭并且正在发展中。由此说明,这种"一元化"的教育理论、模式与方法在全世界都具有极大的普遍性,也可说明倡导一种与之相反的"多元的"包含着美育的素质教育理论仍然有着极大的难度。但这种跨国度的世界性的"共识"与探讨的确为我们倡导美育、推进素质教育提供了更多的可供借鉴的理论与实践经验。

（二）"多元智能"理论与艺术教育

　　加德纳的"多元智能"理论尽管没有把审美力作为七种智能之一,但因其对传统的"一元化"教育观点和"智商式思维"方式的批判,必然将传统教育中长期被忽视的艺术教育放到突出位置。实际上,"多元智能"理论及其教育实践就是加德纳任所长的哈佛

―――――――――――

①［美］霍华德·加德纳:《多元智能》,沈致隆译,新华出版社2004年版,第152页。

大学"零点项目"研究所的重要课题之一。"零点项目"研究所建立于 1967 年,其创始人为哲学家纳尔逊·古德曼。他认为,艺术作品不仅仅是灵感的产物,艺术也不仅仅是情感和直觉的领域,与认知无关;艺术过程是思维活动,艺术思维与科学思维是同等重要的一种认知方式。他还认为,人们过去花费了大量的精力和金钱以改进逻辑思维和科学教育,对形象思维和艺术教育的认识却微乎其微。他立志从零开始,弥补科学教育研究和艺术教育研究之间的不平衡,因而将其项目命名为"零点项目"。三十多年来,"零点项目"成为美国和世界教育界持续时间最长、规模最大的课题组,最多时有上百名科学家参与研究,设立了专门的研究基金,至今已投入数亿美元,在心理学、教育学、艺术教育等多方面取得了令人瞩目的成果。1994 年,哈佛大学教育研究生院院长莫非(Marphy)教授撰文指出:"这个项目的研究对人类的智能理论发起了挑战,使我们对创造性和认知的理解更进一步。它还使我们不得不再一次思考教育的内涵,思考未来教育的模式。"①确实,这个项目的目的是向传统的认知逻辑和语言在各项智能中更加重要、占统治地位的理论挑战。其基本理论内涵是将西方当代流行的符号理论应用于心理学和教育学,认为无论何种艺术活动都是大脑活动的一部分,一个艺术工作者必须能"读""写"出艺术作品中特有的"符号系统"。因此,"零点项目"要求确认"艺术的认知属性"并"采用认知的方式于艺术教育"。② 为此,加德纳通

---

① [美]霍华德·加德纳:《多元智能》,沈致隆译,新华出版社 2004 年版,"译者的话"第 4 页。

② [美]霍华德·加德纳:《多元智能》,沈致隆译,新华出版社 2004 年版,第150 页。

过"零点项目"的实践归纳出以下十个基本观点：(1)在 10 岁以下的童年的早期，创作活动应该是任何形式艺术的学习过程的中心；(2)有关艺术的感知、史论以及其他"艺术外围"的活动，都应该尽可能来源于儿童的创作并与之紧密相联；(3)艺术课程教学，需要由精通运用艺术思维的教师或其他人士担任；(4)可能的话，艺术学习应尽可能围绕有意义的专题来进行；(5)在大多数艺术领域里，制定从幼儿园起到高中毕业的 12 个年级的连续教学计划没有任何益处；(6)评估艺术教育中的学习很重要；(7)艺术的学习仅仅掌握一套技巧和概念是不够的；(8)一般来说，在任何情况下直接向学生讲授如何判断艺术的品位和价值是危险的，也没有这个必要；(9)艺术教育非常重要，以至于无法将这项工作交给单一团体来做；(10)让每个学生都学习所有的艺术形式仅是一种理想，很难实现。加德纳对"零点项目"有一段总结性的话："可能会造成一种误解，那就是我们现在对于艺术思维发展的了解，已经达到研究人员对科学思维或语言能力的发展认识水平。就像我们用'零点项目'的名称提醒自己一样，这方面的研究仍然处于婴儿阶段。我们的工作表明，艺术思维的发展是复杂的，具有多种意义，想加以概括是困难的，弄不好常常半途而废。不过对于我们来说，力图将自己的关于艺术思维的主要发现综合起来，仍然是很重要的，我们已对此做过不少尝试。"①

　　"零点项目"包含许多艺术教育的计划，"艺术推进"就是其中之一。"艺术推进"项目是 1985 年在洛克菲勒基金会艺术与人文学科部的鼓励和支持下，哈佛大学"零点项目"和教育测试服务

---

① [美]霍华德·加德纳：《多元智能》，沈致隆译，新华出版社 2004 年版，第 147 页。

社,还有匹兹堡公立学校,一起进行的为期数年的研究。其目的是设计一套评估方法,记录小学高年级学生和中学学生的艺术学习状况。该项目确定了三种艺术形式:音乐、视觉艺术和富有想象力的写作。同时,确定了评估三个方面的能力:创作、感知和反思。为了实现这一目的采取了两种方式,其一是领域专题,即针对某一种能力,开发出一套练习,本身并不组成课程体系,但必须与课程相容,即必须是适合某一标准的艺术课程体系;其二是过程作品集,即学生在学习进展过程中所有的作品,除收集其最后的作品外,还收集原始素描、中间草稿、自己和别人的评论稿。同时,还收集与他们进行的专题有关的、他们自己欣赏或不喜欢的艺术作品。通过作品集,学生反思他们曾经做过的修改、修改的原因和动机、最初的草稿和最后的定型稿的关系。对于学生的草稿和最终作品,与他们的反思一起,都进行定性的评估。这些定性评估包括投入程度、技术技巧、想象力、评论能力等方面。其目的不仅仅是在各种可能互相独立的方面评估学生的能力,而且鼓励他们发展这些方面的能力。同时,“艺术推进”项目还采用让·皮亚杰发生心理学的调查方法,从横向、纵向与脑损伤后状况三个层面对儿童的艺术思维能力进行分析研究,得出了一些重要的甚至是意想不到的发现:(1)幼儿在几个艺术领域内具有惊人的高水平,但到了童年的中期却可能出现明显的退步,呈现锯齿形或 U 形的发展曲线;(2)虽然学龄前儿童在艺术的表现上还有缺陷,但已经具备了相当的艺术知识和能力;(3)儿童在某些艺术领域内的理解能力要落后于表演能力和创造能力,因而可以让儿童通过表现、制作或“行动”来学习;(4)儿童在各领域认知能力的发展速度不一;(5)大脑皮层的特定部位各有其认知重心,尤其幼儿期以后,神经系统所表现出来的认知能力已经不具有可改变性。

由上述"零点项目"及与其相关的"艺术推进"项目可知,在加德纳的"多元智能"理论中,艺术教育或者说美育占据着十分重要的位置,甚至他的"多元智能"理论就是从传统的"统一规划的学校教育"模式只重视逻辑与语文而极度忽视其他能力尤其是艺术思维能力而引发的。在他的"多元智能理论"的实践中,艺术教育又占据了十分重要的位置,成为其"零点项目"和"艺术推进"项目的主要内容。同时,加德纳不仅是教育理论家,更重要的是教育实践家,他的"多元智能"教育实践主要是艺术教育实践,特别是儿童(主要是幼儿)的艺术教育实践。应该说,在这一方面,加德纳为我们提供了极其珍贵同时也是丰富的理论与实践资料,值得我们借鉴。

(三)情景化个人评价体系与艺术教育

加德纳作为教育家,十分重视教育实践。他说:"从长远的观点看,没有比好的理论更实用的东西了,但没有机会实践的理论很快就会被人遗忘。"①因此,他特别重视将自己的"多元智能"理论付诸实践。从某种意义上说,"多元智能"理论主要是一种教育实践体系,是在这种理论的指导下对于"以个人为中心的学校教育"模式进行实践的过程。教育实践中最重要的是教育评价,就是成绩的测试方式与手段。"统一"和"以个人为中心"的两种教育模式的对立,集中地表现在测试方式与手段之上。前者非情景化的测试体系不同于后者的情景化的个人评价体系,这两种完全不同的评价体系代表了两种完全不同的教育理论、教育模式和教

---

① [美]霍华德·加德纳:《多元智能》,沈致隆译,新华出版社2004年版,第83页。

育方式。加德纳在《多元智能》一书中对非情景化的智商测试体系进行了富有说服力的批判,对情景化的个人的评估体系也做了比较充分的阐述。这对美育的实施具有十分重要的意义。当今,我们已将美育正式列入教育方针,并争取到课程、课时和学分,但对到底如何实施美育却仍感茫然。加德纳在"多元智能"理论中对情景化的个人的评估体系的阐述与实践对我们今后美育的实施具有重要借鉴意义,甚至可以说找到了一条新的途径。

　　他首先对传统的智力测验给予了有力的批判,认为那是受达尔文主义影响的结果,将白种人、基督徒、北欧人说成拥有最高智能、基因最优秀的种群,迷信先天的遗传,以为后天才能无法培养。再就是,由于工业化和市场经济的发展,商业的价值观影响到学校,使之更多地崇尚效率,追求更加有效的运作,尽量减少留级人数,为社会提供更多的遵守纪律、训练有素的劳动力。加德纳指出:"过分依赖心理学测试方法,不仅仅会使学生、教师和在社会背景下评估他们的人分离,也会使他们脱离受到社会珍视的知识领域。"①他的情景化的个人的评估是同其有关智能的理论密切相关的,他说:"智能是取决于个体所存在文化背景中已被认识或尚未被认识的潜能或倾向。"②他认为,人类是生物的一种,但却是有文化的生命体,人的习惯、行为方式和活动都反映出其文化和亚文化的环境特点。这个道理看起来简单,但对于智能的评估却有很深刻的启示。如果承认这个道理,再用简单的智商方

---

① ［美］霍华德·加德纳:《多元智能》,沈致隆译,新华出版社 2004 年版,第
　　256 页。
② ［美］霍华德·加德纳:《多元智能》,沈致隆译,新华出版社 2004 年版,第
　　236 页。

法评估一种或多种智能就显得毫无意义了。由此,加德纳积极参与了"多彩光谱"项目。

"多彩光谱"项目是哈佛大学"零点项目"的多位研究者和塔夫茨(Tafts)大学的费德曼教授共同进行的一项长期的专门研究。它是一种全方位的儿童早期教育方法,这一方法本于对幼儿个体差异的探索,最后产生出一套高度个体化的评估与教育方法。它的前提是假设每个儿童都在一个或几个领域具有发展强项的能力,而其对象则是学龄前儿童,测试重点在于观察智能差异最早何时出现以及这种早期鉴别的价值如何。从实用的角度说,如果能在早期发现儿童的特长,对家长和老师都有很大的帮助。他们所使用的方法不再是传统的考试,而是采用能体现有意义的社会角色或最终状态的教材来激发种种智能的组合,具体说就是教室内布置了"自然学家之角""故事角"与"建筑角"等十几个不同的活动"角"和不同种类的活动,通过鼓励儿童积极参与,通过仔细地观察记录,确定其智能状况。经过一年左右的时间,教师就能观察到每个儿童的兴趣和才能,无需再作特点的评估。在此基础上再进一步延伸,建立了"学校实用智能模式",主要目的在于找出最佳方案,以帮助那些被称为"面临学业失败者"的学生在学校学习以及毕业后的职业生涯中走向成功。加德纳指出:"此模式认为最重要的,就是如何将学术智能与更实用的人际智能和自我认识智能结合起来,以实现学业和事业的成功。"①这种"学校实用智能模式"采取的就是情景化的评估方式。这种方式充分反映了现实的复杂性,即掌握教学内容是手段而不是目的,要求学生

---

① [美]霍华德·加德纳:《多元智能》,沈致隆译,新华出版社 2004 年版,第131 页。

提出问题、解答问题,而不是仅仅给出答案。关于两种测评方式的优劣,加德纳列举了一个个案。一个叫雅各的四岁男孩,学年一开始就被叫去参加两种形式的评估,一种是斯比智力量表,另一种是"多彩光谱"项目评估方法。雅各不愿意参加斯比智力量表的测验,只部分地回答了 3 类测试题后就跑出了测试室,离开房屋爬树去了。但雅各却参加了有 15 项内容的"多彩光谱"测试,并参与了绝大多数活动,而且显示出在视觉艺术和数学方面有着惊人的天赋。由此说明,"多彩光谱"情景化的个人的评估方式具有四个明显的优点:(1)通过有趣、场景化的鲜明活动吸引儿童参加;(2)有意识地模糊了课程和评估的界限,使评估更有效地融入日常教学之中;(3)通过儿童的"智能展示"直接观察到他们的智能状况;(4)系列评估能提出建议,使儿童通过其擅长的领域来表现智能相对弱的领域。

加德纳在《多元智能》一书中关于情景化的个人的评估方式的论述对于美育的实施具有重大意义。因为,美育主要是一种非智力的情感领域,其根本目的不在于使受教育者掌握某种技能知识,而在于确定一种审美的态度和人生观。因此,只有确定一种同其内涵与目的相适应的评估方式才能有利于它的发展。在此意义上,我们可以说,只有情景化的个人的评估方式才真正有利于美育学科的发展,采取非情景化的智商式测试方式势必导致美育走向歧途。

(四)"多元智能"理论的意义与发展

"多元智能"理论从方法论的角度讲也给予美育很多启发。"多元智能"理论本身具有很强的现实性,甚至可以说具有很强的实践性。它的产生就是一种现实的需要。也就是说,这一理论是在当代美国已经提出教育改革的现实迫切性情况下应运而生的。对于这一点,加德纳认为,首先,美国人已经感觉到来自日本和其他环太平洋国家的挑战,它已不再具有举世无双的工业和科技霸主地位。其次,美国国民的读写能力和文化知识水平明显下降。第三,几乎每一位美国人都要求对美国学校教育的质量和教育的目的进行重新检查。正是在这样的情况下,人们才开始对"一元智能"理论及其相关的教育模式和方法产生怀疑,这是"多元智能"理论及其相关的教育模式和方法产生的土壤。加德纳"多元智能"理论研究的目的十分清楚,就是为了现实的需要,一是人的多种才能有待于开发,二是社会中存在的许多问题必须最大限度地运用人的智能去加以解决。他说:"说不定认识人类智能的多元性和展示智能的多种方式,就是我们应该迈出的一步。"①"多元智能"理论本身就包含着主体与对象、遗传因素与环境因素、先天生理与后天文化的紧密相联和互促互动,具有强烈的社会现实性。他说:"单一智能或多种智能,一直都是一定文化背景中学习机会和生理特征相互作用的产物。"②同时,加德纳又同一般的形而上哲学家不同,作为心理学家、教育家,他极为重视"多元智能"的实践成效。对此,他将自己所提出的"以个人为中心的学校教育模式"付诸实践,通过多类教育推进项目,进行了大量的实际操作,取得第一手资料和数据。他的"情景化的评估方法",从学习者个人的特点出发,通过在具体而生动的环境中的实践活动发掘

①[美]霍华德·加德纳:《多元智能》,沈致隆译,新华出版社 2004 年版,第 34 页。
②[美]霍华德·加德纳:《多元智能》,沈致隆译,新华出版社 2004 年版,第 236 页。

其智能。他说:"虽然学校学到的知识与真实世界常常是脱离的,但智能的有效运用,却需要在丰富、具体的环境里实现。工作中和个人生活中所必须的知识,往往需要通过一定的场景及与人合作或思考来获得。"①这种极强的现实性说明,"多元智能"理论具有很强的生命力、浓烈的时代性。同时也告诉我们,美育的发展必须同时代紧密结合,努力地适应时代的要求,回答时代的问题,才能获得更加广阔的空间。

"多元智能"理论还具有多学科的综合性。它介于教育学、心理学、认知科学、生物遗传科学、比较文化学等多种学科之间,是吸收了多种学科的新鲜营养发展起来的。加德纳指出,这一理论"调查参考了不同研究领域,如神经学、特殊群体、发展学、心理计量学、人类学、进化论等等。多元智能理论就是调查以上研究的综合成果"②。从神经生物学的角度看,当代的进展表明人类的神经系统高度分化,有较大差异。从心理学的角度看,该理论已经推翻了过去关于学习、知觉、记忆和注意力的通用法则可适用于各个学科和领域的观点,认为不同领域的认知过程有异,大脑在这方面有很大限制。这一理论还借助了当代符号学、文化学的研究成果,具有极其丰富的内涵。这也给我们当代的美育研究以极大启示,美育学科应同样具有交叉学科性质,它的发展有赖于多学科的共同攻关突破。当然,也要求美育工作者像加德纳那样不断拓宽自己的知识领域,从多学科综合的角度对美育进行整体

①[美]霍华德·加德纳:《多元智能》,沈致隆译,新华出版社 2004 年版,第 129 页。

②[美]霍华德·加德纳:《多元智能》,沈致隆译,新华出版社 2004 年版,第 38 页。

的把握与研究。

在该书的最后一部分,加德纳对"多元智能"理论在未来二十年的发展进行了展望。他说:"我希望在 2013 年时的多元智能的思想将比 1993 年时的更加合理。"①他的这种期望是在对美国当代教育领域两种观念尖锐对立的形势作了充分的估量后提出的。他指出:"目前在这场争论中占优势的一方是主张'统一'学校教育的人。"②这种"统一学校教育"的"新保守主义""智商式思维",或者用我们通用的话来说,就是一种"应试教育"的观念,在美国仍然占据统治地位。就是在这样的形势下,加德纳及其"零点项目"研究所仍然坚持与之对立的"多元智能"理论,在实践中不断证明它。他希望能够开发出对于不同智能组合的个体都有效的课程方案,并使这一理论成为师资培训的一部分,运用于跨越国家和文化的宏观世界以及班级的微观单位。同时,他也对"多元智能"在消费心理、大众媒介、大众文化中的渗透加此研究。

他说:"现在学校参与多元智能理论的实践才刚刚起步,教育'菜谱'和教育'厨师'都不足。我希望在今后的 20 年里,大量的努力用在创办严肃认真地对待多元智能理论的教育。"③这样的估计与看法也十分符合我国素质教育,特别是美育的实际情况。

"多元智能"理论作为一种崭新而系统的教育理论与实践,以其独到而科学的体系,给予传统的"智商式思维"和"统一的学校

---

①[美]霍华德·加德纳:《多元智能》,沈致隆译,新华出版社 2004 年版,第265 页。

②[美]霍华德·加德纳:《多元智能》,沈致隆译,新华出版社 2004 年版,第71 页。

③[美]霍华德·加德纳:《多元智能》,沈致隆译,新华出版社 2004 年版,第265 页。

教育"模式以有力的批判,并以其强烈的实践性提出并探索了"以个人为中心的学校教育"模式,尽管这一理论没有承认审美力与艺术教育的独立地位,但在实际上却将艺术教育提到十分突出的位置。当然,正如加德纳自己所承认的,这个理论还处于研究探索的初期,本身尚有诸多不够完备成熟之处,实践中积累的材料也很有限,还有待于进一步的发展完善。但因其具有强烈的时代性、现实性和科学性,因而具有很强的生命力。同时,这种"多元智能"理论以"多元"代替"一元"的开放式理论框架本身及其对人的真正素质的重视,同美育具有极大的相通性。美育不仅可以从中吸取丰富的理论营养,在方法上也可以有更多借鉴,两者的发展必然会产生一种互相促进的作用。

五、戈尔曼"情商"理论中的美育思想

(一)"情商"理论的提出

丹尼尔·戈尔曼(Daniel Goleman),美国行为与脑科学专家,毕业于哈佛大学,曾任该校教授、《当代心理学》杂志高级编辑,后为《纽约时报》专栏作家。他于 1995 年出版专著《情感智商》,提出"情商"(EQ)与艺术教育理论,这对传统的以智商(IQ)作为评价手段的教育理论与模式有重要的突破,同时在突出情感教育方面又具有开创意义。

戈尔曼是在世纪之交,面对美国社会的众多精神危机等问题,基于一种对人类命运特别是青年一代的深切关怀而写作《情感智商》一书的。1997 年 7 月,他在《致简体中文版读者》中开宗明义地写道:"我写此书时深感美国社会危机四伏,暴力犯罪、自杀、抑郁以及其他情感问题急剧增多，尤以青少年为甚。依我看来，我们只有积极致力于培养和提高自身及下一代的情感智商与社会能力，才能措置这一严峻的局面。"①戈尔曼有针对性地调查了美国近年来青少年暴力犯罪的情况，并在书中加以列举。他指出：就1990年与之前的二十年相比，美国的少年犯罪率达到最高峰，少年强奸案翻了一番，少年谋杀案增长了3倍（主要是枪杀案），少年自杀率与14岁以内儿童被害者增长了2倍。怀孕少女不但人数增长，而且年龄下降。至1993年，10—14岁少女怀孕率连续上升，人称"娃娃生娃娃"。少女非自愿妊娠，以及迫于同龄群体压力而发生性行为的比率同样也在稳步上升。少年性传染病感染率比前三十年增长了2倍。截至1990年，美国的白人青年吸食海洛因及可卡因的比例二十年来增长了2倍，而非洲裔青少年则增长了12倍之多。程度或轻或重的抑郁综合征影响了美国2/3的青少年。进入20世纪90年代，新婚夫妇预计将有2/3以离婚告终。面对如此触目惊心的事实，戈尔曼发出了"人类将何以生存"的警告。他十分沉重地写道："总而言之，如果不作根本改变，以长远的眼光看，照此下去，我们今天的儿童将来极少有人能拥有美满的婚姻、稳定而富于成果的生活，而且将一代不如一代。"②正是基于以上情况，戈尔曼怀着对人类未来的关切之情和对青少年的满腔热爱致力于"情商"与情感教育的研究。他坚信"国家的希望系于年青一代的教育"，并认为只要坚持情感教

---

① ［美］丹尼尔·戈尔曼：《情感智商》"致简体中文版读者"，耿文秀、查波译，上海科学出版社1997年版，第1页。

② ［美］丹尼尔·戈尔曼：《情感智商》，耿文秀、查波译，上海科学出版社1997年版，第252页。

育,就有可能培养健康健全的下一代。而这,正是希望所在。

他还针对已到来的知识经济时代的劳动特点,认为情商与情感教育显得愈加重要。他指出,到 20 世纪末,美国的劳动者中将有 1/3 是"知识人",其生产力通过增强信息传递交流得以体现,而凭借现代通信手段的群体式工作方式更要求他们具有很高的融洽协调的"情商"。他说:"电脑网络、电子邮件、电信会议、工作群体、非正式的网络工作及其他的形式则是新的群体工作方式。如果说明晰的上下级关系是企业组织的骨架,那么,这种人与人的接触就构成了企业组织的中枢神经系统。"[1]戈尔曼还进一步针对新时期人才在企业发展中举足轻重的作用,指出:"情商",特别是"集体的情感智商"的提高会进一步发挥"智力资本"的重大作用。他说:"由于知识性的服务和智力资本对企业来讲更加重要了,改进人们在一起工作的方式将对企业的智力资本产生重要的影响,对生死攸关的企业竞争力来讲也是极为重要的。"[2]

由此可知,戈尔曼的"情商"与情感教育理论的提出,一方面是从消极的方面干预和防范精神危机的蔓延发展,同时也是从积极的方面适应以信息技术为特点的知识经济的要求,试图借此进一步发挥智力资本的作用,提高生产力。

戈尔曼的情商与情感教育理论是适应经济社会的需要产生的,有其必然性,而且具有很强的生命力。

---

[1] [美]丹尼尔·戈尔曼:《情感智商》,耿文秀、查波译,上海科学出版社 1997年版,第 175—176 页。

[2] [美]丹尼尔·戈尔曼:《情感智商》,耿文秀、查波译,上海科学出版社 1997年版,第 179 页。

(二)"情商"的内涵与作用

"情商"的内涵是什么呢？戈尔曼告诉我们："情感智商包含了自制、热忱、坚持，以及自我驱动、自我鞭策的能力。"①显然，在戈尔曼看来，"情商"首先是人的一种情感力量，但又不是通常无控制的情感，而是一种受到理性制约的情感，是理性与感性的一种平衡器。为此，他引证了耶鲁大学心理学家彼德·萨洛维的理论，将"情商"概括为五个方面。(1)了解自我——当某种情绪刚一出现时便能察觉，这是"情商"的核心。因为，没有能力认识自身的真实情绪就只好听凭这些情绪的摆布；对自我的情绪有更大的把握就能更好地指导自己的人生，更准确地决策婚姻和事业。(2)管理自我——调控自我的情绪，使之适时适地改变。这种能力建立在自我觉知的基础上。它通过自我安慰有效地摆脱焦虑、沮丧、激怒、烦恼等因失败而产生的消极情绪。这一能力的低下将使人总是陷于痛苦情绪的旋涡中。反之，这一能力的高超可使人从人生的挫折和失败中迅速跳出，重整旗鼓，迎头赶上。(3)自我激励——服从于某种目标而调动、指挥情绪的能力。要想集中注意力、自我激励、自我把握、发挥创造性，这一能力必不可少。任何方面的成功都必须有情绪的自我控制，即延迟满足，压制冲动。只有做到自我激励，积极热情地投入，才能保证取得杰出的成就。具备这种能力的人，无论从事什么行业都会更有效率。(4)识别他人情绪——也就是移情，是在情感自我觉知的基础上发展起来的又一种能力，是基本的人际关系能力。具有这种移情

---

① [美]丹尼尔·戈尔曼：《情感智商》"前言"，耿文秀、查波译，上海科学出版社 1997 年版，第 4 页。

能力的人能通过细微的社会信号,敏锐地感受到他人的需求与欲望。这一能力更能满足如照料、教育、销售或管理类职业的要求。(5)处理人际关系——就是调控与他人的情绪反应的技巧。它可深化一个人受社会欢迎程度、领导权威、人际互动的效能等。擅长处理人际关系者,凭借与他人的和谐关系即可事事顺利,他们就是所谓的社会明星。① 那么"情商(EQ)"与"智商(IQ)"之间是什么关系呢? 戈尔曼认为,它们"各自独立,而非对立矛盾"②。也就是说,两者之间相对独立,不能互相取代,但又并不矛盾对立。许多人可以做到两者的融合,而这恰恰是我们教育的目标。

　　"情商"在人的一生中具有十分重要的作用,甚至可以说是最重要的作用,这是戈尔曼最重要的发现之一。戈尔曼认为:"IQ至多只能解释成功因素的20%,其余80%则归于其他因素。"③这些"其他因素"中的关键因素就是"情感智商"。为此,戈尔曼列举了一个十分著名的"糖果试验"的例子。心理学家沃尔特·米切尔(Walter Mischel)从20世纪60年代开始在斯坦福大学幼儿园进行了此项实验。他面对一组4岁的孩子,告诉他们,现在有一些果汁软糖可以分给他们吃,但实验员要出去办事,20分钟后才能回来,如果能坚持到实验员办完事回来就可以得到两块果汁软糖吃,如果等不到那么就只能吃一块,而且马上就可以得到。这对一个4岁的小孩来说的确是一种考验,是一种冲动与克制、自

---

① [美]丹尼尔·戈尔曼:《情感智商》,耿文秀、查波译,上海科学出版社1997年版,第47—48页。
② [美]丹尼尔·戈尔曼:《情感智商》,耿文秀、查波译,上海科学出版社1997年版,第49页。
③ [美]丹尼尔·戈尔曼:《情感智商》,耿文秀、查波译,上海科学出版社1997年版,第38页。

我与本我、欲望与自我控制、即刻满足与延迟满足之间的斗争。一个孩子就此做出怎样的选择非常能说明问题，这不仅清楚地表明他的性格特征，而且还预示了他未来所走的人生道路。在实验中，有一部分孩子能够熬过那似乎没完没了的 20 分钟，一直等到实验员回来。为了抵制诱惑，他们或者闭上双眼，或是把头埋在胳膊里休息或是喃喃自语，或是哼哼唧唧地唱歌，或是动手做游戏，有的则干脆睡觉。最后，这些有勇气的孩子得到了两块果汁软糖的回报。但那些抵制不了诱惑的孩子几乎在实验员走出去的一瞬间就立刻去抓取并享用那一块糖了。通过跟踪研究，大约在十二至十四年以后，也就是这些孩子进入青春期时，他们在情感和社交方面的差异便显露出来，那些在 4 岁即能抵制糖果诱惑的孩子长大后有较强的社会竞争性、较高的效率、较强的自信心，能更好地应对生活中的挫折，在压力下不轻易崩溃，没有手足无措和退缩，也没有惶恐不安，面对困难，能勇敢地迎接挑战。他们独立自主、充满自信、办事可靠、做事主动，积极参加各种活动，追求目标时能抵制住诱惑。而那些经不住诱惑的孩子中有 1/3 左右的人出现相对较多的心理问题，在社会中羞怯退缩，固执且优柔寡断，一遇挫折就心烦意乱，缺乏自信，疑心重而不知足，而且好妒忌，爱猜忌，脾气易烦，动辄与人争吵、斗殴，仍像过去一样，经不起诱惑，不愿推迟眼前的满足。戈尔曼指出："人们取得的种种成就都扎根于抑制冲动的能力，无论是减肥，还是获取学位，莫不如此。"[1]可见，情商在很大程度上是一种决定人生是否成功的能力。正如戈尔曼在《致简体中文版读者》中所说："通向幸福与

---

[1]［美］丹尼尔·戈尔曼：《情感智商》，耿文秀、查波译，上海科学出版社 1997 年版，第 90 页。

成功的捷径在哪里？我们如何才能帮助下一代过上幸福安定的生活？决定一个人成为社会栋梁或庸碌之辈的关键因素是什么？……显然，单靠学校那些'标准'是无法回答这些问题的。其实，所有这些问题的答案都与一个至关重要的因素有关，那就是人们自我管理和调节人际关系能力的大小，亦即情感智商的高低。"①而且，在人的各项能力中，"情商"处于特定的"中介"地位，它决定了一个人能否圆满地发挥包括智商在内的其他能力。一个"情商"较高的人能更好地运用自己的智能取得丰硕成果，相反，一个"情商"较低的人由于不能驾驭自己的情感从而削弱了他的理论思考能力，束缚了智能作用的充分发挥。因此，戈尔曼认为："情感潜能可说是一种'中介能力'，决定了我们怎样才能充分而又完美地发挥我们所拥有的各种能力，包括个人的天赋智力。"②而且，面对现实社会中大量的迫切需要解决的伦理道德问题，戈尔曼认为"情商"也具有其特殊的作用。他指出："越来越多的证据显示，人生的基本伦理观根植于潜藏的情感能力。"③他认为，伦理道德中两个最基本的能力——自制与同情都根植于"情商"。所谓"自制"就是控制冲动的能力，而所谓"同情"则是一种基于利他主义的觉察、辨认、理解和关怀他人情感的能力。正是从这个意义上讲，"情商"也就是人格，情感教育也就是一种人格教育。戈尔曼认为："人们常用一个过时的词来表示情感智商的

①［美］丹尼尔·戈尔曼：《情感智商》"致简体中文版读者"，耿文秀、查波译，上海科学出版社 1997 年版，第 1 页。

②［美］丹尼尔·戈尔曼：《情感智商》，耿文秀、查波译，上海科学出版社 1997 年版，第 40 页。

③［美］丹尼尔·戈尔曼：《情感智商》"前言"，耿文秀、查波译，上海科学出版社 1997 年版，第 4 页。

内涵，即'人格'。"①

　　戈尔曼还将"情商"与人的健康紧密相连。他说，通过大量实验，"结果表明中枢神经系统与免疫系统之间有着千丝万缕的联系。这些联系证明，精神、情感与肉体之间有着密切的联系，是不能截然分开的"②。他在书中介绍了 1974 年美国心理学家罗伯特·阿德（Robert Ader）在罗彻斯特大学医学院实验室所进行的一次实验。在实验中，阿德给小白鼠吃一种药，为抑制它们血液里抵抗疾病的 T 细胞。每次给它们吃药时，也给它们喝些糖水。然而，阿德发现，后来即使只给小白鼠喝糖水，不给它们吃药，其T 细胞数量仍在下降，直到后来部分小白鼠病得奄奄一息。这表明小白鼠在喝糖水时，也抑制了 T 细胞。在阿德的上述发现之前，科学家们都认为大脑与免疫系统是完全分开的两大系统，独立运作，不受影响。自阿德的发现开始，医学界不得不重新认识免疫系统与中枢神经之间的联系，并由此产生了精神神经免疫系（PNI），该学科成为医学界的热门学科。"精神神经免疫"这个词本身就表明了精神、神经、免疫系统之间存在着联系。阿德的搭档戴维·费尔顿（David Felten）首先发现情绪直接影响到免疫系统的证据。费尔顿最初注意到情绪对自主神经系统有很大影响。随后，费尔顿与其妻子苏珊娜（Suzanne）及同事一道又发现自主神经系统直接与免疫系统的淋巴细胞和巨噬细胞发生联系的交会点。在电子显微镜下，他们发现自主神经系统的神经末梢直接

----

①［美］丹尼尔·戈尔曼：《情感智商》，耿文秀、查波译，上海科学出版社 1997
　年版，第 310 页。
②［美］丹尼尔·戈尔曼：《情感智商》，耿文秀、查波译，上海科学出版社 1997
　年版，第 182 页。

连接到淋巴细胞免疫细胞上,二者之间有着类似神经感触的接
触。这种接触使神经细胞释放出的神经传导特质对免疫细胞进
行调节,甚至使神经细胞和免疫细胞相互发出调节信号。这个发
现使这一研究取得突破性进展。此后,不再有人对免疫细胞接受
神经细胞的信息调节这一事实表示怀疑。为测验这些神经末梢
调节免疫功能的作用大小,费尔顿做了进一步实验。他去掉动物
淋巴结和贮藏制造免疫细胞的重要器官脾脏的部分神经,然后注
入病毒,以检测免疫系统的反应,结果免疫系统对病毒的反应大
为降低。由此,费尔顿认为,没有那些神经末梢,免疫系统简直无
法对入侵的病毒或细菌做出正常反应。情绪与免疫系统之间还
有一个非常重要的联系渠道,即紧张时激素分泌的变化影响免疫
系统的功能。人在情绪紧张时,体内分泌儿茶酚胺(肾上腺素和
去甲肾上腺素)、皮质醇、泌乳素以及天然镇静剂 β-内啡肽、脑啡
肽等激素。这些激素都对免疫力有很大影响,一旦体内的这些激
素急剧上升,免疫细胞的功能就受到妨碍。紧张抑制了免疫力,
至少使免疫力暂时下降,这可能是为了积蓄能量,以应付眼前的
危机。如果持续地高度紧张,免疫系统的抵抗力就有可能长期受
损。另外,人们还对情绪同心脏病、癌症、病毒感冒、疱疹等疾病
之间的关系进行了调查研究。这些研究都证明了"情绪与健康
之间的互动关系"[1]。这就说明,"情商"同人的健康紧密相关,
健康的情绪、健康的心理直接决定了健康的身体。戈尔曼上述
有关"情商"在人取得事业成功、人格的完善、智能的发挥及人的
健康中的重要功能的论述,十分突出地阐明了"情商"的重要作

----

[1] [美]丹尼尔·戈尔曼:《情感智商》,耿文秀、查波译,上海科学出版社 1997
　　年版,第 202 页。

用。这就将一个长期为人类忽视，同时又极其重要的问题尖锐地摆到人们面前，使得任何有科学头脑与社会良知的人们都无法回避。

（三）当代脑科学发展与"情商"理论

戈尔曼的另一个重要贡献是从脑科学的角度对控制人的情绪产生的大脑生理机制进行了充分的论证。这就从脑的生理机制论证了"情商"的科学性。我们认为，这应该是戈尔曼"情商"理论的最重要的贡献。他自己也一再声称，从脑科学的角度对"情商"进行论证，是他探讨的"主题"、理论的"核心"。他说："杏仁核的功能及其与新皮质的相互作用乃情感智商的核心。"①戈尔曼认为，每个人不仅有一个情感的大脑，还有一个理智的大脑。所谓情感的大脑，主要指杏仁核所发挥的应激反应作用。杏仁核是专司情绪事务的，所有的激情、狂怒等情感爆发都依赖于它。动物被切除或割裂了杏仁核就不会恐惧、发怒，没有了竞争或合作的驱动力，对在同类群体中的地位毫无感受，陷于情绪消失或迟钝。对于人来说，若将杏仁核与脑的联系割裂，其后果是完全不能评估事物的情感意义，这种情形被称为"情感盲"（affective blindness）。纽约大学神经科中心神经学专家约瑟夫·勒杜（Joseph LeDou）第一个发现了杏仁核在情绪中枢的关键作用。他发现的情绪中枢联结网络推翻了有关边缘系统的传统观念，突出了杏仁核在情绪反应中的关键作用，同时也对边缘系统其他部位的功能进行了重新定位。勒杜的研究揭示了当我们的新皮质

---

① [美]丹尼尔·戈尔曼：《情感智商》，耿文秀、查波译，上海科学出版社 1997年版，第21页。

思维中枢还没来得及对外界做出反应,进行利弊权衡时,作为边缘系统的杏仁核却以更快的速度做出反应,控制了神经系统。这一研究也证实,眼、耳等感觉通过传递的信息首先进入丘脑,经突触到达杏仁核,另一条通道是经丘脑,信息沿主干道进入新皮质,新皮质经若干不同水平的通路聚合信息,充分领悟以后发出精致的特定反应;杏仁核借信息通过分支就能够在新皮质之前做出反应,这就是所谓的"短路"。勒杜研究的革命意义在于首先发现了情绪的通路在新皮质之外。人类最原始、最强烈的情绪取捷径直达杏仁核,这条路径足以解释为什么情绪会战胜理智。这一发现彻底推翻了认为杏仁核必须依赖新皮质的信息以形成情绪反应的传统观念。即使在杏仁核和新皮质之间开通一个平行的反射回路,杏仁核也能通过紧急通道激发情绪反应。为了说明杏仁核越过大脑皮质做出应激反应的神经系统"短路"的情况,戈尔曼举了一个例子:某日凌晨 1 点钟,14 岁的马蒂尔德想跟爸爸开一个玩笑,于是躲进壁橱里。她想在爸妈访友归来刚进家门时,突然跳出,大叫一声,吓他们一大跳。但她的父母以为她当晚住在同学家。回家时听到房里有响声,父亲马上摸出一支手枪,先查看女儿的房间,一见有人从壁橱跳出,立刻开枪。马蒂尔德腹部中弹,应声倒下,12 小时后不治身亡。这就说明,马蒂尔德的父亲深夜归家听见响声并见有人从壁橱跳出,这突然的惊吓传入丘脑后没有来得及进入大脑皮质做出准确的反应,而是通过另一条捷径,由神经突触到达杏仁核而做出更为迅速的应激反应,从而开枪打死了自己的女儿。马蒂尔德的父亲基于恐惧本能所作的自主性反应,恰恰是漫长而又危险的史前期人类进化过程中遗留下的原始情绪,因为只有通过这样的反应和情绪人类才能躲避灾难,保存自己,绵延种族。通过漫长的历史演变,这一反应已烙刻在神经系统上并融入人的基因，一代代地传递下来。这种未经思维的本能性的应激反应和情绪正是当代出现大量社会悲剧的根源之一。戈尔曼所关注的原始本能即弗氏基于力必多的本能、本我、潜意识。但戈尔曼从神经科学的角度，从神经"短路"的崭新视角对这种潜意识的本我进行了更为科学的解释。

　　但是，对于这种未经意识的从大脑杏仁核发出的应激反应或原始情绪冲动，不能任其发展，而应置于理性与思维的控制之下。这种调节杏仁核直接作用和控制原始情绪冲动的缓冲装置位于大脑新皮质主干道的另一端，即前额后面的前额叶。当人发怒和恐慌时，前额叶开始工作，主要是镇压或控制这些感受，为的是有效地对付眼前形势，或者是通过重新评估而做出与先前完全不同的反应。因为包括了许多通路，这种反应慢于短路，但更审慎周全。戈尔曼指出："因此，还必须依靠前额叶皮质大力压制杏仁核命令，不使大脑其他部分对恐惧作出过分反应。"①

　　由上述可知，所谓"情商"就是通过大脑皮质中的前额叶这一缓冲装置镇压、控制、规范由杏仁核发出的原始情绪冲动的能力。这是从脑科学的角度对"情商"与"情感"教育的深刻阐述，是具有崭新时代特色的内容，是戈尔曼"情商"理论的特点所在。正如他在《致简体中文版读者》中所说："今天，情感智商之所以受到如此重视，全靠神经科学的发展。"②

──────────

① [美]丹尼尔·戈尔曼：《情感智商》，耿文秀、查波译，上海科学出版社1997年版，第226页。
② [美]丹尼尔·戈尔曼：《情感智商》，耿文秀、查波译，上海科学出版社1997年版，《致简体中文版读者》第3页。

（四）"情商"与情感教育

戈尔曼还把情感教育看作是学校教育的主题之一。他说："这一新的出发点把情感教育带入了学校，使情感与社会生活本身成为学校正规教育的主题之一。"①这就同只重智商的传统教育有了明显区别。他所说的情感教育，不同于我们通常所说的作为审美教育的情感教育，而是一种旨在培养和提高情感智商的训练方法与技能。这种情感教育主要由美国的心理学家和教育家制订方案，加以实验研究。它可追溯到 20 世纪 60 年代的感情促进教育运动，是一种以感情辅助智育的方法，主要认为须动之以情才能晓之以理，概念性的理论如果从心理和动机激发的角度让儿童即刻亲身体验，就能更深刻地被掌握。到了 90 年代，情感教育运动对原有的感情教育从内部进行了彻底的改造，不仅是以情感促教育，而且更加强调教育要培养情感，并由此设计出一系列课程，"包括了核心的情感和社会技能，诸如冲动控制、愤怒调控、身处社会困境之时找出建设性的解决办法之类"②。情感教育所要解决的问题，就是当代青年所存在的主要问题：抑郁和冲动。抑郁可以说是一种时代病。戈尔曼指出："20 世纪是一个'焦虑'的世纪，就要进入的下一世纪则可能是'忧郁'的时代。各国的研究资料显示，抑郁似乎已成了现代流行病，随着现代生活方式的传播而扩散到世界各地。"③有

①［美］丹尼尔·戈尔曼：《情感智商》，耿文秀、查波译，上海科学出版社 1997 年版，第 285 页。

②［美］丹尼尔·戈尔曼：《情感智商》，耿文秀、查波译，上海科学出版社 1997 年版，第 284 页。

③［美］丹尼尔·戈尔曼：《情感智商》，耿文秀、查波译，上海科学出版社 1997 年版，第 261 页。

资料显示,抑郁症的发病率越来越高,1955 年以后出生的一代人,一生中罹患抑郁症的概率是其祖父辈的 3 倍或更多。抑郁症实际上是一种无法正确辨识和处理自我内在情绪的能力缺失。对病人的有效治疗首先是进行基本的情感技能训练,教会他们辨认和区分自己的情绪感受,学会自我疏解和更好地处理人际关系。而易于冲动的重要原因之一就是无法正确识别别人的情绪,常常误将善意当恶意,以致诉诸拳脚。这也是情感智商的缺陷之一。情感教育的重要内容就是教育孩子识别情绪。戈尔曼认为:"这是一项关键的情绪技能。"①情感教育的方式是让孩子们从杂志上找人物头像,说出其面部表情是喜是悲,并解释为什么这样认为,然后在黑板上写出各种情绪的名称,让孩子们回答自己感受这种情绪的情况。再让孩子们模仿讲义上列举的每种情绪的肌肉动作。从更高层次解决的途径,就是移情。戈尔曼认为:"社会技能的核心是移情,理解他人的感受,设身处地为他人着想,尊重他人的不同观点。"②在戈尔曼看来,这实际上是一种人际关系处理的技能和技巧。比如,善于倾听,巧于提问,学会就事论事的处理原则,敢于坚持自己的要求,对他人既不怒形于色,也不苟且屈从,学会合作的艺术,学会巧妙调停冲突,诚恳谈判及必要时妥协等。

　　戈尔曼认为,情感教育有其不同于智商的特点。首先,情感教育具有渐进性与隐蔽性。表面上看,情感教育平平淡淡,远不

---

① ［美］丹尼尔·戈尔曼:《情感智商》,耿文秀、查波译,上海科学出版社 1997 年版,第 293 页。
② ［美］丹尼尔·戈尔曼:《情感智商》,耿文秀、查波译,上海科学出版社 1997 年版,第 291 页。

能解决意欲解决的难题,但却润物细无声,无声无息,循序渐进,日积月累。他说:"情感的学习也就是这样经反复体验、耳濡目染,渐渐渗透、习以成性的。"①情感教育的另一个特点是具有相当的难度。也就是说,它面对的是情感缺陷,甚至是比较严重的缺陷,所以就出现一种需要与可能的尖锐矛盾。这就是戈尔曼所说的情感教育所面对的"悖论"。他说:"把握情感智商有一个特别困难之处,即总是隐于悖论之中:最需要应用情感智商之时却又是人们最闭目塞听、最无法吸收新信息、学习新反应模式之时——即人们烦恼痛苦之时。在这样的时刻给予指导将使人受惠无穷。"②至于情感教育的方式,戈尔曼列举了多种。其中之一是旧金山努埃瓦学习中心的自我科学法。所谓自我科学,其主题就是情感——自己的以及在人际关系中涌现出来的情绪。这一主题,就其实质而言,就是要求教师和学生都关注生活中的情绪变化,而这正是美国其他学校不曾充分重视的问题。教学方法是以儿童生活中的创伤和紧张作为学习和探讨的中心。老师讲的是孩子们自己感兴趣的问题,以及各个学校针对种种问题所制定的干预计划,如抑制儿童吸烟、滥用毒品、少女怀孕、辍学,乃至近年日益加剧的暴力的蔓延。目的在于培养儿童具有面对上述问题的处置能力,从而做到面对任何人生困惑都能无往而不胜。当然,戈尔曼认为:"最好的办法是将情感教育融入现有的课程中,

---

① [美]丹尼尔·戈尔曼:《情感智商》,耿文秀、查波译,上海科学出版社1997年版,第285页。
② [美]丹尼尔·戈尔曼:《情感智商》,耿文秀、查波译,上海科学出版社1997年版,第289页。

而用不着单独新开一门课。"①情感教育可自然地融入阅读写作、健康教育、自然科学、社会科学等规范课程之中，甚至彻底渗透到整个学校生活之中。戈尔曼还认为，情感教育的另一个方法是进行"艺术活动"②。其原因是，第一，艺术具有其他形式不可代替的潜移默化的作用；第二，艺术具有特殊的象征意义，原始神话思维的形式极易使情感为大脑所接受；第三，艺术教育可用来治疗儿童的精神创伤，通过艺术活动可使儿童敞开心扉，将憋在心里的可怕想法痛快地表达出来。这里，戈尔曼已真正涉及与审美教育有关的艺术教育问题了，但他只是将艺术教育作为情感技能培训的一种特殊的方法。以上教育方式最后都归结到教师的素质与培训，因此，戈尔曼主张学校的情感教育项目要为有关教师提供几周的专门训练，以使其掌握情感教育的基本观点和方法。

　　情感教育还必须接受情感技能的训练，戈尔曼提供了一个六步"红绿灯"训练步骤和四步骤解决问题法。所谓六步"红绿灯"训练步骤即指：

　　　　红灯：1.停下，镇定，心平气和，想好再行动。

　　　　黄灯：2.说出问题所在，并表达你对此的感受。

　　　　　　　3.确定一个建设性的目标。

　　　　　　　4.想出多种处理方案。

　　　　　　　5.考虑上述方案可能产生的后果。

---

① ［美］丹尼尔·戈尔曼：《情感智商》，耿文秀、查波译，上海科学出版社 1997 年版，第 295 页。

② ［美］丹尼尔·戈尔曼：《情感智商》，耿文秀、查波译，上海科学出版社 1997 年版，第 228 页。

　　绿灯：6.选择最佳方案，付诸行动。①

　　他认为，这个方案给儿童提供了一套可具体操作，又有分寸的处理方式，不但控制了情绪，而且指出了有效行动的途径。所谓四步骤解决问题法，实际上是"红绿灯"训练步骤的翻版，具体为：首先认清形势；其次考虑可供选择的解决问题的种种方案；第三考虑方案可能产生的后果；第四决定方案并付诸实施。戈尔曼还遵循皮亚杰发生心理学的方法，认为情感教育应与儿童成长的步调一致，在不同的年龄采取不同的方式。他说："情感教育只有与儿童成长发展的步调一致，不同年龄阶段以不同的方式反复灌输，使之既符合儿童的理解力又具有挑战性，才能保证产生最大的成效。"②他把孩子的成长分为三个大的阶段。第一个阶段，学前期。这一阶段至关重要，奠定情绪技能的基础。如果教育得当，成年后更少吸毒、犯罪，婚姻幸福，经济收入丰厚。第二阶段，从 6 岁至 11 岁。这一阶段学校经验至关重要，而且是决定性的，将深刻地影响到青春期乃至以后。儿童的自我价值根本取决于儿童在校能否取得成功。第三阶段，青春期。升入中学标志着童年期的终结，进入青春发育的关键期，此时接受情感教育与否与他们的表现直接相关。借助于情感教育，少年具有更强大的力量，能更有效地抵抗同龄群体的压力，更从容地面对学业上陡然增高的要求，更坚决地抵制抽烟或吸毒的诱惑。提高了情感智商的少年好像打了预防针，可成功抵御青春期面临的种种压力和骚乱。

----

① ［美］丹尼尔·戈尔曼：《情感智商》，耿文秀、查波译，上海科学出版社 1997
　　年版，第 299—300 页。
② ［美］丹尼尔·戈尔曼：《情感智商》，耿文秀、查波译，上海科学出版社 1997
　　年版，第 296—297 页。

　　关于情感教育课程的测试,戈尔曼在理论与实践上都认为不应像其他智育课那样运用纸笔考试,在生活实践及人生道路上能真正解决诸多情感危机与挑战才是真正的考试。他说:"自我科学课程不会给学生打分,今后的人生就是大考。但在八年级末,学生们将要离校时,有一次苏格拉底式的口试。最近一次口试的试题有:设想你的一个朋友因迫于压力吸毒,或有个朋友爱捉弄人,你将如何对他们提供帮助? 有哪些处理应激、愤怒或害怕的健康方式?"①这的确是一种符合情感教育的评价方式。因为,情感教育本身就有很强的实践性,如果按照戈尔曼的理论,实际上就是一门情感技能课。所以,如果采取传统的纸笔测验方式,即使得了满分,实践中仍不能有效解决各种情感危机与挑战,那也是没有意义的。但笔者认为,情感教育即使作为一门技能课,其目的仍是"情商"的培养,因此效果应通过"情商"的测试来予以评价。但"情商"的测试也正在探讨当中,作为一种成熟的教育则相应地要求有比较完备的评价体系。这正是"情商"理论所要继续解决的课题之一。

(五)"情商"理论的美育意义

　　"情商"理论的提出及情感教育的实践,对于整个教育领域具有革命性的意义。它正在改变教育和学校的功能与内涵,使之适应时代并发挥愈来愈大的作用。众所周知,在传统的意义上,教育和学校的主要功能就是传授知识。不管在理论上有多少提法,从实际上看传统教育的"智育第一"理念及其"应试教

---

① [美]丹尼尔·戈尔曼:《情感智商》,耿文秀、查波译,上海科学出版社1997年版,第291—292页。

育"模式就决定了这一点。但"情商"与情感教育理论却明确地把情感教育作为学校的主题之一,将其正式列为课程并入整个教育体系。这就在智育之外,明确赋予了学校新的使命与任务——"让孩子学习做人的基本道理"①。从表面上看,这是教育目的的一种古典回归。因为人类的早期教育,无论在东方还是西方,都是一种人生教育,但在这里却有崭新的时代意义。教育的漫长历史发展,已从"学习做人"异化为"学习知识"。当代社会要求青少年首先要"学习做人",这已经成为十分紧迫的必须解决的问题。20世纪90年代,联合国教科文组织召开的世界教育大会,口号已由60年代的"学会生存"变成了"学会关心"。当然,生存与关心都是当代的重要课题,也都在"做人"的范围之内,但"关心"比"生存"具有更积极的意义。学校一旦具有了"让孩子学会做人的基本道理"的任务之后,其地位与作用也就有了新的拓展。

　　首先,在当前家庭与社会对青少年情感缺陷的矫治已相当困难的情况下,学校成了矫治孩子情感与社会技能缺陷的重要场所。戈尔曼将学校说成是"唯一地方",这种看法未免过于悲观与偏颇,也许符合美国的情况,却未必符合中国的实际。从中国的情况看,全社会对孩子的情感缺陷问题还是重视的,也采取了一些相应的措施与对策。戈尔曼的另一个重要提法也是值得重视与借鉴的,那就是,他认为,情感教育的实施还要求一种"校园文化",使学校成为"关心人的社区"。他说:"在这个'社区'里,学生觉得他们受到了尊重,有人关心,与其他同学、老师及整个学校都

———————

① [美]丹尼尔·戈尔曼:《情感智商》,耿文秀、查波译,上海科学出版社1997年版,第304页。

融为一体。"①这种将学校作为一个"社区"的设想,无疑具有强烈的当代性。建立关心人、尊重人的"校园文化"的观点,更具有强烈的针对性与现实意义。特别是戈尔曼主张邀请社区的热心人士参加对情感有缺陷的学生的辅导,让某些成人志愿者担任学校辅导员等等,都是值得倡导的。这样就把学校、家庭与社会紧密结合,形成有效的教育网络。在《情感智商》一书的最后,戈尔曼对美国当前情感教育的现状作了实事求是的评价,认为它"还没有成为教育的主流"②,真正开设情感教育课程的学校还不多见,大多数教师、校长及家长对情感教育也一无所知。而且,他也认为,面对如此严重的精神与情感危机,教育,包括情感教育,都不可能是解决所有问题的灵丹妙药。但既然已经发现了问题,孩子们又面临着危机,情感教育课程又提供了希望,我们就应该努力地去实践。他说:"时不我待,现在还不开始,又更待何时?"③作为一个有良知的教育家,戈尔曼对人类前途与青少年命运的关切之情跃然纸上。

戈尔曼的"情商"与情感教育理论的提出具有强烈的现实针对性。这一理论涉及后工业时代一个带有普遍性的问题——情感危机及与此有关的众多社会问题。人类创造了无比美妙的物质与精神文明,但是同时也可能将自己带到了崩溃的边缘。除了环境问题之外,情感危机及由此引发的社会问题不也是一种巨大

---

① [美]丹尼尔·戈尔曼:《情感智商》,耿文秀、查波译,上海科学出版社1997年版,第305页。

② [美]丹尼尔·戈尔曼:《情感智商》,耿文秀、查波译,上海科学出版社1997年版,第312页。

③ [美]丹尼尔·戈尔曼:《情感智商》,耿文秀、查波译,上海科学出版社1997年版,第312页。

的破坏力量吗？人类必须拯救自己，而运用教育的手段包括情感教育的手段，疗治人的心理创伤，矫正精神与社会疾患，就是重要途径之一。"情商"与情感教育正是教育家、心理学家戈尔曼为疗治人类的情感疾患而开出的一剂药方，并在实践中已显示出某些效果。特别是这一理论与实践试图突破传统的"智育第一"与"应试教育"的窠臼，突出地强调了作为非智力因素的情感，这在全球性的倡导素质教育的热潮中更有其特殊的地位与作用。

从理论本身来看，有两点十分重要的突破。一是与"智商"（IQ）相对，提出"情商"（EQ）概念，并将其作为人获得成功的主要因素，不仅具有创新性，而且有重要指导意义。二是从脑科学的角度研究论证了"情商"的大脑皮质前额叶的思维反应控制，调节大脑杏仁核的情绪反应，克服"情绪短路"的生理机制，使"情商"理论具有了相当的科学依据。从方法上来看，戈尔曼继承了美国传统的科学新方法，使之在"情商"理论中贯穿始终，从而使理论本身具有了实践的意义与事实的根据。此外，戈尔曼从发展的理论出发，对儿童特别是幼儿"情商"的高度重视，也具有重要的科学与实践的意义。

但是，戈尔曼的"情商"理论完全着眼于防范与矫治，带有消极被动的性质。同时，他将"情商"归于智能范围未免太过狭窄，对科学实验也过分迷信，将情感教育完全归为情感技巧的学习与掌握，又未免降低了情感教育的地位与作用，从而显得过于琐碎，势必会导致对艺术教育的忽视。当然，"情商"理论本身还很不成熟，国内学术界尚有异议，但我们相信，这一理论一定会在进一步的研讨和探索中得到完善。

戈尔曼的"情商"与情感教育理论同审美教育的内涵有着明显的差异，但它们都属于"素质教育"，有其共同性，更重要的是，审美教育可以从前者中吸收许多重要的理论与方法。首先，"情商"理论在脑科学的基础上对"情商"的脑活动生理机制研究的突破就对美育研究有重大启发。应该说，美育研究在这方面还存在相当差距，没有明显的进展。这也正是美育研究难以继续深入的重要原因。再就是，"情商"理论的科学的实验方法也值得美育工作者加以学习，并以更加科学的态度，踏踏实实地从事美育的研究与探讨。

第十一讲　中国古代的"中和论"美育思想

一、中国古代的"天人合一"哲学观与"中和论"美学美育思想

我们在研究了西方的美学美育思想之后,再回过头来看中国古代的美学美育思想,就会发现一个问题,那就是长期以来我们对中国古代美学美育思想的研究采取的是"以西释中"的方法。例如,我们常常以西方"美是比例、对称与和谐""美是感性认识的完善"与"美是理念的感性显现"等概念范畴来解释中国古代的美学思想。事实证明,这种研究路径是有其片面性的。因为,按照这样的模式研究中国古代美学,就必然得出中国古代美学"还没有上升为思辨理论的地步"①的结论。也就是说,按照西方的标准,中国古代美学与美育思想还处于"前美学"阶段,没有多少价值可言。这显然是不符合实际的,起码是一种比较严重的"误读"。其原因就在于,包括黑格尔、鲍桑葵在内的许多西方学者不了解中西不同的哲学文化背景以及由此造成的美学与美育思想上的差异。要理解这种差异,首先就要了解中西方古代哲学观点

---

① [英]鲍桑葵:《美学史》前言,张今译,商务印书馆 1985 年版,第 2 页。

的不同。中国古代是一种"天人合一"的哲学观，无论儒道都大体如此。只是儒家更侧重于人，而道家更侧重于天。而西方则是一种"天人相分"的实体论哲学，或将世界的本质归结为"理念"，或将世界的本原归结为"物质"，但均为实体。正是这种不同的哲学观形成了中国古代"中和论"美学美育思想与西方"和谐论"美学美育思想的差异。

"天人合一"是贯穿中国古代文化始终的一种哲学观念。司马迁的《报任安书》在抒发自己的志向时，写道："欲以究天人之际，通古今之变，成一家之言""究天人之际"，是中国古代文化与哲学一以贯之的重大论题。"天人合一"命题集中反映在《周易》之中。《周易·乾文言》写道："夫大人者，与天地合其德，与日月合其明，与四时合其序，与鬼神合其吉凶。"中国古代要求掌权者和文化人自觉地做到顺应天地、日月与四时的规律，做到"奉天时"，亦即"天人合一"，认为只有这样，才能吉祥安康。汉代董仲舒在《春秋繁露》中明确提出"天人之际，合而为一"。对于"天"，中国古代有多重解释，汉代董仲舒更多倾向于"神道之天"，而在先秦时期，人们更重视"自然之天"，那时的"天人合一"观念更多包含着人与自然和谐统一的古代素朴的生存观。我们在这里主要阐释先秦时期的"天人合一"思想。在西方，古希腊时期的哲学思想主要是一种"天人相对"（主客二分）的实体论"自然哲学"思想。在对世界"本原"的探索上，中西之间是有差异的。

首先，中国古代"天人合一"思想是一种古典形态的"生存论"哲学思想。"天人合一"实际上是说人的一种"在世关系"，人与包括自然在内的"世界"的关系。这种关系不是对立的，而是交融、相关、一体的。这就是中国古代的十分可贵的生存论智慧。孔子在《论语·学而》中讲道:"礼之用,和为贵。"这里的"礼"主要不是日常生活之礼,而是祭祀之礼,是"大礼与天地同节"(《礼记·乐记》)之礼;这里的"和"可以理解为"天人之和",是一种对"天人之和"的诉求。正如《周易·泰卦》的《彖传》所言,"天地交而万物通也,上下交而其志同也",只有遵循天地阴阳相交相合的规律,人类的生存才能走向吉祥安泰。古代希腊哲学主要是一种"求知"的哲学,亚里士多德在《形而上学》开篇的第一句话就说,"求知是人类的本性"①。因此,古希腊哲学家总是将世界的本原归结为某种实体,被誉为西方第一位哲学家的泰勒斯认为"水是万物的本原",赫拉克利特将世界的本原归结为"永恒的活火",而柏拉图则将世界的本原归结为"理念"。② 由此可以看出西方的"求知"与中国古代"天人相和"的差异。

　　其次,中国古代的"天人合一"思想是一种特有的东方式的有机生命论哲学。英国科技史家李约瑟曾在《中国科学技术史》第二卷《科学思想史》中指出:"中国的自然主义具有很根深蒂固的有机的和非机械的性质。"③他将这种自然主义称为"有机主义宇宙观",并指出:"中国人的世界观依赖于另一条全然不同的思想路线。一切存在物的和谐合作,并不是出自他们自身之外的一个上级权威的命令,而是出自这样一个事实,即他们都是构成一个宇宙模式的整体阶梯中的各个部分,他们所服从的乃是

---

①亚里士多德:《形而上学》,吴寿彭译,商务印书馆 1959 年版,第 1 页。
②参见赵敦华:《西方哲学通史》第 1 卷,北京大学出版社 1996 年版,第 9、14、119—122 页。
③[英]李约瑟:《中国科学技术史》第 2 卷"作者的话",科学出版社、上海古籍出版社 1990 年版。

自己本性的内在的诚命。"①这就是中国特有的"有机论自然观"。这种有机论自然观就包含在"天人合一"思想之中。《周易》不断强调"天地之大德曰生"(《系辞下》),"生生之谓易"(《系辞上》),"有天地然后万物生焉"(《序卦》),老子也指出,"道生一,一生二,二生三,三生万物。万物负阴而抱阳,冲气以为和"(《老子·四十二章》)。由此可见,中国古代以"天人合一"为标志的哲学是一种以气论为中介的有机生命论哲学,天地、阴阳相分相合,冲气以和,化生万物。而西方古希腊则是一种无机的、以抽象的"数"或"理念"的追寻为其旨归的哲学形态。古希腊的自然哲学中的"自然",并非指"自然物",而是指一种抽象的"本原"与"本性",是统摄世界的最高的抽象原则。因此,古希腊自然哲学是一种相异于中国古代有机生命论的"无机"的"抽象"的哲学。

最后,中国古代"天人合一"思想在本原论上力主一种主客混沌的"太极本原论"。《周易·系辞上》指出:"是故易有太极,是生两仪。两仪生四象,四象生八卦。八卦定吉凶,吉凶生大业。"所谓"太极"是对宇宙形成之初"混沌"状态的一种描述,表现天地混沌未分之时阴阳二气环抱互动之状,一静一动,互相交感,交合施受,于是,出两仪、生天地、化万物。《周易》乾卦《象传》指出,"大哉乾元,万物资始,乃统天",这就将"太极"之乾作为万物之"元"之"始",也就是宇宙万物之起点。《周易·系辞下》还对这种"太极"之"混沌"和"起点"现象进行了具体描绘:"天地氤氲,万物化醇;男女构精,万物化生。"这就是说,宇宙万物形成之时的情形犹

---

① [英]李约瑟:《中国科学技术史》第2卷,科学出版社、上海古籍出版社1990年版,第315、619页。

如各种气体的渗透弥漫,阴阳交感受精,万物像酒一般被酿造出来,像人的十月怀胎一样被孕育出来。在这个"太极化生"命题中,《周易》提出了"元"和"始"的问题,也就是世界的"本质"问题。《周易》的回答是:世界的本质既非物质,也非精神,而是阴阳交互、混沌难分的"太极"。这是一种主客不分、人与世界互在的古典现象学思维方法。而古希腊自然哲学对世界本质的回答则是物质的实体或精神的实体,依据的是主客二分的逻各斯中心主义,这是一种与中国的"太极化生"本原论相异的主客对立的理性主义思维模式。

　　正是以这种"天人合一"的哲学观为基础,中国古代发展出"中和论"美学思想。早在先秦时期,古人就在艺术教育领域提出了"中和论"。《尚书·舜典》提出"律和声"的命题,"帝曰:夔!命汝典乐,教胄子。直而温,宽而栗,刚而无虐,简而无傲。诗言志,歌永言,声依永,律和声。八音克谐,无相夺伦,神人以和"。荀子也明确主张"乐之中和",指出:"夫是之谓道德之极。礼之敬文也,乐之中和也,《诗》、《书》之博也,《春秋》之微也,在天地之间毕矣。"(《荀子·劝学》)对"中和"思想作全面深入论述的,是《礼记·中庸》的"喜怒哀乐之未发,谓之中;发而皆中节,谓之和。中也者,天下之大本也;和也者,天下之达道也。致中和,天地位焉,万物育焉"。中国古代礼与乐紧密相联,强调"礼乐教化",而道德的教化始终是"礼乐教化"的核心问题。《礼记·中庸》对"致中和"的论述以道德教化为中心,因而"致中和"的观念同样也适用于艺术和艺术教育。费孝通曾指出:"中国传统文化思想的一大特征,是讲平衡和谐,讲人己关系,提倡天人合一。刻写在山东孔庙大成殿上的'中和位育'四个字,可以说代表了儒家文化的精髓,成为中国人代代相传的基本价值取向。"①因此,将"中和论"作为中国古代占据主导地位的美学与美育思想,应该是可以成立的。它具有十分丰富的内涵,并对中国古代其他美学与美育观念具有指导与渗透的作用。

(一)"保合大和"之自然生态之美

冯友兰认为,中国是一个大陆国家,一个以农业为主的社会。所以,"中国哲学家的社会、经济思想中,有他们所谓的'本''末'之别。'本'指农业,'末'指商业",儒家和道家"都表达了农的渴望和灵感,在方式上各有不同而已"。② 正因为中国古代哲学与美学表达的是对"农的渴望和灵感",因而追求天人相和,风调雨顺,五谷丰登。《周易》将之表述为"保合大和,乃利贞"(《乾·象》)。这里所谓"大和"即"中和","贞"乃"事之干也"。农事之目的即为丰收,而《周易》认为,只有"保合大和",才能"利贞",使天人相合,风调雨顺,获得丰收。《礼记·中庸》强调"致中和,天地位焉,万物育焉",天地各得其位,才能使万物化育生长。这是最理想的"中和"之美的境界,也就是《周易·坤·文言》所说的"正位居体,美在其中"。"易者变也",《周易》所代表的中国哲学观是"有机论自然观",天地之间变动不居,生机勃勃,所谓"变则通,通则久"(《周易·系辞下》)。因而,在《周易》中,象征着"万物育"的"致中和"状态的是泰卦。泰卦卦象乾下坤上,象征着天地之气的交通往来。《周易·泰》卦辞云:"泰,小往大来,吉,亨。""小往大

---

① 费孝通:《经济全球化和中国"三级两跳"中的文化思考》,《光明日报》2000年11月7日。

② 冯友兰:《中国哲学简史》,涂又光译,北京大学出版社1996年版,第15、17页。

来"即天气上升、地气下降,如此才能使天地之气交通往来,以生
成化育万物,吉祥亨通。正如泰卦《象传》所说:"天地交而万物通
也,上下交而志同也。"与此相反的是否卦,否卦卦象坤下乾上,意
味着如果天地阴阳之气无法交通和合,则生机全无,万物无法生
成发育,所谓"天地不交而万物不通也,上下不交而天下无邦也"
(《周易·否·象》)。这种"保合大和""中和位育"的天人相和、风
调雨顺的自然生态之美,成为"中和美"的主要内涵。正是从这个
意义上,我们说,中国古代美学是一种反映了内陆国家农业社会
审美要求的自然生态之美。

(二)元亨利贞"四德"之吉祥安康之美

正因为中国古代主要的美的形态是"保合大和,乃利贞"的自然
生态之美,所以,其具体表现形态就是"元亨利贞"之"四德"。《周
易》乾卦卦辞:"乾,元亨利贞。"《周易·乾·文言》加以阐释道:
"'元'者,善之长也;'亨'者,嘉之会也;'利'者,义之和也;'贞'者,
事之干也。君子体仁足以长人,嘉会足以合礼,利物足以和义,贞固
足以干事。君子体此四德者,故曰'乾,元亨利贞'。"这是具体阐释
了"保合大和"自然生态之美的具体内涵,即所谓元亨利贞"四德"。
这里的"体此四德"即要求君子顺应天道自然,"与天地合其德"。因
此,这"四德"既是造福于人民的四种美德,也是实现吉祥安康的四
种美的行为。在这个意义上,"四德"也就是"四美"。

(三)"中庸之道"之适度适中之美

"中庸之道"是中国古代"中和论"的必有之义。孔子说,"中
庸之为德也,其至矣乎! 民鲜久矣"(《论语·雍也》),又说,"过犹
不及"(《论语·先进》)。《礼记·中庸》指出:"君子中庸,小人反

中庸。"又借孔子的话说:"隐恶而扬善,执其两端,用其中于民。"
《礼记》在论述"中和"时也包含了"中庸之道"之意,所谓"喜怒哀
乐之未发,谓之中;发而皆中节,谓之和"。这种"中庸之道"与中
国传统哲学思想中的"反者道之动"(《老子·四十章》)密切相关,
即言一件事情做过头了就会走向自己的反面,所以要"执其两端,
用其中"。这也与农业社会生产生活活动受自然气候条件的制约
有关,必须极度谨慎严格地按照农时安排农事,否则将"过犹不
及"。具体言之,"中庸之道"的基本内涵是:所谓"喜怒哀乐之未
发"就是强调了情感的含蓄性,所谓"发而皆中节"就是强调了情
感的适度性,所谓"天下之大本""大道"即言"中庸之道"反映了天
地运行变化的根本规律。

(四)"和而不同"之相反相成之美

"和而不同"是"中和论"哲学美学的重要内涵,具有极为重要
的价值。《左传·昭公二十年》记载了齐侯与晏子有关"和"与
"同"之关系的一段对话,阐述了"和而不同"的内涵。《左传》记
载:"公曰:'和与同异乎?'对曰:'异。和如羹焉,水、火、醯、醢、
盐、梅以烹鱼肉,燀之以薪,宰夫和之,齐之以味,济其不及,以泄
其过。君子食之,以平其心。……声亦如味,一气、二体、三类、四
物、五声、六律、七音、八风、九歌,以相成也;清浊、小大、短长、疾
徐、哀乐、刚柔、迟速、高下、出入、周疏,以相济也。君子听之,以
平其心,心平,德和。'"这里告诉我们,"和而不同"犹如制作美味
佳肴,运用水火醋酱盐梅肉等多种材料调和,慢火烹之以成。这
样的道理同样适用于音乐,美妙的音乐也是由不同的甚至相异相
反的元素相辅相济而构成。这样的音乐才能平和人心,协调社
会。"和而不同"划清了"和"与"同"的界限,"同"是单一元素的组

合,"和"则是多种元素、甚至是各种相反元素的组合,这样才能创作出美妙之音、悦耳之音与济世之音。这里包含着古典形态的"间性"与"对话"的内涵,十分可贵。

(五)"和实相生"的生命旺盛之美

中国古代文化哲学不仅论述了"和而不同"的重要理论,而且进一步提出了"和实生物,同则不继"的重要观点,这其实是一种中国古典形态的生命论哲学与美学。《国语·郑语》记载了郑桓公向史伯请教"周其弊乎?"即周朝是否将会没落?史伯的回答是肯定的,并指出其原因在于"去和而取同"。史伯就此阐释道:"夫和实生物,同则不继。以他平他谓之和,故能丰长,而物归之。若以同裨同,尽乃弃矣。"在这里,史伯运用日常的生物学规律来说明社会现象,指出:如果大地上多样之物(他)的相互交合,就能繁茂地生长,并获得丰收;如果只是单一之物(同)的重复累积,则只能使田园荒废。社会现象与艺术现象同样如此。史伯指出,"声一无听,物一无文,味一无果,物一不讲",因此,必须"和五味以调口,刚四支以卫体,和六律以聪耳,正七体以役心,平八索以成人,继九纪以立纯德,合十数以调百体"。这里贯穿了《周易》的阴阳相生、万物化成的观念,即所谓"生生之谓易""天地之大德曰生"。所以,"和实相生"是中国古代"生命论"美学的典型表述,也是其有机生命性特点的表征。

(六)人文化成之礼乐教化之美

中国古代哲学与文化的根本宗旨是主张塑造如"君子"那样"文质彬彬"(《论语·雍也》)的理想人格。《周易》贲卦,从卦象看,离下艮上,离为火,艮为山,山被火照,光辉璀璨,无比美丽。

这就是所谓"刚柔交错"的"天文"。从爻辞看,则是反映婚礼进行时热闹有序的场景。这就是"文明以止"的"人文"。贲卦的《象传》由"天文""人文"之美提出了"人文教化"观念,提倡以"人文"来"化成天下":"刚柔交错,天文也。文明以止,人文也。观乎天文以察时变,观乎人文以化天下。"《周易·说卦》对"人文化成"观念进一步加以阐发,指出:"昔者圣人之作《易》也,将以顺性命之理。是以立天之道曰阴与阳,立地之道曰柔与刚,立人之道曰仁与义。兼三才而两之,故易六爻而成卦。"圣人"作《易》"是试图以天道之阴阳、地道之柔刚教化人民,建立起人道之仁义。这种教化的实施在中国古代主要借助于礼乐,就是所谓的"礼乐教化"。《礼记·乐记》云:"是故先王之制礼乐也,非以极口腹耳目之欲也,将以教民平好恶,而反人道之正也。"这就是说,礼乐教化的目的是回归"仁义"之人道正途。

众所周知,古希腊倡导一种"和谐论"美学,毕达哥格斯明确地指出,"什么是最美的?——和谐"[1],并将"和谐美"的基本品格归为"杂多的统一"[2]。古希腊"和谐美"的最主要代表亚里士多德则将美归结为"整一性",认为"美要倚靠体积与安排",因为事物不论太大或太小都看不出整一性。[3] 他还认为,这种美的"整一性"的主要形式是"秩序、匀称和明确"[4]。德国古典美学史

---

[1] 转引自[法]罗斑:《希腊思想》,商务印书馆1965年版,第79页。

[2] 北京大学哲学系美学教研室编著:《西方美学家论美和美感》,商务印书馆1980年版,第14页。

[3] 北京大学哲学系美学教研室编著:《西方美学家论美和美感》,商务印书馆1980年版,第39页。

[4] 北京大学哲学系美学教研室编著:《西方美学家论美和美感》,商务印书馆1980年版,第41页。

家温克尔曼将希腊古典美归为"高贵的单纯,静穆的伟大"①;英国美学史家鲍桑葵则归结为"和谐、庄严和恬静"②。总之,无论如何概括,希腊古典美都是一种静态的、形式的"和谐美","静态、形式与和谐"是其三要素,而核心内容则是"和谐"。由此可见,古希腊的"和谐论"美学之"和谐"是指一个具体物体的比例、对称、整一,是一种具体的美,与中国古代在"天人合一"哲学观基础上构建的"中和"之美是有着明显差异的,不应将两者随意混同,更不应随意地以西释中。当然,两者的比较、对话与借鉴则是完全应该的。

具体言之,两者有这样几点区别。其一,不同的哲学前提。中国古代的"中和论"美学是建立在东方"天人合一"哲学观基础之上的,而西方古希腊和谐论美学则建立在物质或理念实体性的本原论哲学基础之上。其二,不同的民族情怀。中国古代的"中和论"美学反映的是一种以人文合天文的东方式古典人文主义,而西方古希腊"和谐论"美学则追求以"数"为最高统一的"和谐精神"。其三,对自然的不同态度。中国古代的"中和论"美学由于建立在"天人合一"哲学基础上,所以,追寻一种"万物并育而不相害,道并行而不相悖"(《礼记·中庸》)的"万物和一"生态观,而西方古希腊"和谐论"美学观由于遵循实体论本原说和逻各斯中心主义,必然在一定程度上站在"人类中心主义"的立场之上。其四,不同的内涵。中国古代的"中和论"美学是一种立足于"天人之际"的宏观的人与自然、社会融为一体的美学理论,而西方古希腊的"和谐论"美学则是一种微观的事物自身形式的比例、对称与

---

①[德]莱辛:《拉奥孔》,朱光潜译,人民文学出版社1979年版,第5页注②。
②[英]鲍桑葵:《美学史》,张今译,商务印书馆1985年版,第21页。

整一的理论。其五，不同的侧重点。中国古代的"中和论"美学侧重的是人的生存状态的吉祥安康，强调的是美与善的统一，而西方古希腊的"和谐论"美学侧重于事物自身的和谐，强调的是美与真的统一。其六，不同的艺术范本。中国古代的"中和论"美学所依据的艺术"范本"是以表意为主的诗歌与音乐；而西方古希腊"和谐论"美学所凭借的艺术范本则是雕塑。其七，不同的发展趋势。中国古代的"中和论"美学历经几千年历史，其艺术与美学精神即使在当代也仍有现实的生命力，其"究天人之际"的生态观、"和而不同"的对话精神、"生生之谓易"的生态论美学思想成为当代美学发展的源头之一。西方古希腊的"和谐论"美学精神已融入当代美学之中，但它古典形态的美学理论早已从 19 世纪下半叶开始被逐步超越。

总之，"中和论"与"和谐论"作为中西古代美学理论形态，各有其优长，可谓"双峰并立，二水分流"，在漫长的历史长河中滋养着人类的精神和艺术，现在更应通过对话比较，各美其美，互赞其美，取长补短，为建设新世纪的美学作出贡献。但作为中国学者，应更多关注长期未受到应有重视的古代"中和论"美学智慧，进一步深入挖掘整理，将之介绍给世界，发扬于当代。

二、中国古代的"礼乐教化"与"乐教""诗教"

（一）中国古代的"礼乐教化"

1."礼乐教化"的实施。

"礼乐教化"在中国古代首先是一种十分悠久的文化传统，然后才成为一种文化政治制度。从历史本身的呈现来看,"乐教"应该先于"礼教"。考古发掘告诉我们,距今 7800 年至 9000 年前的新石器时代早期就已经有了完备的乐器(七音孔笛)。而"乐"字也早于"礼"字出现在甲骨文中。《尚书·舜典》对"乐教"进行了记载:"帝曰:'夔! 命汝典乐,教胄子。'"此后,才逐步形成了规范祭祀活动、政治活动与社会活动的"礼",并与"乐"相辅相成,成为"礼乐教化"。《史记·周本纪》记载:周"兴正礼乐,度制于是改,而民和睦,颂声兴"。我国古代以"乐教"为基本内容的"礼乐教化"曾经达到非常高的水平。1998 年在湖北隋县出土 65 件曾侯乙编钟,这是 2400 多年前曾国国君使用的乐器,组合齐全,音域跨度宽广,音乐性能良好,铸造技术高超,改写了世界音乐史,被称为"稀世珍宝",为我们提供了先秦时期"礼乐教化"的发达及其所达到的水平的珍贵的实物见证。

2. "礼乐教化"的内容。

"礼乐教化"之中,礼与乐是相辅相成、密不可分的两个方面,诚如《礼记·乐记》所言,"乐统同,礼别异""乐也者,动于内者也;礼也者,动于外者也"。礼与乐的相互结合,产生礼乐教化的重要作用。《吕氏春秋·适音》指出:"故先王之制礼乐也,非特以欢耳目、极口腹之欲也,将以教民平好恶,行理义也。"这说明礼乐教化是好恶之教与理义之教。《周礼·春官·宗伯》指出:

> 大司乐掌成均之法,以治建国之学政,而合国之子弟焉。凡有道者,有德者,使教焉,死则以为乐祖,祭於瞽宗。以乐德教国子,中、和、祗、庸、孝、友;以乐语教国子,兴、道、讽、诵、言、语;以乐舞教国子,舞云门、大卷、大咸、大磬、大夏、大濩、大武;以六律、六同、五声、八音、六舞大合乐,以致鬼神示,以和邦国,以谐万民,以安宾客,以说远人,以作动物。

　　这一段话可以说比较全面地介绍了周代"礼乐教化"的内容：第一，"礼乐教化"的实施者为当时正式设置的官职"大司乐"；第二，机构为"成均"，即古代之官学；第三，教育对象为"合国之子弟"，即贵族子弟；第四，"乐德"教育的内容，即以"中、和、祗、庸、孝、友"为核心内容的思想道德；第五，"乐语"教育即文化教育的内容，即以官方认可的"诗"为内容的风、雅、颂、赋、比、兴；第六，"乐舞"教育即礼仪教育的内容，即以官方认可的各种舞蹈为内容的祭祀与政治社会活动的礼仪程序；第七，教学内容包括当时官方认可的所有的乐舞歌诗、祭祀礼仪等；第八，教育的目的是"和邦国，谐万民，安宾客，说远人"等。

　　3."礼乐教化"的演变。

　　"礼乐教化"在漫长的历史长河中经过了曲折的演变。首先，远古的三皇五帝时代应该是礼乐文化不自觉的发展时期。出土文物告诉我们，7000多年前的新石器时代后期我国就有了比较成熟的乐器，可以证明那时已存在音乐活动，包含着原初的"乐教"。其次，据文献记载，西周建国之初，周公"制礼作乐"，"礼乐教化"正式进入较为自觉的体系化、制度化阶段，此时应该是乐教占了主要地位，礼教次之。再次，春秋时期，"礼坏乐崩"，以孔子为代表的儒家学派试图"克己复礼"，恢复传统的"礼乐教化"制度，为此进行了历史文化的探寻与理论的总结，出现《论语》《孟子》《礼记》《乐论》《乐记》等与"礼乐教化"有关的理论著作，而道家与墨家等则对传统礼乐持批评态度。最后，经秦始皇"焚书坑儒"之后，汉代有所谓"礼乐复兴"，尝试重新整合并发展新的"礼乐教化"传统。此时礼与乐已经分家，实际更着重于礼教。而且，随着汉代"罢黜百家，独尊儒术"，以及以后的"礼教"逐步与封建专制的君臣之道、驭民之术以及所谓"三从四德"紧密结合，礼教已经异化为封建统治的工具,以致在五四运动的新文化运动中受到激烈批判。但中国古代的"礼乐教化"作为一种文化传统,却有其独特的意义与价值,仍值得我们借鉴。

(二)中国古代的"乐教"

1."乐教"的总原则——"广博易良"。

《礼记·经解》篇借用孔子的话,对"乐教"加以界定,所谓"广博易良,乐教也"。由此,"广博易良"成为"乐教"的总原则。什么是"广博易良"呢?《经解》篇所引孔子接下来的言辞中作了进一步解释,所谓"广博易良而不奢,则深于乐者也"。所谓"奢"即指"过分、过多",不过分、不过多就是对"乐教"之精髓的深入把握。《吕氏春秋·侈乐》篇对这种"侈乐"之"奢"作了揭露与批判,所谓"乱世之乐与此同。为木革之声则若雷,为金石之声则若霆,为丝竹歌舞之声则若噪。以此骇心气、动耳目、摇荡生则可矣,以此为乐则不乐。故乐愈侈,而民愈郁,国愈乱,主愈卑,则亦失乐之情矣"。"侈乐"是"乱世之乐",形式上以"若雷""若霆""若噪"为特点,内容上则"失乐之情矣"。这可以视为是从反面对"广博易良"进行的阐释。与之相应,《吕氏春秋·适音》篇论述了与"侈乐"相反的"适音":"何谓适?衷音之适也。"这是以"衷音"对"广博易良"作的正面阐释。唐孔颖达对其进一步阐释道:"乐以和通为体,无所不用,是'广博';简易良善,使人从化,是'易良'。"[1]在这里,孔氏以"和通"释"广博",说明"乐教"调和天人、政治、社会、家庭的无所不在的巨大社会作用;用"良善"释"易良",说明"乐教"之教化使人向善的巨大育人功能。总之,"广博易良"阐明了"乐

---

[1]《礼记正义》,吕友仁整理,上海古籍出版社2008年版,第1904页。

教"调和一切的巨大社会作用和教化育人的重要功能,实际上也是中国古代"中和美"在"乐教"中的表现。

2. 乐以知政。

中国古人认为,音乐反映了人民的感情,感情同人民的心情相联系,而人民的心情则反映了政治的得失,即所谓"观乐以知政"。这是"乐教"的重要功能之一。诚如《礼记·乐记》所言:"凡音者,生人心者也。情动于中,故形于声。声成文,谓之音。是故治世之音安以乐,其政和;乱世之音怨以怒,其政乖;亡国之音哀以思,其民困。声音之道与政通矣。""是故审声以知音,审音以知乐,审乐以知政。"《吕氏春秋·适音》篇更明确地指出了"乐以知政"与"乐教"的关系,所谓"凡音乐通乎政,而移风平俗者也,俗定而音乐化之矣。故有道之世,观其音而知其俗矣,观其政而知其主矣。故先王必托于音乐以论其教"。这是认为,音乐与风俗、风俗与政治、政治与统治者有着紧密联系,因此,有道之君必须重视"乐教"。正因此,自古中国就有"采风"的制度,"采风"的目的就是观俗知政。统治者确立了定期采风以上报的制度。《汉书·食货志》载:"孟春三月,群居者将散,行人振木铎循于路以采诗。"《礼记·王制》载:"天子五年一巡狩","岁二月,东巡狩……命太师陈诗,以观民风"。这里需要说明的是,先秦之时诗与乐是紧密相联的,采诗观风也是与政治活动联系在一起的。

3. 乐以和敬。

关于乐促进社会和谐的作用,在许多古代文献中均有论述。《荀子·乐论》与《礼记·乐记》有一段大体相同的话:"是故乐在宗庙之中,君臣上下同听之,则莫不和敬;在族长乡里之中,长幼同听之,则莫不和顺;在闺门之内,父子兄弟同听之,则莫不和亲。故乐者,审一以定和,比物以饰节,节奏合以成文,所以合和父子君臣,附万民也。是先王立乐之方也。"这段论述揭示了"乐教"的和谐作用融会到宗庙、乡里与闺门等多类场所,浸润于君臣乡里等各种人群,进一步体现了"乐教"之"广博易良"的特点。为什么"乐教"能起到这种君臣"和敬"、乡里"和顺"、闺门"和亲"的作用呢?《礼记·乐记》认为,主要是因为"乐教"借助的是"和天化广""讯疾以雅"的"古乐"。《乐记》记载孔子弟子子夏说:"夫古者,天地顺而四时当,民有德而五谷昌,疾疢不作而无妖祥,此之谓大当。然后圣人作为父子君臣,以为纪纲。纪纲既正,天下大定。天下大定,然后正六律,和五声,弦歌诗颂。此之谓德音。德音之谓乐。"也就是说,子夏认为,"古乐"是一种顺应"四时",体现"民德",无任何不祥之兆的"大当"之乐。这种"大当"之乐可以作为父子君臣的立世之本,"纪纲既定,天下大定"。这里,进一步将"乐教"提到了"以为纪纲",使"天下大定"的重要地位。

4. 乐以移俗。

古时统治者对民间风俗极为重视,认为民间风俗与天地之道、寒暑、风雨息息相关。《礼记·乐记》指出:"天地之道,寒暑不时则疾,风雨不节则饥。教者,民之寒暑也,教不时则伤世;事者,民之风雨也,事不节则无功。"这里所说的"民之寒暑"与"民之风雨"即为民间风俗,关系到天地之道、国家命运,是国之大事。所以,移风易俗事关重大,所凭借的重要途径就是"乐教"。诚如《礼记·乐记》所言:"乐也者,圣人之所乐也,而可以善民心,其感人深,其移风易俗,故先王著其教焉。"此论不仅阐述了先王凭借"乐教"而移风易俗,而且说明了其原因在音乐能"善民心,其感人深",也就是音乐能够通过其特有的旋律感动人心,使之向善,从而起到移风易俗的作用。《礼记·乐记》进一步阐明了"乐教"移风易俗的良好后果,所谓"故乐行而伦清,耳目聪明,血气和平,移风易俗,天下皆宁"。

5. 乐以教民。

"乐教"必然也包含对人民的教育,《礼记·乐记》指出:"是故先王之制乐也,非以极口腹耳目之欲也,将以教民平好恶而反人道之正也。"也就是说,"乐教"能使人民确立分辨好恶的正确标准,从而走在人道的正途之上。这里,"反人道之正"也说明了中国古代"乐教"施行者认为音乐是区别人与禽兽、君子与小人的重要标准,所谓"知声而不知音者,禽兽是也;知音而不知乐者,众庶是也。唯君子为能知乐"。那么,"乐教"为什么能做到这一点呢?这与音乐本身密切相关,所谓"德者,性之端也。乐者,德之华也"。首先,"乐"是人性的集中表现,是道德之花朵,因此音乐承担了道德教化的作用。其次,音乐还有其特殊的感动人心的作用,所以能使人感动,从而形成思忧、康乐、刚毅、肃敬与慈爱等健康的"心术"。正如《礼记·乐记》所言:"夫民有血气心知之性,而无哀乐喜怒之常。应感起物而动,然后心术形焉。是故志微、噍杀之音作,而民思忧;啴谐、慢易、繁文、简节之音作,而民康乐;粗厉、猛起、奋末、广贲之音作,而民刚毅;廉直、劲正、庄诚之音作,而民肃敬;宽裕、肉好、顺成和动之音作,而民慈爱。"

6. 乐以和天。

中国古代"乐教"的一个重要功能就是沟通天人关系,也就是所谓"和天"。正如《礼记·乐记》所言:"大乐与天地同和,大礼与天地同节。"这同中国古代天人合一、阴阳相生的哲学观是密切相关的。正是因为对于这种"天人合一,阴阳相生"的风调雨顺、万物兴盛、吉祥安康年景的渴求,中国先民除了辛勤劳作之外,还要奏乐祭天,祈求保佑。甲骨文中的"舞"字即为一人手执两只牛尾伴着音乐翩翩起舞。舞者巫也,即为巫者在舞乐中祷告并祈求上

天。在中国古人看来,不仅祭祀本身能起到"和天"的作用,而且
音乐也是产生于天人合一、阴阳相生的"太一",所以也具有"和
天"的功能。《吕氏春秋·大乐》说:"音乐之所由来者远矣,生于
度量,本于太一。太一出两仪,两仪出阴阳。阴阳变化,一上一
下,合而成章。浑浑沌沌,离则复合,合则复离,是谓天常。天地
车轮,终则复始,极则复反,莫不咸当。日月星辰,或疾或徐,日月
不同,以尽其行。四时代兴,或暑或寒,或短或长,或柔或刚。万
物所出,造于太一,化于阴阳。萌芽始震,凝寒以形。形体有处,
莫不有声。声出于和,和出于适。和适,先王定乐,由此而生。"又
说:"天下太平,万物安宁,皆化其上,乐乃可成。"在中国古人看
来,音乐产生于阴阳相生的太极(太一),它的上下、离合、复反、疾
徐、短长、柔刚与自然界的日月星辰、寒暑交替、四时代兴、万物生
长均紧密相关。正是由于"乐"生于"天",所以能够"和天"。《礼
记·乐记》有言:"礼乐偩天地之情,达神明之德,降兴上下之
神。……是故,大人举礼乐,则天地将为昭焉。"《吕氏春秋·古
乐》篇具体描述了中国古代帝王以乐和天的情状:

　　　　昔古朱襄氏之治天下也,多风而阳气畜积,万物散解,果
　　实不成,故士达作为五弦瑟,以来阴气,以定群生。

　　　　昔葛天氏之乐,三人操牛尾,投足以歌八阕:一曰《载
　　民》,二曰《玄鸟》,三曰《遂草木》,四曰《奋五谷》,五曰《敬天
　　常》,六曰《达帝功》,七曰《依地德》,八曰《总禽兽之极》。

　　　　昔陶唐氏之始,阴多滞伏而湛积,水道壅塞,不行其原,
　　民气郁阏而滞著,筋骨瑟缩不达,故作为舞而宣导之。

　　由上述三段论述可知:第一,乐之功能在于可沟通天人,调和
阴阳。朱襄氏之时阳气畜积,万物不生,因而作五弦之乐,以来阴
气,以定群生;陶唐氏之时阴气湛积,水道壅塞,故作乐以宣导之。

第二,古乐之内容大多反映天人之关系。葛天氏之乐"三人操牛尾,投足以歌八阕",八首乐曲都是反映天人关系的,其中《玄鸟》《遂草木》《奋五谷》《敬天常》《依地德》与《总禽兽之极》六首为"天"(自然),而只有《载民》与《达帝功》是讲的人间之事。以上可见,古代"乐教"之中"和天"的功能是占有十分重要的位置的。

(三)中国古代的"诗教"

"诗教"无疑也属于中国古代"礼乐教化"内容之一,但从时间上来说应该晚于"乐教"。因为古时礼、乐、诗、舞是相互交融密不可分的,到春秋之后诗乐才分离。诚如王国维所说:"诗乐二家,春秋之季已自分途。诗家司其义,出于古师儒。孔子所云'言诗''诵诗''学诗'者,皆就其义言之,其流为齐鲁韩毛四家。"①所以,"诗教"兴起于春秋以后,以孔子为代表的儒家是"诗教"的力倡者。

1."诗教"的总原则——温柔敦厚。

《礼记·经解》篇对诗、书、易、礼、春秋等各教均借孔子之口有总结性的概括,关于"诗教",则云"温柔敦厚,诗教也"。有学者考证,此论系汉儒所托言,并非孔子原话。但后来的学者均承认,"温柔敦厚"的确符合孔子对"诗教"的要求,反映了中国古代"中和美"的宗旨。因此,我们认为,"温柔敦厚"应该是中国古代"诗教"的总原则。对于"温柔敦厚"的内涵,《礼记·经解》篇有一个自己的阐释,即"温柔敦厚而不愚,则深于诗者也"。唐代孔颖达《礼记正义》曰:"诗主敦厚,若不节之,则失之在愚。……此一经

---

① 王国维:《汉以后所传周乐考》,《观堂集林》第 1 册,中华书局 1959 年影印版,第 121 页。

以《诗》化民,虽用敦厚,能以义节之。欲使民虽敦厚,不至于愚,则是在上深达于《诗》之义理,能以《诗》教民也,故云'深于《诗》者也'。"关于"温柔敦厚",孔颖达阐释道:"温,谓颜色温润。柔,谓情性和柔。《诗》依违讽谏,不切指事情,故云'温柔敦厚'。"①也就是说,"温柔敦厚"是指人的品质温润柔和,质朴忠厚,但又不成为是非不分的愚昧之人。要做到"不愚",就要"以义节之",即以儒家礼义加以规范。所以,用最通俗的语言概括,就是"性情温和而不失礼义规范"。这恰恰符合儒家对"诗教"的种种要求。《尚书·舜典》记载,舜帝对"乐教"与"诗教"提出的要求就是"直而温,宽而栗,刚而无虐,简而无傲",孔子亦主张"放郑声","郑声淫"(《论语·卫灵公》),"恶紫之夺朱也,恶郑声之乱雅乐也"(《论语·阳货》)等。"温柔敦厚而不愚"也正符合孔子对诗歌与"诗教"的上述要求,是对于符合礼义的具有"温柔敦厚"品格的"中和美"的追求。

2. "诗教"的途径——兴观群怨。

"诗教"的途径,或者说诗歌的作用是如何实现的呢? 孔子说道:"小子何莫学夫诗? 诗,可以兴,可以观,可以群,可以怨。迩之事父,远之事君;多识于鸟兽草木之名。"(《论语·阳货》)这就是著名的"兴观群怨"之说,孔子将其提高到近可服务于人伦(事父),远可服务于国家(事君)的高度,由此可见"诗教"在儒家思想中的重要地位。

"兴观群怨"以"兴"为首。所谓"兴",孔安国解释为"引譬连类",《周礼·春官》郑玄注云:"兴者,以善物喻善事",朱熹《诗集传》释为"先言他物以引起所咏之词也。"由此可知,所谓"兴"即兴

---

① 《礼记正义》,吕友仁整理,上海古籍出版社 2008 年版,第 1904、1905 页。

起、比喻，指诗歌通过所咏之物表达所言之志，充分体现了中国古代诗论"诗言志"的主旨，因而成为"诗教"之首。孔子说，"兴于诗，立于礼，成于乐"（《论语·泰伯》），"不学诗，无以言"（《论语·雍也》），"诵诗三百，授之以政，不达；使于四方，不能专对。虽多，亦奚以为"（《论语·子路》）。这里所说的诗歌"言""达政""专对"等作用，均与对诗歌所言之"志"的准确理解、深切体会与灵活运用密切相关。所以，"兴"是最重要的。当时的诗歌已经成为士阶层的普及教育，如果所受诗教不够，对诗歌之"兴"即所言之志不解，政治上很难得到发展。这种情况史书多有记载。例如《左传·昭公十二年》载："夏，宋华定来聘，通嗣君也。享之，为赋《蓼萧》，弗知，又不答赋。"昭子曰："必亡。宴语之不怀，宠光之不宣，令德之不知，同福之不受，将何以在？"鲁昭公十二年夏，宋国大夫华定来访。鲁国为之歌《蓼萧》诗，对两国关系表达美好的祝愿，但华定不懂这首诗所言之志，所以没有赋答。昭子评价道：此人必然失败，因为他对外交宴会的赋诗一概不懂，无法宣扬"宠光"，不知"令德"，也无法受"同福"。果然，八年后，华定从宋国逃亡。这个例子比较充分地说明了把握诗教之"兴"的主旨对士人的极端重要性。

所谓"观"，郑玄曰："观风俗之盛衰。"据《孔丛子》记载，孔子曾与子夏谈及《尚书》之大义的"七观"，当为"观"之延伸。孔子在答子夏之问时说："六《誓》可以观义，五《诰》可以观仁，《甫刑》可以观诫，《洪范》可以观度，《禹贡》可以观事，《皋陶谟》可以观治，《尧典》可以观美。通斯七者，则《书》之大义举矣。""观美""观事""观治""观度""观义""观仁""观诫"，这"七观"在孔子后人看来应该是包含了"观"的全部内容了。其实，这"七观"也将社会政治、人事伦理、礼义法度几乎穷尽了，说明在古人眼里，诗教与诗歌在观察了解社会人事上的重要作用。《周易》观卦的《象传》对"观"卦的阐释,可看作是对"观"字意义理解的延伸。《观·象》曰:"风行地上,观。先王以省方观民设教。初六童观,小人之道也……观我生过退,未失道也;观国之光,尚宾也;观我生,观民也;观其生,志未平也。"这里说明《周易》观卦是对"观"的一种象征,观卦为坤下巽下,坤为地,巽为风,所以是"风行地上"是观的象征。先王"省方观民设教",了解民风而施行教化,其观,包括"观我生进退""观国之光",尤其是"观其生"。也就是说,《周易·易传》对"观"的理解,包括对人民生活状况与国家政治得失,特别是民情风俗与政治状态的观察。

所谓"群",孔安国释为"群居相切磋"。《汉书·艺文志》云:"古者诸侯卿大夫交接邻国,以微言相感,当揖让之时,必称诗以言其志,盖以别贤不肖而观盛衰焉。"可见,所谓"群"就是借诗以沟通上下,达到相互了解、和谐相处之意。《论语·学而》所记孔子与子贡的对话,就是对诗可以"群"的阐释。"子贡曰:'贫而无谄,富而无骄,何如?'子曰:'可也。未若贫而乐,富而好礼者也。'子贡曰:'《诗》云:如切如磋,如琢如磨。其斯之谓与?'子曰:'赐也,始可与言诗已矣! 告诸往而知来者。'"在这里,子贡以《诗经·淇澳》之"如切如磋,如琢如磨"来比喻他们师生间的相互沟通与理解,得到孔子的高度肯定。

所谓"怨",孔安国曰"怨刺上政"。这就与诗"六义"之"风"的意义有接近之处。《诗大序》言:"上以风化下,下以风刺上。主文而谲谏。言之者无罪,闻之者足以戒,故曰风。至于王道哀,礼义废,政教失,国异政,家殊俗,而变风变雅作矣。国史明乎得失之迹,伤人伦之废,哀刑政之苛,吟咏情性,以风其上,达于事变而怀其旧俗者也。故变风发乎情,止乎礼义。发乎情,民之性也;止乎礼义,先王之泽也。"可见,"怨"与"下以风刺上"相近,而其原则是"主文而谲谏""发于情,止乎礼义",还是力主一种"过犹不及"的"中庸之道"。

3."诗教"对作品的要求——"文质彬彬"。

关于"诗教"对于文艺作品的要求,以孔子为代表的儒家学派有着较为明确的论述,最有代表性的是孔子关于文与质的关系的论述:"质胜文则野,文胜质则史。文质彬彬,然后君子。"(《论语·雍也》)这就告诉我们,"质胜文"就会流于粗野,"文胜质"又会变得浮华无实。只有做到文与质的恰当融合,才是一个真正的君子。这里明确讲的是君子的人格修养,但显然是在礼乐教化与乐教诗教的视野中来论述的,所以仍然与"诗教"密切相关,可以理解为"诗教"所要求的作品到底是怎样的。这个作品既可以指君子(人)的培养,也可以延伸到对用于教化的文学作品的要求。其中的关键是"文质彬彬",朱熹《论语集注》释"彬彬"为"物相杂而适均之貌",也就是说,要求文与质相融合,达到适度均衡的程度。这当然还是一种"过犹不及"的"中庸"观念。当然,相对而言,孔子对"质"的方面似乎更加重视,所以提出"绘事后素"(《论语·八佾》),强调了质地纯洁的素色成为绘画的基础。孔子的弟子子贡也说过"文犹质也,质犹文也。虎豹之鞟,犹犬羊之鞟"(《论语·颜渊》),对文质关系加以进一步的强调。将这种文质关系的理论用于诗歌作品的文与质,孔子与儒家学派当然同样强调两者的"中和",所谓"君子博学于文,约之以礼,亦可以弗畔矣夫"(《论语·雍也》)。但相比之下,更加强调了"质"即"意"。孔子说,"有德者必有言,有言者不必有德"(《论语·宪问》),在德与言的关系中强调了德的重要性。《周易·乾文言》中则记载了孔子说"修辞立其诚"。对于"文质彬彬"的理解,我们不太同意有些学者将之完全归结为内容与形式关系的观点。这还是以西方"形式与内容"二分对立的观点来硬套中国古代传统智慧。中国古代并不存在西方那样形式与内容二分对立的理论，始终论述的是作为整体的鲜活的个人或者作品中文与质的关系，有的人更多文采，有的人则更加质朴，儒家的理想状态是"文质彬彬""文质均衡"，如此而已。

4．"诗教"对作品接受的要求——"赋诗断章"与"以意逆志"。

先秦儒家的"诗教"在关于作品接受的看法上，有两个相反相成的方面。一个就是所谓"赋诗断章"（《左传·襄公二十八年》）。这是由当时"诗教"的普及与"诗教"的兴观群怨功能决定的。先秦时期，"诗教"成为统治阶层具有普遍性的一种教育，当时的贵族知识分子对运用于"诗教"的诗歌普遍比较熟悉，并有大体相近的了解。"各诸侯国流传的《诗》的文本基本相同，而人们对其意蕴的阐释也较为相近，至少相去不甚远。"①同时，由于"诗教"的兴观群怨功能，早已超越了诗歌作为文学作品单一的审美教育功能，而是包含了政治社会交往等各个方面，这必然造成了在诗歌接受上某种程度的"赋诗断章"的情形。与此相应，还有一个十分重要的接受原则，即孟子提出的"以意逆志"。《孟子·万章上》记载孟子与弟子咸丘蒙的一段谈话，咸丘蒙根据《诗经·小雅·北山》"普天之下，莫非王土"等观念，提出大舜为帝是否应该以其父瞽瞍为臣子的问题。孟子则指出，《北山》诗的要旨在"王事靡盬，忧我父母"，"是诗也，非是之谓也，劳于王事而不得养父母也。曰：'此莫非王事，我独贤劳也。'故说诗者，不以文害辞，不以辞害

---

① 许志刚：《诗经论略》，辽宁大学出版社 2000 年版，第 326 页。

声。以意逆志，是为得之"。孟子在这里明确提出"以意逆志"的解诗方法。当然，一般的理解是以解诗者的己意来迎求作者之志。这个作者之志还是有一定的客观性的，犹如《小雅·北山》的主旨在"王事靡盐，忧我父母"一样，因此，不能妄加推断。这正是对"赋诗断章"的一种补充。

由上述可知：第一，中国古代的"礼乐教化""乐教""诗教"从内容上来说与古希腊"城邦保卫者"的"艺术教育"与"心灵教育"有着较大的区别。它已经在很大程度上越出了艺术教育的范围，是一种以古代"诗""乐""舞"等艺术为依托的社会文化传统与政治文化制度。"礼乐教化"观念在中国古代社会的政治经济、文化生活以及行政机构设置中均占有核心地位，"兴观群怨"也与社会政治紧密联系。第二，中国古代特有的"中和美"是"礼乐教化"与"乐教""诗教"的共同核心。无论是"礼乐教化"的"和邦国，谐万民，安宾客，说远人""乐教"的"广博易良"与"诗教"的"温柔敦厚"等均有天人与社会相谐相和之意，不同于西方古代的"和谐"之美。第三，"礼乐教化"与"乐教"中均包含中国特有的"赋诗断章"与"以意逆志"的古典阐释学精神，不同于西方古典的现实主义与浪漫主义。

第十二讲　中国现代美育的奠基者:蔡元培与王国维

20 世纪以来,特别是 1911 年辛亥革命和 1919 年五四运动以来,我国结束了封建帝制,开始了现代社会的进程。同时,也揭开了我国现代美育发展的新的一页,其奠基者即为蔡元培与王国维。

一、蔡元培对中国现代美育的奠基性贡献

蔡元培(1868—1940),字鹤卿,先号民友,后改孑民,浙江绍兴人,伟大的爱国主义教育家,中国现代学术与教育的奠基者。从小接受封建主义教育,走科举道路,25 岁进士及第,27 岁经教馆考试授翰林院编修。康梁维新宣告流产后,蔡元培认识到清政府的腐败与不可救药,于是毅然挂冠南下,开始了他的"教育救国"之路,先后在浙江等地兴办新学。1907 年,在将近 40 岁时到德国留学,对美学发生浓厚兴趣,受到康德思想的极大影响。1911 年辛亥革命后,回国参加革命政治活动。1912 年民国临时政府成立,受任教育总长。后因不满袁世凯的专制独裁,毅然辞

职，赴德、法等国留学。1916 年回国，1917 年 1 月就任北京大学校长，在整饬校风、建立新的教育体制方面成绩卓著。此后担任过一系列党政要职，从 1929 年开始辞去其他职务，只任中央研究院院长，直至逝世。

蔡元培从 1912 年直至逝世，几十年始终大力倡导美育，发表了大量的演讲与文章，并开展了一系列富有开创性的美育实施工作。由于具有很高的地位与崇高的威望，他对美学与美育的倡导与践行，在我国现代美学与美育的发展中起到了难以估计的奠基与推动作用。

蔡元培作为中国现代民主主义者，其世界观是由人道主义、进化论与教育救国论所构成的。首先，蔡氏极力倡导人道主义，这是由民主主义者反对封建专制的使命决定的。为此，他继承了中国古代的"仁爱"思想，如《礼记·礼运》篇所谓的"大道之行也，天下为公，……故外户而不闭，是谓大同"等等；更重要的是，借鉴吸收了西方资产阶级革命之"自由、平等、博爱"的口号与精神。他在《华法教育会之意趣》一文中指出："教育界之障碍既去，则所主张者，必为纯粹人道主义。法国自革命时代，即根本自由、平等、博爱三大义，以为道德教育之中心点，至于今且益益扩张其势力之范围。"①这种人道主义在当时列强进犯、国弱民穷的特定形势下又增加了救亡图存的特殊内容。诚如蔡氏所言，"然在我国则强邻交逼，亟图自卫，而历年丧失之国权，非凭借武力，势难恢复"②。可见，蔡氏对

①聂振斌选编：《中国现代美学名家文丛·蔡元培卷》，浙江大学出版社 2009 年版，第 55 页。
②聂振斌选编：《中国现代美学名家文丛·蔡元培卷》，浙江大学出版社 2009 年版，第 20 页。

教育与美育的倡导就是在救亡图存使命驱使下的一种极为重要的选择。蔡氏世界观的另一个极为重要的组成部分即当时极为盛行的"进化论"。这是针对封建社会占主导地位的"道不变,天亦不变"的道统观念,力倡以新代旧,推动社会的改革、前进与发展。蔡氏说道:"所谓人生者,始合于世界进化之公例,而有真正之价值。"又说:"然则进化史所以诏吾人者:人类之义务,为群伦不为小己,为将来不为现在,为精神之愉快而非为体魄之享受,固已彰明而较著矣。"①这说明蔡氏所倡之"进化论"已经包含群体主义、理想主义与对物质主义的超越等积极而进步的内容。蔡氏的这种在当时具有积极意义的人道主义与进化论思想落实在他的实际行动上,就是对"教育救国"道路的选择与持守。在各项社会事业中,蔡氏将教育放到了首位,他说:"盖尝思人类事业,最普遍、最悠久者,莫过于教育。"②在他看来,教育的重要不仅在于完全人格之培养,还在于教育的发展必然是对封建的君主专制与教育体制的冲决,因此,教育的发展是与革命相伴的。他说,教育的发展"其障碍有二:一曰君主,二曰教会。二者各以其本国、本教之人为奴隶,而以他国、他教之人为仇敌者也。其所主张之教育,乌得不互相歧异"③。而法国资产阶级革命成功,共和确立,才使教育界一洗君政之遗毒,一扫教会之霉菌。当然,教育的价值与作用最后还是落实到人的培养与民众素质的提高。蔡氏在《何谓

---

① 聂振斌选编:《中国现代美学名家文丛·蔡元培卷》,浙江大学出版社 2009
　年版,第 5 页。
② 聂振斌选编:《中国现代美学名家文丛·蔡元培卷》,浙江大学出版社 2009
　年版,第 55 页。
③ 聂振斌选编:《中国现代美学名家文丛·蔡元培卷》,浙江大学出版社 2009
　年版,第 55 页。

文化》一文中将"文化"的外延延伸到卫生、经济、政治、道德等各个方面,最后则归结到"教育的普及"。他说,"上列各方面文化,要他实行,非有大多数人了解不可,便是要从普及教育入手";又说:"凡一种社会,必先有良好的小部分,然后能集成良好的大团体。所以要有良好的社会,必先有良好的个人,要有良好的个人,就要先有良好的教育。"①这恰是蔡元培毕生重视教育、重视美育的最重要原因。甚至,他的临终遗言也是科学救国与教育救国。

对于蔡元培在我国教育领域的贡献,美国现代著名哲学家杜威曾有一段话:"世界各国大学校长来比较一下,牛津、剑桥、巴黎、柏林、哈佛、哥伦比亚等等,这些校长,在某些学科上有卓越贡献的,固不乏其人;但是,以一个校长身份,而能领导那所大学对一个民族,一个时代起到转折作用的,除了蔡元培而外,恐怕找不出第二个。"②将蔡元培视为对一个民族、一个时代起到转折作用的大教育家是恰如其分的。他对美育的倡导、研究与践行就是重要表现之一,不仅顺应了时代与社会的要求,而且也对时代与社会的前进起到了推动的作用,同时也进一步彰显出美育事业在时代与社会发展中的重要地位。

蔡元培作为我国现代美育事业的开创者与奠基者,对我国现代美育事业的贡献是全方位的,择其要者可归纳为四个方面。

第一,首次将美育列入国民教育方针。

在研究蔡元培对我国现代美育的贡献时,我个人认为,应该

①聂振斌选编:《中国现代美学名家文丛·蔡元培卷》,浙江大学出版社2009年版,第64页。
②转引自冯友兰:《中国现代哲学史》,广东人民出版社1999年版,第58—59页。

将他把美育首次列入国民教育方针一事放在首位。这是我国教育由古代的封建教育进入现代教育的重要标志。因为在封建时代"存天理,灭人欲"的特殊语境中,绝对不会对以开发审美情感为其指归的美育给予重视,只有在以人道主义为旗帜的现代社会,真正的美育才会受到重视并被提到应有的地位。同时,历史事实也告诉我们,美育作为社会教育的组成部分,只有列入国家教育方针,成为国家意识,才能够得到真正的推行与实施。因而,蔡元培将美育列入国家教育方针意义不同一般,直至今天仍有其重要价值,说明对美育的重视在某种意义上是新旧教育的分水岭,也说明美育实施的根本之途是使其进入教育方针从而成为国家意识。

　　历史的前进给了蔡元培这样的机遇。1911 年,辛亥革命成功,一举推翻封建帝制,实行共和,成立国民政府,蔡元培就任教育总长。1912 年,他就对旧的封建时代的"教育宗旨"进行了根本性的修正。他于 1912 年发表在我国现代教育史上具有里程碑意义的《对于新教育之意见》一文,该文的主旨就是他作为教育总长对于教育方针的阐述。他说:"顾关于教育方针者殊寡,辄先述鄙见以为嚆引,幸海内教育家是正之。"[1]他明确地将这一教育方针概括为军国民主义、实利主义、德育主义、世界观、美育主义五者。在这里,所谓"军国民主义"即为体育,"实利主义"即为智育,"德育主义"即为德育,"美育主义"即为美育,再加上世界观教育。这就是"五育"的新国民教育方针。

　　这样的新教育方针是对清政府所谓"钦定"的教育宗旨加以

---

[1]聂振斌选编:《中国现代美学名家文丛·蔡元培卷》,浙江大学出版社 2009 年版,第 20 页。

批判与改造的结果。蔡氏指出:"满清时代,有所谓钦定教育宗旨者,曰忠君、曰尊孔、曰尚公、曰尚武、曰尚实。忠君与共和政体不合,尊孔与信教自由相违……尚武即军国民主义也。尚实,即实利主义也。尚公,与吾所谓公民道德,其范围或不免有广狭之异,而要为同意。惟世界观及美育,则为彼所不道,而鄙人尤所注重……"①这当然不是简单地置换而是根本的改造,是由封建专制时代的所谓"教育宗旨"到民主共和时代国民教育方针的根本转变。前者是以封建专制政府的标准为出发点,而后者则以人民的要求为标准。诚如蔡氏自己所言:"教育有二大别:曰隶属于政治者,曰超轶乎政治者。专制时代(兼立宪而含专制性质者言之),教育家循政府之方针以标准教育,常为纯粹之隶属政治者。共和时代,教育家得立于人民之地位以定标准,乃得有超轶政治之教育。"②他认为,他所增加的"世界观、美育主义二者,为超轶政治之教育"③,实是共和时代的产物。

同时,蔡元培还在此文中对德、智、体、美与世界观"五育"的性质进行了认真的界定,当然也涉及对美育性质的界定,加深了人们对美育重要性的认识,提高了人们实施美育的自觉性。从历史继承的角度,他认为,从中国古代来说,美育与虞之时夔"典乐"而"教胄子",以及以"九德"及"六艺"之教育紧密相关;从西方古代来说,则与古希腊之美术教育密切相关。

---

① 聂振斌选编:《中国现代美学名家文丛·蔡元培卷》,浙江大学出版社 2009年版,第 24 页。
② 聂振斌选编:《中国现代美学名家文丛·蔡元培卷》,浙江大学出版社 2009年版,第 20 页。
③ 聂振斌选编:《中国现代美学名家文丛·蔡元培卷》,浙江大学出版社 2009年版,第 23 页。

关于美育的性质,蔡氏从多个学科的角度加以论述。从心理学的角度,他认为"美育毗于情感"①,也就是把美育定位于"情感教育",从而为美育划出了特定的、不可取代的领域。从教育学的角度,他认为,"公民道德及美育皆毗于德育"②。我想,这里蔡氏是从人格培养的角度来讲的,并不等于他认为德育可取代美育。因为,他在 1920 年《普通教育和就业教育》的演说中力主把美育从德育中"分出来"③。蔡氏还在此文中将包括美育在内的"五育"与各种课程的对应关系作了阐释,十分有利于美育的实施。

蔡元培于 1912 年 7 月为反对袁世凯的独裁专制而采取了"不合作主义",辞职退出内阁,是年冬再度赴德国留学。随着蔡元培的去职,美育也在 1912 年 7 月 12 日召开的"临时教育会议"上被"删除"。鲁迅对此在日记中忿然写道:"闻临时教育会议,竟删美育,此种豚犬,可怜可怜。"尽管如此,美育被列入国民教育方针仍然是一件具有历史意义与现实意义的重大事件。蔡元培重视美育,推进中国教育现代化的巨大贡献将永远记录在中国现代教育史上。

第二,倡导著名的"以美育代宗教"说。

"以美育代宗教"是蔡元培终身力倡的一个重要美育命题,也是引起重要反响与争议的一个命题。早在 1912 年,他就任教育总长发表《对于新教育之意见》时,就对"厌世派之宗教哲学"表示

①聂振斌选编:《中国现代美学名家文丛·蔡元培卷》,浙江大学出版社 2009 年版,第 23 页。

②聂振斌选编:《中国现代美学名家文丛·蔡元培卷》,浙江大学出版社 2009 年版,第 23 页。

③聂振斌选编:《中国现代美学名家文丛·蔡元培卷》,浙江大学出版社 2009 年版,第 70 页。

"以为不然"。此后,又在不同时期连续三次发表几乎是同题的
"以美育代宗教"的演说与文章。直至其晚年的 1938 年,还在
《"居友学说评论"序》中重提二十年前所发表的"以美育代宗教"
的主张,并称"本欲专著一书,证成此议",同时列出了所预拟的五
项条目。① 按照马克思主义历史唯物论的方法,研究一种理论观
点应将其放到一定的历史背景之下,审察其产生的原因,从而探
索其价值作用。历史告诉我们,蔡氏力倡"以美育代宗教"是在反
帝反封建的民主主义革命背景之下,并与其所坚持的科学与民主
这两大旗帜密切相关的。1917 年,蔡氏在北京神州学会演说,第
一次明确提出"以美育代宗教说",并明确指出了提出这一命题的
针对性。他说:"此则由于留学外国之学生,见彼国社会之进化,
而误听教士之言,一切归功于宗教,遂欲以基督教劝导国人。而
一部分之沿习旧思想者,则承前说而稍变之,以孔子为我国之基
督,遂欲组织孔教,奔走呼号,视为今日重要问题。"② 蔡元培作为
民主主义革命家,敏锐地观察到在那个民族救亡的时代里竟然出
现"以基督教劝导国人"与"遂欲组织孔教"等逆历史潮流而动的
文化现象。众所周知,在那个特殊的年代里,这并非简单的宗教
现象,而是与文化政治息息相关。西方基督教的移入往往与列强
的文化侵略相关,而孔教的组织则意味着封建势力的固守与复
辟。因此,蔡氏认真地面对之,明确地意识到要倡导民主(德先
生)和科学(赛先生)就必须反对孔教与其他一切宗教。所以,蔡

①聂振斌选编:《中国现代美学名家文丛·蔡元培卷》,浙江大学出版社 2009
　年版,第 16 页。
②聂振斌选编:《中国现代美学名家文丛·蔡元培卷》,浙江大学出版社 2009
　年版,第 93 页。

氏是以民主与科学为武器来力倡"以美育代宗教说"的。他所列的宗教的第一个罪状就是反对自由民主，他说，"宗教家恒各以其习惯为神律，党同伐异，甚至为炮烙之刑，启神圣之战，大背其爱人如己之教义而不顾，于是宗教之信用，以渐减损，而思想之自由，又非复旧日宗教之所能遏抑，而反对宗教之端启矣"；而宗教的第二个罪状就是反对科学，诚如蔡氏所言："及自然科学以渐发展，则凡宗教中假定之理论，关于自然界者，悉为之摧败，而一切可以割弃。"[①]那么，美育何以能够取代宗教呢？蔡氏是从历史发展的角度论证了宗教的衰败、各种功能的式微，以及美育的优长及其必取宗教而代之的趋势。首先是历史向我们呈现了宗教的衰败。他认为，原始时代人类处于未开化之时，知、情、意等精神领域均"依附"于宗教，但随着社会的进步、科学的昌明，知、情、意等均逐步脱离宗教，甚至为宗教所累，宗教呈衰败之势。蔡氏指出，"知识、意志两作用，既皆脱离宗教以外，于是宗教所最有密切关系者，惟有情感作用，即所谓美感"[②]；"然而美术之进化史，实亦有脱离宗教之趋势……于是以美育论，已有与宗教分合之两派。以此两派相较，美育之附丽于宗教者，常受宗教之累，失其陶养之作用，而转以激刺感情。盖无论何等宗教，无不有扩张己教、攻击异教之条件……甚至为护法起见，不惜于共和时代，附和帝制"[③]。蔡氏深刻地揭示了那个特定的时代宗教无可遏止的衰败

①聂振斌选编：《中国现代美学名家文丛·蔡元培卷》，浙江大学出版社2009年版，第10—11、11页。

②聂振斌选编：《中国现代美学名家文丛·蔡元培卷》，浙江大学出版社2009年版，第94页。

③聂振斌选编：《中国现代美学名家文丛·蔡元培卷》，浙江大学出版社2009年版，第94—95页。

历程，以及个别人士"附和帝制"的逆行，甚至与宗教关系密切的美育领域也逐步走上与宗教"两分"之路。由此说明，宗教的衰败与弊端决定了它不可能代替美育。

相反，美育的优长之处却使其可以代替宗教。蔡氏认为，美育以其特具的普遍性与超越性之优长得以摆脱宗教的利己损人的自私性与人我之见的狭隘性。他说："鉴激刺感情之弊，而专尚陶养感情之术，则莫如舍宗教而易以纯粹之美育。纯粹之美育，所以陶养吾人之感情，使有高尚纯洁之习惯，而使人我之见、利己损人之思念，以渐消沮者也。盖以美为普遍性，决无人我差别之见能参入其中。"①

为了从历史的发展中论述"以美育代宗教"的必然趋势，蔡元培更为明确地将两者作比较而予以论证：

一、美育是自由的，而宗教是强制的；

二、美育是进步的，而宗教是保守的；

三、美育是普及的，而宗教是有界的。②

最后，蔡元培的结论是："总之，宗教可以没有，美术可以辅宗教之不足，并且只有长处而没有短处，这是我个人的见解。"③

从蔡元培1917年提出"以美育代宗教说"，至今九十多年的时间过去了。九十多年来，围绕这一课题的争议从未止歇。多数论者认为，"以美育代宗教说"充分体现了蔡元培的思想进步性，

①聂振斌选编：《中国现代美学名家文丛·蔡元培卷》，浙江大学出版社2009年版，第95页。

②聂振斌选编：《中国现代美学名家文丛·蔡元培卷》，浙江大学出版社2009年版，第109页。

③聂振斌选编：《中国现代美学名家文丛·蔡元培卷》，浙江大学出版社2009年版，第124页。

体现了他倡导科学与民主,追求精神自由和幸福的良好愿望,对其理论的先进性与思想的进步性应给予充分肯定和高度评价。但也有少数学者认为,"以美育代宗教说"是百年中国美学的迷途,是以自然形态的审美取代神性形态的审美。对于这样的争论,我们认为,还是前面说到的,应该按照历史唯物论的观点,将"以美育代宗教说"放到其提出的历史背景中审视得失。从这样的角度来看,那就要首先肯定这一理论观点反映时代与历史发展趋势的进步性。因为,"以美育代宗教说"的提出正值20世纪初期中华民族反帝反封建的历史大潮中,救亡图存即是那个时代的主题。"以美育代宗教说"集中体现了反封建的民主革命精神、反侵略的民族自救精神与反迷信的科学精神。因此,从这个意义上说,它是民主主义革命精神的体现,是蔡元培对中国民主主义文化建设的重要贡献。而这一理论所体现的民主精神与科学精神,在当代仍有其价值。还有一点需要指出的是,有的学者认为,蔡元培的"以美育代宗教说"反映了中国传统审美文化的精神。因为,这些学者认为中国是一个没有单一宗教信仰的国家,而中国传统文化,特别是儒家的审美文化中所强调的"礼乐教化""天地境界"就包含着信仰的维度,可以在这个意义上"以美育代宗教"。李泽厚最近指出,"这正是从孔老夫子到蔡元培、王国维、鲁迅提倡的'以美育代宗教'……但既然总有些人不信,不去跪拜'上帝''鬼神',在心理需求上,'天地境界'的情感心态也就可以是这种准宗教性的'悦志悦神'。这也是对天地神明的宗教性的感受和敬畏。审美在这里完全不是感官的快适愉悦";① 又说,所以,"'以美育代宗教'在宗教社会学的某种意义上,也可以说是儒学

---

① 李泽厚:《人类学历史本体论》,青岛出版社2016年版,第578—579页。

代宗教。虽然儒学或'以美育代宗教'仍然容许人们去信奉别的宗教，因为它始终没有'上天堂'的永生门票"①。对于这一点，蔡元培没有特别明确地指出，但却提出了"师法孔子"的问题。他在《孔子之精神生活》一文中论述了孔子精神生活的三个方面：智、仁、勇；两个特点：毫无宗教的迷信，利用美术的陶养。最后，蔡氏指出："孔子所处的环境与二千年后的今日，很有差别；我们不能说孔子的语言到今日还是句句有价值，也不敢说孔子的行为到今日还是样样可以做模范。但是抽象的提出他精神生活的概略，以智、仁、勇为范围，无宗教的迷信而有音乐的陶养，这是完全可以为师法的。"②蔡元培提出的"师法孔子"精神，李泽厚提出的以"中国儒家传统审美文化代宗教"命题，是非常重要的论题，还需要更加深入地研究和论证，深入发掘中国传统审美文化所包含的"天人之和"的美学精神，使之在当代得到进一步发扬。

　　当然，从学理的角度来看，蔡元培对宗教完全否定，特别是在《关于宗教问题的谈话》中否定宗教"永存的本性"，应该说是不全面的。马克思指出："宗教是那些还没有获得自己或是再度丧失了自己的人们的自我意识和自我感觉。"③也就是说，马克思认为，宗教是尚没有掌握自己命运的人的自我意识。从这个角度说，人类不断地为掌握自己的命运而努力，但却永远不可能完全掌握自己的命运。正是从这个意义上说，宗教与人

---

① 李泽厚：《人类学历史本体论》，青岛出版社 2016 年版，第 579 页。
② 聂振斌选编：《中国现代美学名家文丛·蔡元培卷》，浙江大学出版社 2009 年版，第 128 页。
③ 《马克思恩格斯选集》第 1 卷，人民出版社 1972 年版，第 1 页。

的信仰维度是永远不可能消亡的,而宗教所包含的超越意识和终极关怀在人类的前行中也还是有其价值的。20 世纪 60 年代以来,"神学美学"的逐渐勃兴,也凸现了审美的神性维度的特有价值。正是从以上的视角来看,蔡氏的"以美育代宗教说"在学理上还是有其片面性的。但瑕不掩瑜,其积极的进步意义还是主要的。

第三,全面地论述了美育的内涵,为中国现代美育的学科建设奠定了坚实的基础。

蔡元培全面地论述了美育的内涵,包括美育的作用、性质、特点、目的与研究方法等。这些论述从目前看是以介绍西方理论,特别是康德美学理论为主,蔡氏本人的创见不多,而且有些表述还欠周延,但放到我国 20 世纪初期的语境中就可以看到这实际上是现代形态的美学与美育学科构建的起始,其作用还是相当巨大的。蔡氏在 1912 年的《对于新教育之意见》一文中不仅首次将美育列入国民教育方针,而且对美育的内涵与作用也主要借助康德的美学理论作了论述。他认为,世界观教育还没有解决现象界与实体界之联系,只有美育能够成为沟通两者的"津梁"。他说:"然则何道之由? 曰由美感之教育。美感者,合美丽与尊严而言之,介乎现象世界与实体世界之间,而为津梁。此为康德所创造,而嗣后哲学家未有反对之者也。"①他认为,美感既能在现象世界产生喜怒哀乐之情,但又并不执著而可脱离(保持距离),并因而与造物为友,而接触于实体世界。"故教育家欲由现象世界而引以到达于实体世界之

---

① 聂振斌选编:《中国现代美学名家文丛·蔡元培卷》,浙江大学出版社 2009
　年版,第 23 页。

观念,不可不用美感之教育。"①这实际上为美感乃至美育划定了介于现象与实体、知与意、真与善之间的特有的情感领域,从而借助于康德的这种二元论哲学论证了美育的独特性与不可取代性,为美育作为独立的一翼在教育中的独特地位,及其在国民教育方针中的地位奠定了理论的基础,也使这一"津梁"之说成为蔡氏美育理论的哲学前提与基础。

正是在这一"津梁"之说的基础上,蔡氏才展开了他有关美育性质、特点与目的的论述。蔡氏于1930年专为《教育大辞书》撰写了"美育"条目,该条目全面地论述了美育的性质、历史与实施。他说:"美育者,应用美学之理论于教育,以陶养感情为目的者也。"②此论的贡献在于明确地确定了美育的"情育论"性质,而其局限在于仅仅将美育看成美学理论之应用,在一定的程度上将美育与美学对立并隔离了起来。实际上,从今天的视角来看,作为人生教育的美学就是广义的美育。当然,蔡氏有关美育之"情育论"的观念是借鉴了康德与席勒的美学理论,但在当时处于反封建资产阶级民主革命阶段的中国,对个人感情的倡导是亘古未有的,是一种对封建礼教的反叛。而从学理上来看,"情育论"也为"美育"学科的建设奠定了基础。正是在"津梁说"与"情育论"的基础上,蔡氏才论述了美感与美育特有的"普遍性"与"超越性"的特点。1921年,蔡氏在为北大学生所写《美学讲稿》中专门介绍了康德有关美的普遍性与超脱性的理论。他

①聂振斌选编:《中国现代美学名家文丛·蔡元培卷》,浙江大学出版社2009年版,第23页。
②聂振斌选编:《中国现代美学名家文丛·蔡元培卷》,浙江大学出版社2009年版,第104页。

说:"康德对于美的定义,第一是普遍性。……而美的快感,专起于形式的观照,常认为普遍的。第二是超脱性。……而美的快感,却毫无利益的关系。"①正因为美感与美育的普遍性与超脱性特点,所以才具有巨大的作用,并得以代替宗教。对于美育的这一特点,蔡氏在其晚年叙述自己在教育界的经历时又一次给予强调。他说,46 岁(民国元年),他任教育总长,发表《对于教育方针之意见》,"提出美育,因为美感是普遍性,可以破人我彼此的偏见;美感是超越性,可以破生死利害的顾忌,在教育上应特别注重"②。在此基础上,蔡氏还进一步论述了美育的目的。按我的理解,他是从长远目的与近期目的两个层面来论述的。从长远目的来说,蔡氏认为,美育是一种健康人格的培养。他在《创办国立艺术大学之提案》中讲到:"美育之目的,在陶冶活泼敏锐之性灵,养成高尚纯洁之人格。"③这一关于美育之长远目的的论述,既是对康德与席勒美学"人学理论"的继承借鉴,同时又适应了中国现代民主主义革命重视新人培养的宗旨。梁启超著名的"新民说"即为一例。关于美育的近期目的,1937 年抗日战争爆发后,蔡氏认为,美育乃"抗战时期之必需品"④。他认为,抗战时期最需要的,是人人有宁静的头脑,又有坚强的意志,而养成这种精神"固

① 聂振斌选编:《中国现代美学名家文丛·蔡元培卷》,浙江大学出版社 2009 年版,第 134 页。
② 聂振斌选编:《中国现代美学名家文丛·蔡元培卷》,浙江大学出版社 2009 年版,第 263 页。
③ 聂振斌选编:《中国现代美学名家文丛·蔡元培卷》,浙江大学出版社 2009 年版,第 217 页。
④ 聂振斌选编:《中国现代美学名家文丛·蔡元培卷》,浙江大学出版社 2009 年版,第 129 页。

然有特殊的机关，从事训练；而鄙人以为推广美育，也是养成这种精神之一法"①。具体言之，他认为，优雅之美可培养从容恬淡、超利害计较之情，从而抵御任何卑劣的诱惑；崇高之美可培养伟大坚强之情，从而抵御任何的威逼与胁迫；而美感的"感情移入"又可培养一种"同情"之心，促进全民抗战时期的互相爱护与互相扶助。将美育与全民抗战如此紧密地联系起来，进一步彰显了蔡元培的爱国主义情怀，同时也说明在中国救亡与启蒙所具有的某种相关性。关于美学与美育的研究方法，蔡氏在1921年所写《美学讲稿》与《美学通论》中列有专论，主张归纳与演绎的统一。他在介绍了冯特的实验心理学的美学研究方法之后说道："然问题复杂，欲凭业经实验的条件而建设归纳法的美，时期尚早。所以现在治美学的，尚不能脱离哲学的范围。"②同时，他也力主从鉴赏接受与创作相结合的视角研究美学与美育。

　　第四，在美育的实施上进行了卓有成就的努力与示范，对于我国现代美育发展起到巨大推进作用。

　　蔡元培在我国现代美育发展史上的贡献除了上述教育方针的确立与理论的建树以外，还需特别引起重视的，就是他在我国现代美育实施方面所作出的巨大贡献。首先需要说明的是，美育作为教育的组成部分是一种实践性很强的学科，决不能仅仅停留在理论的层面，必须付诸实践。同时需要特别强调的是，蔡元培在我国现代史上的重要地位与崇高威望，特别是他曾任教育总

---

① 聂振斌选编：《中国现代美学名家文丛·蔡元培卷》，浙江大学出版社 2009年版，第 129 页。
② 聂振斌选编：《中国现代美学名家文丛·蔡元培卷》，浙江大学出版社 2009年版，第 135 页。

长、北大校长的重要经历,使他对于美育的实施在我国美育发展史上具有示范的作用,留下一系列极为宝贵的遗产,起到了巨大的推动作用。蔡元培绝不仅仅是一位理论家,更是一位实践家。他在《何谓文化》一文中特别谈到了实践在建设中的重要作用:"以上将文化的内容,简单的说过了。尚有几句紧要的话,就是文化是要实现的,不是空口提倡的。"①

　　蔡元培在美育的实施上进行了不懈的努力,做了大量的工作。我们从宏观与微观两个方面加以介绍和论述。在宏观方面,他确立了家庭、学校、社会以及终生美育的框架。在家庭美育方面,蔡氏论述了建立胎教院、育婴院与幼稚园的问题;在学校美育方面,论述了开设有关课程科目,以及学校的建筑、陈列、展览、音乐会等实施美育的措施;在社会美育方面,论述了设立美术馆、展览会、音乐会、剧院、影戏馆、博物馆以及城乡美化等等问题;在终生美育方面,论述了"一直从未生以前,说到既死以后"的美育问题。以上所论,可谓翔实明确,更为重要的是在蔡氏的直接领导或参与策划推动下,成立了中国首个艺术院校与机构——他在担任中央大学院院长期间,在杭州成立了"西湖国立艺术院"。他又推动成立了国立美术学校,创立了首份音乐杂志,提交了《创办国立艺术大学之提案》,就任国立音乐院艺术社社长,主持编写了《中国新文学大系》,支持并参与了一系列艺术展等等。这些艺术机构几乎都是今天我国各个重要艺术院校的前身,这样的贡献简直可以彪炳于中国教育史册。从微观的方面看,蔡元培于1917—1923年任国立北京大学校长,力倡"思想自由、兼容并包"原则,励

---

① 聂振斌选编:《中国现代美学名家文丛·蔡元培卷》,浙江大学出版社2009年版,第66页。

精图治，坚持革新，使北京大学成为 20 世纪初期中国高校的典范。其在北大大力实施美育，亲力亲为，开设美学与美育课程，成立各种课外美育组织，举办各种课外美育活动，投资建设各种美育设施，在美育的发展建设上为后世树立了榜样，积累了经验。他在 1934 年所写的《我在北京大学的经历》一文中说："我本来很注意于美育的，北大有美学及美术史教课，除中国美术史由叶浩吾君讲授外，没有人肯讲美学。十年，我讲了十余次，因足疾进医院停止。至于美育的设备，曾设书法研究会，请沈尹默、马叔平诸君主持。设画法研究会，请贺履之、汤定之诸君教授国画；比国楷次君教授油画。设音乐研究会，请萧友梅君主持。均由学生自由选习。"①在此思想指导下，蔡氏在北京成立了画法研究会、书法研究会、音乐研究会等课外美育活动组织，亲自为其确定宗旨、聘请导师、选定地点、参加开办与结业仪式等，成绩斐然。他在《北大画法研究会旨趣书》中指出："科学、美术，同为新教育之要纲，而大学设科，偏重学理，势不能编入具体之技术，以侵专门美术学校之范围。然使性之所近，而无实际练习之机会，则甚违提倡美育之本意。于是由教员与学生各以所嗜特别组织之，为文学会、音乐会、书法研究会等，既次第成立矣。"②又在《在北大音乐研究会演说词》中指出："吾国今日尚无音乐学校，即吾校尚未能设正式之音乐科。然赖有学生之自动与导师之提倡，得以有此音乐研究会，未始非发展音乐之基础。所望在会诸君，知音乐为一种助

---

① 聂振斌选编：《中国现代美学名家文丛·蔡元培卷》，浙江大学出版社 2009 年版，第 260 页。

② 聂振斌选编：《中国现代美学名家文丛·蔡元培卷》，浙江大学出版社 2009 年版，第 201 页。

进文化之利器,共同研究至高尚之乐理,而养成创造新谱之人材,采西乐之特长,以补中乐之缺点,而使之以时进步,庶不负建设此会之初意也。"①这些已足见蔡元培在北大实行美育的勤奋艰苦而卓绝的努力。

总之,蔡元培不愧是中国现代美育的开创者与奠基者,他所留下的遗产滋润着我们,他所开创的事业激励着我们,鼓励我们沿着他的足迹继续前行,开创美育事业更加美好的明天。

二、王国维的"审美境界论" 美育思想

说到中国现代美育,目前有据可查的资料告诉我们,在中国现代历史上第一个倡导现代美育的是王国维。他于 1903 年在《教育世界》杂志上发表《论教育之宗旨》一文,首倡美育,并将其与智育、德育并列包含于"心育"之内,这就是著名的"心育论",开创了与中国传统"礼乐教化"相异、具有相对独立意义的现代美育的历史。王国维从中西交汇的视角对中国现代美育的内涵、作用、途径与目的等方面进行了全方位的富有成效的探索。如果说,在中国现代美育的开创之中,蔡元培以其特殊的政治社会地位在制度建设与学校实施方面作出了开创性贡献的话,那么王国维则更多地从学术层面,从美育学科的知识主体、独特内涵与方法等层面做出了独特的开创性贡献。他们二位各有侧重,相互辉映,成为中国现代美育史上的双子星座。

---

① 聂振斌选编:《中国现代美学名家文丛·蔡元培卷》,浙江大学出版社 2009 年版,第 206 页。

　　王国维(1877—1927),中国现代著名史学家、哲学家、文字学家、美学家,字静安,又字伯隅,号观堂,浙江海宁人,出生于一个不太富裕的书香家庭。1892年15岁时考中秀才,1898年21岁时离开浙江到上海,经人介绍到康梁改良派创办的《时务报》任司书和校对,同时利用业余时间到罗振玉开办的"东文学社"学习哲学、文学、英语、日语等。1901年24岁时由罗振玉资助到日本留学,学习物理、数学等。1902年秋因病回国,相继在上海、南通、苏州等地从事教学工作。1907年30岁时随罗振玉进京任清朝学部总务司行走之职,后又改任学部所属京师图书馆编译。1912年辛亥革命后,清政府被推翻,王国维随罗振玉亡命日本五年,专治国学。1916年39岁时回国,在上海任编辑、大学教授。1923年46岁时,经人推荐任废帝溥仪的"南书房行走"。1925年48岁时应聘清华研究院教授。1927年6月2日自沉于颐和园昆明湖,终年50岁。

　　王国维的思想极为复杂,一方面作为清朝的"遗老",保留了残余的封建意识;一方面作为维新派,又接受了较多的资产阶级改良派思想。更重要的是,他作为学者,大量地接触了叔本华、康德、席勒与歌德等西方启蒙运动以来的资产阶级学术思想,对之深有研究,并大量地吸收到自己的学术之中。王国维的学术成就巨大,可称为中国现代学术的开创者之一。正如梁启超在《王静安先生墓前悼词》中所言,《观堂集林》"几乎篇篇都有新发明,只因他能用最科学而合理的方法,所以他的成就极大"①。这里所说的"最科学而合理的方法",就是王国维力倡的中西、古今会通的方法。他说:"今之言学者,有新旧之争,有中西之争,有有用之

――――――――――

① 梁启超:《王静安先生墓前悼辞》,转引自刘烜:《王国维评传》,百花洲文艺出版社2015年版,第299页。

学与无用之学之争。余正告天下曰：学无新旧也，无中西也，无有用无用也。"①王国维正以其中西、古今会通的视角与方法开创了中国现代美学与美育研究的新天地，成为中国现代美学与美育的重要奠基者之一。

（一）美育之内涵：心育论

1903 年，王国维在《教育世界》杂志发表《论教育之宗旨》一文，首倡著名的"心育论"，成为中国现代历史上第一位系统论述现代美育的学者，并对美育的目标、内涵、德智体美的关系等进行了初步的探索，构建了中国现代美育的框架。王氏首先明确提出了培养精神与身体以及知情意协调发展的"完全之人物"的"教育之宗旨"。他说："教育之宗旨何在？在使人为完全之人物而已。何谓完全之人物？谓人之能力无不发达且调和是也。人之能力分为内外二者：一曰身体之能力，一曰精神之能力。发达其身体而萎缩其精神，或发达其精神而罢敝其身体，皆非所谓完全者也。完全之人物，精神与身体必不可不为调和之发达。而精神之中又分为三部：知力、感情及意志是也。对此三者而有真善美之理想：真者知力之理想，美者感情之理想，善者意志之理想也。完全之人物，不可不备真美善之三德。欲达此理想，于是教育之事起。教育之事亦分为三部：智育、德育（即意育）、美育（即情育）是也。……完全之教育，不可不备此三者。"②这短短的关于教育宗旨的论述内涵极为丰富：第一，教育

---

① 聂振斌选编：《中国现代美学名家文丛·王国维卷》，浙江大学出版社 2009 年版，第 11 页。

② 聂振斌选编：《中国现代美学名家文丛·王国维卷》，浙江大学出版社 2009 年版，第 89 页。

的目标为培养"完全之人物";第二,"完全之人物"的含义是"精神与身体必不可不为调和之发达""不可不备真美善之德";第三,"美者感情之理想","美育"即"情育"。这就明确指出了美育为"完全之人物"培养的有机组成部分,是精神教育(即心育)不可或缺的方面,其具体内涵为情感之教育即情育。在这里,十分明确的是,王国维借鉴了康德有关人的精神"知情意"三分,以及审美为情感判断的观点,同时也借鉴了席勒有关美育即情育的观点,将中国的现代美育建立在西方启蒙主义理论基础之上,从而与中国现代文化建设"启蒙"的基本任务相吻合。将美育归结为情育,有学者认为缩小了美育的覆盖面。此论不能说没有道理,但针对旧的"礼乐教化""文以载道"理论,"情育论"对个体心灵的关注带有突破旧制、关注个人、解放人性的现代性色彩,而且大体揭示了现代美育的基本内涵,还是有其现实的价值与意义。何况,在另外的地方,王国维还是比较充分地注意到美育在情感教育之外的内涵的。他在1907年所写《论小说唱歌科之教材》一文中对设唱歌科之本意加以概括道:"(一)调和其感情,(二)陶冶其意志,(三)练习其聪明官及发声器是也。"①在调和感情之外,已充分注意到"陶冶其意志"与"练习其聪明官及发声器"的内涵了。就在《论教育之宗旨》一文中,王氏以表格的形式表述了美育之"心育论"内涵:

$$\text{教育之宗旨} \begin{cases} \text{体育} \\ \text{心育} \begin{cases} \text{知育} \\ \text{德育} \\ \text{美育} \end{cases} \end{cases} \text{完全之人物}$$

---

① 聂振斌选编:《中国现代美学名家文丛·王国维卷》,浙江大学出版社2009年版,第99页。

　　同时,他又进一步论述了"心育"中知(智)、德、美三育之间的关系。他说:"美育者,一面使人之感情发达,以达完美之域;一面又为德育与智育之手段。"①他在发表《教育之宗旨》的第二年,即1904年又发表《叔本华之哲学及其教育学说》一文,进一步论述了美育与德智二育之间的关系。他说:"教育者,非徒以书籍教之之谓,即非徒与以抽象的知识之谓。苟时时与以直观之机会,使之于美术、人生上得完全之知识,此亦属于教育之范围者也。……不知由教育之广义言之,则导人于直观而使之得道德之真知识,固亦教育上之事。"②这里所说的"直观"乃借用德国哲学家叔本华的理论,是一种面对理念的"审美观审",即为审美活动。叔本华认为,审美所面对的对象不是具有实在性的个别事物,而是意志直接客体化的理念,主体也处于纯粹而无意志的非欲求状态。这就是所谓审美的直观、审美的观审。诚如王国维所说:"美术上之所表者,则非概念,又非个象,而以个象代表其物之一种之全体,即上所谓实念者是也,故在在得直观之。如建筑、雕刻、图书、音乐等,皆呈于吾人之耳目者。唯诗歌(并戏剧小说言之)一道,虽藉概念之助以唤起吾人之直观,然其价值全存于其能直观与否。"③这里所说的"实念"即为"理念",由此说明审美活动(审美直观)在德育、智育乃至整个教育过程中均具有重要作用。

---

① 聂振斌选编:《中国现代美学名家文丛·王国维卷》,浙江大学出版社2009年版,第90页。

② 聂振斌选编:《中国现代美学名家文丛·王国维卷》,浙江大学出版社2009年版,第65页。

③ 聂振斌选编:《中国现代美学名家文丛·王国维卷》,浙江大学出版社2009年版,第64页。

（二）美育之作用：无用之用

王国维美育思想的重要组成部分之一，是充分地论述了美育的"无用之用"的特殊作用。19世纪与20世纪之交，军阀纷争、外敌入侵、国力衰微之时，某些人只重经济实用而轻视包括哲学、美学（美育）在内的人文学科，针对这种短视行为，王氏提出包括美育在内的人文学科"无用之用"的重要论断。他说："世之君子，可谓知有用之用，而不知无用之用者矣。"[①]王氏用了一句非常通俗的话形容之："美之性质，一言以蔽之，曰：可爱玩而不可利用者是已。"[②]当然，这里的"用"是加引号的短期之用，而从长远来看，美学与美育当然是有用的，这就是所谓的"无用之用"。

王氏从多个层面论述了美育等人文学科"无用之用"的特点，主要集中于1905年所写的《论哲学家与美术家之天职》一文中。王氏首先认为，哲学与美学等人文学科的根本价值在于对真理的揭示，这是万世之功绩，而非一时之功绩。他说："天下有最神圣、最尊贵而无与于当世之用者，哲学与美术是已。天下之人嚣然谓之曰无用，无损于哲学、美术之价值也。……夫哲学与美术之所志者，真理也。真理者，天下万世之真理，而非一时之真理也。其有发明此真理（哲学家）或以记号表之（美术）者，天下万世之功绩，而非一时之功绩也。"[③]在这里，王国维明确指出了包括美学

---

① 聂振斌选编：《中国现代美学名家文丛·王国维卷》，浙江大学出版社2009年版，第13页。

② 聂振斌选编：《中国现代美学名家文丛·王国维卷》，浙江大学出版社2009年版，第100页。

③ 聂振斌选编：《中国现代美学名家文丛·王国维卷》，浙江大学出版社2009年版，第3页。

与美育在内的人文学科的"最神圣、最尊贵"的地位,绝非所谓"无用";其原因在于,哲学与美学揭示了"万世之真理",所以具有"万世之功绩";哲学家是对真理的"发明",美术家则是以"记号"(符号)将真理发表之,因此,两者同样具有"万世之功绩"。当然,王氏以发明与发表作为哲学与美学的区别,可能过于简单,但将两者都与真理相联系却是非常正确并具当代意义的。王国维还进一步论述了哲学与美学作为"精神文明"建设"非千百年之培养与一二天才之出不及此,而言教育者,不为之谋,此又愚所大惑不解者也"。① 其认识之深,即使在当代仍发人深省。

　　王国维进而从人性角度论述了哲学与美学(包括美育)作为形而上的精神追求充分表现了人区别于动物只局限于形而下的"生活之欲"的人性之处。他说:"夫人之所以异于禽兽者,岂不以其有纯粹之知识与微妙之感情哉? 至于生活之欲,人与禽兽无以或异。"②他借用叔本华的话将人称为"形而上学的动物",其异于禽兽的最根本之点是具有超越物欲的形而上学的精神生活追求。他说:"哲学之所以有价值者,正以其超出乎利用之范围故也。且夫人类岂徒为利用而生活者哉? 人于生活之欲外,有知识焉,有感情焉。感情之最高之满足,必求之文学、美术;知识之最高之满足,必求诸哲学。叔本华所以称人为形而上学的动物,而有形而上学的需要者,为此故也。"③

---

① 聂振斌选编:《中国现代美学名家文丛·王国维卷》,浙江大学出版社 2009年版,第 78 页。
② 聂振斌选编:《中国现代美学名家文丛·王国维卷》,浙江大学出版社 2009年版,第 3 页。
③ 聂振斌选编:《中国现代美学名家文丛·王国维卷》,浙江大学出版社 2009年版,第 92 页。

　　王国维还从历史影响的角度论述了哲学与美学(包括美育)
等人文学科长存历史的"无用之用"的价值意义。他说:"至就其
功效之所及言之,则哲学家与美术家之事业,虽千载以下,四海以
外,苟其所发明之真理与其所表之之记号之尚存,则人类之知识
感情由此而得其满足慰藉者,曾无以异于昔;而政治家及实业家
之事业,其及于五世十世者希矣。此又久暂之别也。"①这正与美
学史家鲍桑葵关于伟大的艺术品随着时代的变迁而日益重要的
论断相一致。鲍氏在其著名的《美学史》中指出:"只有这些伟大
的美的艺术作品才是随着时代的变迁日益重要,而不是随着时代
的变迁日益不重要。"②

　　不仅如此,王国维还从审美与艺术特殊性的角度论述了美学艺
术与美育特有的感染陶冶人的作用,进一步阐明其"无用之用"。他
认为,哲学与美学"其所欲解释者,皆宇宙人生上根本之问题。不过
其解释之方法,一直观的,一思考的;一顿悟的,一合理的耳"③。方
法的不同,导致了两者作用的差异。王氏从优美、古雅(形式之美)
与宏壮三种不同的美学风格论述了美学与艺术对人的感染陶冶的
特点。他说:"优美之形式使人心和平,古雅之形式使人心休息,故
亦可谓之低度之优美。宏壮之形式常以不可抵抗之势力,唤起人钦
仰之情。"④这都是审美与艺术特有的作用的体现。

---

①聂振斌选编:《中国现代美学名家文丛·王国维卷》,浙江大学出版社 2009
　　年版,第 3 页。
②[英]鲍桑葵:《美学史》,张今译,商务印馆 1985 年版,第 6 页。
③聂振斌选编:《中国现代美学名家文丛·王国维卷》,浙江大学出版社 2009
　　年版,第 94 页。
④聂振斌选编:《中国现代美学名家文丛·王国维卷》,浙江大学出版社 2009
　　年版,第 103 页。

(三)美育之途径:艺术解脱说

王国维关于美育之途径"艺术解脱说"的论述,从总体来说,是对德国近代哲学家叔本华"意志论美学"的借鉴。首先是借鉴了叔本华有关"意志—欲望—痛苦"之说。叔本华将"意志"作为世界的本原,而意志即欲求,包含生存与繁衍两个方面的内涵,也就是生命意志。因现实无法满足人的欲求,所以产生对现实的不满与痛苦,所以意志的本质是痛苦,生存的本身就是不息的痛苦。王氏在自己的论著中多次阐述了这一理论,甚至转引了叔本华的原话。另外,就是借鉴了叔本华的"审美解脱说"理论。叔本华认为,对人类痛苦的解脱有两条途径:一个是永久解脱,即通过禁欲彻底摆脱痛苦;另一个是通过审美暂时解脱。审美之所以能起到暂时解脱的作用,原因在于审美在本质上是无利害无功利的。王氏用自己的语言转述了叔本华的观点:"美之为物,不关于吾人之利害者也。吾人观美时,亦不知有一己之利害。德意志之大哲人汗德,以美之快乐为不关利害之快乐(Disinteresed Pleasure)。至叔本华而分析观美之状态为二原质:(一)被视之对象,非特别之物,而此物之种类之形式;(二)观者之意识,非特别之我,而纯粹无欲之我也。"①正是通过这种纯形式的无欲望之审美才能使人解脱欲望与痛苦的束缚。王国维分层次论述了"与生相对待"的欲望之解脱、日常利害关系之解脱与毒品之解脱等等。

首先是"与生相对待"的欲望之解脱。王国维指出:"老子曰:

---

① 聂振斌选编:《中国现代美学名家文丛·王国维卷》,浙江大学出版社 2009 年版,第 104 页。

'人之大患，在我有身。'庄子曰：'大块载我以形，劳我以生。'忧患
与劳苦之与生相对待也久矣。"①忧患与劳苦是与生相伴的，这在
某种程度上是一种"原罪"，因此，也有学者将此称作"原罪解脱"。
当然，这与基督教的原罪解脱还是有所区别的。王氏以对我国古
典名著《红楼梦》的美学价值与伦理价值的阐发来论述这种"原罪
解脱"的过程。他认为，《红楼梦》的价值在于它是中国文学史上
十分罕见的"悲剧中之悲剧"，从而以其巨大的悲剧艺术力量起到
审美解脱的作用。他指出："《红楼梦》一书，与一切喜剧相反，彻
头彻尾之悲剧也。……又吾国之文学，以挟乐天的精神故，故往
往说诗歌的正义，善人必令其终，而恶人必离其罚，此亦吾国戏曲
小说之特质也。《红楼梦》则不然，赵姨、凤姐之死，非鬼神之罚，
彼良心自己之苦痛也。"②在这里，王国维批评了我国古代戏剧
"善有善报，恶有恶报"大团圆结局的所谓"诗歌的正义"，倡导了
以个人的"良心之苦痛"作为基础的悲剧之精神，由此进一步阐述
了《红楼梦》的悲剧特质。他借用叔本华的观点指出："悲剧之中，
又有三种之别：第一种之悲剧，由极恶之人，极其所有之能力，以
交构之者；第二种，由于盲目的运命者；第三种之悲剧，由于剧中
之人物之位置及关系而不得不然者，非必有蛇蝎之性质与意外之
变故也，但由普遍之人物，普通之境遇，逼之不得不如是，彼等明
知其害，交施之而交受之，各加以力而各不任其咎。此种悲剧，其
感人贤于前二者远甚。何则？彼示人生最大之不幸，非例外之

①聂振斌选编：《中国现代美学名家文丛·王国维卷》，浙江大学出版社 2009
年版，第 115 页。

②聂振斌选编：《中国现代美学名家文丛·王国维卷》，浙江大学出版社 2009
年版，第 122 页。

事,而人生之所固有故也。"①他认为,《红楼梦》就属于第三种悲剧,宝黛悲剧的创造者贾母、王夫人、凤姐均系宝黛亲人,她们致其婚姻失败乃至悲剧结局均非出于恶意之蛇蝎心肠,而是出于日常伦理道德之偏见,所谓"不过通常之道德,通常之人情,通常之境遇为之而已"②。王国维认为,这第三种悲剧之"通常性"才能对所有的普通人产生极其震撼的悲剧力量,从而使之经受精神的洗涤而得以解脱。他说:"但在第三种,则见此非常之势力,足以破坏人生之福祉者,无时而不可坠于吾前;且此等惨酷之行,不但时时可受诸已,而或可加诸人,躬丁其酷,而无不平之可鸣,此可谓天下之至惨也。"③王国维指出,《红楼梦》的悲剧的审美力量,还表现在对贾宝玉这一悲剧性格的特殊塑造。他说:"解脱之中,又自有二种之别:一存于观他人之苦痛,一存于觉自己之苦痛。……前者之解脱,如惜春、紫鹃;后者之解脱,如宝玉。前者之解脱,超自然的也,神明的也;后者之解脱,自然的也,人类的也。前者之解脱,宗教的也;后者之解脱,美术的也。前者平和的也;后者悲感的也,壮美的也,故文学的也,诗歌的也,小说的也。此《红楼梦》之主人公,所以非惜春、紫鹃,而为贾宝玉者也。"④这就说明,观他人之苦痛而选择解脱之路者,带有偶然性、平板性,缺乏深刻

---

① 聂振斌选编:《中国现代美学名家文丛·王国维卷》,浙江大学出版社 2009 年版,第 122—123 页。
② 聂振斌选编:《中国现代美学名家文丛·王国维卷》,浙江大学出版社 2009 年版,第 123 页。
③ 聂振斌选编:《中国现代美学名家文丛·王国维卷》,浙江大学出版社 2009 年版,第 123 页。
④ 聂振斌选编:《中国现代美学名家文丛·王国维卷》,浙江大学出版社 2009 年版,第 120—121 页。

的内涵和悲剧的力量，如惜春、紫鹃之选择出家。而觉自己之苦痛而选择解脱者，因其解脱建立在波澜起伏的苦痛经历之上，内容深刻，积淀深厚，蕴含巨大的悲剧力量和震撼人心的效果。如贾宝玉之备尝爱情之甜蜜与苦涩、得玉与失玉之迷茫、失婚与骗婚之痛苦、功名利禄之煎熬、家庭兴衰之变故……最后是中举而出家，只落得白茫茫一片大地真干净，可谓亲历人生百态、备尝人间痛苦，这样的悲剧效果其力量可谓巨大！王国维还从另一个层面揭示了了贾宝玉这一人物形象的悲剧力量。那就是将贾宝玉与歌德《浮士德》的主人公浮士德相比较。他说："且法斯德（浮士德）之苦痛，天才之苦痛；宝玉之苦痛，人人所有之苦痛也。其存于人之根柢者为独深，而其希救济也为尤切。"①正是因为贾宝玉的苦痛为人人所有之苦痛、为普通人之苦痛，所以愈发具有普遍意义，也愈发感人至深。

　　对于"原罪解脱"中《红楼梦》这样的伟大悲剧作品的作用，王国维最后加以总结道："夫如是，则《红楼梦》之以解脱为理想者，果可菲薄也欤？夫以人生忧患之如彼，而劳苦之如此，苟有血气者，未有不渴慕救济者也；不求之于实行，犹将求之于美术。独《红楼梦》者，同时与吾人以二者之救济。"②

　　其次是利害之解脱。所谓"利害"，与人之得失相关，而得失又与欲望相联系，所以，利害之解脱其实就是欲望之解脱。如果说欲望与生俱来，是"原罪"的话，那么利害则是原罪在日常生活

---

① 聂振斌选编：《中国现代美学名家文丛·王国维卷》，浙江大学出版社 2009 年版，第 121 页。

② 聂振斌选编：《中国现代美学名家文丛·王国维卷》，浙江大学出版社 2009 年版，第 128 页。

中的表现。王国维专门论述了通过审美与艺术对利害的解脱。他说:"目之所观,耳之所闻,手足所触,心之所思,无往而不与吾人之利害相关,终身仆仆,而不知所税驾者,天下皆是也。然则此利害之念,竟无时或息欤? 吾人于此桎梏之世界中,竟不获一时救济欤? 曰:有。唯美之为物,不与吾人之利害相关系,而吾人观美时,亦不知有一己之利害。何则? 美之对象,非特别之物,而此物之种类之形式,又观之我,非特别之我,而纯粹无欲之我也。"①在此,王氏讲了三层意思:第一,日常生活中无处无往而不与个人之利害相关,也就是"利害"无处不在;第二,利害是对人的一种"桎梏",也就是使人堕入苦痛之中,乃至难以驾驭自己的命运;第三,解脱之道在审美,因为美的事物是无内容之形式,而审美之我则为无欲之主体,使得审美可以超功利而无利害。显然,以上理论是借鉴了康德、叔本华的静观的无功利的审美观,其中的创新并不多。

　　最后是毒品之解脱。代表文章即王国维发表于 1906 年的著名的《去毒篇——鸦片烟之根本治疗法及将来教育上之注意》。这种鸦片毒品之解脱纯粹具有中国特色。众所周知,清后期外敌入侵,政治腐败,帝国主义列强侵略中国之一途就是大量输入鸦片,除意在牟利外还有毒害国民的恶毒意图存在,造成国贫民弱,后果十分严重,因而爆发了鸦片战争。王国维的《去毒篇》针对鸦片毒品的解脱,讲了这样四层意思。第一是讲鸦片毒害中国国民的严重后果及原因。其严重后果就是"中国之衰弱极矣",而其原因在于"国民之无希望、无慰藉。一言以蔽之,其

①聂振斌选编:《中国现代美学名家文丛·王国维卷》,浙江大学出版社 2009 年版,第 58 页。

原因存于感情上而已"①。第二是讲禁鸦片之道,除加强政治与教育之措施外,不可不加意于国民之感情,"其道安在? 则宗教与美术二者是。前者适于下等社会,后者适于上流社会;前者所以鼓国民之希望,后者所以供国民之慰藉"②。第三是论述了宗教可使劳苦大众在现实的黑暗与不幸中依稀看到彼岸的光明与公平,从而得到慰藉。"人苟无此希望,无此慰藉,则于劳苦之暇,厌倦之余,不归于鸦片,而又奚归乎?"③第四是集中论述了"美术者,上流社会之宗教也"④的道理。原因是,从主体讲,由于上流社会"知识既广,其希望亦较多,故宗教之对彼,其势力不能如对下流社会之大"。⑤ 也就是说,从历史传统来看,在中国知识分子群体之中宗教始终未能占压倒之优势,只能借助于美术来代替之。这可以说是"以美育代宗教"命题在中国现代史上的首次提出,无疑要早于蔡元培。美术(美育)之所以能够代宗教,同美术具有感情的性质有关,这使其能够治疗感情上的疾病,而且较之宗教的彼岸性而具明显的现实性的特点与优势。

---

①聂振斌选编:《中国现代美学名家文丛·王国维卷》,浙江大学出版社 2009 年版,第 86 页。

②聂振斌选编:《中国现代美学名家文丛·王国维卷》,浙江大学出版社 2009 年版,第 87 页。

③聂振斌选编:《中国现代美学名家文丛·王国维卷》,浙江大学出版社 2009 年版,第 87 页。

④聂振斌选编:《中国现代美学名家文丛·王国维卷》,浙江大学出版社 2009 年版,第 87 页。

⑤聂振斌选编:《中国现代美学名家文丛·王国维卷》,浙江大学出版社 2009 年版,第 87 页。

(四)美育之目的:审美之境界与人生之境界

"境界说"在王国维的美学与美育思想中无疑是最具创见的理论贡献,当然,对于这一理论的争论也最多。这一理论真正做到了王国维力倡的融汇中西、古今的学术研究立场与方法,内涵深邃、丰富、复杂,意义非凡,不仅是旧美学的总结,更是新美学的开创。长期以来,学术界更多注意这一理论与传统诗学"意境"说的一致性,而相对忽视了这一理论蕴含了西方与中国现代美学的开创性与现代性。王国维的"境界说"当然是集中反映在他1908—1909 年发表的《人间词话》当中,但其最早提出则是他发表于 1904 年的《孔子之美育主义》。这其实是一篇非常重要的文章。在这篇文章中,王氏明确提出了"今转而观我孔子之学说。其审美学上之理论虽不得而知,然其教人也,则始于美育,终于美育"①。将孔子之教概括为"始于美育,终于美育",这是对孔子学说,特别是孔子教育思想的一种非常重要的概括。接着,他又对孔子教人于诗乐外尤使人玩天然之美作了具体的描写,并说:"此时之境界:无希望,无恐怖,无内界之争斗,无利无害,无人无我,不随绳墨而自合于道德之法则。"②在他看来,这种无希望、无恐怖、无利害、无内外、无人无我的"境界"就是一种"固将磅礴万物以为一,我即宇宙,宇宙即我也"③的"天地人合一"的"华胥之

---

① 聂振斌选编:《中国现代美学名家文丛·王国维卷》,浙江大学出版社 2009 年版,第 105 页。

② 聂振斌选编:《中国现代美学名家文丛·王国维卷》,浙江大学出版社 2009 年版,第 106 页。

③ 聂振斌选编:《中国现代美学名家文丛·王国维卷》,浙江大学出版社 2009 年版,第 106 页。

国"，即古人梦中的"圣域"。我们按照王国维的思路从审美之境界与人生之境界两个方面论述他的"境界说"。

1. 审美之境界。

所谓"境界"，并不是简单的"意"与"境"的结合，而是审美所要达到的一种目标，更多的是一种"心境"。首先是一种真景物、真感情，是一种赤子之心。诚如王氏所说，"故能写真景物，真感情者，谓之有境界，否则谓之无境界"①。如何才能写出这种"真景物，真感情"呢？王氏解释道，"不失其赤子之心者"②。所谓"赤子之心"，乃是如初生婴儿般纯洁善良之心，不受任何权利欲望利害之浸染。这其实就是达到审美境界的前提。其二是要求"格调之高"，弃绝"龌龊小生"。王氏写道，"古今词人格调之高，无如白石"③。在他看来，南宋词人姜夔的词作空灵含蓄，具有较高的格调，是他所倡导的。他接着写道："幼安之佳处，在有性情，有境界。即以气象论，亦有'横素波、干青云'之概，宁后世龌龊小生所可拟耶？"④也就是说，王国维最为肯定的是南宋著名豪放词人辛弃疾（幼安），认为其词有大气象。其三是倡导优美、壮美，反对眩惑。他说："美之为物有二种：一曰优美，一曰壮美。苟一物焉，与吾人无利害之关系，而吾人之观之也，不观其关系，而但观

---

① 聂振斌选编：《中国现代美学名家文丛·王国维卷》，浙江大学出版社 2009 年版，第 136 页。

② 聂振斌选编：《中国现代美学名家文丛·王国维卷》，浙江大学出版社 2009 年版，第 138 页。

③ 聂振斌选编：《中国现代美学名家文丛·王国维卷》，浙江大学出版社 2009 年版，第 144 页。

④ 聂振斌选编：《中国现代美学名家文丛·王国维卷》，浙江大学出版社 2009 年版，第 144 页。

其物;或吾人之心中,无丝毫生活之欲存,而其观物也,不视为与我有关系之物,而但视为外物,则今之所观者,非昔之所观者也。此时吾心宁静之状态,名之曰优美之情,而谓此物曰优美。若此物大不利于吾人,而吾人生活之意志为之破裂,因之意志循去,而知力得为独立之作用,以深观其物,吾人谓此物为壮美,而谓其感情曰壮美之情。"①在这里,所谓优美与壮美实为审美境界的两种状态,前者为物我一致,两者协调,心情安静;后者则为物我对立,主体凭借顽强的智力战胜之。这两种状态都能使人达到审美的境界,实现审美的解脱。王国维竭力反对的一种风格乃是"眩惑"。所谓"眩惑",王氏说:"至美术中之与二者相反者,名之曰眩惑。夫优美与壮美,皆使吾人离生活之欲,而入于纯粹之知识者。若美术中而有眩惑之原质乎,则又使吾人自纯粹之知识出,而复归于生活之欲。"②也就是说,在王氏看来,"眩惑"实际正是对生活之欲的沉湎。正如他举例的所谓"玉体横波""靡靡之诮""绮语之诃"等等。所以,"眩惑之于美,如甘之于辛,火之于水,不相并立者也。吾人欲以眩惑之快乐,医人世之苦痛,是犹欲航断港而至海,入幽谷而求明,岂徒无益,而又增之。则岂不以其不能使人忘生活之欲,及此欲与物之关系,而反鼓舞之也哉!眩惑之与优美及壮美相反对,其故实存于此"③。其四是认为古之诗词有"有我之境"与"无我之境"两种,并肯定"无我之境"。他说:"有我之

---

① 聂振斌选编:《中国现代美学名家文丛·王国维卷》,浙江大学出版社 2009 年版,第 117 页。

② 聂振斌选编:《中国现代美学名家文丛·王国维卷》,浙江大学出版社 2009 年版,第 117 页。

③ 聂振斌选编:《中国现代美学名家文丛·王国维卷》,浙江大学出版社 2009 年版,第 118 页。

境，以我观物，故物皆著我之色彩。无我之境，以物观物，故不知何者为我，何者为物。古人为词，写有我之境者为多，然未始不能写无我之境，此在豪杰之士能自树立耳。"①又说："无我之境，人惟于静中得之。有我之境，于由动之静时得之。故一优美，一宏壮也。"②在王氏看来，无我之境，以物观物，物我一体，应该是诗歌创作与审美的"至境"；而有我之境，物皆著我之色彩，应是创作与审美的火候不到之故。其五是倡"不隔"，反对"隔"。王国维在《人间词话》中明确地倡导"不隔"而反对"隔"。所谓"隔"即阻拦、间隔，在创作与审美中就是词与意、意与境、作者与作品、读者与作品产生间隔，应为创作的大忌，是对审美境界的破坏。王国维指出，"问'隔'与'不隔'之别，曰：陶谢之诗不隔，延年则稍隔矣；东坡之诗不隔，山谷则稍隔矣"；又说，"语语都在目前，便是不隔"。③ 所谓"都在目前"，可解作都在创作者或欣赏者之目前。他又提出忌用"替代字"，并举例说，"美成《解语花》之'桂华流瓦'，境界极妙。惜以'桂华'二字代'月'耳"④。在王氏看来，这一"代"就产生了"隔"。当然，还包括过多的用典、生僻的用词等等。总之，他倡导一种明白晓畅、行云流水的风格。其六是倡导诗人创作要入乎其内，出乎其外。他说："诗人对宇宙人生，须入

---

① 聂振斌选编：《中国现代美学名家文丛·王国维卷》，浙江大学出版社 2009年版，第 135 页。
② 聂振斌选编：《中国现代美学名家文丛·王国维卷》，浙江大学出版社 2009年版，第 136 页。
③ 聂振斌选编：《中国现代美学名家文丛·王国维卷》，浙江大学出版社 2009年版，第 143 页。
④ 聂振斌选编：《中国现代美学名家文丛·王国维卷》，浙江大学出版社 2009年版，第 142 页。

乎其内，又须出乎其外。入乎其内，故能写之。出乎其外，故能观之。入乎其内，故有生气。出乎其外，故有高致。美成能入而不出。白石以降，于此二事皆未梦见。"①北宋词人周邦彦能入而不能出，南宋词人姜夔以下均达不到入乎内出乎外之境界。

2. 人生之境界。

王国维在发表于 1906 年的《文学小言》中提出"古今之成大事业大学问者，不可不历三种之阶段"②，后又于《人间词话》中提出"古今之成大事业、大学问者，必经过三种之境界"。这"三境界"为："昨夜西风凋碧树，独上高楼，望尽天涯路"，此第一境也；"衣带渐宽终不悔，为伊消得人憔悴"，此第二境也；"众里寻他千百度，蓦然回首，那人却在灯火阑珊处"，此第三境也。③ 这里借用三句诗形象地描绘了实现人生目标之始而确立、继而苦苦奋斗、终将实现三个阶段。这是王国维审美境界说的升华与发展，也是他的美学与美育思想的升华与发展。

这里需要说明的是，审美境界说与人生境界说在王国维的理论中是完全一致的。从目标来看，人生境界就是王国维的审美境界所要达到的目标。他于 1907 年的《三十自序（二）》中写道："近日之嗜好，所以渐由哲学而移于文学，而欲于其中求直接之慰藉者也。要之，余之性质，欲为哲学家，则感情苦多而知力苦寡；欲为诗人，则又苦感情寡而理性多。诗歌乎？哲学乎？他日以何者

---

①聂振斌选编：《中国现代美学名家文丛·王国维卷》，浙江大学出版社 2009 年版，第 148 页。

②聂振斌选编：《中国现代美学名家文丛·王国维卷》，浙江大学出版社 2009 年版，第 111 页。

③聂振斌选编：《中国现代美学名家文丛·王国维卷》，浙江大学出版社 2009 年版，第 140 页。

终吾身,所不敢知,抑在二者之间乎?"①这说明王国维学术研究的重要目的,即感情"慰藉"的寻找与"终吾身"之安身立命之地的探求。可以这样说,审美境界是手段,是过程,是途径,人生境界则是修养,是目的,两者紧密相依,融为一体。

王国维由审美境界而到人生境界理论的提出,意义非同寻常,首先是对中西美学的改造。他对中国传统美学"礼乐教化"之学中的政治层面与制度层面的内涵加以废弃,保留并发展了其中人生美学的内容,将西方现代美学中实证的、科学的内容放置一边,突出其人文的内涵。正是通过这样的改造,创造了崭新的人生境界论美学,完全可以作为中国新美学的起点。从另一方面说,王国维"人生境界论"美学的提出,在一定程度上丰富了中国现代美学史上"以美育代宗教"的内涵。众所周知,"以美育代宗教"本是王国维美学与美育理论的必有之义,他不仅有"美术乃上流社会之宗教"的观点,而且明确提出在中国以美育代宗教的理论。他在1904年发表的《教育杂感》四则中指出:"我国无固有之宗教,印度之佛教亦久失其生气。求之于美术欤?美术之匮乏,亦未有如我中国者也。则夫蚩蚩之氓,除饮食男女外,非鸦片赌博之归而奚归乎!故我国人之嗜鸦片也,有心理的必然性,与西人之细腰、中人之缠足有美学的必然性无以异。不改服制而禁缠足,与不培养国民之趣味而禁鸦片,必不可得之数也。夫吾国人对文学之趣味既如此,况西洋物质的文明又有滔滔而入中国,则其压倒文学,亦自然之势也。夫物质的文明,取诸他国,不数十年而具矣,独至精神上之趣味,非千百年之培养与一二天才之出不

---

① 聂振斌选编:《中国现代美学名家文丛·王国维卷》,浙江大学出版社2009年版,第204页。

及此,而言教育者,不为之谋,此又愚所大惑不解者也。"①显然,王国维根据中国"无固有之宗教"的国情试图以教育代之,以发展精神文明与培养国民之趣味,而他对美育的重视,可推出以"美育代宗教"的结论。其"境界论"的提出本身也确与佛教的影响有关。"境界"一词尽管古已有之,但其成为美学与文学概念的确与佛教"境界"一词的传入有关。佛教之"境界"含有"心中之境""境存于心""绝对境界"之意,从而包含"境由心造""水月镜花""羚羊挂角,无迹可求"等诗意。王国维将中国古典的"意境说"转化为"境界说"应该是吸收了佛教"境界"一词的有关内涵的。

总之,王国维的"境界说"为其"心育论"美学与美育理论画了一个圆满的句号,也使之成为中国现代美育理论的至高点,为我国当代美育理论的发展奠定了坚实的基础。

当然,也有学者认为王国维的"境界说"有贬中抑西的倾向,理由是王国维曾说"言气质,言神韵,不如言境界。有境界,本也;气质、神韵,末也"②;而且王氏"境界说"对叔本华"直观说"有诸多继承,其文章中有关中国文学、哲学不如西方的言论也时有出现等等。这些批评不能说没有道理与根据,但放到当时的历史背景下来看就能理解王氏的初衷与实际情况。当时正值 20 世纪初期,国弱民贫,列强入侵,王国维作为维新派抱有爱国图强之志,较多看到西方的强处和我国的弱处,正是力图改变现状的一种态度。

①聂振斌选编:《中国现代美学名家文丛·王国维卷》,浙江大学出版社 2009 年版,第 78 页。
②聂振斌选编:《中国现代美学名家文丛·王国维卷》,浙江大学出版社 2009 年版,第 153 页。

　　当然,任何历史与个人都不可能是完美无缺的,王国维虽为一代学术巨子,其理论也不免有生硬牵强、内在矛盾等等问题。他在辛亥革命之后仍以"遗老"自居,忠于清室,蓄发留辫,最后是沉湖自尽,实际上是在晚年演出了一场带有浓郁喜剧色彩的悲剧,不免令人为之扼腕。

第十三讲 中国现代美育研究的进展

美学与美育包含着浓郁的人文主义教育内容,所以,在中国现代民族启蒙的社会历史发展中显得尤其重要,几成显学,涌现了一批著名的美学与美育理论家。他们的理论建树成为建设发展我国新时代美学与美育理论的重要资源。

一、梁启超的"新民说"及其美育思想

梁启超(1873—1929)是中国近代著名的资产阶级政治家,也是颇有影响的清华研究院文科"四导师"之一。在中国近代学术史上,梁启超是开风气之先的学术奠基者,特别在史学与文学领域建树颇多,已为学术界所公认。他在美学与美育领域的成就也已经被众多学者深入阐发。但关于他在美学与美育领域的成就之高低、前期与后期之关系、具体的美学与美育理论贡献等问题,在学术界仍然有着一定的分歧,需要进一步研讨。

(一)梁启超"新民说"美育思想产生的社会历史背景

马克思主义的历史主义认为,评价一个历史人物最重要的是

要将他放入一定的历史背景，深入探讨其活动的历史动因，并看他与前人及同时代人相比作出了哪些新的贡献，从而确定其历史地位。

梁启超生活于晚清与民国这一特定的历史时代，其时社会动荡激变，四万万同胞面临外侮内乱，中华民族经受着存亡的考验，"保国保种"成为国家民族与一切有识之士的首要任务。另一方面，中国社会也正在经历着由封建到半封建半殖民地，以及文化上由传统到现代的巨大转型。在这种动荡激变与巨大转型的时代，梁启超是早期的"弄潮儿"和其后许多重要事件的亲历者。他作为叱咤风云的"康梁"之一，是早期维新变法的领袖人物，其后虽持改良的立场而与革命派对立，但在反对袁世凯与张勋复辟中仍然起到了重要作用。他最后的绝笔是为《辛稼轩先生年谱》所写的"孰谓公死，凛凛犹生"，说明其反封建与爱国的情怀始终不变。在中国社会文化的急剧变化转型中，梁启超与其政治上的逐渐落后相反，始终是活跃在文化学术第一线的重要人物，在传播"启蒙"、介绍西学以及建设新的"中学"过程中成为最重要的代表人物之一。

梁启超个人在这个社会急剧变迁的过程中也经历了由政治家到教育家与学者的转型。这种转型大体以 1918 年欧游为界，其后，梁氏逐步走上执教与为学之路。这正是他在政治之路屡屡碰壁之后所选择的救国之路。他在叙述自己的转变时说道："现在的中国，政治方面，经济方面，没有哪件说起来不令人头痛，但回到我们教育的本行，便有一条光明的大路，摆在我们面前。"①

---

① 金雅选编：《中国现代美学名家文丛·梁启超卷》，浙江大学出版社 2009 年版，第 20 页。

但其执教与治学却仍然难脱政治的影响,正如他在著名的《清代学术概论》中所说,"有为、启超皆抱启蒙期'致用'的观念,借经术以文饰其政论"①。由此说明,他后期的学术活动仍不离"启蒙"与"救国"等与"致用"有关的大的"政论"范围。正是在这样的背景下,梁氏后期从"知古而鉴今"出发主要致力于史学,在旧史学的改造与新史学的建设上建树颇多,成为中国近代资产阶级新史学的奠基者。从1920年欧游回国到1929年初辞世,加上最后几年的缠绵病榻,梁氏宝贵的六七年学术活动时间主要用在史学建设之上,这是有成果为据的。美学与美育学科建设由于距离"致用"相对较远,所以不是梁氏的主要用力所在,但这并不影响他在这些领域的独特建树。诚如金雅教授所说,梁氏的美学思想是一种大的人生论美学观。因而,从总体上来说,梁氏的美学思想就是广义上的美育思想。这也是由他的"启蒙"与"救国"之"致用"的学术路径决定的。当然,他前期更倾向于政治"启蒙",后期则更多学术意味,但"致用"的路径始终未曾偏离。就我们目前看到的材料而言,梁氏美学与美育理论尽管成果丰硕、见解不凡,而且的确以"新民"作为贯通前后的桥梁,但还不能说已经自觉地建立了一个新的美学与美育理论体系。也许,我们可以说,他的美学与美育理论已经有一个"隐性的体系",但毕竟缺乏"显性的体系"。梁氏在美学与美育学科建设上还没有明显而自觉的学科意识,到现在为止,没有发现他的文章中有"美学"与"美育"的字眼。从美学与美育学科建设的角度,梁氏不能说有超越于王国维与蔡元培的建树。但梁氏的特殊贡献在于,他作为资产阶级政治家,贯穿于所有作品及其一生的资产阶级"救亡与启蒙"的精神,对于

---

①《梁启超全集》,北京出版社1999年版,第3070页。

当时、今天乃至今后我国的美学与美育学科建设仍具有重要的启示作用与参考价值。1900年，就在八国联军攻入北京、焚烧圆明园那一年，梁启超发表著名的《少年中国说》，在文中说："呜呼，我中国其果老大矣乎？立乎今日，以指畴昔，唐虞三代，若何之郅治；秦皇汉武，若何之雄杰；汉唐来之文学，若何之隆盛；康乾间之武功，若何之烜赫！……而今颓然老矣，昨日割五城，明日割十城；处处雀鼠尽，夜夜鸡犬惊；十八省之土地财产，已为人怀中之肉；四百兆之父兄子弟，已为人注籍之奴。岂所谓"老大嫁做商人妇"者耶？呜呼！凭君莫话当年事，憔悴韶光不忍看。楚囚相对，岌岌顾影，人命危浅，朝不虑夕。国为待死之国，一国之民为待死之民，万事付之奈何，一切凭人作弄，亦何足怪！"①但在国家濒危之际，梁启超并没有灰心，而是将民族复兴的希望寄托于未来，寄托于青年。在该文的最后，他写道："故今日之责任，不在他人，而全在我少年。少年智则国智，少年富则国富，少年强则国强，少年独立则国独立，少年自由则国自由，少年进步则国进步。……美哉我少年中国，与天不老！壮哉我少年中国，与国无疆！"②更为可贵的是，梁氏将审美与文艺作为造就"美哉少年"与"少年中国"的重要途径，并于其后的1902年发表了著名的《论小说与群治之关系》的重要论文，提出"欲新一国之民，不可不先新一国之小说"③的重要论断。在这里，也许梁氏将小说的作用过分夸大了，但他将文艺与民族命运紧密相联的初衷却是极有价值的。

总之，从《少年中国说》到《新民说》再到《论小说与群治之关

---

① 《梁启超全集》，北京出版社1999年版，第409页。
② 《梁启超全集》，北京出版社1999年版，第411页。
③ 《梁启超全集》，北京出版社1999年版，第884页。

系》,梁氏在他的美学、美育与文艺理论中始终贯穿着"民族启蒙"的强烈情怀。这不仅一改中国古代"文以载道"的传统,将其转到文艺与"新的国民"塑造的现代轨道之上,而且完全切合中国1840年鸦片战争以来民族兴亡成为当务之急的现实。从20世纪初梁氏的"少年中国说"到五四运动反对列强的吼声,再到抗战时期的《黄河颂》,乃至今天作为我国国歌的《义勇军进行曲》,"中华民族到了最危险的时候,……我们万众一心,冒着敌人的炮火,……前进!前进!前进!进!"这激奋人心的声音成为我国近代以来美学、美育以及文艺建设激动人心的主旋律,直到当前提出"中华民族伟大复兴必然伴随着中华文化繁荣兴盛"的重要论断。可以说,"民族复兴"从1840年至今,一脉相承,成为我国美学、美育与文艺建设发展的基调。梁启超在这一基调的形成中是最早的倡导者之一,作出了自己特有的贡献,这是其不同于其他美学家之处,应予特别注意与重视。有的学者将梁氏看作是功利主义的美学与美育理论家,但我们认为,梁氏所倡导的"民族启蒙"是一种与中华民族命运紧密相联的宏大的民族功利。对于作为人文学科的美学与美育,这种宏大的功利主义不仅有着政治的价值与意义,而且有着重要的学科建设的价值与意义,直到今天仍然具有现实的价值。

(二)梁启超的"新民说"美育思想

梁氏的美育思想,诚如金雅教授所说存在着一个隐性的体系。我个人理解,这个隐性的体系就是以"新民"为其出发点,以"文学移人""情感教育""趣味教育"为其内容,以"美术人""生活艺术化"为其旨归,以新的艺术形式"小说"以及对于中国古代作品的现代阐释为其手段。这些内容与中国传统美育的"礼乐教化"与"诗教""乐教"相比，有着许多新的现代的而且是具有中国特点的元素，应该讲是比较新颖的，值得加以研究。其中的许多基本内容已有诸多学者阐释，在此简单加以论述。

其一是"新民说"。梁氏在戊戌维新失败后逃亡日本期间对于维新改良及其失败进行了反思，得出了仅仅依靠上层皇帝与少数贵族必然失败而必须依靠广大人民的重要经验教训。而依靠人民又必须改造旧的"国民性"，塑造新的"国民性"。这就是他于1902年提出的著名的"新民说"，此主张成为其包括美育在内的新的民族启蒙活动的出发点。他将"新民"作为"今日中国第一要务"，其原因在于人民是第一重要的。他说："西哲常言：政府之与人民，犹寒暑表之与空气也。室中之气候，与针里之水银，其度必相均，而丝毫不容假借。国民之文明程度低者，虽得明主贤相以代治之，及其人亡则其政息焉，譬犹严冬之际置表于沸水中，虽其度骤升，水一冷而坠如故矣。国民之文明程度高者，虽偶有暴君污吏虐刘一时，而其民力自能补救之而整顿之，譬犹溽暑之时置表于冰块上，虽其度忽落，不俄顷则冰消而涨如故矣。然则苟有新民，何患无新制度？无新政府？无新国家？非尔者，则虽有今日变一法，明日易一人，东涂西抹，学步效颦，吾未见其能济也。夫吾国言新法数十年而效不睹者，何也？则于新民之道未有留意焉者也。"①梁启超通过戊戌维新的失败认识到，国家民族的兴亡，人民的文明程度是最重要的，只有有新的人民，才能有新制度与新国家，否则什么也谈不上。但现实情况是中国人民由于深受封建主义影响，在国民性上存在诸多毛病。梁启超在《论中国国民之品格》中谈道："东西诸国，乃以三等之国遇我者，何也。曰：

---

①《梁启超全集》，北京出版社1999年版，第655页。

人之见礼于人也,不视其人之衣服文采,而视其人之品格。国之见重于人也,亦不视其国土之大小,人口之众寡,而视其国民之品格。我国民之品格,一埃及印度人之品格也,其缺点多矣,不敢枚举……"①他在文中列举了爱国心之薄弱、独立性之脆弱与公共心之缺乏等国民性的弱点。由此,梁氏提出了国民性改造的重要课题,改造的重点有二:"一曰,淬厉其所本有而新之;二曰,采补其所本无而新之。"②"新民"的重要途径是文学艺术,特别是新型文艺形式——小说。他说:"故欲新道德,必新小说;欲新宗教,必新小说;欲新政治,必新小说;欲新风俗,必新小说;欲新学艺,必新小说;乃至欲新人心,欲新人格,必新小说。"③这就开创了以文艺改造国民性这一中国近代以来美学、美育与文艺学优良传统的先河,为鲁迅等所继承。这也是梁启超美学与美育理论的出发点与归结点。可以说,"新民说"伴随了梁启超的一生,贯穿在他包括美育在内的一切学问之中。在 1922 年所写的《趣味教育与教育趣味》中,他又在论述趣味教育的同时论述了"教育趣味"。他说:"从前国家托命,靠一个皇帝,皇帝不行,就望太子,所以许多政论家——像贾长沙一流都最注重太子的教育。如今国家托命是在人民,现在的人民不行,就望将来的人民。现在学校里的儿童青年,个个都是'太子',教育家便是'太子太傅'。据我看,我们这一代的太子,真是'富于春秋典学光明'。这些当太傅的,只要'鞠躬尽瘁',好生把他培养出来,不愁不眼见中兴大业。"④如何

①《梁启超全集》,北京出版社 1999 年版,第 1077 页。
②《梁启超全集》,北京出版社 1999 年版,第 657 页。
③《梁启超全集》,北京出版社 1999 年版,第 884 页。
④《梁启超全集》,北京出版社 1999 年版,第 3965 页。

培养这些作为国家前途期望的儿童青年呢？梁氏认为，只有通过特殊的"趣味教育"，这就又回到广义的美育上来了。

其二是"文学移人说"。梁启超在《论小说与群治之关系》一文中提出"文学移人说"。他在论述了小说所具有的"常导人游于他境界"与"感人之深"两大重要特点之后，说道："此二者实文章之真谛，笔舌之能事。苟能批此窾、导此窍，则无论为何等之文，皆足以移人。"①这是明确地将文学与人的品性的改变相联系，从而将文学作为改造国民性的利器。他具体地将文学的上述两大特点表述为"熏、浸、刺、提"之支配人道的"四种力"。他进一步解释道，所谓"熏"即"如入云烟中而为其所烘，如近墨朱处而为其所染"；所谓"浸"即"入而与之俱化者也"；所谓"刺"即"刺也者，能使人于一刹那顷，忽起异感而不能自制者"；所谓"提"即"自内而脱之使出，实佛法之最上乘也"。②很明显，梁氏有关文学"四种力"的理论受到西方现代心理学的影响。他在1915年所写《告小说家》一文中说道："夫小说之力，曷为能雄长他力？此无异故，盖人之脑海如熏笼然，其所感受外界之业职如烟，每烟之过，则熏笼必留其痕，虽拂拭洗涤之，而终有不能去者存，其烟之霏袭也愈数，则其熏痕愈深固，其烟质愈浓，则其熏痕愈明显。夫熏笼则一孤立之死物耳，与他物不相联属也，人之脑海，则能以所受之熏还以熏人，且自熏其前此所受者而扩大之，而继演于无穷，虽其人已死，而薪尽火传，犹蜕其一部分而遗其子孙，且集合焉以成为未来之群众心理，盖业已熏习，其可畏如是也。"③这里已经道出了他

---

① 《梁启超全集》，北京出版社1999年版，第884页。
② 《梁启超全集》，北京出版社1999年版，第884—885页。
③ 《梁启超全集》，北京出版社1999年版，第2747页。

借用西方最新心理学的情形。

众所周知,德国的费希纳于 1860 年创立了实验心理学,提出了反映刺激与人的体验之关系的韦伯·费希纳定律。他还于 1876 年出版《美学导论》,开创了心理学美学研究。1900 年,奥地利精神分析学家弗洛伊德出版《梦的解析》,提出"力比多"作为"内驱力"的理论观点。这些都成为梁氏"文学移人"的"四种力"的重要理论资源。由此可见,梁氏可以说是我国最早运用审美心理学的学者之一,其开创之功是不可抹杀的。

其三是"趣味教育说"。1922 年,梁启超在欧游之后,提出"趣味教育"的重要课题。什么是趣味呢? 他认为,"趣味是生活的原动力,趣味丧失掉,生活便成了无意义"①。他批判了三种与趣味主义相违背的情况:一是旧八股文教育的"注射式"教育;二是科目太多的"疲劳式"教育;三是完全将工作和学业看作手段的"敲门砖式"教育。实际上,梁氏所倡导的"趣味主义"就是一种超脱功利的审美的人生观。他说:"假如有人问我:'你信仰的什么主义?'我便答道:'我信仰的是趣味主义。'有人问我:'你的人生观拿什么做根柢?'我便答道:'拿趣味做根柢。'"②当然,这种人生观也有高等与下等的区别。他说:"凡一种趣味事项,倘或是要瞒人的,或是拿别人的苦痛换自己的快乐,或是快乐和烦恼相间相续的,这等统名为下等趣味。严格说起来,他就根本不能做趣味的主体。"③这就是说,梁氏倡导一种健康高尚的审美的人生观。那么,为什么要倡导这种审美的人生观呢? 梁启超认为,首先是

①《梁启超全集》,北京出版社 1999 年版,第 3963 页。
②《梁启超全集》,北京出版社 1999 年版,第 3963 页。
③《梁启超全集》,北京出版社 1999 年版,第 3964 页。

人生意义与社会进步的需要，只有具有健康高尚的审美的人生观，人生才真正有意义，社会也才能进步。他说："人类若到把趣味丧失掉的时候，老实说，便是生活的不耐烦，那人虽然勉强留在世间，也不过行尸走肉。倘若全个社会如此，那社会便是痨病的社会，早被医生宣告死刑。"①再就是社会现实的需要。一方面，当时残留的封建教育的绝对功利主义仍然在毒害着人们，而梁氏在游欧期间所感受到的工具理性对于人性的戕害也给予他很深的印象。他在《自由讲座制之教育》中说道："余昔游英之剑桥大学，其校长涉菩黎博士语余：'近世式之教育，若医生集病者于一堂，不一一诊其症，而授以等质等量之方剂也。'其言虽或稍过，然教者与学者关系之浅薄，诚近世式教育之大缺点，不能为讳也。故此种教育，其蔽也，成为物的教育，失却人的教育。"②很显然，梁氏的"趣味主义教育"借鉴了西方现代的教育理论，特别是当时正在发展中的杜威有关实用主义的教育思想。杜威在1913年发表的《教育中的兴趣和努力》等论著中，阐述了实用主义的教育理论中有关反对在教育过程中强加外在目的，力主培养兴趣的思想。当然，梁氏的"趣味主义"教育思想还是主要从中国当时的实际出发的，是以反对封建落后的教育思想，培养新的青年一代为其指归的。

其四是"生活艺术化"的新美学观念。梁启超于1922年在北京哲学社发表了《"知不可为而为主义"与"为而不有主义"》的讲演。这个讲演与"趣味教育"提出的审美的人生观相呼应，提出了"生活艺术化"的新美学观念。他在讲演中说道："'知不可为而

①《梁启超全集》，北京出版社1999年版，第3963页。
②《梁启超全集》，北京出版社1999年版，第3348页。

为'主义与'为而不有'主义,都是要把人类无聊的计较一扫而空。喜欢做便做,不必瞻前顾后。所以归并起来,可以说这两类主义就是'无所为而为'主义,也可以说是生活的艺术化。把人类计较利害的观念,变为艺术的情感的。"①他引的"知不可为而为",出自孔子《论语·宪问》。原文为"子路宿于石门。晨门曰:'奚自?'子路曰:'自孔氏。'曰:'是知其不可为而为者与?'"这其实是守门人批评孔子的话,但梁氏结合孔子执著于自己的理想的行为,将其归结为孔子为人处世的一种不计较具体效果而为理想不息奔波的人生态度。第二句话出自《老子》第二章"万物作焉而不辞,生而不有,为而不恃,功成而弗居。夫唯弗居,是以不去"。在这里,老子主要讲了有与无之间相反相成的辩证关系,万物繁茂而不要追问是谁所为,种植生物而不要去占有,取得了成功而不居功。正因为有功不居,所以反而不会失去。梁氏在这里借用两位古人的话阐发一种不斤斤计较于眼前得失而愉快地生活与创造的"生活艺术化"的人生观。其目的就是对于"近世欧美通行的功利主义的根本反对",并倡导一种"(一)'责任心',(二)'兴味'"②。而且,十分可贵的是,他是从十分宏阔的宇宙论的高度来论述这一观点的。他说:"人在无边的'宇'(空间)中,只是微尘,不断的'宙'(时间)中,只是断片。一个人无论能力多大,总有做不完的事,做不完的便留交后人。"③正因此,我们应该使"生活艺术化",愉快地生活,愉快地劳作,在不息的人类长河中贡献自己的一份力量。这正是趣味主义审美态度的进一步深化。

---

①《梁启超全集》,北京出版社 1999 年版,第 3415 页。
②《梁启超全集》,北京出版社 1999 年版,第 3415 页。
③《梁启超全集》,北京出版社 1999 年版,第 3412 页。

其五是"情感教育说"。梁启超在 1922 年为清华学生中文学社作了题为《中国韵文里头所表现的情感》的讲演,以大量的事例深入讨论了情感教育的问题。梁氏指出:"情感教育的目的,不外将情感善的美的方面尽量发挥,把那恶的丑的方面渐渐压伏淘汰下去。这种工夫做得一分,便是人类一分的进步。"①他认为,情感教育就是一种情感的陶冶,用情感来激发人,感染人,教育人。在《为学与做人》一文中,他借鉴康德有关人的思维分为"知、情、意"三个部分的理论,将教育分为知育、情育与意育,并借用孔子的"知者不惑,仁者不忧,勇者不惧"来概括这三育的功能。情育的功能当然就是"仁者不忧"。他说道:"他的生活,纯然是趣味化艺术化。这是最高的情感教育,目的教人做到仁者不忧。"②在这里,他将情感教育与趣味教育统一了起来,两者是一致的。关于情感教育的途径,梁氏提出"艺术是情感教育最大利器"的重要观点。他说:"情感教育最大的利器,就是艺术。音乐、美术、文学这三件法宝,把'情感秘密'的钥匙都掌住了。艺术的权威,是把那霎时间便过去的情感,捉住他令他随时可以再现;是把艺术家自己'个性'的情感,打进别人们的'情阈'里头,在若干期间内占领了'他心'的位置。"③很明显,他的"情阈"概念借用了费希纳《美学导论》中有关"审美阈"的概念。接着,他用大量的篇幅阐述了中国优秀古典作品,包括诗三百、汉乐府、屈原、李白、杜甫、辛稼轩等作家作品所表现的情感,特别是有关故国之思、抗击外侮、同情弱者的情怀,并将这种情感表现归结为"奔进的表情法""回荡

①《梁启超全集》,北京出版社 1999 年版,第 3922 页。
②《梁启超全集》,北京出版社 1999 年版,第 4065 页。
③《梁启超全集》,北京出版社 1999 年版,第 3922 页。

的表情法""蕴藉的表情法"等等。情感教育是西方现代教育领域的重要方面,不仅限于美育,还包括情感训练等等方面。但梁启超在这里显然主要是讲以艺术教育为主的美育。正因为梁氏将情感教育看作是造就审美世界观的艺术教育,所以对于艺术家的责任提出了很高的要求。他明确要求艺术家"修养自己的情感,极力往高洁纯挚的方面,向上提掇,向里体验,自己腔子里那一团优美的情感养足了,再用美妙的技术把他表现出来,这才不辱没了艺术的价值"①。

其六是"美术人"理论。梁启超于 1922 年在《美术与生活》的讲演中,提出美术教育的主要任务是培养"美术人"。他说,美术教育的任务是两个,一个是培养懂得艺术创作的"美术家",另一个则是培养能够欣赏美术的"美术人"。他说:"人类固然不能个个都做供给美术的'美术家',然而不可不个个都做享用美术的'美术人'。"②那么,什么是"美术人"呢? 梁氏认为,就是生活有趣味之人。他说:"问人类生活于什么,我便一点不迟疑答道'生活于趣味'。"③什么是趣味呢? 他认为,首先不是一种"披枷带锁"的"石缝"中的生活。也就是说,人应该过一种自由的生活;其次不是一种没有一点血色的"沙漠"的生活。也就是说,人应该过一种充满活力的生活。其实,这就是一种将审美看作生活必需品的审美的生活。梁氏认为,培养这种能够审美地生活的"美术人"是国民改造与建设的需要。他说,一个人审美情趣的麻木就使这个人成为没有趣味的人,而一个民族审美情趣的麻木就使这个民

①《梁启超全集》,北京出版社 1999 年版,第 3922 页。
②《梁启超全集》,北京出版社 1999 年版,第 4017 页。
③《梁启超全集》,北京出版社 1999 年版,第 4017 页。

族成为没有趣味的民族。美术的作用就是将这种麻木的审美情趣恢复过来，使没趣变成有趣，"明白这种道理，便知美术这样东西在人类文化系统上该占何等位置了"①。对于如何培养"美术人"，梁氏认为，可以通过自然美的欣赏与艺术美的欣赏等途径；主要是通过艺术美的欣赏，在自然美的再现、人的心态的刻画与超越的自由天地的表现中，培养人们的审美能力与审美态度。梁氏提出，培养能够享用美术的"美术人"，即一种广义的具有艺术欣赏能力与审美态度的"生活的艺术家"，正是美育的任务所在。梁启超可以说是我国美学史上第一个试图将专业艺术教育与普通艺术教育加以区别的理论家，他对于普通艺术教育培养"美术人"的特殊任务的提出与论述，意义重大。

（三）梁启超美育思想的成就与局限

以上概略地论述了梁启超的美学与美育思想，现在我们再作一个简略的小结。

首先还是要看一下梁氏美学与美育思想的主要贡献。我想，梁氏美育思想的基本观点目前看似乎没有什么特别新颖之处，但我们应该将其放到当时特定的时代背景之下审视其价值。而且，更重要的是，应发现它所给予我们的深刻启示。从这个角度出发，我们认为，最重要的是梁氏美育思想始终贯彻的民族启蒙精神，无论是"新民说""少年中国说"还是"教育救国说"等，都给予我们深刻印象。特别是他于1920年所写《〈欧洲文艺复兴史〉序》中提到欧游所得之"曙光"，即为"人的发现与世界的发现"这两个文艺复兴的成果，意义更为深远。应该说，这两个发现带有理论

---

① 《梁启超全集》，北京出版社1999年版，第4018页。

总结性,具有非常深刻的民族启蒙意识,是梁氏政治与学术活动的出发点,也是其美育理论的出发点。无论是早期的"文学移人说",还是后期的"趣味教育说""情感教育说",都与"人的发现与世界的发现"有关。梁氏所处的晚清与民国正是我国文化由传统到现代的转型期,加上他特有的站在政治前沿与沟通中西的经历,使其包括美育在内的学术文化工作均具有开创的意义。他的美育理论可以说完全突破了中国古代"礼乐教化"的传统模式而具有全新的意义,从理论内涵、概念范畴到研究方法可以说都是全新的。从他对当时新的艺术形式——小说的极力推崇,也可见其发现并支持新事物的创新精神。这种创新,对于梁氏这样的从传统中走出来的学者其实是很不容易的,对我们今天特别具有启发意义。没有学术的开创与创新就没有学术的价值,梁启超是我们的榜样。

梁氏美育研究的另一个重要特点是具有很强的实践性。他在美育研究中所提出的课题,不是来自书本,而是来自现实,来自生活中所提出的问题。特别是当时十分紧迫的"民族危亡""国民性的改造""生活的艺术化"等问题,成为其美学与美育研究的问题阈,并被后人所继承。梁氏对包括美育在内的"不中不西即中即西"的方法也是值得我们特别予以借鉴的。他在《清代学术概论》中指出,"康有为、梁启超、谭嗣同辈,即生育于此种'学问饥荒'之环境中,冥思枯索,欲以构成一种'不中不西即中即西'之新学派"①。在他的美学与美育研究中,这种方法的运用是十分明显的。首先梁氏借鉴了许多西方现代学术元素,哲学、美学、教育学、心理学等等,但也力图不脱离中国古代传统文化,他对于中国

①《梁启超全集》,北京出版社1999年版,第3104页。

古代韵文的情感阐释、对于杜甫与屈原的理解，都是对于传统的现代解释，他的视野并没有完全离开传统。这种中西结合视野中的理论与学术创新，虽不能说没有一点牵强之处，但这种探索却是极为可贵的，值得我们借鉴。

梁启超的美育研究也不可避免地有其历史、时代与个人的局限性。他的改良主义政治观和历史唯心主义的哲学观决定了他的包括美育在内的文化研究都在很大程度上离开了经济与政治的改造，而将文化与审美强调到不适当的地步，难免有审美乌托邦之嫌。新民的塑造固然需要文化的维度，但最根本的还是离不开政治与经济的基础，如果政治制度得不到改进，经济得不到发展，国民性的改造根本不可能成为现实。事实证明，不可能有贫穷的社会主义，也不可能有贫穷的国民性改造与生活的审美化。同时，不通过革命推翻专制的政治制度也不可能有自由的国民与生活的审美化，这是毋庸置疑并已经被历史所证明了的。而且，梁氏在美学与美育理论建设上缺乏自觉的学科建构意识，这也是十分明显的。他是极为重要的史学家与文学家，但还不是自觉的美学家。他的美育思想基本上是从政治家与教育家的角度出发的，从美育学科本身来说，前期的"移人"与后期的"趣味"尽管并不矛盾，但毕竟"趣味"是其后期的观点，还是缺乏严格的内在学术自洽性。从论述来看，他的美育论著特别是后期的重要论著基本上都是比较短小的讲演，理论观点难以展开与深入。

梁启超进行美学与美育活动的时间距今已将近一百年，他辞世也已八十多年，中国与世界都发生了巨大的变化，但梁氏"新民说"的理论、"少年中国"与"中国少年"以及"生活审美化"的呐喊仍然响彻我们耳际，对于我们中华民族真正获得审美的生存仍有现实的意义。

二、朱光潜的"人生论"
美学与美育思想

朱光潜(1897—1986),号孟实,1897 年 10 月 14 日生于安徽省桐城县阳和乡吴庄。6—14 岁在父亲开设的私塾学馆接受了近十年的蒙学教育,15 岁在高小待了半年后升入桐城中学。既受到中国传统文化的深入滋养,也受到了新学的影响。1916 年中学毕业后,当了半年小学教员,后就近考入武昌高等师范学校中文系,一年后取得官费学习资格。1918—1922 年在香港大学学习,所学专业为教育学,广泛接触到文学、生物学、哲学与心理学等学科,对其一生的学术研究产生广泛影响。1920 年后,应张东荪邀请到吴淞中国公学中学部教英文,兼校刊主编。1924 年 9 月,由于"江浙战争"爆发,为躲避兵灾,经夏丏尊介绍,到浙江上虞白马湖春晖中学教英文。1925 年春,到上海与友人成立立达学会,筹办立达学园,同时筹办开明书店和杂志《一般》(后改名《中学生》)。1925 年夏,考取了安徽省官费留学,赴英国爱丁堡大学深造。1929 年爱丁堡大学毕业后,又转伦敦大学的大学学院,同时在巴黎大学注册,偶尔过海听课。后又转到德国的斯特拉斯堡大学,他的博士学位论文《悲剧心理学》就是在该校心理学教授夏尔·布朗达尔指导下写成并通过。在欧洲留学八年中,除听课、阅读之外还大量写作,仅成本的著作与译著就十本之多,如《给青年的十二封信》《变态心理学派别》《谈美》《悲剧心理学》《文艺心理学》《诗论》,译著《愁斯丹和绮瑟》、克罗齐《美学原理》的部分篇章。此外,还有一本叙述"符号逻辑派别"的著作毁于战火。1933 年,以《诗论》初稿作为资历证明受聘于北京大学文学院,任西语系教授。他在西语系讲授西方名篇选读和文学批评史，在北大中文系和清华中文系讲授文艺心理学和诗论，并在中央艺术研究院讲了一年文艺心理学，后又出任《文学杂志》主编，仅出二期，因抗战爆发而停刊。抗战爆发后，到四川大学任文学院院长，后又到武汉大学外文系任教，并曾担任该校教务长。期间，写成《谈文学》与《谈修养》两本文集。1949年冬，拒赴台湾留在北大。1957—1962年，成为全国性美学大讨论的重要当事人与参加者之一。1961年，由北大西语系调至北大哲学系，主讲西方美学史。1962年，在全国文科教材会议上被指定承担《西方美学史》教材的编写任务。他仅用一年左右的时间就完成了编写任务，该书共计50多万字，分上下两卷，上卷由人民出版社1963年7月出版，下卷由该社1964年8月出版。十年"文化大革命"期间，受到冲击。1976年10月"四人帮"覆灭后，以饱满的精神状态复出，重整美学旧业，积极参与一系列学术讨论，提出一系列重要学术观点，为我国新时期美学学科的建设作出重要贡献。同时，以惊人的毅力翻译出版了一系列重要美学经典。1986年3月6日，在北京逝世，享年89岁。

朱光潜是我国当代极少的兼通古今中西的杰出美学家。他的勤奋、执著与多方面的重大贡献对我国当代乃至今后的美学事业与人文学科建设都有重大影响。回顾建国后我国的两次美学大讨论，虽然许多具体的观点已经或将会成为历史，但朱光潜等大学者们坚持真理、修正谬误、勇于创新的精神却将成为永久的财富滋养着我们。朱光潜作为1957年开始的全国性美学大讨论的批判对象，一方面刻苦学习马克思主义经典著作，反省自己的唯心主义美学思想，同时又坚持己见，不同意已成定见的"美在客观"的论点，执着地将美定位于"主观与客观统一"的"关系"之上，面对无数的批判而不改。他说："目前在参加美学讨论者之中,肯定美客观存在于外物的人居绝对多数;但是在科学问题上,投决定票的不是多数而是符合事实也符合逻辑的真理。我相信这种真理,无论是在我这边还是在和我持相反意见者那边,总是最终会战胜的。"①而对于当时颇为敏感的"人类普遍性的问题",朱光潜明确地回答道:"阶级性和党性是否排除人类普遍性呢? 我认为不排除。从科学的逻辑看,许多对象既然同属一类,这一类就必有它的共同性。既然古今中外的人都叫作'人',他们就应共有'人之所以为人'的某些特点,使人可以有别于一般动物植物或矿物。其次,就事实看,所有时代的人都有些共同的理想。……马克思主义是尊重客观事实的,我想它不会把这种'人情之常'一笔抹煞。"②返回到当时以唯物与唯心、阶级性与非阶级性作为划分政治立场标准的语境,朱光潜的上述观点显现了他作为学者甘冒风险坚持真理的可贵学术精神,是特别值得我们学习与发扬的。对于朱光潜的美学与美育思想,我们认为应该放到中国现代美学发展的历史背景中加以认识和定位。如何认识20世纪以来的中国现代美学,的确是一个比较复杂的问题。我想,大体可以1949年新中国成立为界,之前的中国现代美学主要以人生美学为主题,之后的中国现代美学则政治色彩更加浓烈。唯有朱光潜则跨越了这两个阶段,并始终坚持其"人生美学"的路径。

---

① 宛小平选编:《中国现代美学名家文丛·朱光潜卷》,浙江大学出版社 2009年版,第 152 页。

② 宛小平选编:《中国现代美学名家文丛·朱光潜卷》,浙江大学出版社 2009年版,第 173 页。

（一）"有机创造论"哲学观的确立

　　一定的美学观是建立在一定的哲学观之上的，朱光潜的哲学观可概括为"有机创造论"。早在 1936 年，朱光潜就对对他影响极大的克罗齐的直觉论哲学与美学观加以批判，写作了《克罗齐派美学的批评》一文，指出克罗齐的失误在于将直觉与伦理道德及知识认识割裂开来，从而走向了机械论。而在当时，比较先进的哲学观是超越"机械论"之主客二分的"有机论"哲学观。他说："19 世纪和 20 世纪的哲学和科学思潮有一个重要的分别，就是19 世纪的学者都偏重机械观，20 世纪的学者都偏重有机观。"又说："形式派美学的弱点就在信任过去的机械观和分析法。它把整个的人分析为科学的、实用的（伦理的在内）和美感的三大成分，单提'美感的人'出来讨论。它忘记'美感的人'同时也还是'科学的人'和'实用的人'。科学的、实用的和美感的三种活动在理论上虽有分别，在实际人生中并不能分割开来。"①这就不仅批判了克罗齐将直觉与道德、知识割裂的错误，而且批判了德国古典美学的开山祖师康德将"知、情、意"割裂的错误。朱光潜认为，这种机械观的严重后果是脱离了"人生为有机体"这个大前提，从而将美学变成机械论美学、认识论美学，而不是人生论美学。二十一年之后的 1957 年，在那场规模宏大的以批判朱光潜的唯心主义美学思想为起始的美学大讨论中，朱光潜作为主要的被批判对象，一方面通过刻苦学习马克思主义克服自己的唯心主义思想，同时以特有的学术勇气坚持真理。他毫不犹豫地批判了在当时的美学大讨论中

---

① 宛小平选编：《中国现代美学名家文丛·朱光潜卷》，浙江大学出版社 2009年版，第 104、105 页。

占据统治地位的认识论美学与反映论美学,他说:"谈到这里,我们应该提出一个对美学是根本性的问题:应不应该把美学看成只是一种认识论? 从 1750 年德国学者鲍姆嘉通把美学(Aesthetik)作为一种专门学问起,经过康德、黑格尔、克罗齐诸人一直到现在,都把美学看成只是一种认识论……这不能说不是唯心美学所遗留下来的一个须经重新审定的概念。为什么要重新审定呢? 因为依照马克思主义把文艺作为生产实践来看,美学就不能只是一种认识论了,就要包括艺术创造过程的研究了。"①因为按照马克思的艺术生产理论,人类不仅是认识世界,而且更要改造世界,在以劳动生产为主要形态的实践活动中按照美的规律来创造。这样,朱光潜就力主一种不同于当时认识论的"创造论哲学",将其与前面的"有机论哲学"加以联系,就构成比较完整的"有机创造论哲学"。在这种哲学观指导下,朱光潜直接回答了"反映论"与美学的关系的问题。他认为,美感的反映要经过感觉阶段与美感阶段两个阶段。而"列宁在《唯物主义与经验批判主义》里所揭示的反映论只适用于第一个阶段。在第一个阶段,这个反映论肯定了物的客观存在和它对于意识的决定作用,这就替美学打下了唯物主义的基础"②。"我主张美学理论基础除掉列宁反映论之外,还应加上马克思主义关于意识形态的指示,而他们却以为列宁的反映论可以完全解决美学的基本问题。"③历经半个世纪的岁月,我们再来看

①宛小平选编:《中国现代美学名家文丛·朱光潜卷》,浙江大学出版社 2009年版,第 158 页。

②宛小平选编:《中国现代美学名家文丛·朱光潜卷》,浙江大学出版社 2009年版,第 156 页。

③宛小平选编:《中国现代美学名家文丛·朱光潜卷》,浙江大学出版社 2009年版,第 155 页。

朱光潜的论述,仍然能够深切地感受到他作为一位学者的清醒、冷静与勇气。由朱光潜对传统认识论的突破说明,他才代表了中国当代美学大讨论的最高水平,因为认识论是当时占据统治地位的哲学思想。

(二)"人生艺术化"的美学与美育思想

1.人生艺术化。

"人生艺术化"的命题其实与朱光潜的"有机创造论"哲学观是一致的。正因为他反对机械论而力倡有机论,就必然反对科学主义的简单认识论而力主审美立场的"人生有机论",从而将审美由冷冰冰的认识引向了活生生的人生。朱光潜在批判机械论哲学时指出,"但是这种分割与'人生为机体'这个大前提根本相冲突"①。"人生艺术化"可以说是朱光潜美学思想中贯彻始终的基调,从他早期的《谈美》《诗论》直到晚年所倡导的审美的生产劳动之"创造性"本性,都与此紧密相关。他在1932年的《谈美》中首次提出"人生的艺术化"这一命题:"严格地说,离开人生便无所谓艺术,因为艺术是情趣的表现,而情趣的根源就在人生;反之,离开艺术也便无所谓人生,因为凡是创造和欣赏都是艺术的活动,无创造、无欣赏的人生是一个自相矛盾的名词。人生本来就是一种被广义的艺术。"②接着,他从生命是"完整的有机体"、人的"至性深情"本性、艺术是"本色的生活"、艺术与生活都是严肃的欣赏

---

① 宛小平选编:《中国现代美学名家文丛·朱光潜卷》,浙江大学出版社2009年版,第105页。

② 宛小平选编:《中国现代美学名家文丛·朱光潜卷》,浙江大学出版社2009年版,第3页。

的,以及善恶与美丑的关系等多角度论述了"人生艺术化"的命题,最后提出以审美的欣赏的态度对待人生,并以阿尔卑斯山路的标语奉赠给青年朋友:"慢慢走,欣赏啊!"在写于 1946 年的《文学与人生》一文中,他比较全面地阐述了文学与人生的关系,并特别从生命与生机的视角加以论述。他说:"情感思想便是人的生机,生来就需要宣泄生长,发芽开花。有情感思想而不能表现,生机便遭窒塞残损,好比一株发育不完全而呈病态的花草。文艺是情感思想的表现,也就是生机的发展,所以要完全实现人生,离开文艺决不成。"①他特别指出了文学在人生的超脱与性情怡养方面的特殊作用:"凡是文艺都是根据现实世界而铸成另一超现实的意象世界,所以它一方面是现实人生的返照,一方面也是现实人生的超脱。在让性情怡养在文艺的甘泉时,我们霎时间脱去尘劳,得到精神的解放,心灵如鱼得水地徜徉自乐;或是用另一个比喻来说,在干燥闷热的沙漠里走得很疲劳之后,在清泉里洗一个澡,绿树荫下歇一会儿凉。世间许多人在劳苦里打翻转,在罪孽里打翻转,俗不可耐,苦不可耐,原因只在洗澡歇凉的机会太少。"②在 1957 年开始的美学大讨论中,他以"有机创造论"哲学批判认识论、反映论美学,从而将审美由认识引向人生,到晚年则以马克思的审美是人的创造性生产劳动的规律之一的观点进一步充实了他的"人生的艺术化"命题。他说:"文艺不只是要反映世界,认识世界,而且还要改变世界。文艺在改变世界中也改变了

---

① 宛小平选编:《中国现代美学名家文丛·朱光潜卷》,浙江大学出版社 2009 年版,第 195—196 页。

② 宛小平选编:《中国现代美学名家文丛·朱光潜卷》,浙江大学出版社 2009 年版,第 196 页。

人自己,这就是文艺的功用。"①

　　2."以出世的精神做入世的事业"的审美的人生态度。

　　朱光潜所谓的"人生的艺术化"包含十分丰富的内涵,在他看来,首先要确立一种审美的人生态度。他认为,一个人对同一个事物有实用的、科学的与美感的三种不同的态度。他以古松为例说道:"假如你是一位木商,我是一位植物学家,另外一位朋友是画家,三人同时来看这棵古松。我们三人可以说同时都'知觉'到这一棵树,可是三人所'知觉'到的却是三种不同的东西。"②木商看到的只是古松是值多少钱的木料,植物学家看到的只是古松为何种类型的植物,而画家看到的只是古松苍劲挺拔的美的形态。木商考虑古松的用途及如何去售卖,植物学家考虑古松的特点以及为何活得这样老,而画家只在观赏它的颜色、形状、气概。在这三种态度中,朱光潜显然是更看重审美的态度的。他说,"美是事物的最有价值的一面,美感的经验是人生中最有价值的一面"③;又说,"许多轰轰烈烈的英雄和美人都过去了,许多轰轰烈烈的成功和失败也都过去了,只有艺术作品真正是不朽的";他甚至将审美提高到一个人与一个民族精神健康的高度加以认识,说:"真和美的需要也是人生中的一种饥渴——精神上的饥渴。疾病衰老的身体才没有口腹的饥渴。同理,你遇到一个没有精神上饥渴的

────────────────

①宛小平选编:《中国现代美学名家文丛·朱光潜卷》,浙江大学出版社 2009
　　年版,第 158 页。

②宛小平选编:《中国现代美学名家文丛·朱光潜卷》,浙江大学出版社 2009
　　年版,第 37 页。

③宛小平选编:《中国现代美学名家文丛·朱光潜卷》,浙江大学出版社 2009
　　年版,第 40 页。

人或民族,你可以断定他的心灵已到了疾病衰老的状态。"①当然,朱光潜并不是唯美主义学者,而是一位将超越的审美与实际的践行相结合的学者。他说,"真善美三者俱备才可以算是完全的人"②。他力倡看戏与演戏的统一、出世与入世的结合。他说,"理想的人生是由知而行,由看而演,由观照而行动",既反对绝世又绝我的自杀,又反对"绝世而不绝我"的"玩世"与"逃世",赞成"绝我而不绝世"的审美的"超脱",提出"以出世的精神做入世的事业"。③

3.通过美感教育造就人生艺术化的"全人"。

朱光潜受西方美学影响,力主真善美与知情意的统一,倡导智德美三育并举,但鉴于20世纪30年代与40年代的中国实际,美育被严重忽视,所以他特别注意提倡美育,认为美育是造就智德美全面发展,实现"人生艺术化"的"全人"不可缺少的途径。他针对当时的实际情况说:"至于美育则在实施与理论方面都很少有人顾及。二十年前蔡孑民先生一度提倡过'美育代宗教',他的主张似没有发生多大的影响。还有一派人不但忽略美育,而且根本仇视美育。他们仿佛觉得艺术有几分不道德,美育对于德育有妨碍。"④朱光潜以理论家与艺术家兼具的情怀对这种轻视甚至

①宛小平选编:《中国现代美学名家文丛·朱光潜卷》,浙江大学出版社2009年版,第39—40页。

②宛小平选编:《中国现代美学名家文丛·朱光潜卷》,浙江大学出版社2009年版,第39页。

③宛小平选编:《中国现代美学名家文丛·朱光潜卷》,浙江大学出版社2009年版,第47页。

④宛小平选编:《中国现代美学名家文丛·朱光潜卷》,浙江大学出版社2009年版,第128—129页。

是仇视美育的理论观点给予了驳斥，他说，"理想的教育不是摧残一部分天性而去培养另一部分天性，以致造成畸形的发展，理想的教育是让天性中所有的潜蓄力量都得尽量发挥，所有的本能都得平均调和发展，以造成一个全人。所谓'全人'除体格健壮以外，心理方面真善美的需要必都得到满足"，否则必将培养出"畸形人，精神方面的驼子跛子"。① 同时，朱光潜还论证了美育的其他一系列功能与作用，例如："美育是道德的基础"，因其通过艺术的想象培养同情心与仁爱心等；"艺术和美育是'解放的，给人自由的'"，通过艺术的升华作用使本能冲动与情感得到解放，通过鉴赏力的提高使人的眼界得到解放，通过艺术的创造使人从自然的限制中得到解放等等。在美感教育中，朱光潜最为推崇的是以古希腊悲剧为代表的艺术的教育。他对古希腊悲剧及其教育作用给予了极高的评价，认为古希腊悲剧表现了人类可贵的积极进取的精神，是一个民族旺盛生命力的标志。他说："悲剧所表现的，是处于惊奇和迷惑状态中一种积极进取的充沛精神。悲剧走的是最费力的道路，所以是一个民族生命力旺盛的标志。"② 他认为，悲剧培养一种不同于道德同情的"审美同情"，"道德同情和审美同情有三方面的重大区别。首先，道德同情往往明白意识到主体和客体之间的界限，审美同情却消除了这种界限，我们忘掉自己，加入到被观照的客体的生命活动中。其次，道德同情不可能脱离主体的生活经验和个性，并往往伴随着产生希望和担忧；审

---

① 宛小平选编：《中国现代美学名家文丛·朱光潜卷》，浙江大学出版社 2009 年版，第 129 页。

② 宛小平选编：《中国现代美学名家文丛·朱光潜卷》，浙江大学出版社 2009 年版，第 305 页。

美同情却把那一瞬间的经验从生活中孤立出来,主体'迷失'在客体之中。最后,道德同情是一种实际态度,最终会变成行动,我们会力求使我们同情的客体摆脱痛苦;审美同情并不导致实际的结果,它仅仅涉及见别人悲而悲、见别人喜而喜这样的模仿活动"①。由此可见,审美同情具有不能为道德同情所取代的特殊性。朱光潜还以古希腊悲剧为例论述了艺术教育作为一种"距离化教育"的特殊化。他说:"纯粹的痛苦和灾难只有经过艺术的媒介'过滤'之后,才可能成为悲剧。悲剧使我们对生活采取'距离化'的观点。行动和激情都摆脱了寻常实际的联系,我们可以以超然的精神,在一定距离之外观照它们。"②艺术距离化的途径很多,例如增大所表现的情节在时间和空间上的距离,把地点放在某个遥远的国度,故事情节发生在古代,悲剧情境、人物和情节的异常性质以及某些技巧和形式方面的因素等。总之,朱光潜将美感教育放到民族与国家复兴的高度加以认识。他说,"从历史看,一个民族在最兴旺的时候,艺术成就必伟大,美育必发达";又说:"现在我们要想复兴民族,必须恢复周以前歌乐舞的盛况,这就是说,必须提倡普及的美感教育。"③

(三)以"人生论"美学对中国古代"礼乐教化"进行的新阐释

朱光潜在深厚的中西文化积累的基础上以其"人生论"美学

①宛小平选编:《中国现代美学名家文丛·朱光潜卷》,浙江大学出版社 2009年版,第 317—318 页。

②宛小平选编:《中国现代美学名家文丛·朱光潜卷》,浙江大学出版社 2009年版,第 315 页。

③宛小平选编:《中国现代美学名家文丛·朱光潜卷》,浙江大学出版社 2009年版,第 134 页。

思想对于中国古代"礼乐教化"的特有美学与美育资源进行了自己的阐释。他认为,在中国古代文化中,乐与礼两个观念是基本的,儒家"从这两个观念的基础上建筑起一套伦理学、一套教育学与政治学,甚至于一套宇宙哲学与宗教哲学"①。他指出,乐的精神是和、静、乐、仁、爱、道德、情之不可变;礼的精神是序、节、中、文、理、义、敬、节事、理之不可易。因此,朱光潜认为,"礼乐教化"的第一个重要的功能就是"伦理的教育"。他说:"'和'是乐的精神,'序'是礼的精神。'序'是'和'的条件,所以乐之中有礼。《乐记》说得好:'乐者,通伦理者也','知乐则几于礼矣'。"②由此,"礼乐教化"与封建时代的君君臣臣、父父子子、兄兄弟弟、夫夫妇妇都是紧密相联的。其次,朱光潜认为,"礼乐教化"与一个人的修养紧密相联。他说:"儒家特别看重个人的修养,修身是一切成就的出发点,所以伦理学为儒家哲学的基础……礼乐的功用都在'平好恶而反人道之正',不至'灭天理,穷人欲',宋儒的'以天理之公胜人欲之私'一套理论,都从此出发。"③从"诗言志""乐以道志"的角度看,"道"即"达","言"即"表现"。这里的所谓"达"与"言"能使情欲得以发散,生机得以宣泄,"道则畅,畅则通,所谓'平好恶而反人道之正'"。他指出:"儒家本来特别看重乐,后来立论,则于礼言之特详,原因大概在乐与其特殊精神'和'为修养的胜境,而礼为达到这胜境的修养功夫,为一般人说法,对于修养

---

① 宛小平选编:《中国现代美学名家文丛·朱光潜卷》,浙江大学出版社 2009 年版,第 48 页。

② 宛小平选编:《中国现代美学名家文丛·朱光潜卷》,浙江大学出版社 2009 年版,第 50 页。

③ 宛小平选编:《中国现代美学名家文丛·朱光潜卷》,浙江大学出版社 2009 年版,第 52 页。

功夫的指导较为切实,也犹如孟子继承孔子而特别重'义'的观念,是同一道理。"①再次,朱光潜认为,"礼乐教化"与教育密切相关,儒家论教育大事乃从礼乐入手。孔子就曾说过,"不学诗,无以言","不学礼,无以立"(《论语·季氏》。朱光潜指出:"《孝经》里说:'移风易俗,莫善于乐;安上治民,莫美于礼。'礼乐的最大功用,不在个人修养而在教化。教化是兼政与教而言。普通师徒授受的教育,对象为个人,教化的对象则为全国民众;前者目的在养成有德有学的人,后者目的则在化行俗美,政治修明。"②最后,朱光潜认为,"礼乐教化"与中国古代"天人之和"的哲学与思维方式密切相关。他指出:"儒家看宇宙,也犹如看个人和社会一样,事物尽管繁复,中间却有一个'序';变化尽管无穷,中间却有一个'和',这就是说,宇宙也有它的礼乐。《乐礼》中有一段话最为朱子所叹赏:'天高地下,万物散殊,而礼制行矣;流而不息,合同而化,而乐兴焉。'这几句话很简单,意义却很深广。"③这就将"礼乐教化"与中国古代"天人之和"的哲学与思维方式紧密地联系起来,当然也将《乐记》与《周易》紧密地联系起来。"《易经》全书要义可以说都包含在上引《乐记》中几句话里面,它所穷究的也就是宇宙中的乐与礼。太极生两仪,一阳一阴,一刚一柔,一动一静,于是有乾坤。'刚柔相推而生变化',于是有'天下之赜'与'天下之动'。'一阖一辟,往来不穷','变动不居,周流六虚',于是宇宙

---

① 宛小平选编:《中国现代美学名家文丛·朱光潜卷》,浙江大学出版社 2009 年版,第 53 页。

② 宛小平选编:《中国现代美学名家文丛·朱光潜卷》,浙江大学出版社 2009 年版,第 55 页。

③ 宛小平选编:《中国现代美学名家文丛·朱光潜卷》,浙江大学出版社 2009 年版,第 57 页。

的生命就这样绵延下去。《易经》以卦与象象征阴阳相推所生的各种变化,带有宗教神秘色彩,似无可疑;但是它的企图是哲学的与科学的,要了解'天下之赜'与'天下之动',结果它在'天下之赜'中见出'序'(宇宙的礼),在'天下之动'中见出'和'(宇宙之乐)……"①由此可见,中国古代的"礼乐教化"充分地反映了中国古代"天人之和"的思维方式与"生生之为易"的哲学观念,是中国古代土壤上开出的美学与美育之花。

(四)中西美学与艺术之差异

朱光潜是在研究中国古代"礼乐教化"思想特殊内涵的基础上认识到,中西在哲学与伦理思想上的差异,并由此构成中西美学与艺术的差异。他认为,中西古代哲学与伦理思想是力主思想感情的协调中和,而西方则是将理性与感性二分对立。他说:"总观以上乐礼诸义,我们可以看出儒家的伦理思想是很健康的,平易近人的。他们只求调节情欲而达于中和,并不主张禁止或摧残。在西方思想中,灵与肉,理智与情欲,往往被看成对敌的天使与魔鬼,一个人于是分成两橛。西方人感觉这两方面的冲突似乎特别敏锐,他们的解决方法,如同在两敌国中谋和平,必由甲国消灭乙国。"②这样的哲学伦理以及国情的差异,必然导致中西艺术上的差异。朱光潜以诗为例对中西加以比较。

首先,在人伦上,"西方关于人伦的诗大半以恋爱为中心。中

---

①宛小平选编:《中国现代美学名家文丛·朱光潜卷》,浙江大学出版社2009年版,第57—58页。
②宛小平选编:《中国现代美学名家文丛·朱光潜卷》,浙江大学出版社2009年版,第54页。

国诗言爱情的虽然很多,但是没有让爱情把其他人伦抹煞。朋友的交情和君臣的恩谊在西方诗中不甚重要,而在中国诗中则几与爱情占同等位置"①。原因是中西社会与伦理思想的相异:恋爱在古代中国没有像西方那样重要,因为西方骨子里是个人主义社会,爱情在个人生命中最关痛痒;中国社会骨子里是兼善主义,文人大半生的光阴花费在仕途羁旅。西方古代受骑士风影响,女子地位较高;中国受儒家思想影响,女子地位较低。西方人重视恋爱,崇尚"恋爱至上";中国重视婚姻而轻视恋爱。

其次,在自然上,中西诗亦有明显差异。在时间上,中西诗对于自然的描写都较晚,但中国却早于西方。中国诗对自然的表现起于晋宋之交,约公元 5 世纪左右;西方则起于浪漫运动的初期,大约在公元 18 世纪左右。中国自然诗早于西方一千三百多年。在表现上,中国自然诗以委婉、微妙、简隽胜;西方自然诗则以直率、深刻、铺陈胜。对于自然的爱好,西方诗人多起于"感官主义",中国诗人则起于"情趣的默契忻合"②。

最后,在哲学和宗教上,朱光潜在当时的历史条件下较多地肯定了宗教对诗歌与艺术的深广作用,对中国古代艺术与诗歌欠缺宗教情操所导致的"短"处发表了自己的看法。他说:"西方诗比中国诗深广,就因为它有较深的哲学和宗教在培养它的根干。没有柏拉图和斯宾诺莎就没有歌德、华兹华斯和雪莱诸人所表现的理想主义和泛神主义;没有宗教就没有希腊的悲剧、但丁的《神

①宛小平选编:《中国现代美学名家文丛·朱光潜卷》,浙江大学出版社 2009 年版,第 247 页。

②宛小平选编:《中国现代美学名家文丛·朱光潜卷》,浙江大学出版社 2009 年版,第 248—249 页。

曲》和弥尔顿的《失乐园》。中国诗在荒瘦的土壤中居然现出奇葩异彩，固然是一种可惊喜的成绩，但是比较西方诗，终嫌美中不足。我爱中国诗，我觉得在神韵徽妙格调高雅方面往往非西方诗所能及，但是说到深广伟大，我终无法为它护短。"①在这里，朱光潜说得委婉曲折但也非常明确，他在客观的比较中轻微地表现了自己的褒贬。宗教与文化艺术的关系，以及中国古代文化艺术与宗教的关系是一个十分重要的课题，非短短的篇幅所能讨论。但在这里，我想说的是，审美与文学艺术本来就是人的生存与生活方式的反映。中西方人民各在其特有的生存与生活方式，以及艺术环境中生存繁衍了几千年，各有合理性，各有美妙闪光之处，也各自存在引为自豪之处。因此，特定的比较是必需的，而优劣长短的分别则是无必要的。

（五）审美境界论

朱光潜在王国维《人间词话》境界说的基础上提出了自己的"人生论"美学的"境界论"。他的《诗论》中谈到诗的境界时，说："从前诗话家常拈出一两个字来称呼诗的这种独立自足的小天地。严沧浪所说的'兴趣'，王渔洋所说的'神韵'，袁简斋所说的'性灵'，都只能得其片面。王静安标举'境界'二字，似较概括，这里就采用它。"②朱光潜的"审美境界论"相异于王国维的"境界说"，内涵十分丰富。

---

① 宛小平选编：《中国现代美学名家文丛·朱光潜卷》，浙江大学出版社 2009年版，第 250 页。

② 宛小平选编：《中国现代美学名家文丛·朱光潜卷》，浙江大学出版社 2009年版，第 211 页。

第一，境界是在"实际的人生世相之上另建立一个宇宙"。

什么是"境界"呢？朱光潜说："诗对于人生世相必有取舍，有剪裁，有取舍剪裁就必有创造，必有作者的性格和情趣的浸润渗透。诗必有所本，本于自然；亦必有所创，创为艺术。自然与艺术媾合，结果乃在实际的人生世相之上，另建立一个宇宙……"①在这里，朱光潜将"境界"界定为艺术家在自然基础上创造的另一个"宇宙"，包含三个要素：首先是作为境界"所本"的"自然"，其次是凝聚了艺术家性格与情趣的"创造"，最后是自然与艺术媾合的结果"另一个宇宙"。这就是另一种世界，理想的人生。艺术境界具有巨大的作用，能使人享受"独立自足之乐"，起到"勾摄神魂"的作用，从而重塑人生。诚如朱光潜所言："每首诗都自成一种境界。无论是作者或是读者，在心领神会一首好诗时，都必有一幅画境或是一幕戏景，很新鲜生动地突现于眼前，使他神魂为之钩摄，若惊若喜，霎时无暇旁顾，仿佛这小天地中有独立自足之乐，此外偌大乾坤宇宙，以及个人生活中一切憎爱悲喜，都像在这霎时间烟消云散了。"②

第二，关于产生艺术境界的条件。

朱光潜认为产生艺术境界的条件最重要的是"见"即"感觉"的性质。他说："诗的'见'必为'直觉'(intuition)。有'见'即有'觉'，觉可为'直觉'，亦可为'知觉'(perception)。直觉得对于个别事物的知(knowledge of individual things)，'知觉'得对于诸事

①宛小平选编：《中国现代美学名家文丛·朱光潜卷》，浙江大学出版社 2009年版，第 210 页。

②宛小平选编：《中国现代美学名家文丛·朱光潜卷》，浙江大学出版社 2009年版，第 210 页。

物中关系的知(knowledge of the relation between things),亦称
'名理的知'。"①在朱光潜看来,所谓"直觉"即是直接面对个别事
物而产生的"意象",而"知觉"则包含着知识与联想等理知的因
素。他认为,这种"直觉"就是"灵光一现"的"灵感",或禅家所谓
的"悟"。

朱光潜认为,产生艺术境界的第二个条件就是"意象与情趣
的契合"。他说,"每个诗的境界都必有'情趣'(feeling)和'意象'
(image)两个要素。'情趣'简称'情','意象'即是'景'。吾人时
时在情趣里过活,却很少能将情趣化为诗,因为情趣是可比喻而
不可直接描绘的实感,如果不附丽到具体的意象上去,就根本没
有可见的形象"②;又说:"诗的境界是情景的契合。宇宙中事事
物物常在变动生展中,无绝对相同的情趣,亦无绝对相同的景象。
情景相生,所以诗的境界是由创造来的,生生不息的。"③对于意
象与情趣契合的途径,朱光潜归结为德国美学家里普斯"以人情
衡物理"的"移情作用"和另一位德国美学家谷鲁斯"以物理移人
情"的"内模仿作用"。

关于情趣与意象的契合,朱光潜结合王国维的"境界说",认
为有两种情况特别需要加以说明。一种就是王国维所谓的"隔与
不隔",他并不同意王国维所说的"雾里看花"为"隔","语语都在
目前"为"不隔",而认为所谓"隔"与"不隔"应从情趣与意象的关

---

① 宛小平选编:《中国现代美学名家文丛·朱光潜卷》,浙江大学出版社 2009
年版,第 211 页。
② 宛小平选编:《中国现代美学名家文丛·朱光潜卷》,浙江大学出版社 2009
年版,第 213—214 页。
③ 宛小平选编:《中国现代美学名家文丛·朱光潜卷》,浙江大学出版社 2009
年版,第 214 页。

系考虑。他说:"依我们看,隔与不隔的分别就从情趣和意象的关系上面见出。情趣与意象恰相熨帖,使人见到意象,便感到情趣,便是不隔。意象模糊零乱或空洞,情趣浅薄或粗疏,不能在读者心中现出明了深刻的境界,便是隔。"①对于王国维所说"有我之境"与"无我之境"以及"有我之境品格较低"的观点,朱光潜也认为可商榷。在他看来,所谓"有我之境"即为经过艺术"移情作用"之境,而"无我之境"实为没有经过"移情作用"之境。他说,"与其说'有我之境'与'无我之境',倒不如说'超物之境'与'同物之境',因为严格地说,诗在任何境界中都必须有我,都必须为自我性格、情趣和经验的返照"②,两者各有胜境,不宜一概论优劣。

第三,通过古希腊悲剧艺术"沉静中的回味"来跨越主观情趣与客观意象的鸿沟。

朱光潜认为,主观情趣与客观意象二者之间存在天然的难以跨越的鸿沟。他说:"由主观的情趣如何能跳过这鸿沟而达到客观的意象,是诗和其他艺术所必征服的困难。如略加思索,这困难终于被征服,真是一大奇迹。"③如何克服和跨越呢?朱光潜以艺术史为例加以阐释。首先是充分肯定了德国哲人尼采在《悲剧的诞生》中所阐述的古希腊悲剧通过酒神的狂热情感在日神静穆形象中的显现而得以达到二者的沟通。他说:"这两种精神本是绝对相反相冲突的,而希腊人的智慧却成就了打破这冲突的奇

---

① 宛小平选编:《中国现代美学名家文丛·朱光潜卷》,浙江大学出版社2009年版,第216页。

② 宛小平选编:《中国现代美学名家文丛·朱光潜卷》,浙江大学出版社2009年版,第217页。

③ 宛小平选编:《中国现代美学名家文丛·朱光潜卷》,浙江大学出版社2009年版,第219页。

迹。他们转移阿波罗的明镜来照临狄俄倪索斯的痛苦挣扎,于是意志外射于意象,痛苦赋形为庄严优美,结果乃有希腊悲剧的产生。悲剧是希腊人'由形象得解脱'的一条路径。"①另一条路径就是诗人华兹华斯所说的"在沉静中回味"②的创作体验。如果说古希腊悲剧是酒神的狂热与日神的沉静的结合,而"在沉静中的回味"则是从感受到回味,从现实世界到诗的境界,是人生的"能入"与"能出"相统一的审美境界的建立。

朱光潜以其特有的才情与勤奋,以其独创的"人生论"美学与美育思想在中国现代美学与美育史上产生重大影响,成为最重要的代表人物之一。虽然他的美学学术活动开始的年代稍晚于王国维、蔡元培与梁启超,但他是倾其一生从事美学研究的学者,并在介绍译介西方美学经典文献、美学理论建构与美学人才培养等多个方面都有杰出的建树。因此,可以说,朱光潜也是中国现代美学的重要开拓者与奠基者之一。而且,特别可贵的是,他的教师生涯与其倡导的"人生论"美学与美育思想有着高度的知行统一性,他的美学活动从 20 世纪 30 年代走到 20 世纪 80 年代后期,整整半个多世纪。朱光潜与时俱进,始终保持旺盛的学术创造活力,他以其人文学者的可贵的真诚品格,坚持真理,修改错误,始终站在中国美学发展的前沿。人们尊敬地将他称作"美学老人",他是当之无愧的。

任何事物都难免时代与历史的局限,朱光潜当然也是如此,他生活并活动于 20 世纪 30 年代至 80 年代的中国,这是一个经济

---

① 宛小平选编:《中国现代美学名家文丛·朱光潜卷》,浙江大学出版社 2009 年版,第 219 页。

② 宛小平选编:《中国现代美学名家文丛·朱光潜卷》,浙江大学出版社 2009 年版,第 220 页。

社会文化急剧转型的时期,一方面为他的美学事业提供了广泛的舞台,使他成为不可代替的美学学科的主要领军人物之一,同时也给他带来了时代与历史的局限。从总体上来说,在中西文化交融碰撞的历史背景下,朱光潜尽管有深厚的中学根基,但他的基本立足点是在西学之上的。他的美学思想深受克罗齐、尼采与黑格尔的影响,尽管倡导"有机论"哲学,但在实际上却始终没有摆脱主观与客观、感性与理性二分对立的"机械论"魔咒。甚至,他的"境界论""意象说"中所谓"物甲"与"物乙"的分别与对立,也不是马克思的辩证艺术观,而是仍残留着克罗齐"直觉论"的深刻影响。他在特有历史文化背景下长期隐约地秉持着一种文学艺术上西强中弱的观点,例如,对中国古代戏剧的评价、对中国文化中的宗教情怀的评价等等。他深受西方以黑格尔为代表的启蒙主义理论家"人类中心主义"的影响,力倡"艺术中心主义",贬抑自然之美等等。但这一切,并不影响朱光潜作为中国现代最重要美学家之一的地位,更不影响他的"人生论"美学与美育思想所给予我们的滋养与教益。

三、丰子恺的"人生—同情论"美学与美育思想

丰子恺(1898—1975),名丰润、丰仁,号子恺,我国现代著名的艺术家、教育家、翻译家,在绘画、音乐、书法与文学等方面均有精深造诣,被外国学者称为"中国最像艺术家的艺术家"①。

---

① [日]吉川幸次郎语,参见金雅选编:《中国现代美学名家文丛·丰子恺卷》,浙江大学出版社 2009 年版,第 81 页。

　　丰子恺于1898年11月9日出生于浙江崇德县石门湾（今浙江省桐乡县石门镇）的一个书香门第，父亲曾中过清朝最后一科举人，后在故乡开馆授徒。6岁时在父亲的私塾就读，9岁时因父病故转入于云之的私塾继续求学，后该私塾改为崇德县立第三高小。1914年初高小毕业，同年秋天入浙江省立第一师范学校，从夏丏尊学习国文，从李叔同学习绘画、音乐与日文，受李叔同影响极大，确立了终身从事艺术之路。同时，还在学校的"洋画研究会"与"金石篆刻研究会"刻苦学艺，打下坚实基础。1919年，在浙江第一师范毕业后到上海专科师范学校任教，同年参加中华美育会。1921年早春，在亲朋好友的资助下东渡日本"游学"10个月。1922年，到浙江上虞白马湖春晖中学任教，画了第一批漫画，其同事夏丏尊、朱自清、朱光潜等是"子恺漫画"的欣赏者。1924年，随匡互生等人辞职到上海筹办立达中学，成立"立达学会"（后改为立达学园）。其间，翻译出版了日本厨川白村的《苦闷的象征》，出版第一部漫画集《子恺画集》。同年阴历九月30岁生日时，正式从弘一法师（李叔同）皈依佛门，法名婴行。此时，丰子恺在开明书店任编辑，在《中学生》杂志任艺术编辑，出版多部随笔，包括《西洋画派十二讲》、《护生画集》（第一辑）、《西洋美术史》等。1930年因病辞去教职，1933年离开立达学园，返回故乡新居——缘缘堂，开始了乡居著述生活，大量的随笔、论著、译著等在此时出版，成为其一生中的学术"高产期"。他的哲学思想、艺术思想与艺术教育思想逐步形成并走向成熟。在日本帝国主义侵华步伐加紧的形势下，毅然加入中国文艺家协会，发表抗敌御侮宣言。1937年"八一三"事变爆发，率全家逃难，辗转五省，行程6000多里。其间，曾任《抗战文艺》编委。先后在桂林师范学校、浙江大学、重庆国立艺术专科学校任教，出版论著、译著多种，举办抗敌御侮的画展多次。抗战胜利后,定居上海,先后任上海市政协委员、全国政协委员、中国美术家协会常务理事、上海市美术家协会主席、上海市文联主席、上海中国画院院长等职。十年"文革"中遭到迫害,1970 秘密恢复写作,1975 年因病逝世,享年 78 岁。

丰子恺具有广博的才华,杰出的成就,是一位在理论与实践两方面都对我国现代美学与美育有着突出贡献的艺术家。他的美学与美育思想既具有鲜明的时代共性,又具有突出的个人特点。从时代共性来说,丰子恺作为一名极富爱国之心、正义之感和启蒙精神的艺术家,力倡一种"为人生"的艺术与审美教育。在这一点上,他与同时代的朱光潜等学者是一致的。但丰子恺师从弘一法师李叔同并皈依佛门的特殊经历,又使其艺术与美学思想打上了浓浓的佛学印记,他对"同情心""艺术心"的倡导即是例证。因此,我们将丰子恺的美学与美育思想概括为"人生—同情论"。

(一)"人生—同情论"人生观

丰子恺生长在 20 世纪初期救亡图存的时代氛围之中,其工作与生活的年代正值烽火连天的抗战时期,经历过颠沛流离的战乱之苦,所以,充满爱国之心的丰子恺力主一种"为人生的艺术"。他说:"世间一切文化都为人生,岂有不为人生的艺术呢?"又说:"总之,凡是对人生有用的美的制作,都是艺术。若有对人生无用(或反有害)的美的制作,这就不能称为艺术。"①抗战期间,他更明确地提倡为抗战的艺术:"抗战艺术,以及描写民生疾苦,讽刺

---

① 金雅选编:《中国现代美学名家文丛·丰子恺卷》,浙江大学出版社 2009年版,第 69 页。

社会黑暗的艺术，是什么糖呢？我说，这些是奎宁糖。里头的药，滋味太苦，故在外面加一层糖衣，使人容易入口、下咽，于是药力发作，把病菌驱除，使人恢复健康。这种艺术于人生很有效用，正同奎宁片于人体很有效用一样。"①这里，丰子恺直接地提出了文艺服务于抗战的问题，说明他的"为人生的艺术"是比较彻底的。但他毕竟是一位深得艺术"三昧"的高水平艺术家，所以，还是力主艺术与人生的有机统一。他说："我们不欢迎'为艺术的艺术'，也不欢迎'为人生的艺术'。我们要求'艺术的人生'与'人生的艺术'。"②为此，他与所有的大艺术家一样强调艺术的"无用之用"。这里所谓的"无用之用"，就是强调艺术用其特有的情感熏陶感染的方式以达到感情潜移默化的目的。他说，"纯正的绘画一定是无用的，有用的不是纯正的绘画。无用便是大用"；又说："用慰安的方式来潜移默化我们的感情，便是绘画的大用。"③

　　以上所说，仿佛丰子恺的人生观与艺术观同朱光潜一样，是一种"为人生"的人生观与艺术观，其实并不完全如此。当然，在秉持爱国之心，力主艺术为人生上，丰子恺与朱光潜是一致的。但丰子恺的特殊之处在于，他还是一名佛教徒，早在1927年就师从弘一法师李叔同皈依佛门，而且总体上来说他还是笃信佛教的。他在1948年底于弘一法师圆寂处厦门南普陀寺佛学会的演

---

① 金雅选编：《中国现代美学名家文丛·丰子恺卷》，浙江大学出版社 2009 年版，第 71 页。

② 金雅选编：《中国现代美学名家文丛·丰子恺卷》，浙江大学出版社 2009 年版，第 71 页。

③ 金雅选编：《中国现代美学名家文丛·丰子恺卷》，浙江大学出版社 2009 年版，第 54—55 页。

讲中指出，"弘一法师是我学艺术的教师，又是我信宗教的导师"；又说，"学艺术的人，必须进而体会宗教的精神，其艺术方有进步"，"可知在世间，宗教高于一切"①等等。为此，在丰子恺"为人生"的人生观与艺术观中包含着"同情心"这样的佛学精神。他秉持佛学的超越精神，认为审美是超越真善功利的，艺术家必须是"大人格者"，具备一种消弭一切贵贱贫富乃至阶级差别、物我对立的"同情心"。他说："普通世间的价值与阶级，入了画中便全部撤销了。画家把自己的心移入于儿童的天真的姿态中而描写儿童，又同样地把自己的心移入于乞丐的病苦的表情中而描写乞丐。画家的心，必常与所描写的对象相共鸣共感，共悲共喜，共泣共笑，倘不具备这种深广的同情心，而徒事手指的刻划，决不能成为真的画家。"②这种"同情心"即由佛学中超越万有的"清静心"所化来。正是这种"同情心"使丰子恺"为人生"的艺术观超越了流行于当时的机械论。他说："我看来中国一大部分的人，是科学所养成的机械的人；他们以为世间只有科学是阐明宇宙的真相的，艺术没有多大的用途，不过为科学的补助罢了。"③在他看来，揭示宇宙与事物真相的恰恰是艺术而不是科学。他说："依哲学的论究，是'最高的真理，是在晓得事物的自身，便是事物现在映于吾人心头的状态，现在给与吾人心中的力和意义！'——这便是

---

①金雅选编：《中国现代美学名家文丛·丰子恺卷》，浙江大学出版社 2009年版，第 23、25 页。

②金雅选编：《中国现代美学名家文丛·丰子恺卷》，浙江大学出版社 2009年版，第 9 页。

③金雅选编：《中国现代美学名家文丛·丰子恺卷》，浙江大学出版社 2009年版，第 15 页。

艺术,便是画。"①同时也使得丰子恺在佛学"万物平等"之"同情心"的推动下,超越了当时盛行的"人类中心主义"。他在弘一法师李叔同的支持与合作之下,早在1929年开始就创作了著名的诗画结合、倡导保护生态环境的《护生画集》。

当然,更为重要的是丰子恺在佛学"同情心"的基础上,总结弘一法师李叔同的思想,归纳出"人生三层楼"的学术与人生思想。他说:"我以为人的生活,可以分作三层:一是物质生活,二是精神生活,三是灵魂生活。物质生活就是衣食。精神生活就是学术文艺。灵魂生活就是宗教。'人生'就是这样的一个三层楼。"②"艺术的最高点与宗教相接近。二层楼的扶梯的最后顶点就是三层楼,所以弘一法师由艺术升到宗教,是必然的事";"我脚力小,不能追随弘一法师上三层楼,现在还停留在二层楼上,斤斤于一字一笔的小技,自己觉得很惭愧。但亦常常勉力爬上扶梯,向三层楼上望望"③。

这"人生三层楼"的思想对于理解丰子恺是十分重要的。首先,使我们进一步明确了丰子恺一切艺术活动与艺术思想的最终指向是佛学的"同情心"与"清静心"的追求;其次,使我们进一步理解了丰子恺艺术思想与美育思想的深刻内涵;当然,更重要的是让我们理解到丰子恺与王国维、朱光潜一样对学术艺术活动的终极关怀维度是有自己的追求的。不过,其他学者可以以中国传

①金雅选编:《中国现代美学名家文丛·丰子恺卷》,浙江大学出版社2009年版,第17页。

②金雅选编:《中国现代美学名家文丛·丰子恺卷》,浙江大学出版社2009年版,第24页。

③金雅选编:《中国现代美学名家文丛·丰子恺卷》,浙江大学出版社2009年版,第25页。

统文化的"天地境界"之说加以概括,而丰子恺却诉诸了宗教——佛学。由此印证了中国传统的境界说以及美育必然包含终极关怀维度。这是美育的归途,也是其提升。

(二)"绝缘论"审美观

丰子恺所坚持的是一种非功利、非实用的"绝缘论"审美观。这种审美观的形成有多方面的原因,首先是丰子恺所处的时代恰逢"西学东渐"正盛之时,康德与黑格尔的德国古典美学的"静观美学"对我国美学界影响很大。同时,丰子恺本人的佛学信仰使之有一种剪断"因果网"的超越思想,正与"静观美学"相吻合。他选择的"绝缘"二字有与尘缘隔绝之意,本身也颇含佛学意味。

丰子恺于 1922 年在《艺术教育的原理》一文中论述真与美、科学与艺术之关系时提出审美的"绝缘论"。他说:"因为艺术是舍过去未来的探求,单吸收一时的状态的,那时候只有这物映在画者的心头,其他的物,一件也混不进来,和世界一切脱离,这事物保住绝缘的(isolation)状态,这人安住(repose)在这事物中;同时又可觉得对于这事物十分满足,便是美的享乐,因为这物与他物脱离关系,纯粹的映在吾人的心头,就生出美来。"[1]在丰子恺看来,所谓审美就是对于孤立的、与周围没有任何关系的事物形式的欣赏。这就是所谓的"绝缘",他进一步阐释道,"绝缘"的方法就是在审美时不要联想到实用上去,只面对瞬间的印象,使心安住在画中,只欣赏画中的美,不问画中的路通向何方,画中的人姓甚名谁,画中的花属于植物的何种科目? 为此,他将美与真、艺

---

[1]金雅选编:《中国现代美学名家文丛·丰子恺卷》,浙江大学出版社 2009 年版,第 17 页。

术与科学加以明确区分。他说："(1)科学是连带关系的，艺术是绝缘的；(2)科学是分析的，艺术是理解的；(3)科学所论的是事物的要素，艺术所论的是事物的意义；(4)科学是创造规则的，艺术是探求价值的；(5)科学是说明的，艺术是鉴赏的；(6)科学是知的，艺术是美的；(7)科学是研究手段的，艺术是研究价值的；(8)科学是实用的，艺术是享乐的；(9)科学是奋斗的，艺术是慰乐的。二者的性质绝对不同，并且同是人生修养上所不可偏废的。"①以上九点区分并不完全准确，但划清二者的区分，说明艺术与审美的"绝缘"特性的意图却是十分明显的。

在丰子恺对审美"绝缘论"的论述中，颇富创意的是他将"童心说""趣味说""剪网说"引入其中。在丰子恺看来，儿童纯洁无瑕的"童心"，天然地就有"绝缘"的审美情怀，从而具有超然物外的"趣味"。丰子恺以儿童拿银洋做胸章、以花生米做吃酒的老头而完全抛弃其实用价值的生动事例说明，"童心"是与"绝缘"式的审美天然相联的。他说："儿童对于人生自然，另取一种特殊的态度。他们所见、所感、所思，都与我们不同，是人生自然的另一方面。这态度是什么性质的呢？就是对于人生自然的'绝缘'(isolation)的看法。"②他认为，这就是童心，而"童心，在大人就是一种趣味。培养童心，就是涵养趣味"③。将审美的"绝缘"归结为一种童心、一种趣味，实际上是将之归结为一种返璞归真、超脱尘世

---

① 金雅选编:《中国现代美学名家文丛·丰子恺卷》,浙江大学出版社 2009年版,第 18 页。

② 金雅选编:《中国现代美学名家文丛·丰子恺卷》,浙江大学出版社 2009年版,第 27 页。

③ 金雅选编:《中国现代美学名家文丛·丰子恺卷》,浙江大学出版社 2009年版,第 30 页。

的生存态度,的确是丰子恺的创意所在。他的更进一步的创意,是将审美的"绝缘"归结为对尘世因果网的剪断。他在进一步阐释审美绝缘论时,将之归结为对尘世"因果网"的摆脱,是对事物"本相"的回归与把握。为此,他于1928年专门写了《剪网》一文,说道:"我想找一把快剪刀,把这个网尽行剪破,然后来认识这世界的真相。艺术,宗教,就是我想找求来剪破这'世网'的剪刀吧!"①

(三)"人的教育"的美育观

什么是美育或艺术教育呢?丰子恺给予了一个十分简明的回答:人的教育。他说:"要之,艺术教育是很重大很广泛的一种人的教育。"②他在自己的论著中反复论证这一观点。首先,他点明了这一观点是深受其师弘一法师李叔同的影响,论述了李叔同"先器识而后文艺"的文艺观。他说:"'先器识而后文艺',译为现代话,大约是'首重人格修养,次重文艺学习',更具体地说:'要做一个文艺家,必先做一个好人。'可见李先生平日致力于演剧、绘画、音乐、文学等文艺修养,同时要致力于'器识'修养。他认为一个文艺家倘没有'器识',无论技术何等精通熟练,亦不足道,所以他常诫人'应使文艺以人传,不可人以文艺传。'"③也就是说,在李叔同看来,要做一个好的文艺家首先要做一个好人,与此相应,

---

① 金雅选编:《中国现代美学名家文丛·丰子恺卷》,浙江大学出版社2009年版,第22页。
② 金雅选编:《中国现代美学名家文丛·丰子恺卷》,浙江大学出版社2009年版,第45页。
③ 金雅选编:《中国现代美学名家文丛·丰子恺卷》,浙江大学出版社2009年版,第86页。

艺术的目的当然也在于培养好人。这一理念深深地影响了丰子恺,为此提出了"艺术教育即人的教育"的重要理论观点。丰子恺对这一观点特别加以强调,指出缺少了艺术的教育就不可能培养"完全的人",而只能培养"不完全的残废人"。这在 20 世纪 20 年代的语境下说得是非常深刻到位的,直至今天仍然具有重要的警世作用!

丰子恺为了说明"人的教育"的美育观,对美育的功能作了具体的分析说明。他认为,美育的具体作用是培养人的审美的欣赏力与创造力,进而培养人以审美的艺术的态度对待社会、生活与人生。他以绘画教育为例说道:"例如图画,教儿童鉴赏静物、鉴赏自然,不念其实用、功利的方面,而专事吟味其美的方面,以养成其发见'美的世界'的能力;教儿童描写这美,以养成其美的创作的能力。希望这能力能受用于其生活上:即希望其能用鉴赏自然、鉴赏绘画的眼光来鉴赏人生、世界,希望其能用像美的和平与爱的情感来对付人类,希望其能用像创造绘画的态度来创造其生活。"①这实际上是希图通过审美的欣赏力与创造力的培养,进而达到塑造艺术化的人生的目的,是十分进步健康的美育观念。

丰子恺还从艺术是"人生苦闷"的发泄的特殊角度论述了艺术作为"人的教育"的特殊作用。这是受到当时十分流行的一本文学理论著作——厨川白村的《苦闷的象征》影响的结果。丰子恺曾经翻译过该书,受其影响极深,但将其"生命力的压抑"变换为"奔放自由的感情逐渐地压抑",同时包含了他的佛学的超越"苦谛"思想,从而将艺术看作是发泄苦闷的乐园,给人以慰藉的

---

①金雅选编:《中国现代美学名家文丛·丰子恺卷》,浙江大学出版社 2009 年版,第 45 页。

途径。他说:"艺术的境地,就是我们大人所开辟以发泄这生的苦闷的乐园,就是我们大人所开辟以发泄这生的苦闷的乐园,就是我们大人在无可奈何之中想出来的慰藉、享乐的方法。所以苟非尽失其心灵的奴隶根性的人,一定谁都怀着这生的苦闷,谁都希望发泄,即谁都需要艺术。我们的身体被束缚于现实,匍匐在地上,而且不久就要朽烂。然而我们在艺术的生活中,可以瞥见'无限'的姿态,可以认识'永劫'的面目,即可以体验人生的崇高、不朽,而发见生的意义与价值了。"[1]在丰子恺看来,艺术不仅是"苦闷的发泄",而且可以体验"人生的不朽","发见生的意义与价值"。这里,又一次体现了他的"三层楼"学说中由艺术接近宗教的佛学思想的印迹。

(四)"爱心论"的创作观

丰子恺作为画家,其创作大体包括古诗词、儿童画、护生画与社会相画四类。他在 1946 年写的《漫画创作二十年》一文中指出:"今日回顾这二十多年的历史,自己觉得,约略可分为四个时期:第一是描写古诗句时代,第二是描写儿童相的时代,第三是描写社会相的时代,第四是描写自然相的时代。但又交互错综,不能判然划界,只是我的漫画中含有这四种相的表现而已。"[2]贯穿这四类画始终的,是丰子恺为文为艺为人的"爱心论"。他曾有感于宇宙社会人生的变幻无常,而感到艺术及艺术教育应肩负"爱

---

① 金雅选编:《中国现代美学名家文丛·丰子恺卷》,浙江大学出版社 2009 年版,第 44 页。

② 金雅选编:《中国现代美学名家文丛·丰子恺卷》,浙江大学出版社 2009 年版,第 314—315 页。

的教育"的特殊使命。他说："我们在世间，倘只用理智的因果的头脑，所见的只是万人在争斗倾轧的修罗场，何等悲惨的世界！日落、月上、春去、秋来，只是催人老死的消息；山高、水长，都是阻人交通的障碍物；鸟只是可供食料的动物，花只是结果的原因或植物的生殖器。而且更有大者，在这样的态度的人世间，人与人相对都成生存竞争的敌手，都以利害相交接，人与人之间将永无交通，人世间将永无和平的幸福、'爱'的足迹了。故艺术教育就是和平的教育、爱的教育。"①这在一定程度上反映了佛教的"苦谛"之说。该说认为，众生的生命和生活的本质就是痛苦，包括生苦、老苦、病苦、死苦、怨憎会苦、爱别离苦、求不得苦等等。而解脱痛苦之道，丰子恺认为，除了佛教的超度之外就是艺术教育，艺术教育之所以能够解脱人间苦难，就是因为它是一种"爱的教育"。这种"爱的教育"就是对于人的这种深广"同情心"的发扬，使之热爱关怀宇宙人生，热爱关怀老人儿童，热爱关怀自然万物。"爱心论"恰是丰子恺"同情心"的实践与发扬，是其艺术创作论的核心。我们仅从其创作中的儿童画与护生画两大主题即可见其"爱心论"的表现。

先说丰子恺的儿童画。他的漫画是从儿童画开始的，始终贯穿着对儿童的热爱与呵护，洋溢着童心。他说："我作漫画由被动的创作而进于自动的创作，最初是描写家里的儿童生活相。我向来憧憬于儿童生活。尤其是那时，我初尝世味，看见了当时社会里的虚伪矜忿之状，觉得成人大都已失本性，只有儿童天真烂漫，人格完整，这才是真正的'人'。于是变成了儿童崇拜者，在随笔

---

①金雅选编：《中国现代美学名家文丛·丰子恺卷》，浙江大学出版社 2009年版，第 29 页。

中、漫画中,处处赞扬儿童。现在回忆当时的意识,这正是从反面诅咒成人社会的恶劣。"①丰子恺极力倡导培养童心,保护童心。他说:"所谓培养童心,应该用甚样的方法呢? 总之,要处处离去因袭,不守传统,不顺环境,不照习惯,而培养其全新的、纯洁的'人'的心。对于世间事物,处处要教他用这个全新的纯洁的心来领受,或用这个全新的纯洁的心来批判选择而实行","只要父母与先生不去摧残它而培养它,就够了"。② 因此,他反对将"儿童大人化"。总之,他的创作是赞美童心、爱护童心、保护童心的,始终充满着童情童趣,洋溢着对儿童深厚的爱。丰子恺进一步对儿童未受俗事传染的可贵的艺术眼光给予了充分的肯定。他认为,艺术的眼光就是直接地面对物象本身的眼光,这种眼光常在单纯的儿童的眼光中保存着;而非艺术的眼光则是更多看到物象的价值、作用与关系的眼光,表现在很多成人的眼光之中。他说:"你得疑问:艺术家就同孩子们一样眼光吗? 我郑重地答复你:艺术家在观察物象时,眼光的确同儿童的一样;不但如此,艺术家还要向儿童学习这天真烂漫的态度呢。"③

再说丰子恺的护生画。这在中国乃至世界绘画史上都是值得大书特书的一笔。丰子恺从 1929 年开始就在弘一法师李叔同的启发与合作下创作"护生画",诗画相配,诗或选自前人之作或自己创作,而以爱护自然万物为其内容。一般由丰子恺作画,而

①金雅选编:《中国现代美学名家文丛·丰子恺卷》,浙江大学出版社 2009年版,第 315 页。
②金雅选编:《中国现代美学名家文丛·丰子恺卷》,浙江大学出版社 2009年版,第 31 页。
③金雅选编:《中国现代美学名家文丛·丰子恺卷》,浙江大学出版社 2009年版,第 92 页。

李叔同配诗。1929 年出《护生画》初集，1939 年出《护生画》续集。此二集均为丰子恺与李叔同合作。1942 年李叔同圆寂后，丰子恺又在其他人的合作下出了四集。最后一集于 1979 年 10 月在香港出版，此时丰子恺已辞世四年。可以说，丰子恺以自己的绘画艺术为保护生态环境奋斗到最后一息。这在现代画家中是极为罕见的。他说：“护生者，护心也（初集马一浮先生序文中语）。去除残忍心，长养慈悲心，然后拿此心来待人处世。——这是护生的主要目的。”①丰子恺 1946 年自叙道，对于《护生画集》“直到现在，此类作品都是我自己所最爱的”②。《护生画集》是丰子恺充满仁爱精神的“同情心”的体现。他说，“艺术家的同情心，不但及于同类的人物而已，又普遍地及于一切生物无生物，犬马花草，在美的世界中均是有灵魂的而能泣能笑的活物了”，“这正是‘物我一体’的境涯”③。丰子恺的《护生画集》具有巨大的社会价值与艺术价值，他在《护生画集》中倡导的“普度众生”“关爱万物”“同情万物”“物我一体”的佛学精神在当前的自然生态保护中仍然具有重要的借鉴意义。

　　丰子恺关于“护生即护心”的论断也十分精辟。当然，在佛学的意义上，所谓“护心”就是保证人的“慈悲心”不受污染，不致变成残害万物的“残忍心”。从自然生态环境的保护来说，也主要是“心”的保护与端正，最根本的不是物质的与技术的问题，而是

---

① 《丰子恺文集》第 4 卷《艺术卷 4》，浙江文艺出版社、浙江教育出版社 1990 年版，第 425 页。

② 金雅选编：《中国现代美学名家文丛·丰子恺卷》，浙江大学出版社 2009 年版，第 316 页。

③ 金雅选编：《中国现代美学名家文丛·丰子恺卷》，浙江大学出版社 2009 年版，第 9 页。

"心"的问题,即文化态度问题。因此,"护生即护心"也应该成为当今自然生态保护的核心理念之一。

(五)"梦与真"的中西艺术比较论

作为兼通中西古今的艺术家,丰子恺对中西艺术进行了自己的比较。从目前掌握的材料来看,丰子恺是现代艺术家与美学家中更具民族文化自觉性的一代大家。他在国势日衰、西学东渐、民族危亡的形势下,与许多艺术家、美学家的民族自卑心不同,更多地看到了中国传统艺术的优势与特点。他曾自豪地表示,在现代艺术的十二个部门中,金石书法为中国所独有,提出"如果书法是东部高原,那么音乐就是西部高原。两者遥遥相对"[①]的重要观点;他还认为,中国画的"清醇淡雅""对于肉感的泰西人的艺术实在是足矜的"[②],提出"中国是最艺术的国家"[③]这样的论断。

当然,丰子恺在坚持民族文化自觉性的同时,在艺术上还是十分清醒的。他以"梦与真"作为中西艺术的最主要特点并对之加以比较。他"用梦比方中国画,用真比方西洋画;又用旧剧比方中国画,用新剧比方西洋画"[④],认为中国画的自然观照注重物的

[①]金雅选编:《中国现代美学名家文丛·丰子恺卷》,浙江大学出版社2009年版,第107页。

[②]金雅选编:《中国现代美学名家文丛·丰子恺卷》,浙江大学出版社2009年版,第148页。

[③]金雅选编:《中国现代美学名家文丛·丰子恺卷》,浙江大学出版社2009年版,第34页。

[④]金雅选编:《中国现代美学名家文丛·丰子恺卷》,浙江大学出版社2009年版,第154页。

神气而不注重形式,西洋画注重形式而不注重神气。中国画为了要生动地画出神气,有时不免牺牲一点形似,例如三星图中的老寿星头大身短、美人的削肩等均不符合解剖学原理;而西洋画为了形似有时不免牺牲一点神气,例如绘画与照相类似凝固而不清新。所以,奇形怪状的中国画好比现世不存在的梦的情景和京剧的表现,而照相式的西洋画则如真实的世界情形,好比新的话剧的表现。此外,他还指出中国画的散点透视与西洋画远近法的焦点透视的差异等等。总之,丰子恺用"梦与真"作为中西艺术的不同特征,总体看是得当的,反映了中画"写意"的特点、西画"模仿"的原则。

不仅如此,丰子恺还进一步探讨了中西画"梦与真"的差异形成的原因,即中西不同的民族文化、民族精神与审美原则的相异。他说:"一民族的文化,往往有血脉联通,形成一贯的现象……"①具体来说,由于中国古代"天人合一"哲学思想的影响,所以一直秉持"万物一体"的思想观念,追求"万物并育而不相害,道行而不相悖"(《礼记·中庸》)的境界,早在魏晋南北朝就以"仁爱亲和"的态度描写自己山水,逐步使山水画成为中国画之正宗。丰子恺指出:"'万物一体'是中国文化思想的大特色,也是世界上任何一国所不及的最高的精神文明。古圣人说:'各正性命。'又曰'亲亲而仁民,仁民而爱物',可见中国人的胸襟特别广大,中国人的仁德特别丰厚。所以中国人特别爱好自然。远古以来,中国画常以自然(山水)为主要题材,西洋则本来只知道描人物(可见其胸襟狭,眼光短,心目中只有自己),直到十九世纪印象派模仿中国画,

---

① 金雅选编:《中国现代美学名家文丛·丰子恺卷》,浙江大学出版社 2009年版,第 164 页。

始有独立的风景画与静物画。"①在此基础上，丰子恺阐发了中国画特有的"气韵生动"的审美与艺术原则，西洋画"写实造形"的审美与艺术原则。他概括中国画的"气韵生动"原则时，写道："原来气韵生动不是简单的世界观，乃是艺术家的世界观，暗示他、刺激他，使他活动的世界观。气韵生动到了创作活动上而方才能表明其意义，发挥其生命。故气韵生动可名之为创作活动的根本的精神的动力。"②他认为，"气韵生动"集中地表现了"心的生命，人格的生命的价值"③，是一种古代中国的生命的关系。而西方则是一种"写实造形"的审美与艺术原则。丰子恺以西方印象派画家为例加以说明，"他们主张描画必须看着了实物而写生，专用形状色彩来描表造形的美。至于题材，则不甚选择，风景也好，静物也好。这派的大画家 Monet（莫奈）曾经为同一的稻草堆作了十五幅写生画，但取其朝夕晦明的光线色彩的不同，题材重复至十五次也不妨"；又说："这是专重形状、色彩、光线笔法的造形美术，其实与前述的立体派绘画或图案画很相近了。此风到现在还流行，入展览会，但觉满目如肉，好像走进了屠场或浴室。"④

当然，丰子恺也不是一味地肯定中国画，他对中国画的失真与"空虚"还是多有批评。而且，丰子恺也指出了 19 世纪以来中

①金雅选编：《中国现代美学名家文丛·丰子恺卷》，浙江大学出版社 2009年版，第 34 页。

②金雅选编：《中国现代美学名家文丛·丰子恺卷》，浙江大学出版社 2009年版，第 146 页。

③金雅选编：《中国现代美学名家文丛·丰子恺卷》，浙江大学出版社 2009年版，第 141 页。

④金雅选编：《中国现代美学名家文丛·丰子恺卷》，浙江大学出版社 2009年版，第 203 页。

西艺术的逐步融合，随着西方印象派特别是后印象派画派的兴起，东方的"写意"风格逐步传到西方并被逐步接受，西方画风为之一变；而中国画家也开始学习西画，出现了融汇中西的一代新型画家。

总之，丰子恺的美学与美育思想有两大明显的特点：一是他作为成就卓著的画家来研究美学与美育，包含了自己极为丰富的艺术创作与审美的经验；二是他作为佛学信徒，以其特有"清静心""同情心"的佛学思想论述审美问题，成为中国绘画史与美学史上的奇葩。

第十四讲　美育与当代文化艺术发展新趋势

一、后现代转向与美育

（一）后现代社会与后现代转向

20 世纪中期以来,出现了以知识经济与大众文化为标志的社会转型。法国哲学家让-弗朗索瓦利奥塔(Jean-Francois Lyotard)指出:"当许多社会进入我们通称的后工业时代,许多文化进入我们所谓的后现代化时,知识的地位已然变迁! 至少在 50 年代末期这一转变就形成了。"①法国另一位哲学家福柯在 1966 年的《词与物》一书中,将当代(即后现代)界定为 1950 年至今,基本特征为"下意识",哲学形式为"考古学"(即解构主义)。从一般的意义上来理解,"后现代"是从 20 世纪 50 年代后期开始的,其内涵为对现代性即主体性、工具理性、结构主义哲学的一种反思与超越,可分建构的后现代与解构的后现代两种。相比起来,我们更加赞成"建构的后现代"。后现代社会的到来,在经济、社会与文化等方面带来一系列重大变化,也必将影响到美学与美育。

①［法］利奥塔:《后现代状况》,岛子译,湖南美术出版社 1996 年版,第 34 页。

　　我国在新中国成立后,特别是经过改革开放以来的经济社会建设,在现代化持续深入发展的同时,也出现了诸多后现代状况,包括经济社会领域"生态文明"建设的提出,哲学领域"人与自然共生"观念的提出,文化领域大众文化、消费文化与网络文化的勃兴等等,都对美学与美育建设构成新的挑战与发展语境。英国马克思主义理论家伊格尔顿在 1995 年 8 月大连召开的"文化研究:中国与西方"国际研讨会的主题发言中指出,90 年代中后期的中国社会已经越来越带有后现代消费社会的特征。

(二)新的美学现象与美学观念的兴起

　　1. 大众文化的兴起与精英文化的消解。

　　"大众文化"首先是由西班牙裔哲学家奥尔特加·加塞特(Jose Ortegay Gasset)在 1929 年提出的,他首先揭示了现代艺术的精英主义与大众文化的对立。他说,现代主义艺术"把人们分成两部分:一是小部分热衷于现代艺术的人,二是大多数对它抱有敌意的大众。因此,现代艺术起着社会催化剂的作用,它把无形的人们区分为两个不同的阶层"①。大众文化的基本特点,是大众的崛起与精英的消解,改变了文化领域历来由"上层"与"精英"占领的传统局面,使得广大民众在文化的创作与接受中悄然崛起。正如洛文塔尔(Leo Lowenthal)所说,"在现代文明的机械化进程中,个体衰落式微,使得大众文化出现,取代了民间艺术或'高雅'文化。大众文化产品没有一点真正的艺术特色,但在大众文化的所有媒介中,它具有真正的自我特色:标准化、俗套、保守、

---

①转引自周宪:《审美现代性批判》,商务印书馆 2005 年版,第 307 页。

虚伪、人为控制的生活消费品"①，比较准确地揭示了大众文化作为普通民众"生活消费品"区别于精英文化高雅性的标准化、俗套化特点。现时代消解了大众文化与精英文化之间的界限，标示着精英文化的终结和新的大众文化的崛起。与大众文化的非精英化相伴的是它的去经典化，以其通俗性与平民性挑战了经典的典雅性与权威性。对大众文化的评价出现两种相反的观点：一种观点对大众文化基本上持否定态度，洛文塔尔认为，"我们回到大众文化与艺术的不同之处，前者是虚假的满足，后者是真实的体验……但是，在大众文化中，人们则通过抛弃所有东西，甚至包括对美的崇敬，以从神话力量中把自己解放出来"②。美国美学家舒斯特曼则对大众文化给予了充分的肯定，将之称为当代"审美能量与活动集中的地方"。他说："在当今世界，高雅艺术已经不再是审美能量集中的地方。绝大部分的审美能量不向博物馆和画廊汇聚，而是汇聚到通俗艺术、设计、广告，以及人们的生活艺术上。因此，为了使美学具有生命力，使美学繁荣，我们必须将审美的注意力放到审美能量与活动集中的地方。"③与上述两种情形相对，还有一种比较折中的观念，就是对大众文化既有批判又有肯定。当代西方马克思主义代表人物之一詹姆逊从文化批判的高度对后现代主义及大众文化是持一种批判态度的，但他也实事求是地承认其合理因素并给予应有的肯定。他认为，后现代主

①陶东风主编：《文化研究精粹读本》，中国人民大学出版社 2006 年版，第258 页。

②陶东风主编：《文化研究精粹读本》，中国人民大学出版社 2006 年版，第254 页。

③刘悦笛主编：《美学国际：当代国际美学家访谈录》，中国社会科学出版社2010 年版，第 196 页。

义及大众文化带来的并非全是消极的东西,它打破了我们固有的
单一的思维模式,使我们在这样一个时空观念大大缩小了的时代
对问题的思考变得复杂起来,对价值标准的追求也突破了简单的
非此即彼模式的局限。① 我们认为,对于后现代社会状况下出现
的大众文化,从总体上应从历史主义的视角承认并肯定其出现的
历史必然性与合理性,同时应正视其种种局限,并采取应对之策
加以必要的引导与提升。

2.消费社会的出现与文化艺术的商品化趋势。

20 世纪中期以来,随着后现代社会的出现,一个新的消费社
会呈现在我们面前。法国社会学家让·鲍德里亚从符号学的独
特视角对这个消费社会及其消费文化进行了深入的分析与批判,
他说:"关于消费的一切意识形态都想让我们相信我们已经进入
了一个新纪元,一场决定性的人文'革命'把痛苦而英雄的生产年
代与舒适的消费年代划分开来了,这个年代终于能够正视人及其
欲望。"②这是一个以消费而不是以生产为目的的时代,是一个通
过巨额广告去除产品的使用价值与时间价值而增加其时尚价值
与更新速度的时代,是一个充分肯定欲望与身体快感的时代,是
一个将一切都化作商品与金钱的时代。在这样一个特定的消费
时代产生了消费文化。消费文化的特点就是文化的商品化与商
品的文化化。诚如鲍德里亚所说,"文化中心成了商业中心的组
成部分。但不要以为文化被'糟蹋':否则那就太过于简单化了。

---

① 参见王宁:《后理论时代的文学与文化研究》,北京大学出版社 2009 年版,
　　第 141 页。
② [法]让·鲍德里亚:《消费社会》,刘成富等译,南京大学出版社 2000 年
　　版,第 74 页。

实际上,它被文化了。同时,商品(服装、杂货、餐饮等)也被文化了,因为它变成了游戏的、具有特色的物质,变成了华丽的陪衬,变成了全套消费资料中的一个成分";又说:"它的整个'艺术'就在于耍弄商品符号的模糊性,在于把商品与实用的地位升化为'氛围'游戏:这是普及了的新文化,在一家上等的杂货店与一个画廊之间,以及在《花花公子》与一部《古生物学论著》之间已不再存在什么差别。"①詹姆逊也对这种文化艺术商品化的现象进行了分析,他说:"商品化进入文化意味着艺术作品正在成为商品,甚至理论也成为商品;当然这不是说那些理论家们正在利用自己的理论发财,而是说商品的逻辑已影响到人们的思维。"②鲍德里亚对于这样的消费社会与消费文化是否定的,认为这是一个"异化"的世纪。他指出,"可以推论,消费世纪既然是资本符号下整个加速了的生产力进程的历史结果,那么它也是彻底异化的世纪"③。他认为,"文化消费""可以被定义为那种夸张可笑的复兴、那种对已经不复存在之事物——对已被'消费'(取这个词的本义:完成和结束)事物进行滑稽追忆的时间和场所"④。因为,文化都是一次的、独创的,而"文化产品"则是机械复制的、数量浩繁的,其基本特点是"媚俗",是一种伪物品、模拟、复制、符号。不可否认,鲍德里亚揭示了消费社会与消费文化的一种非常重要的

---

①[法]让·鲍德里亚:《消费社会》,刘成富等译,南京大学出版社 2000 年版,第 4—5 页。

②转引自周宪:《审美现代性批判》,商务印书馆 2005 年版,第 338 页。

③[法]让·鲍德里亚:《消费社会》,刘成富等译,南京大学出版社 2000 年版,第 225 页。

④[法]让·鲍德里亚:《消费社会》,刘成富等译,南京大学出版社 2000 年版,第 99 页。

特性,但对消费文化为广大民众在现代社会提供的"休闲"中所带来的娱乐、作为文化产业在当代经济社会发展中举足轻重的地位却没有给予足够的重视。

3. 艺术的终结与日常生活审美化。

"艺术的终结"与"日常生活审美化"是 20 世纪 90 年代以来,特别是新世纪以来被不断讨论与争辩的两个问题。这其实是两个紧密相关的问题,因为"日常生活审美化"其实就是艺术终结的重要表征。这两个问题也是对传统美学与美育理论和实践的挑战,颠覆了一系列传统的美学与美育观念。

其实,"艺术的终结论"早在 19 世纪前期的黑格尔美学中就已经提出。黑格尔在其《美学》全书的最后写道:"到了喜剧的发展成熟阶段,我们现在也就到了美学这门科学研究的终点。"①又说:"在喜剧里它把这种和解的消极方式(主体与客观世界的分裂)带到自己的意识里来。到了这个顶峰,喜剧就马上导致一般艺术的解体。"②在这里,黑格尔按照自己的客观唯心主义哲学体系,将世界归结为绝对理念的自发展,而在绝对理念自发展的绝对精神阶段,在经历了艺术阶段之后又必然地进入宗教与哲学的阶段,美学与艺术宣告终结。当然,黑格尔这里所说的"终结"只是绝对理念自发展由"艺术"阶段进入"宗教"阶段,并非指艺术这种形式在世界上的"死亡"与消失。但艺术也必然地面临着一种"解体"。据记载,《美学》是黑格尔 1817—1829 年的学术讲演。

---

① [德]黑格尔:《美学》第 3 卷下,朱光潜译,商务印书馆 1981 年版,第 334 页。

② [德]黑格尔:《美学》第 3 卷下,朱光潜译,商务印书馆 1981 年版,第 334 页。

其时,资本主义方兴未艾,其艺术也呈兴盛之势,黑格尔已经预言了"艺术"的必然解体,充分彰显出伟大理论家及其理论所具有的巨大预见能力。其后,1917 年发生了美国的行为艺术家马塞尔·杜尚(Marcel Duchamp)将一件瓷质小便器命名为《喷泉》拿到艺术展览会参展的事件。尽管此举最后被拒绝,但仍然引起"何为艺术"的长期争论。1964 年,又出现了波普艺术家安迪·沃霍尔将超市里的三个"布乐利盆子"(肥皂盒)放到艺术馆作为艺术品展览。这两个事件一起构成了对传统艺术与艺术观念的强烈冲击,直接引发了 20 世纪后半叶有关"艺术是否终结"的大讨论。1984 年,美国哲学家、美学家阿瑟·丹托(Arthur C. Danto)发表了著名的《艺术的终结》的宣言。他自己声称,他的论题的提出直接受到杜尚的启发,"杜尚作品在艺术之内提出了艺术的哲学性质这个问题,它暗示着艺术已经是形式生动的哲学,而且现在已通过在其中心揭示哲学本质完成了其精神使命。现在可以把任务交给哲学本身了,哲学准备直接和最终地对付其自身的性质问题。所以,艺术最终将获得的实现和成果就是艺术哲学"①。他一再声称,所谓的"艺术的终结"绝不是艺术的死亡,而是"特定的叙事已走向了终结",单纯的纯艺术的叙事已不复存在,而在艺术与生活界限的消解中,艺术已处于与生活二律背反的哲学思考之中,成为了哲学。随着艺术边界的扩展,艺术与生活之间界限的模糊,"日常生活审美化"的问题也相应地被提了出来。西方学者迈克·费瑟斯通(Mike Featherstone)与沃尔夫冈·韦尔施(Woefgang Wesesch)等先后提出这一论题,并于 2000 年前后介绍到中国,立即引起激烈的争论。这场争论围绕如下问题展开:

---

①转引自刘悦笛:《艺术终结之后》,南京出版社 2006 年版,第 43 页。

其一，在新的时代，文学艺术及其研究是否还将继续存在？围绕这一问题的讨论始于美国学者希利斯·米勒在 2001 年第一期《文学评论》杂志上发表了一篇题为《全球化时代文学研究还会继续存在吗？》的文章，提出在新的电信技术时代，文学与文学研究将不复存在的观点，引起相当一批学者的反驳。实际上，米勒作为著名的"解构学派"即"耶鲁四人帮"之一，着重探讨的是新的全球化电信时代对传统的文学艺术及其研究所提出的挑战，采用的是现象学将传统文学艺术及其研究存而不论的方式，因而在"解构"之外还有"擦痕"的概念。当然，作为"解构论者"，米勒等人更多地倾向于对传统文学艺术及其研究予以否定，这不免偏颇。但新的全球化、电信化与商业化时代，纯粹的传统文学艺术及其研究难道还能保持原来的纯而又纯的状况吗？变化显然是不可避免的。其二是文学艺术的边界是否应该拓宽？许多学者认为，"日常生活审美化"的一个重要现实就是审美走向生活，文学艺术的边界大幅度拓展。也有的学者认为，这种拓展不应干扰传统文学艺术及其研究。实际上，即使传统的文学艺术及其研究的边界应该并能够坚守，其扩界已成不容漠视的现实。其三是对"日常生活审美化"的价值判断。有学者认为，这是不可阻挡的历史的必然，反映了社会与美学的发展趋势及审美的民主化、大众化方向。但也有学者认为，在其背后实际上是市场经济背景下资本主义文化工业的一种操纵，因而出现各种媚俗与庸俗的文化现象。我们认为，对任何社会现象的价值判断都应坚持马克思主义历史主义的观点。从这样的观点来看，日常生活审美化总体上是符合社会历史潮流的社会文化现实，我们应给予正视承认与必要的引导。日常生活审美化之中出现大量问题是很正常的现象，连对大众文化持充分肯定态度的美国美学家舒斯特曼也承认这一点。

他在一次访谈中说道:"许多通俗艺术一点也不好。我关于通俗艺术的立场是一种改良主义的立场,也就是说,在我看来,通俗艺术具备成为好的艺术的潜力,但需要更多的批评和关心才能充分发挥这种潜力。"①

二、视觉文化与视觉艺术教育

20世纪下半期以来,在人类文化形态上已经显现"视觉性成为文化主因"②的状况。一方面表现为视觉形象占据了文化领域的主导地位,进入所谓的"图像时代",在艺术、生活与商业领域,各种视觉形象铺天盖地地向我们扑来,成为文化与日常生活最重要的组成部分之一,有人将之喻为"视觉殖民";另一方面,在当代文化领域,将感觉、味觉、体验等一系列非视觉性的因素都尽可能地"视觉化",变成可视的形象,视觉文化成为无可取代的强势文化。面对这样一种情况,我们的审美观念、美育的理论与实践都应随之进行必要的调整。美国等发达国家正在着手进行这样的工作,我国美学界与教育界也逐步给予重视。

(一)当代文化的"视觉转向"

当代文化的"视觉转向"理论始于20世纪之初,1913年匈牙利电影理论家贝拉·巴拉兹(Bela Balazs)明确提出了"视觉文化"的概念。1938年,海德格尔发表《世界图像的时代》一文,指出:

---

① 刘悦笛主编:《美学国际:当代国际美学家访谈录》,中国社会科学出版社2010年版,第204页。
② 周宪:《视觉文化的转向》,北京大学出版社2008年版,第6页。

"倘我们沉思现代,我们就是在追问现代的世界图像。通过与中世纪的和古代的世界图像相区别,我们描绘出现代的世界图像。"①海氏对"图像的时代"进行了如下概括:第一,"并非意指一幅关于世界的图像,而是指世界被把握为图像";第二,"存在者的存在是在存在者之被表象状态中被寻求和发现的";第三,"这一事实使存在者进入其中的时代成为与前面的时代相区别的一个新时代";第四,"根本上世界成为图像,这样一回事情标志着现代之本质";第五,"世界之成为图像,与人在存在者范围内成为主体是同一个进程";第六,"现代的基本进程乃是对作为图像的世界的征服过程"。② 这说明,海氏所谓"图像的时代"是指图像已在社会生活中占据压倒地位的"世界被把握为图像"的新时代,指图像揭示了存在者之存在,从而具有本体地位的时代,也指人在世界图像化过程中成为主体的工业革命的时代。因此,海氏的"图像的时代"还是指工业革命时期的现代。到了20世纪60年代,法国思想家居伊·德波(Guy Debord)明确提出"景象社会"的理论,其基本特征是商品变成了形象或形象即商品。③ 这就是一种后现代的视觉文化理论的开端,直至20世纪90年代以来,这种后现代视觉文化理论逐步发展成为当代视觉文化的主流形态。对于这样的后现代视觉文化,美国学者米歇尔(W. J. T. Mitchell)作了明确的界定。他以关键词的方式指出:

---

①[德]海德格尔:《海德格尔选集》,孙周兴选编,上海三联书店1996年版,第897—898页。

②[德]海德格尔:《海德格尔选集》,孙周兴选编,上海三联书店1996年版,第899—904页。

③周宪:《视觉文化的转向》,北京大学出版社2008年版,第15页。

视觉文化:符号,身体,世界

第一术语:符号:形象与视觉性;符号与形象;可视的与可读的;图像志,图像学,图像性;视觉修养;视觉文化与视觉自然;视觉文化与视觉文明(大众文化对艺术;视觉美学对符号学;视觉文化的层级);社会与景象;视觉媒介的分类学与历史(视觉文化的"自然史");视觉艺术的社会性别;表征和复制。

第二术语:身体:种族,视觉与身体;漫画与人物;暴力的形象/形象的暴力(偶像破坏论;偶像崇拜;拜物教;神圣;世俗,被禁忌的形象,检查制度,禁忌与俗套);视觉领域中的性与性别(裸体与裸像;注视与一瞥);姿态语言;隐身与盲视;春宫画与色情;表演艺术中的身体;死亡的展示;服装倒错与"消失";形象与动物。

第三术语:世界:视觉物的体制;形象与权力(视觉与意识形态;视觉体制的概念;透视);视觉媒介与全球文化;形象与民族;风景,空间(帝国,旅行,位置感);博物馆,主题公园,购物中心;视觉商品的流通;形象与公共领域;建筑与建筑环境;形象所有制。①

由此可见,20世纪90年代以来逐步盛行的视觉文化是一种后现代的视觉文化形态。我们将其特征概括为如下四个方面:第一,当代的视觉文化是一种消费文化。当代消费社会是一种不以需要为目的而以消费为目的的社会。在这样的社会中,视觉文化必然成为消费文化,诚如英国学者施罗德(Jonathan E. Sehroeder)所说:"视觉消费是以注意力为核心的体验经济的

---

① 转引自周宪:《视觉文化的转向》,北京大学出版社2008年版,第19页。

核心要素。我们生活在一个数字化的电子世界上，它以形象为基础，旨在抓住人们的眼球，建立品牌，创造心理上的共享共知，设计出成功的产品和服务。"①这就揭示了当代消费文化"以注意力为核心的体验经济"与"旨在抓住人们的眼球"的特点。所以，也有人将之称作"眼球经济"。这种所谓"眼球经济"首先以整个社会到处充斥着视觉形象为其特征，从某种意义上说，以视觉形象的过剩为其特征。将黑夜照耀得如同白昼的霓虹灯，充斥各种场所的广告，令人炫目的商业橱窗，各类模特的展示与表演等等，现代消费社会可以说是一个"视觉形象的社会"，离开了视觉形象就不是消费社会，视觉形象是其最基本的特征之一。其次，现代消费社会人们不仅消费着商品本身，而且消费着形象。在消费社会，人们的消费活动首先从对于形象的消费开始，然后才消费商品。人们首先接触的是广告、橱窗、模特等商品的视觉形象，然后才购买或消费商品。而且，人们逛街与逛商场、逛超市可以不购买商品，但同样是在消费。当然，消费的是与商品有关的各种形象。最后，在消费社会，商品的形象本身可以脱离物品而具有独立的商品属性，具有经济的附加值。电视、网络与街道上的各种广告，其视觉形象自身不就是商品吗？因此，可以说，在消费社会，人们不仅进行着商品的交易与消费，而且进行着视觉形象的交易与消费。

　　第二，当代视觉文化与一系列新技术紧密相联。视觉文化的发展是与新技术的发展同步的。1839年，人类发明了照相术，使得图像传播成为可能，打破了传统印刷术文字传播的一统天下；1895年，首部电影问世，使得图像传播不仅成为艺术而且成为工

---

① 转引自周宪：《视觉文化的转向》，北京大学出版社 2008 年版，第 108 页。

业生产过程；1926 年，人类发明了电视技术，使得图像传播逐步进入千家万户；1990 年，人类发明了互联网技术，使得图像传播能够在瞬间跨越千山万水，将每个角落的人都以图像联系起来，从此地球变成了"地球村"，图像成为全人类共享的资源。

第三，视觉文化是一种机械复制的工业文化。在工业社会和后工业社会，视觉文化与新技术相联系，进入工业生产领域，成为一种机械复制的文化。它通过照相机、电影、电视与互联网被大量地生产与复制，从而解构了文化的唯一性与经典性，也解构了文化艺术的精英性，使得文化成为当代经济发展中极为重要的文化工业（产业）。对于这种情况，有褒与贬两种态度：褒者从经济效益的角度出发，对文化产业大加推崇与推动，将之称作高附加值的工业；但贬者却对其对传统、经典与精英的解构进行了有力的批判。德国理论家瓦尔特·本雅明（Walter Benjamin）则在其著名的论文《技术复制时代的艺术品》中对视觉文化给予了比较客观的评价，充分表现了作为马克思主义者的本雅明的敏锐与睿智。他在该文中提出了著名的"光晕"理论，所谓"光晕"即作品与传统的联系、与宗教及世俗仪式的联系，使之蒙上某种神秘色彩，使得人们对其具有某种敬畏感。视觉艺术作为技术复制时代的艺术品，通过技术的复制，消解了作品的唯一性与神秘感，从而贬低了艺术作品的价值。诚如本雅明在该文中所说，"技术复制品所处的环境可能不涉及艺术品的其他属性，但是，它们确实贬低了艺术品此时此地的存在价值"[1]。但技术复制也有其两面性，一面是对传统的割断，光晕的消失，但另一面则是对艺术精英性的突破，使之迅速走向大众，使艺术活动更具人性化——人人都

---

[1]陈永国主编：《视觉文化研究读本》，北京大学出版社 2009 年版，第 6 页。

具享受艺术的权利。他认为,电影艺术就是这种两面性的集中反映。他说:"在艺术品的技术复制时代所凋落的是艺术品的光晕。这个过程是征候性的;其意义远远超过了艺术领域。也可以将其看作一个普遍公式,即复制的技术使复制品脱离了传统。由于多次复制一部作品,它用大量的存在替代了独一无二的存在。而当复制品到达接受者自己的环境时,它就实际替代了被复制品。这两个过程导致了文物领域的巨大变革——打破了作为当下危机之反面的传统,人性得以恢复。这两个过程都密切相关于当下的大众运动。其最有力的代理者是电影。"①

第四,视觉文化是一种城市文化。视觉文化是一种与自然相对立的人工文化,它是商业消费的产物,与一系列新技术密切相关,又是一种机械复制文化,因此,必然是一种城市文化。可以这样说,视觉文化的发展是与城市化进程相伴的。视觉文化高度发展的 20 世纪下半叶以来,正是城市化高度发展的时期。据统计,从"二战"以后的 1945 年至 2008 年,世界城市化率由 27％发展到 50％,发达国家更是超过 70％,预计到 2050 年世界城市化率将达到 70％。可以这样说,视觉文化的发达已经成为城市的特色与特有的景观。一方面营造了城市繁华富裕的氛围,同时也以其特有的声、光、色使城市远离自然,给城市带来越来越严重的光污染与噪音污染,严重影响人类的健康。

(二)视觉艺术教育的发展与内容

伴随着当代文化的"视觉转向",视觉文化的日渐勃兴,视觉艺术教育日渐发展兴盛。早在 20 世纪 60 年代初期,美国艺术教

---

①陈永国主编:《视觉文化研究读本》,北京大学出版社 2009 年版,第 7 页。

育家 J. K. 麦菲就认为,艺术教育"应更多地涉及不断增长的大众
传媒中的视觉艺术形式,产品、包装与工业设计、商业和室内设
计、电视、杂志广告,所有这些都用到形式、线条、色彩与质地来暗
暗影响个人的决定,人们要了解这种设计语言才能独立决定要哪
种产品,才能拒绝它们所施加的影响"①。另一位美国艺术教育
家 V. 兰尼尔则在 20 世纪 60 年代中期提出,艺术教育要适应时
代与学生的需要,不能仅仅局限于传统的"高雅艺术",而是要将
流行的"视觉艺术"纳入教育的内容。兰尼尔认为:"很多学生并
没有如艺术教师所期望的那样局限于高雅艺术,年轻人对摇滚
乐、漫画书、沙滩聚会、电影、电视节目、奇异的舞步、长发明星的
关注表明这一假定并非不合理。不可否认,很大一部分学生拥有
他们自己的欣赏环境,他们以充满激情的忠诚回应着这一环境,
并不仅仅有一点批评判断。我们对这些学生灌输成人的,所谓中
产阶级的趣味是没有任何效果的。或许我们应该从他们那里开
始起步,但我们却不断要他们到我们这里来。实际上,不论我们
说得多么温和,我们的确瞧不上他们的趣味,对他们所关注的艺
术评价很低。"②从 20 世纪 90 年代开始,视觉艺术教育逐步在美
国等发达国家被纳入艺术教育的范围。我想,如果对这种正在勃
兴的视觉艺术教育的目的进行某种概括的话,不妨借用兰尼尔的
话:"我们应该从他们那里开始起步,但我们却不断要他们到我们
这里来。"也就是说,首先要重视青年学生对视觉艺术的浓厚兴

---

① 王伟:《从现代到后现代:20 世纪的美国视觉艺术教育》,天津教育出版社
　2010 年版,第 206 页。
② 王伟:《从现代到后现代:20 世纪的美国视觉艺术教育》,天津教育出版社
　2010 年版,第 207 页。

趣，与文化的视觉转向相应实行艺术教育的视觉转向，这就是"从他们那里开始起步"；但最后的结果还是"不断要他们到我们这里来"，也就是要引导学生对视觉艺术予以全面的分析认识与价值判断，提升其审美情趣。

美国的艺术教育家们提出了"视觉艺术教育转向"的问题，如果这种"转向"在我国显得有些过早或过急的话，那就不妨提倡传统艺术教育与视觉艺术教育的并重。也就是说，要真正地将视觉艺术教育及其主要承载形式——通俗艺术及大众文化纳入我国当代艺术教育的课程与考核之中，使之成为我国当代艺术教育不可缺少的组成部分。

对于视觉教育的内容，美国当代视觉艺术教育理论家 P. 丹柯有一个概括，他认为，视觉艺术教育领域包括三条主要的线索：（1）一个广泛的、最大限度地提供形象与人工制品的经典库；（2）我们如何看待形象与人工制品，以及我们观看的各种条件；（3）要联系其语境来研究视觉文化形象并把它们当作社会实践的一部分。① 我们就沿着这三条主要线索来论述视觉艺术教育的主要内容。

首先是经典库的建立。这里包含两个方面的内容：一个方面是对传统艺术教育内容的突破，将视觉艺术纳入艺术教育之中并建立起可以起到教学示范作用的作品经典库。另一个方面是经典的重塑。对于经典有多重解释，我们这里选择著名美学家鲍桑葵在《美学史》中对伟大的美的艺术作品的界定。他说："任何东西都不能和伟大的美的艺术作品（包括杰出的文学在内）相比。

①王伟：《从现代到后现代：20世纪的美国视觉艺术教育》，天津教育出版社　2010年版，第210页。

只有这些伟大的美的艺术作品才是随着时代的变迁日益重要,而不是随着时代的变迁日益不重要。"①也就是说,所谓"经典"应该是经得起历史检验的。按照这样的思路,也可对视觉艺术作品进行挑选。当然,对于20世纪中期以来才逐步兴盛的视觉艺术不可能像传统经典那样历经几千年、几百年历史的检验,但几十年的历史同样可以鉴别出其艺术的价值,从而建设足以作为视觉艺术教育之用的经典文库。

其次是"如何看待"的问题,也就是如何对视觉艺术进行评价的问题。如果站在传统的古典美学即无功利的静观美学的理论立场,就必然要对当代视觉艺术给予否定性的评价,因为这样的艺术是消费的、工业的、技术的、城市的,因而必然是包含着浓烈的功利色彩的。因此,需要引入新的美学观念。这就是当代美国美学家理查德·舒斯特曼所说的"身体美学"的新视角和新的理论立场。舒斯特曼指出:"身体美学可以先暂时定义为:对一个人的身体——作为感觉审美欣赏(aesthesis)及创造性的自我塑造场所——经济和作用的批判的、改善的研究。因此,它也致力于构成身体关怀或对身体的改善的知识、谈论、实践以及身体上的训练。"②因为,身体美学明确地认可了对人的身体的感觉、塑造、改善与训练,属于审美的范围。这就打破了西方传统哲学与美学中主客、身心二分对立的旧的思维与理论模式,给视觉艺术的功利性、动态性与身体性以合法的美学地位。众所周知,视觉艺术因为其消费文化、技术文化与日常生活审美的属性,所以,不是无功

---

① [英]鲍桑葵:《美学史》,张今译,商务印书馆1985年版,第6页。

② [美]理查德·舒斯特曼:《实用主义美学》,彭锋译,商务印书馆2002年版,第354页。

利的、静观的,而是有功利的、动态的、身体的。视觉艺术是当代
活生生的生活艺术,以实体的商品、橱窗、广告、电影、电视、公园
等形态存在于世,给人的视、听、味、触等多种感官以强烈的冲击,
塑造并训练着人的身体。同时,视觉艺术也不仅仅是图像,而且
包含着浓郁的价值判断与意识形态属性。诚如苏珊·波尔多所
说:"作为视觉符号的图像不仅生产出一定的意义,而且产生相应
的解读和认同。图像绝不仅仅是图像,它的产生、解读和认同有
着意识形态和价值观的支撑。在图像压倒文字的后现代社会中,
图像更加直观地展现了深层的含义,影响着人们的认识方式、生
活习惯和价值观念。"①也就是说,当代视觉艺术所包含的意识形
态和价值观也在相当大的程度上塑造着人们的身体。例如,当代
视觉艺术所传达的美女、快男的形象,引导了一拨又一拨的"整容
热"与"瘦身热"等等。因此,身体美学的引入在相当大的程度上
为当代视觉艺术的鉴赏提供了新的理论立场。

最后是"联系其语境来研究视觉文化形象"。"语境"概念是
由英国人类学家马林诺夫斯基(B. Malinowski)在 1923 年提出
来,分为"语言性语境"和"非语言性语境",前者指表达特定意义
时之上下文关系,后者则指表达特定意义的时间、地点、场合、话
题、身份、地位、心理、文化、目的、内容等非常复杂丰富的文化因
素。对视觉艺术语境的研究,主要是从其产生的"文化语境"入
手。视觉艺术是消费的、新技术的、工业复制的与后现代城市的
文化现象,所以,其产生是时代的必然。当然,视觉艺术与其所产
生的时代相伴也必然会有其优劣。因此,我们必须从历史必然性
的角度和时代特征的角度来审视视觉艺术,充分承认其出现、勃

---

① 陈永国主编:《视觉文化研究读本》,北京大学出版社 2009 年版,第 305 页。

兴与兴盛的历史必然与历史局限,从而将这样的观念引入当代视觉艺术教育。

(三)视觉文化艺术教育的实践

视觉文化艺术教育(VCAE)是一种崭新的艺术教育模式,目前即使在美国这样的发达国家也在实验的过程之中,处于不成熟的探索阶段。当代美国视觉艺术教育理论家对这种教育实践进行了自己的总结。第一,视觉文化艺术教育不仅研究视觉文本还要研究它的语境;第二,视觉文化艺术教育不仅评价形象也制作形象;第三,视觉文化艺术教育按照核心问题来组织教学,而不是按照艺术门类来组织教学;第四,视觉文化艺术教育认识并承认对文化场景,包括新技术体验与使用的年龄差异,这一代不习惯的下一代却习惯如常,互联网的运用就是突出例证;第五,视觉文化艺术教育的方式是师生对话式的,要让学生的生活与艺术经验合法化,承认他们作为年轻的一代给老师带来启发,使老师尽快接受新的文化场景的可能性;第六,视觉文化艺术教育应在一定程度上区别于传统的理性的艺术教育方法,尽量采用"兴趣教学法",重视年轻人对新的视觉文化的兴趣与情感投入,包容其某种激进的态度,在此前提下加以适当的引导。①

三、网络文学的产生及其特点

从 20 世纪 90 年代开始,人类社会逐步进入了网络时代,网

---

① 王伟:《从现代到后现代:20 世纪的美国视觉艺术教育》,天津教育出版社 2010 年版,第 221—223 页。

络文化以及与之相应的网络文学悄然兴起。网络文学以"网络"作为其媒介，相异于既往的语言、文字与电子媒介的文学，是文学艺术媒介的一场空前的革命，为人类的社会生活、生存方式与审美生活带来一系列根本性的变化，当然也对审美教育产生巨大的影响。

（一）网络文学的产生

网络文学是与网络技术相伴而生的，并以网络技术作为其技术与存在方式的支撑。1946年，世界上第一台电脑由美国宾夕法尼亚大学莫尔电工学院创造出来。1989年，欧洲高能物理实验室的蒂姆·伯纳斯·李开发出以链接为基点的超文本标识语言（HTML），并将其应用于因特网之中，最终促成了万维网（WWW）的诞生。1991年，美国参议院议员阿尔·戈尔提出"信息高速公路"法案。同年11月，该法案被当时的总统老布什签署实施。其后的克林顿政府成立了由戈尔领导的国家信息基础设施顾问委员会，发表了《国家信息基础设施建设:行动日程表》，提出"国家信息基础设施能改变美国人民的生活水平——摆脱地理位置和经济状况的制约——为所有美国公民提供发挥才能和实现抱负的机会"。"信息高速公路"建设的具体内容为通过铺设光纤电缆作为信息流通的主干线，将各企事业与文化部门的主机或局域网络连接其上，形成相互交叉的网络，家庭中的多媒体电脑通过该网络获得文教卫生全能的广泛服务，同时也成为网络的一部分。该计划分阶段实施，最低要求是到2000年把美国全国的公共设施连接在一起;中期计划是21世纪大部分家庭入网，实现多媒体普及化;远景计划是用十五年到二十年的时间建成一个全国乃至世界的电子通信网络，将每台电脑及网民都联络在一起。

到今天,这一信息高速公路计划不仅在美国等发达国家完全实现,而且在中国这样的发展中国家也已初步实现。① 到 2010 年 12 月底,中国网民已达到 4.57 亿,位居世界第一。

随着网络技术与信息高速公路的发展,网络文化与网络文学也迅速发展。所谓网络文学,从广义上来说,是指在网络上传播的文学作品,包括已经以纸质方式出版的作品被制成电子文件在网上传播;狭义的网络文学,是指在网络上写作和存在的文学作品。我们这里说的网络文学应该从狭义的意义上来理解与界定。

中文网络文学网站较早的是 1991 年王笑飞创办的海外中文诗歌通讯网(chpoem-l@listserv.acsu.buffalo.edu)。1994 年 2 月,方舟子等人创办了第一份中文网络文学刊物《新语丝》(http://www.xys.org)。与此同时,诗阳、鲁鸣等人于 1995 年 3 月创办了网络中文诗刊《橄榄树》(http://www.wenxua.com)。1995 年底,几位原来活跃于中文诗歌通讯网的女性作者独自创办了一份网络女性文学刊物《花招》(http://www.huazhao.com)。发展到 1998 年,开始出现了一部最有代表性也最具影响力的中文网络小说《第一次的亲密接触》。

台湾成功大学水利研究所博士研究生蔡智恒,从 1998 年 3 月 22 日起以 jht 为笔名在 BBS 上发表了网络小说《第一次的亲密接触》。作品讲述了"痞子蔡""轻舞飞扬"通过互联网络相遇相识、再约见面、生离死别的爱情故事。"痞子蔡""轻舞飞扬"都是男女主人公在上网时用的代号。他们在网上相遇,互寄电子邮件,每天凌晨三点一刻到网上聊天室谈话,后来开始约会,一起去看《泰坦尼克号》。两人坠入爱河。最后得重病的"轻舞飞扬"悄

---

① 聂庆璞:《网络叙事学》,中国文联出版社 2004 年版,第 50—51 页。

悄离开"痞子蔡"，而"痞子蔡"设法赶到医院陪她度过了最后的时光。

这篇网络言情小说描摹了网上生活与现实生活的真实感受，使用了一些只有网民才熟悉的"网络语言"，如网民交流时用冒号和反括弧表示高兴，因而在语言上具有鲜明的网络特点。加上讲述的这场"网络爱情"故事笔法细腻，情感真挚动人，被台湾媒体誉为"网络上的《泰坦尼克号》"。不仅国内许多媒体都有摘录和报道，网上一些中文网站也频繁加以张贴，好事者专门设立了一个网站"痞子蔡的创作园地"。该作在台湾被改编为电影，在大陆成为畅销书。

内地也有类似的网络言情小说。1998 年第 6 期《天涯》就刊登了一篇"佚名"的网络小说《活得像个人样》。由于这篇网络小说在 BBS 上多次辗转张贴，原作者已无从知晓。小说讲述了在电脑公司工作的年轻职员"我"与女友碎碎的故事和与网友"勾子""国产爱情"从网上交谈到现实交往的经历。

目前，网络文学已在国内外迅速发展，成为广大网民、特别是青年网民的主要写作与阅读方式。

（二）网络文学的特点

网络文化与网络文学的根本特点就是以完全崭新的"网络"作为"媒介"（媒体），这就使其具有了完全不同于以往的文化与审美特性。正如麦克卢汉所说，"媒体会改变一切。不管你是否愿意，它会消灭一种文化，引进另一种文化"①。

----

① ［加］埃里克·麦克卢汉等：《麦克卢汉精粹》，何道宽译，南京大学出版社
　2000 年版，第 248 页。

1."超文本"与文本的非稳定性。

所谓网络文学的"超文本",就是指可以任意互相连接的文本。这是20世纪60年代由美国学者尼尔森(Ted Nelsen)提出来的,"超文本"(hypertext)由"文本"(text)和"超"(hyper)构成,指一个没有连续性的书写(non-sequential writing)系统,文本分散而靠连接点串起,读者可以随意选取阅读。① 其实,在传统的印刷时代,书籍中的目录、注释与索引等也都是一种连接,是一种"超文本",但那是一种"固定连接"的"超文本",而网络文学则是一种"任意连接"的"超文本"。而且,这个"任意连接"并不局限于一台电脑,而是经过网络的"任意连接"。由于"网络"是无限的,超越了个人、特定图书馆、地区与国家,因而,网络文学的"文本"也就是无限的。诚如赵宪章所说:"超文本是网络文本的'正常文本',同为它在瞬间提供给读者阅读的'页面空间'(电脑屏幕的空间)是唯一的、有限的,而它可供读者阅读的页面却是多元的、无限的,网络读者就是依靠'链接'从'唯一'向'多元',从'有限'向'无限'延伸,网络写作的特技之一便是依靠'链接'将文本通过唯一有限的'窗口'编织为多维的、立体的、交互式的'超文本'。"②"超文本"是网络文学最基本的特征,其他的特征几乎都与此有关。它的确前所未有地扩大了文本的内涵,使之具有了难以想象的丰富性。"文本"来自西文"text",指"原文""本文"等,后广泛运用于"语言学"与"文学理论",亦指由书写固定下来的话语,或从现代语言学来说是由"能指"符号所包含的具有某种稳定性的"所指"即意义。但无论如何解释,"文本"都有一定的稳定性,即便在

①聂庆璞:《网络叙事学》,中国文联出版社2004年版,第73页。
②赵宪章:《文体与形式》,人民文学出版社2004年版,第319页。

德里达的"解构理论""延异"中也仅指"能指的滑动"，并没有超出一定的界限。但"超文本"却打破了"文本"的有限性与稳定性，使之具有了无限性与变动性。这无疑使文学的意义与内涵空前的丰富，但也使之具有了某种不稳定性和难以把握性。"超文本"在一定的意义上就是一种对"文本"的消解，实际上是一种"无文本"。在这种情况下，文学的意义与审美特性是否可能出现一种难以把握的情形，是否也走向"消解"？这都是"网络文学"提出的新课题，值得我们重视。

2."虚拟性"与文学同现实生活的脱离。

网络文学的"虚拟性"是由网络文化与网络文学的"超文本性"决定的，正是由于网络文学的"任意链接"的特点，可以创造出一个与现实生活相似的"虚拟空间"。所谓"虚拟空间"，又称赛博空间（Cyberspace），即在我们电脑上虚拟出来的空间。该词为加拿大籍美国科幻作家威廉·吉布森（W. Gibsen）所创，由"控制论"（Cybernetics）与"空间"（space）组成，其后获得广泛认同，赛博（Cyber）也衍生出电脑和网络的定义。①

网络文学的"虚拟性"有两个方面的含义。其一是由于网络文化与文学超文本的"任意链接"的特点，人们可以在网络中创造出一个与现实生活相似的"虚拟空间"，包括读书学习、婚恋爱情、外出旅游、遨游空间、酒宴幽会……几乎无所不包。甚至可以在网络中组成家庭，结婚生子。更有让网游者参与其中的各种网络游戏，使人流连忘返，乐不思蜀，混淆了"虚拟空间"与"真实空间"。甚至有很多青少年，包括不少成年人，沉湎于网吧，通宵达旦，连续几天几夜地疯狂游戏，以至为之付出健康与生命。这就

---

① 聂庆璞：《网络叙事学》，中国文联出版社2004年版，第166页。

是目前已经成为社会问题的"网瘾"。

　　"虚拟性"的第二种情况是网络的"任意链接"加上一些传感辅助设施营造的眼耳鼻舌身均身临其境的"真实感受"。这些辅助设施,如立体眼镜、传感手套与传感衣服等。迈克尔·德图佐斯的《未来会如何——信息新世界展望》具体描绘了人们从普罗米修斯的视角体验其为人类盗火而被惩罚的过程:"你四肢被锁在山坡上。你奋力挣脱,但无能为力。你背靠岩壁,感到凉气袭人。凶恶的黑鹰出现在蓝天,在高空盘旋。它回旋着,迅速降落,向你飞来。你吓得跪了下来,然后蜷缩在坚硬的地面上。当黑鹰巨大双翼刚好展开在你的头上,遮住了天空时,你拼命想挣脱锁链。你本能地用双手捂住脸。鹰不断摆动双翼打击你的头,它的锋利的喙开玩笑似地啄你的肋。你痛苦地扭动身躯。突然,这头猛禽向后仰起巨大的头,凶恶的眼睛张大着准备进行凶狠锋利的攻击。你不禁尖声大叫起来:'不!——'鹰尖叫着回答:'说咒语! 在你的上空保持不动。'"①这样的体验真是惟妙惟肖,与现实中的体验无异。后现代主义理论家们认为,"超文本"不仅会营造一种恍如现实、甚至比现实还要真实的艺术情景,而且电子技术大量机械复制创造的形象也造成了现实与艺术的混淆。他们将之称作"类像"(simulacrum)。杰姆逊在谈到"类像"时说:"类像的特点在于不表现出任何劳动的痕迹,没有生产的痕迹。原作和摹本都是由人来创作的,而类像看起来不像任何人工的产品。"又说:"如果一切都是类像,那么原本也只不过是类像之一,与众没有任何的不同,这样幻觉与现实便混淆起来了,你根本就不会

――――――――――

① [美]迈克尔·德图佐斯:《未来会如何——信息新世界展望》,周昌忠译,上海译文出版社 1999 年版,第 184—185 页。

知道你究竟处在什么地位。"①总之，"虚拟化"极大地增强了网络
文学的表现力，但也使得文学愈来愈脱离现实生活，创作者与欣
赏者在"赛博空间"遨游、沉湎，乃至不能自拔，必将对人的社会交
往与社会生活带来极大的负面影响。诚如南帆所问，"如果人造
的真实得到了普遍的接纳，如果人们不在乎眼睛看到的是一砖一
瓦的巴黎还是影像符号的巴黎——如果人们认为两者并没有实
质性的差异，那么，这种真实观念可能容忍某种新颖的政治构思，
尤其是缓和尖锐的政治对立。我曾经想象，虚拟的现实的出现会
不会让某些人放弃对于历史的不依不饶的追问？"②事实上，"虚
拟世界"的肆意蔓延必将导致对人的社会性的消解，其负面作用
不能不引起重视。

　3.高度"自由性"与文学责任的式微。

　　网络文学最重要的特点之一就是它的高度的"自由性"。诚
如赵宪章所说："网络写作最明显的特点是它的高自由度。它不
像传统写作那样依靠作品的出版和发行实现社会的最终认可，因
而不仅摆脱了资金和物质基础的困扰，更重要的是绕过了意识形
态和审查制度的干涉，加上署名的虚拟性和隐秘性，使写作者实
现了真正的畅所欲言。"③这种高度的"自由性"首先表现在，网络
文学没有任何平台和条件限制，只要具有最初步的网上写作能力
即可参加网上文学活动，包括自己写作、参与写作、发表评论等

---

① ［美］弗·杰姆逊：《后现代主义与文化理论》，唐小兵译，陕西师范大学出
　版社1987年版，第175页。
② 南帆：《双重视域——当代电子文本分析》，江苏人民出版社2001年版，第
　61页。
③ 赵宪章：《文体与形式》，人民文学出版社2004年版，第313页。

等。网络文学打破了身份、地位、文化、权利、财富等一切界限,使人间获得前所未有的平等自由。正如有人所说,"我们正在创造一个所有人都可以自由进入的新世界,不会由于种族、经济实力、军事力量或者出生地的不同而产生任何特权或偏见";又说:"在这个独立的电脑网络空间中,任何人在任何地点都可以自由地表达其观点,无论这种观点多么奇异,都不必受到压制而被迫保持沉默或一致。"①这其实是一种全民的自由狂欢,充分体现了巴赫金有关文学艺术的狂欢理论,是一种典型的后现代大众文化。网络文学的高度自由性还表现为,在某种意义上,它是对传统文学的彻底消解。它的"超文本性"是对传统文学相对稳定文本的消解,你无法把握某种网络文学文本的边界,它是一种在"任意链接"之中的"无限滑动"。同时,网络写作的匿名性与大众参与性也是一种真正"无功利"的写作方式。它的写作已经完全摆脱了金钱、地位、权利、名誉的追求,而是一种无功利的表达欲望和感情宣泄的冲动。而且,网络写作也是一种作者的消解,真正体现了后现代"作者已死"的理念。网络写作的非物质性、匿名性使作者在创作中自然而然地得以消隐;而网络写作的大众参与性,诸如接龙小说等,也使作者变得难觅踪迹。作者消解一方面意味着写作自由度的高度发展,同时也意味着文学责任的式微。传统的文学家是"人类灵魂工程师"的理念也随之被消解。

4.高度的感官性与无法扼制的低俗化趋势。

由于网络写作的民间性、隐秘性、私人性、随意性,因此,其作品具有文学原生态的特点,明显是感性胜于理性,具有高度的感

---

① 刘吉、金吾伦等:《千年警醒:信息化与知识经济》,社会科学文献出版社1998 年版,第 278 页。

官性。从题材来说，写作言情、武侠、涉黑等社会性题材偏多；从具体写作来说，更多地侧重于感情的表现甚至是欲望的宣泄。网络文学作品，一般来说，因为具有高度的感官性，所以，比较口语化，晓畅易懂，具有极强的可读性。有些言情小说写得缠绵悱恻，感人泪下；有些武侠小说则写得刀光剑影，使人如闻其声；有些灵异小说写得风声鹤唳，使人毛骨悚然。这些都是网络文学高度感官性的特长之所在。但由于其极度无约束的原生态性，缺乏必要的"超我"的监管，因此，属于"本我"的"力必多"必然泛滥。有人认为，"互联网是欲望张扬的竞技场，它以一种放肆的方式宣泄着不同年龄男男女女的攻心欲火，满足着上网族五花八门的白日梦幻"①。网络文学的低俗化趋势，乃至色情的泛滥，已经成为其致命的弱点。

5. 网络语言的创造性与语言存在的纯洁性的悖论。

网络因其输入速度的快捷，也因自身国际化的特点，以及网民的年龄都偏向于年轻化，所以产生一系列具有独创性的网络语言，例如，数字语：886（拜拜了）；字母缩略语：mm，美眉（女性网民）；符号脸谱：笑脸；生造词汇：斑竹（版主，论坛管理人）；类语趣译：当（down）机（死机）；多元混用：I 服了 you。这就形成谐音化、戏拟化、调侃化与恶搞混杂的"大话式"语言。从将以戏仿著称的《大话西游》的语言模式引入网络语言开始，"大话式语言"泛滥开来，例如："我今天回到老家，试驾了我们生产队的手扶拖拉机，嘣嘣啪啪跑得还很欢，跟驾驶宝马的感觉差不多"，等等。再就是"程序化语言"，例如，"如果我有一千万，我就能买一栋房子。我有一千万吗？没有。所以我仍然没有房子"。依据这样的语言程

---

① 聂庆璞：《网络叙事学》，中国文联出版社 2004 年版，第 238 页。

序不断地模仿演绎。再就是,网络上无法控制的完全不切题的叙述语言的泛滥等等。总之,网络因其特殊性,在语言上进行了诸多创造,在一定程度上增强了语言的表现力,但也在很大程度上扰乱了语言自身存在的纯洁性要求,破坏了汉语言在词汇、语言等各方面的内在规律。

6.网络文学艺术立体化的高度表现性与艺术样式相对稳定性的矛盾。

赵宪章指出:"由于网络写作以电子为载体;使文本由平面转为立体成为可能。就电脑显示屏上的'页面'而言,在我们的视觉和感觉中与传统文本无甚区别。但是,我们所看到的互联网上的'页面'只是我们'即时在线'的一页,而通过网页和站点之间的'链接',我们可以看到无数张页面……"①正是网络文学"任意链接"的"超文本"性,使我们可以从"即时在线"的页面连接到其他任何页面。这些页面可以是小说,也可以是诗歌、散文,甚至是戏剧、绘画、音乐……这当然极大地增强了网络文学的表现力,然而当各种文体混杂,又与艺术样式和文体的相对稳定性要求相矛盾。有人将之称作"网络文体",但"网络文体"到底是什么呢? 仍然处于非稳定形态。

总之,网络文学的出现与发展是历史的必然,它极大地普及了文学艺术,增强了文学艺术的表现力,并赋予文学艺术一系列诸如"超文本""虚拟性"等新的特点,也有利于地域之间与国家之间文学艺术的交流与取长补短。但网络文化的巨大解构性特征,使网络文学及其参与者不可避免地失去了社会责任感,从而也失去了必要的道德伦理,而"超文本"所导致的文体与艺术形式相对

①赵宪章:《文体与形式》,人民文学出版社 2004 年版,第 318 页。

稳定性的消解也使艺术面临困境。此外,还有网络创作与生活的脱节,及欲望的无尽泛滥,导致网络文学不可扼制的低俗化趋势等等,都是对审美教育与文化建设中提出的新课题。面对这样的问题,应该倡导与建设一种网络时代的新的人文精神,为此,应在学校美育课程中增设网络文化与网络文学的专门课程,借以对学生与青年一代进行正面教育与必要的引导。

第十五讲　中国新时期
美育的发展

一、我国新时期美育逐步
走到社会前沿

二、我国新时期美育的发展历程

三、我国新时期美育建设的
重要成果与共识

四、我国美育事业的未来发展

（参见第三卷《现代美育理论》第 393 页）

后 记

本书是 2006 年北京大学温儒敏教授的约稿,被纳入北大出版社的"名家通识讲座书系"。但因总有其他任务缠身,更主要是试图写出新意来,所以一直拖到现在才交稿,真的感到很对不住温儒敏教授和北大出版社的信任。

从 2006 年起,我就开始考虑本书的结构和内容。但真正动笔是 2010 年暑假,历经整整一年的时间终于完成写作。本书其实是我从 1981 年以来三十年美育研究的集成。三十年来,我不断地思考美育问题,陆陆续续写了不少有关美育的文章和论著,包括 1985 年出版的《美育十讲》。这次站在新世纪的高度,进行了更加深入的思考与研究,完成本书。其中改写了一部分旧稿,并根据需要新写了大约三分之二篇幅的新稿。这就是本书的基本情况。

我采用的方式是论述与阐释的结合。有的篇章以直接论述为主,例如美育本体研究的有关章节,但论述中也结合着对于文献的阐释。中西美育发展部分则以阐释为主,这种阐释是站在个人的学术立场上的选择与论述。全书的主旨是统一的,就是以"美育是包含感性与情感教育的人的教育"为基本立足点贯穿始终。本书的研究内容实际上延续了三十年时间,因此有关学术观点由于历史的发展有着诸多变化,行文中力求统一,但在衔接上也可能还存在某些问题。

　　本书的写作得到了祁海文教授和傅松雪博士的帮助,于天祎博士为我提供了日本广岛大学生态教育的译稿。本书借鉴了诸多同行学者的劳动成果,尽管已经注了出处,仍应对这些学者表示谢意。同时,也要感谢责编艾英女士所付出的辛勤劳动。本书的写作也得到我所工作的山东大学文艺美学中心的支持,实际上是中心"985"项目中期成果之一,因此也要对中心表示谢意。当然,还应感谢我的妻子纪温玉女士长期以来对我的照顾。最后,敬请广大读者和同行专家不吝赐教。

曾繁仁

2011 年 7 月 20 日于济南